Flash CS6.0 中文版 实训教程

张国权　刘金广　王　珂　等编著

電子工業出版社
Publishing House of Electronics Industry
北京·BEIJING

内 容 简 介

Flash 是 Adobe 公司出品的一款专业动画制作软件，具有强大的矢量制作功能和灵活的交互功能，其功能强大，操作简单，作品广泛应用于网页、影视、动漫、游戏等各种领域，是同类软件中的佼佼者，受到众多的动画制作爱好者的好评与青睐。本书从基本的动画知识开始，全面介绍了该软件的最新版本 Flash CS6.0 简体中文版的功能及动画制作技巧，并穿插大量的典型实例，详尽说明使用 Flash CS6.0 中文版的方法和操作技巧。本书内容主要包括 Flash CS6.0 中文版的功能，动画制作的流程，Flash CS6.0 简体中文版的工作界面介绍，图形、图像、文本等在 Flash 中的应用，元件、实例和库资源的使用以及各种动画的制作和美化方法等，最后，还介绍了声音的使用及 Flash 作品的测试与发布等。

全书以基本概念和入门知识为基础，以实际操作为主线，内容详略得当、结构清晰，具有较强的可读性和可操作性，是学习使用 Flash CS6.0 中文版制作动画作品的入门级参考书。本书针对初、中级用户编写，可作为动画制作初学者的自学教程，也可用做各种电脑培训班、辅导班的教材。

图书在版编目（CIP）数据

Flash CS6.0 中文版实训教程/张国权等编著. —北京：电子工业出版社，2012.6
（新时代电脑教育丛书）
ISBN 978-7-121-16967-0

Ⅰ. ①F… Ⅱ. ①张… Ⅲ. ①动画制作软件－教材Ⅳ. ①TP391.41

中国版本图书馆 CIP 数据核字(2012)第 091203 号

策划编辑：祁玉芹
责任编辑：鄂卫华
印　　刷：三河市鑫金马印装有限公司
装　　订：三河市鑫金马印装有限公司
出版发行：电子工业出版社
　　　　　北京市海淀区万寿路 173 信箱　邮编　100036
开　　本：787×1092　1/16　印张：16.5　字数：422 千字
印　　次：2012 年 6 月第 1 次印刷
定　　价：32.00 元

凡所购买电子工业出版社图书有缺损问题，请向购买书店调换。若书店售缺，请与本社发行部联系，联系及邮购电话：（010）88254888。

质量投诉请发邮件至 zlts@phei.com.cn，盗版侵权举报请发邮件至 dbqq@phei.com.cn。

服务热线：（010）88258888。

出版说明

计算机技术的飞速发展，把人类社会推进到了一个崭新的时代。计算机作为常用的现代化工具，正极大地改变着人们的经济活动、社会生活和工作方式，给人们的工作、学习和娱乐等带来了极大的方便和乐趣。新时代的每一个人都应当了解计算机，学会使用计算机，并能够用它来获得知识和处理所面临的事务。因此，掌握计算机的基础知识及操作技能，是每一个现代人所必须具有的基本素质。

学习计算机知识有两种不同的方法：一种是从原理和理论入手，注重理论和概念，侧重知识学习；另一种是从实际应用入手，注重计算机的应用方法和使用技能，把计算机看做一种工具，侧重于熟练地掌握和应用它。从教学实践中我们知道，第一种方法适用于计算机专业的学科式教学，而对于大多数人来讲，计算机只是一种需要熟练掌握的工具，学习计算机知识是为了应用它，应该以应用为出发点。特别是非计算机专业的职业院校的学生，更应该采用后一种学习方式。

为此，电子工业出版社组织了强大的编辑策划队伍和优秀的、富有丰富写作经验的作者队伍组成编委会，进行了系统的市场分析、技术分析和读者学习特点分析，并根据分析结果认真筛选出版题目，制定了严格的出版计划、写作结构和写作要求，开发出这套用于培养初学者计算机应用技能的《新时代电脑教育丛书》。

本丛书是为初学电脑或仅有少量电脑知识的电脑初学者编写的，目标是帮助读者增长知识、提高技能、增加就业机会，并提高业务技能。因此，本丛书在编写时基于这样一种理念，即检查计算机学习好坏的主要标准，不是“知道不知道”，而是“会用不会用”。为此，本丛书的核心内容主要不是向广大读者讲述“计算机有哪些功能，可以做些什么”，而是着重介绍“如何利用计算机来高效、高质量地完成特定的工作任务”。

为了帮助初学者快速掌握电脑的使用技能，掌握电脑系统及其软件的最常用、最关键的部分，本丛书在基础和理论知识的安排上以“必需、够用”为原则，每本书中的所有理论知识介绍均以实际应用中是否需要为取舍原则，以能够达到应用目标为技术深度控制的标准，尽量避免冗长乏味的电脑历史或深层原理的介绍；而真正的重心在于培养读者的实用技能——即采用“技能驱动”的写作方案，强调实际技能的培养和实用方法的学习，重点突出学习中的动手实践环节。鉴于此，本丛书在基础知识和理论讲述之后，安排了大量的动手实践任务和实训项目，这些任务和项目不是对基础知识的简单验证，而是针对实际应用安排的，具有总结性，是对知识运用的升华和扩展，是技能学习和掌握的完美体现。完成了这些实训项目，就能够熟练掌握一种技能，对知识有充分的理解。希望能够帮助初学者达到学有所得、学有所用、学有所获，从学习的过程中得到使用电脑的真才实学；并在重视实用和实例的前提下，注意方法和思路，帮助读者举一反三地解决同类问题，而不是简单地就事论事。

总的来说，本丛书既有明确的学习目标，又有完成具体任务所必需的基础理论知识，更有步骤具体的实践操作实例。读者应该边学边做，通过动手理解和掌握理论知识，并在实践操作的基础上进行归纳、总结、思考，上升到一般规律，从感性到理性，以真正融会贯通。本丛书中提供的一些特色段落，有助于读者快速掌握操作技巧，减少或避免错误，提升学习效率；并为读者提供了深入学习的资料和信息，使其知识和能力得到进一步的拓展和提高。

为了方便采用本丛书作为教材的各类学校开展教学活动，我们将为老师免费提供与教材配套的电子课件及相关素材。希望本丛书能够成为职业院校对学生进行综合应用技能培养的教与学两相宜的教材，也希望能够成为计算机爱好者的良师益友！

电子工业出版社

前　言

Flash 是 Adobe 公司推出的一个专业矢量动画创作工具，可以实现多种动画特效。由于该软件制作出来的动画作品体积小、效果好，被广泛应用于网页中，以供来访者浏览、下载。我们在浏览网页、休闲娱乐时，经常会见到各种各样精美的动画片断、广告条、小游戏等，这些动画、广告和小游戏有很多都是用 Falsh 应用程序制作出来的。

本书介绍的 Adobe Flash CS6.0 简体中文版是目前 Adobe 公司发布的最新产品，与原有的软件版本相比，它的性能又有了很大提高，并新增和改进了许多功能，使它的功能更加强大，使用起来更加简便和得心应手。

本书共分 9 章，具体内容安排如下：

第 1 章介绍 Flash 软件的基础知识，内容包括 Flash 的基本常识，Flash 软件的特点与功能，制作 Flash 动画的基本工作流程，Flash CS6.0 简体中文版的工作界面等。

第 2 章介绍 Flash CS6.0 中绘图工具的使用，内容包括绘图工具的综合介绍，绘制模式和图元对象的概念，以及填充工具和调整工具的使用方法和技巧。

第 3 章介绍文本工具的使用，内容包括创建文本，设置文本属性，利用“滤镜”面板美化文本，分离文本，及对分离文本进行旋转、变形和翻转等操作的方法。

第 4 章介绍外部图像素材的使用，内容包括导入图像，将图像分离转换成矢量图形，应用工具处理分离图像，将位图转换成矢量图。

第 5 章介绍元件、实例和库资源使用，内容包括创建影片剪辑、图像和按钮元件，及设置元件属性的方法。

第 6 章介绍图层和帧使用以及动画的创建方法，内容包括设置图层与帧，创建逐帧动画、补间动画、补间形状、骨骼动画、引导层动画、遮罩动画和多场景动画的方法。

第 7 章介绍交互式动画创建方法，内容包括 Flash CS6.0 中的 ActionScript 3.0 的基本语法、数据类型、条件语句和循环语句，以及利用行为控制影片剪辑和视频的方法。

第 8 章介绍声音的使用，内容包括导入声音文件，设置声音属性，应用行为控制声音，压缩声音的方法。

第 9 章介绍了测试、优化、发布和导出 Flash 作品的方法。

对于初次接触 Flash 的读者，本书是一本很好的启蒙教材和实用的工具书。通过书中一个个生动的实际范例，读者可以一步一步地了解 Flash CS6.0 的基本功能，学会使用 Flash CS6.0 的基本工具，并掌握应用 Flash CS6.0 设计与创作动画。对于已经使用过老版本的网页和动画创作高手来说，本书将为他们尽快掌握 Flash CS6.0 的各项新功能助一臂之力。

本书采用理论加实例的讲解方式。因此，读者可以边学习本书中的内容，边上机实践，从而高效快速地掌握使用 Flash 制作动画的方法和技巧。

本书由张国权、刘金广和王珂主持编写，此外参加本书编写的人员还有孙印杰、何立军、王川、杨滔、黄国劲、范云、王迪、陈巍、吴爱慧、冯志慧、周振江、张喜平、靳瑞霞和孔晓红等。尽管在编写本书时作者做了各种努力，但是，由于作者水平所限，书中难免存在疏漏和错误之处，希望专家和读者朋友及时指正（我们的 E-mail 地址：qiyuqin@phei.com.cn）。

编　者

2012 年 4 月

目　　录

第 1 章 Flash 基础知识

本章要点

- Flash 的文件类型。
- Flash 的功能和特点。
- 制作 Flash 文档的基本流程。
- 时间轴面板。
- 自定义工作界面。

本章导读

- 基础内容：Flash 的功能和特点。
- 重点掌握：Flash 的工作界面。
- 一般了解：自定义工作界面。

课堂讲解

Flash 是目前最流行的网络动画制作工具，被广泛应用于影视、动漫、游戏、多媒体演示等众多领域。Flash 集矢量编辑和动画创作功能为一体，并具有灵活的交互功能，能将图形、图像、音频、动画和深层次的交互动作有机地结合在一起。

本章介绍了 Flash 的基础知识及其工作界面，包括 Flash 的功能、特点、用途，制作 Flash 文档的基本流程，Flash CS6.0 的界面结构等。

1.1 动画与 Flash

Flash CS6.0 是 Macromedia 公司目前推出的 Flash 官方最新版本，是动画制作与特效制作最优秀的软件，使用该软件可以创建从简单的动画到复杂的交互式 Web 应用程序之类的任何作品。

用户可以应用 Flash 应用程序，将零散的图片、声音和视频等元素有效地组合在一起，为其添加各种丰富多彩的特效，制作出属于自己的 Flash 动画。

1.1.1 动画简介

传统的动画是通过把人、物的表情、动作、变化等分段画成许多幅画，再用摄影机连续拍摄成一系列画面，观看时连续播放形成了活动影像，给视觉造成连续变化的图画。随着电脑技术的不断发展，动画制作软件应运而生，动画制作过程进入了一个新的阶段。动画设计师们可以在电脑中绘制出图画，或者将手绘的人物造型和场景扫描到电脑中，然后用图像和动画软件进行深加工及动画处理，从而制作出一部完整的动画片。

动画发展至今，根据划分标准的不同，可分为不同种类。例如：根据制作技术和手段的不同，可分为手工绘制为主的传统动画和以计算机制作为主的电脑动画；根据播放效果的不同，可分为顺序动画（连续动作）和交互式动画（反复动作）；根据每秒播放幅数的不同，可分为全动画（逐帧动画，每秒播放 24 帧）和半动画（每秒播放少于 24 帧）；根据空间视觉效果的不同，可分为二维动画和三维动画。

用 Flash 等软件制作的动画属于二维动画，如《七龙珠》、《灌篮高手》、《小鲤鱼历险记》、《喜洋洋与灰太狼》等；而三维动画通常是用 maya 或 3D MAX 制作而成的，如《功夫熊猫》、《玩具总动员》、《海底总动员》、《玩具之家》、《秦时明月》、《魔比斯环》等。图 1-1 为二维动画《喜洋洋与灰太狼》截图，图 1-2 为三维动画《秦时明月》截图。

图 1-1 二维动画截图（《喜洋洋与灰太狼》）

图 1-2 三维动画截图（《秦时明月》）

电脑动画由于应用领域的不同，其动画文件的存储格式也不同，其中 GIF 和 SWF 则是我们最常用到的动画文件格式。下面介绍一下这两种常用格式。

（1） GIF 动画格式：GIF 图像采用“无损数据压缩”方法中压缩率较高的 LZW 算法，文件尺寸较小，且该动画格式可以同时存储若干幅静止图像并自动形成连续的动画。目前这种 GIF 文件被广泛应用于 Internet 上幅面较小、精度较低的彩色动画文件，很多图像浏览器都可以直接观看此类动画文件。

（2） SWF 格式：SWF 是由 Flash 制作的矢量动画格式，通过曲线方程描述其内容。此格式的动画在缩放时不会失真，非常适用于描述主要由线条组成的动画图形，如教学演示等。由于这种格式的动画可以与 HTML 文件充分结合，并能添加 MP3 音乐，因此被广泛地应用于网页、游戏、广告等多种领域。

1.1.2 Flash 简介

目前有很多动画制作软件，但最流行、最普及的非 Flash 莫属。由于 Flash 广泛使用矢量图形，文件非常小，适于 Internet。除此之外，应用 Flash 软件制作完成的动画，可以通过发布文件来创建一个压缩文件，其扩展名为.swf（SWF）。该格式文件可以使用 Flash Player 在 Web 浏览器中播放，或者将其作为独立的应用程序进行播放。

Flash 功能诸多，可以创建许多类型的应用程序，如动画（横幅广告、联机贺卡、卡通画等）、Flash 游戏、用户界面，信息滚动区域等。图 1-3 所示为应用 Flash 制作的 “宠物连连看.swf” 游戏界面。

应用 Flash 软件创建的动画，默认保存为 FLA 格式文件，用户可将其发布为 SWF 类型文件、常见的 GIF/JPEG/PNG 图像文件，在 Win/Mac 操作系统中独立播放的 EXE 放映文件、在网页中可独立播放的 HTML 文件和 SWC 文件。用户可根据需要在“发布设置”对话框中选择，如图 1-4 所示。

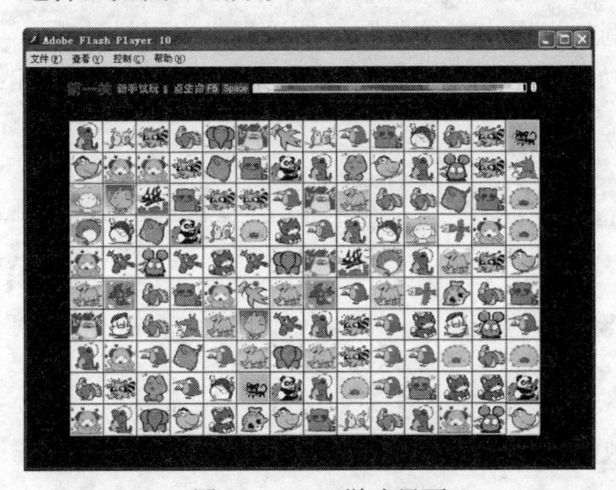

图 1-3 Flash 游戏界面

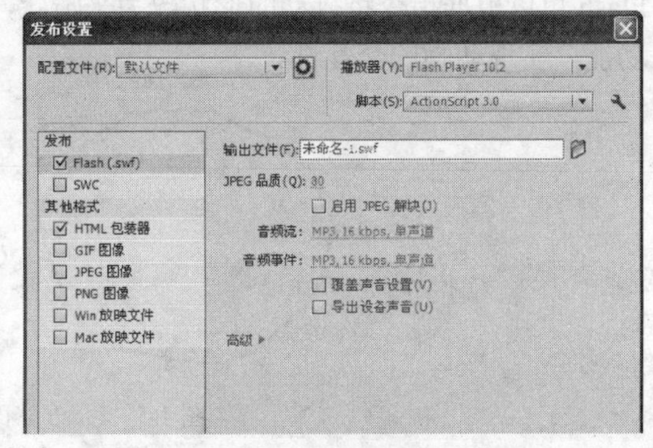

图 1-4 Flash 中的发布选项

SWC 文件是类似 zip 的文件，在 SWC 文件中，包含可重新使用的 Flash 组件。每个 SWC 文件都包含一个已编译的影片剪辑、ActionScript 代码，以及组件所需的其他资源。

1.2 Flash 的功能和特点

Flash 具有强大的功能和出色而易用的特点，为设计者提供了创建并生成丰富的网页内容和强大的应用程序所需的各种资源。无论设计者是要设计动画图形，还是要构建数据驱动的应用程序，Flash 都可提供在多种平台和设备上制作出最佳效果并获得完美的用户体验。

1.2.1 Flash 的优点

Flash 软件具有较强的矢量绘图和动画制作功能、具有较强的导入和发布功能，而且该软件简单易用。概况来说，Flash 主要有以下优点。

1. 多用性

Flash 是一个多能的工具，所输出的文件还可以被高档的图形软件所接受。因此越来越多的人把 Flash 作为网页动画设计的首选工具，图像设计师可以利用 Flash 进行构思及草稿设计，然后再将这些草稿输出到 Freehand 或 Illustrator 进行细化处理；或者将绘制在纸张上的图像扫描至 Flash 中，应用 Flash 将图像转换为可以任意缩放的线条图，再做进一步的加工和完善。

除此之外，将音乐、动画、声效等以交互方式融合在一起，还可创作出令人叹为观止的动画（电影）效果。

2. 简单易用

Flash 是一种功能强大又简单易用的图形和动画软件。即使是不太懂得绘画的用户，或者是没有制作动画经历或没有受过这方面训练的用户，也能很轻松地使用它并获得很好的成果。例如使用 Flash 制作别具特色的网页。

Flash 的绘图工具及其辅助工具都汇集在绘图工具栏中，使用强大的动画编辑功能使得设计者可以随心所欲地设计出高品质的动画。例如当用户在绘制图形的过程中出现抖动时，Flash 可以根据指令将抖动的形状改为平滑状，如图 1-5 所示。除此之外，用户还可使用 Action 功能，实现动画的交互性。

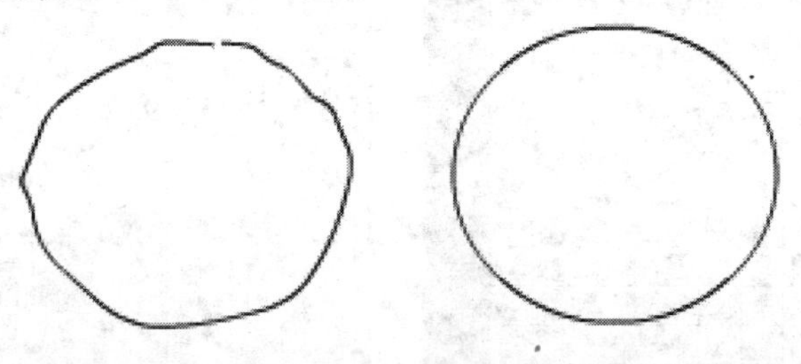

图 1-5　Flash 修改前后的绘图形状

3. 便于网络使用

Flash 通过使用关键帧和元件使得所生成的动画（.swf）文件变得很小，几 KB 的动画文件已经可以实现许多令人心动的动画效果，将其应用于网页，不仅能使网页更加生动，而且便于下载，有较地缩短了动画播放的时间。除此之外，Flash 还使用了流式播放技术，动画可以边播放边下载，从而缓解了网页浏览者焦急等待的情绪。

Flash 中的动画图形使用的是矢量图形，与位图图形不同的是矢量图形可以任意缩放尺寸而不影响图形的质量，用户无需再考虑根据浏览器窗口的大小更改动画中的图形大小，也无需担心动画因放大或缩小出现失真情况，直接将其嵌于浏览器窗口即可。

1.2.2 Flash CS6.0 的新增功能

Flash 版本的每一次升级都会给用户带来更多的便利和惊喜，Flash CS6.0 当然也不例外。下面介绍 Flash Professional CS6.0 的新增功能。

1. 界面全新设计

Adobe Flash CS6.0 的此次升级可以说是一次具有划时代意义的换代行动，因为它是 Adobe 公司在 2012 年 4 月刚刚推出的新一代面向设计、网络和视频领域的终极专业套装“Creative Suite 6”（简称 CS6.0）的组件之一。CS6.0 系列软件包含四大套装和十四个独立程序，它们使用统一的界面风格，尤其是启动画面给人一种全新的视觉感受，如图 1-6 所示。

图 1-6 Flash Pro CS6.0 的启动画面

Flash CS6.0 在界面设计上也作了改进，如创作面板的外观都有了细微的变化，即在面板底部增加了扩展条，使用户可以通过拖动扩展条来加大或者缩小面板的长度，这对于包含内容较多的面板（如“动画预设”面板）来说是非常好的改进，因为这样可以显示更多的内容，可以不必让用户再频繁地拖动滚动条来查找所需的内容了，如图 1-7 所示。

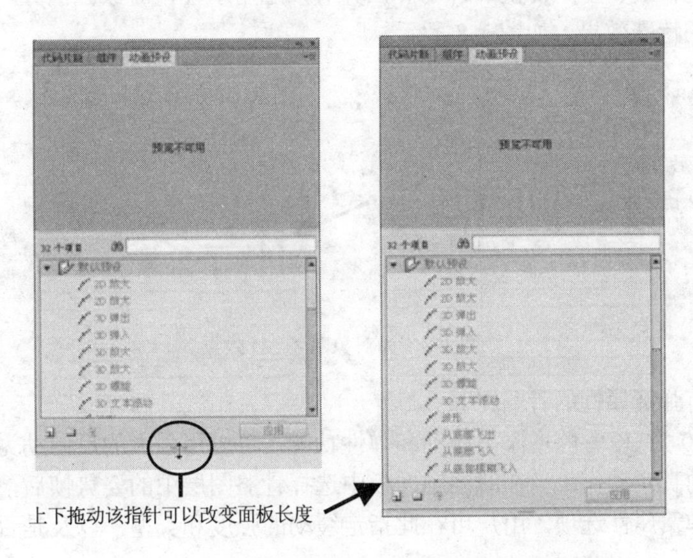

图 1-7 通过拖动面板底部的扩展条拉长或缩短面板

2. 多设备交互式开发平台

Flash 最初只是一个单一的 Web 动画制作工具，而 Flash CS6.0 则成为用于动画制作和多媒体创作以及交互式设计网站的强大的顶级创作平台，是一种可用于台式电脑、平板电脑、智能手机以及智能电视等多种设备的交互式开发平台，而且各种设备都能呈现出一致的互动体验效果。也就是说，现在用户可以使用上述任意设备来创作和播放动画，而得到的效果完全一致。

3. 丰富而强大的设计工具

Flash CS6.0 具有丰富而强大的设计工具，使 Falsh 软件当之无愧地持续处于业界领跑者的地位。

（1） 增强的绘图工具和动画制作工具。

Flash CS6.0 提供的 smart shape 和强大的设计工具让动画的设计更精准、高效。在 Flash CS6.0 中，可以用时间轴和动画编辑器来创建补间动效，用反向运动工具来开发自然顺畅的角色关节动画，使用户能够制作出精准、流畅、自然的精美动画效果。

（2） 滤镜、混合特效。

在 Flash CS6.0 中，可以为文本、按钮、影片剪辑增加各种视觉效果，创建丰富多彩的动画特效。

（3） 基于对象的动画。

Flash CS6.0 直接将动画赋予元件，而不依赖于关键帧，用户可以直接使用曲线工具来控制动画效果和独立的动画属性。

（4） 三维变换。

在 Flash CS6.0 中，可以通过使用三维平移工具和三维旋转工具将三维动画效果沿 x、y、z 轴赋予平面元件，让 2D 对象在 3D 空间中转换为动画，并让对象沿 x、y 和 z 轴运动。三维工具具有本地转换和全局转换两种功能，并可以应用于任何对象。例如，可以通过三维旋转来设置文字的特殊效果，如图 1-8 所示。

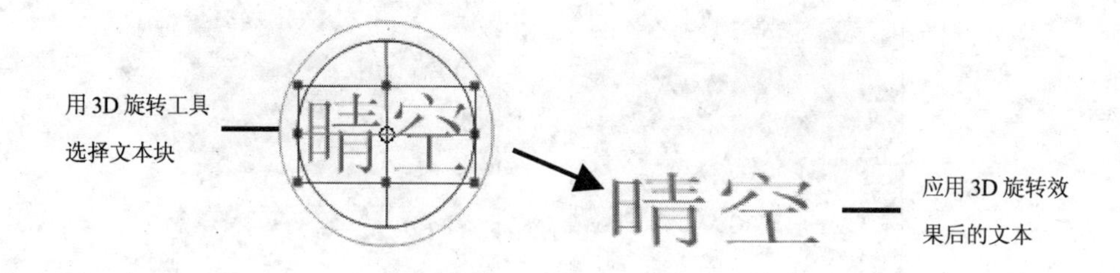

图 1-8 为对象赋予 3D 效果

（5） 具有弹簧属性的骨骼工具。

Flash CS6.0 为 IK 骨骼增添了缓动和弹性功能，可以用强大的反向动力关节引擎来创建动画栩栩如生的真实动作。当在时间轴面板中选择骨骼图层中的姿势帧后，属性检查器中即会显示缓动和弹簧属性选项，用户可在此指定缓动的强度和类型，以及是否启用弹簧功能，如图 1-9 所示。

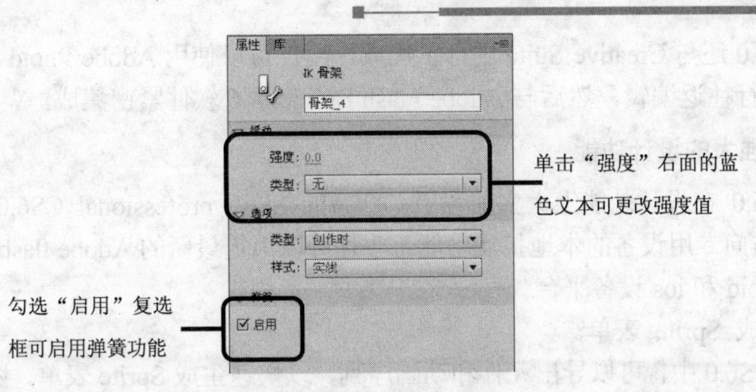

图 1-9 IK 骨骼姿势帧的属性选项

（6） 装饰画笔。

Flash CS6.0 配备了具有高级动画效果的装饰画笔，如花刷子、树刷子、火焰动画、粒子系统等，可绘制各种逼真的图案及动态粒子特效（如云和雨），并可用多个对象绘制风格化的线条或图案。

（7） 反向运动关节锁定。

在 Flash CS6.0 中，用户可将反向运动关节锁定在场景中，并设置选中骨骼的运动范围，从而可以定义更复杂的运动，如循环行走。

（8） 更精准的层操作。

Flash CS6.0 增强了图层操作的功能，用户可在不同文件和项目中复制多个层，并保留其文档结构，如图 1-10 所示。

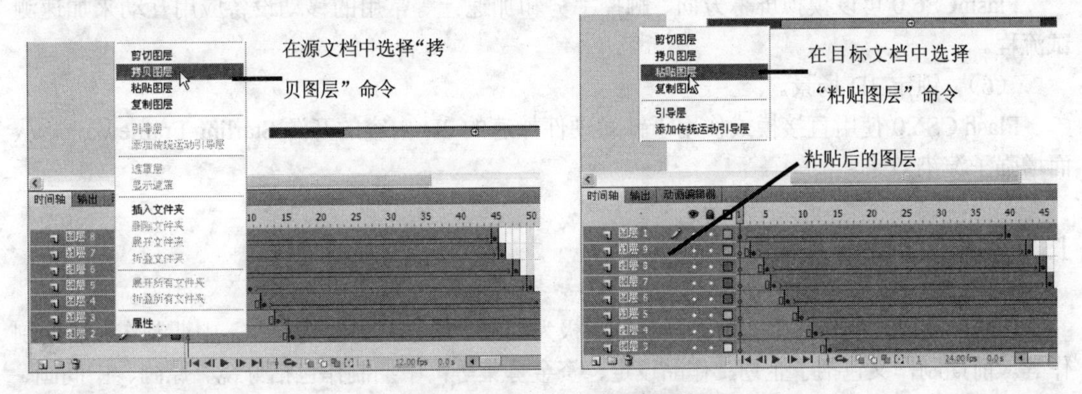

图 1-10 在不同文件中复制图层

4. 高级文本引擎

在 Flash CS6.0 中，可以通过“文本版面框架”获得全球双向语言支持和先进的印刷质量排版规则 API。从其他 Adobe 应用程序中导入内容时仍可保持较高的保真度。

5. 与其他软件的集成

Flash CS6.0 与更多的软件集成在一起，可以与 CS6.0 套件中的任意一款软件互动编辑。此外，Flash CS6.0 还用可视化视频编辑器大幅简化了视频的嵌入和编码过程，使用户可直接在场景上操作 FLV 视频控制条，同时还可以借助随附的专业视频程序 Adobe Media Encoder，将视频轻松并入项目中并高效转换视频剪辑。

Flash CS6.0 还与 Creative Suite 进行了集成，用户可以使用 Adobe Photoshop CS6.0 软件对位图图像进行往返编辑，然后与 Adobe Flash Builder 4.6 软件紧密集成。

6. 更加强大的设计功能

Flash CS6.0 在设计功能上大大加强了，全新的 Flash professional CS6.0 附带了可生成 sprite 表单和访问专用设备的本地扩展功能，并且可以锁定最新的 Adobe flash player 和 air 运行时以及 android 和 ios 设备平台。

（1） 生成 Sprite 表单。

在 Flash CS6.0 中，可以导出元件和动画序列，以快速生成 Sprite 表单，协助改善游戏体验、工作流程和性能。

（2） HTML 的新支持。

Flash CS6.0 以 Flash Professional 的核心动画和绘图功能为基础，利用新的扩展功能（单独提供）创建交互式 HTML 内容，可以导出 Javascript 来针对 CreateJS 开源架构进行开发。

（3） 广泛的平台和设备支持。

Flash CS6.0 可以锁定最新的 Adobe Flash Player 和 AIR 运行时，使设计者能够针对 Android 和 iOS 平台进行设计。

（4） 创建预先封装的 Adobe AIR 应用程序。

Flash CS6.0 使用预先封装的 Adobe AIR captive 运行时创建和发布应用程序，这可以简化应用程序的测试流程，使终端用户无需额外下载即可运行设计者创建的动画内容。

（5） Adobe AIR 移动设备模拟。

Flash CS6.0 可以模拟屏幕方向、触控手势和加速计等常用的移动设备应用互动来加速测试流程。

（6） 锁定 3D 场景。

Flash CS6.0 使用直接模式作用于针对硬件加速的 2D 内容的开源 Starling Framework，从而增强了渲染效果。

1.3 制作 Flash 的工作流程

传统的动画，制作起来非常繁琐且分工极为细致。通常分为前期制作、中期制作、后期制作等。前期制作又包括了企划、作品设定、资金募集等；中期制作包括分镜、原画、中间画、动画、上色、背景作画、摄影、配音、录音等；后期制作包括剪接、特效、字幕、合成、试映等。

如今的动画，由于计算机的加入使动画的制作变得相对简单了，我们经常可以在网上看到很多 Flash 短小动画。如果要应用 Flash 制作动画，首先应规划动画内容，然后再应用 Flash 进行动画设计。下面介绍应用 Flash 制作动画的工作流程。

（1） 创建应用程序。创建新文件，同时设置舞台大小、背景、颜色、动画播放帧频等相关属性。

（2） 创建或导入媒体元素。向 Flash“库”面板中添加动画制作过程中所需的元件，如在 Flash 中创建的图像或剪辑元件，或从程序外导入媒体元素（如图像、视频、声音、文本等）。

（3） 设置动画。将媒体元素按照所需的方式添加至舞台和时间轴，为其添加显示的时间，添加各种特殊效果（如模糊、发光和斜角），添加 ActionScript 控制行为，设计出有声有色的动画效果。

（4）　保存文件。将设计完成的动画保存起来，以方便修改、调用。

（5）　测试并发布应用程序。测试动画以验证程序是否符合预期要求，查找并修复所遇到的错误。达到预期要求，即可发布 FLA 文件，例如将其保存为 SWF 文件。

在实际工作中，用户可以根据自己所设计的项目以及所使用的工作方式按不同的顺序灵活使用上述步骤。

1.4　Flash CS6.0 的工作界面

进入 Flash CS6.0 最先显示的页面是欢迎屏幕，如图 1-11 所示。欢迎屏幕中包含“从模板创建”、“打开最近的项目”、“新建”、“扩展”和“学习”5 个区域，用户可以通过欢迎屏幕轻松访问 Flash 的常用操作，它们各自功能说明如下。

（1）“从模板创建”：单击该区域中显示的项目可打开如图 1-12 所示的“从模板新建”对话框，用户可从中选择要应用的模板。

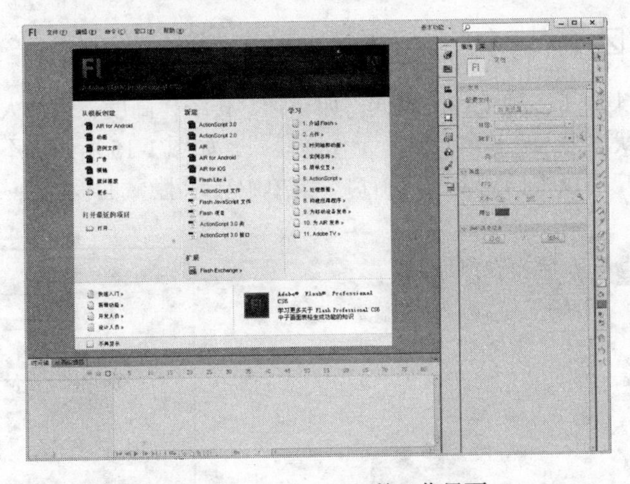

图 1-11　Flash CS6.0 的工作界面

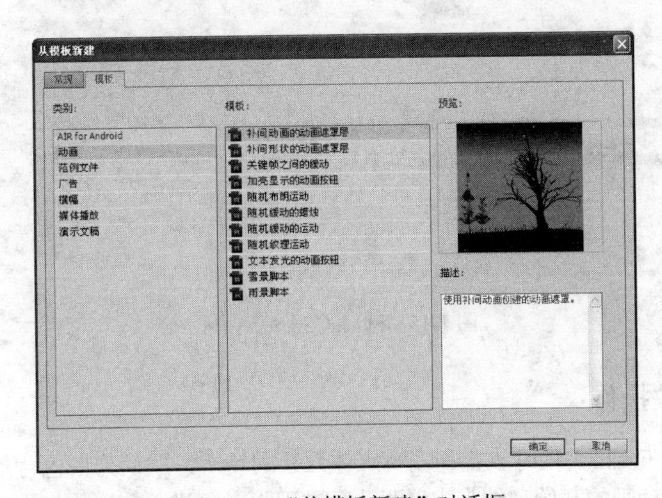

图 1-12　“从模板新建”对话框

（2） “打开最近的项目”：显示最近打开的文档。可通过单击“打开”按钮 打开... 打开“打开”对话框，从中选择要打开的文档。已打开过的文档会显示在“打开”按钮上方，直接单击要打开的文件名称即可将其打开，如图 1-13 所示。

（3） “新建”：单击该区域中显示的项目可选择不同类型的 Flash 文件，如创建支持 ActionScript 3.0 的 Flash 文件，可单击其中的“ActionScript 3.0”项目，如图 1-14 所示。

图 1-13 打开文件

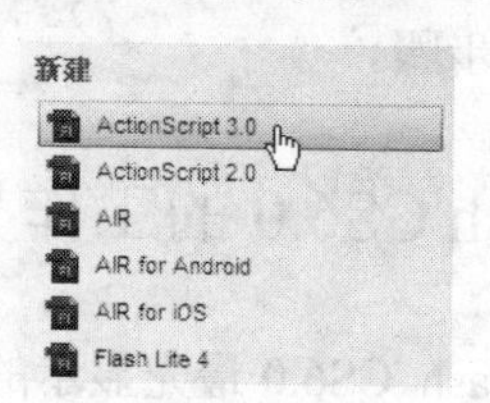

图 1-14 创建文件

（4）“扩展”：它链接到 Macromedia Flash Exchange Web 站点，用户可以在其中下载 Flash 的助手应用程序、Flash 扩展功能以及相关信息。

（5） “学习”：单击该区域中任意项目，可以打开浏览器浏览其内容进行学习。

1.4.1 进入工作区

Flash CS6.0 中集成了多种工作区模式，如动画、传统、高度、设计人员、开发人员、基本功能、小屏幕，默认进入“基本功能”工作区模式，如图 1-15 所示。不同的工作区模式显示的面板不同，用户可以根据需要从“窗口”菜单中显示/隐藏面板。

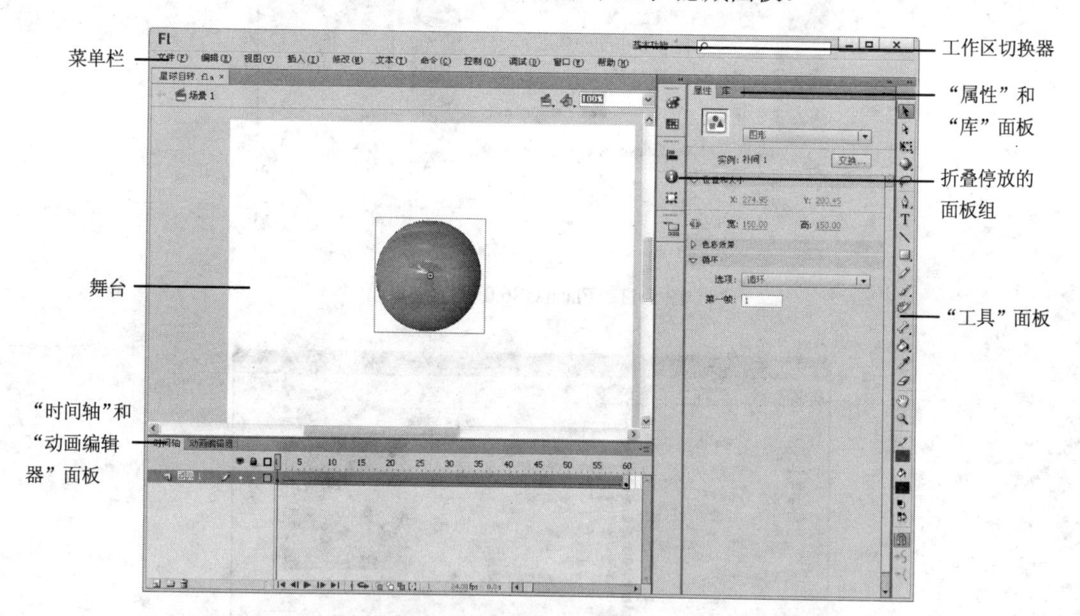

图 1-15 Flash CS6.0 工作区

1.4.2 舞台相关操作

舞台是在创建 Flash 文档时放置和编辑媒体元素的场所，默认为白色背景，舞台周围的淡灰色区域通常用做动画的开始和结束点，即动画过程中对象进入和退出舞台时的位置设置。例如，创建鸟儿飞入舞台的动画，可先将鸟儿起始放置设置在舞台之外的淡灰色区域，终点设置在舞台的白色区域，然后为其添加飞入舞台的动画。

1.　缩放舞台

Flash 中的舞台默认显示比例为 100%，允许缩放比率区间为 8%～2000%，在创作动画的过程中，用户可以根据需要随意放大或缩小舞台。值得注意的是无论用户是将舞台缩小至 8%，还是将舞台放大至 2000%。改变的只是舞台的显示比例，舞台长、宽值并不会因此而改变。下面介绍缩放舞台的几种常用方法。

（1）　单击“工具”面板中的“缩放工具”按钮🔍，然后在舞台任意位置处单击可放大舞台显示比例；按住 Alt 键单击舞台任意位置可缩小舞台显示比例。

如果用户在选择“缩放工具”时单击舞台中任意媒体元素，则该元素会以放大的方式显示在窗口工作区域中，如图 1-16 所示。
用户也可以通过圈选的方式在工作区域中显示放大的媒体元素。

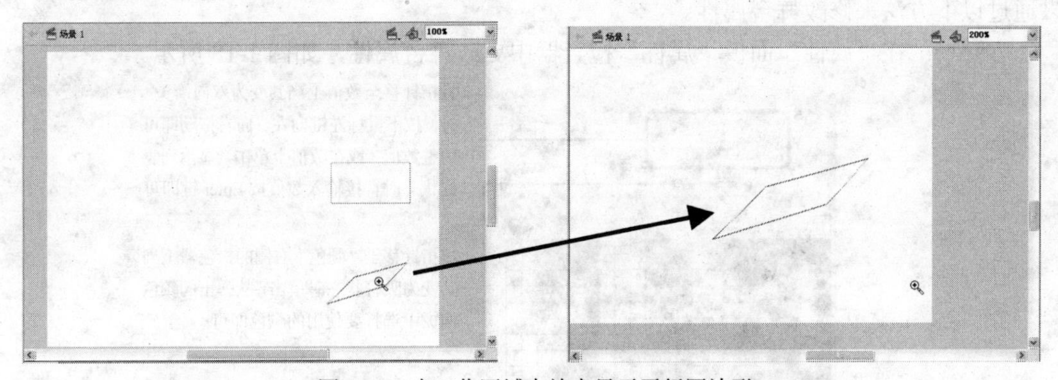

图 1-16　在工作区域中放大显示平行四边形

（2）　选择菜单栏中的“视图”|“放大”命令或“视图”|“缩小”命令。

（3）　如果要缩放舞台至特定的比率，可展开菜单栏中的“视图”|“缩放比率”命令，从子菜单中选择一个百分比（如 25%、50%、200%、400%、800%），或单击展开工作区域上方“编辑栏”右侧的“缩放”列表框从中选择一个百分比，如图 1-17 所示。

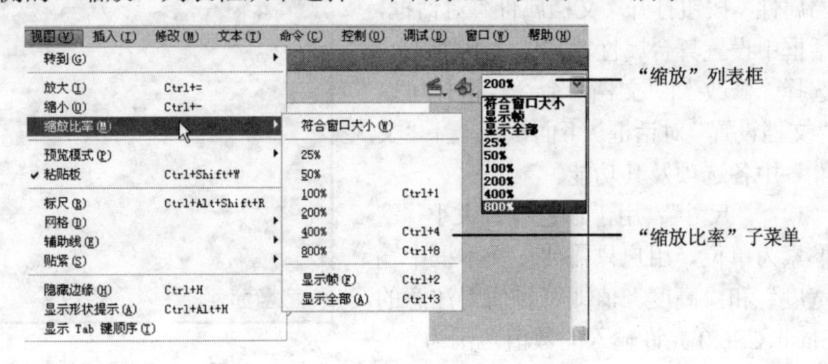

图 1-17　“缩放比率”子菜单与“缩放”列表框

（4）　如果要缩放舞台完全适合工作区域窗口大小，可选择“视图”|“缩放比率”|“符

合窗口大小”命令，或打开“编辑栏”右侧的“缩放”列表框从中选择“符合窗口大小”选项。

“缩放比率”子菜单中还包含“显示全部”和“显示帧”两个命令，若要显示当前帧的内容可选择“显示全部”命令；若要显示整个舞台可选择“显示帧”命令。

2. 移动舞台视图

为了编辑舞台中某媒体元素而放大舞台显示比例，导致工作区域无法显示舞台中所有内容时，用户除了调整舞台显示比例外，还可以通过拖动舞台的方式在工作区域内显示舞台中的媒体元素。

若要移动舞台，应先单击“工具”面板中的“手形工具”按钮，然后将鼠标指针移至舞台，当鼠标变为手形时，按下鼠标左键上、下、左、右拖动即可。

3. 设置舞台属性

默认创建的舞台尺寸为550×400像素，背景为白色，每秒播放的帧频数为24。用户可以通过以下方法来修改舞台属性。

方法一：在“属性”面板“属性”检查器中更改舞台属性，如图1-18所示。

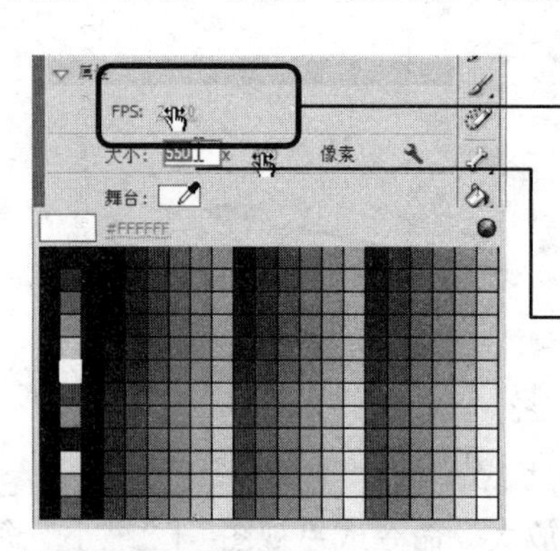

图1-18 应用“属性”检查器更改舞台属性

方法二：单击“属性”检查器中的“设置文档属性”按钮打开“文档属性”对话框，在对话框中设置舞台属性，如图1-19所示。

选择“修改”|“文档”命令，同样可以打开“文档设置”对话框。下面认识一下“文档属性”中各选项及其功能。

（1）“尺寸”：用于设置舞台大小，默认以像素为单位，用户只需要在文本框中输入“宽度”和“高度”值即可。值得注意的是，Flash CS6.0允许输入的数值范围为1～2880像素。

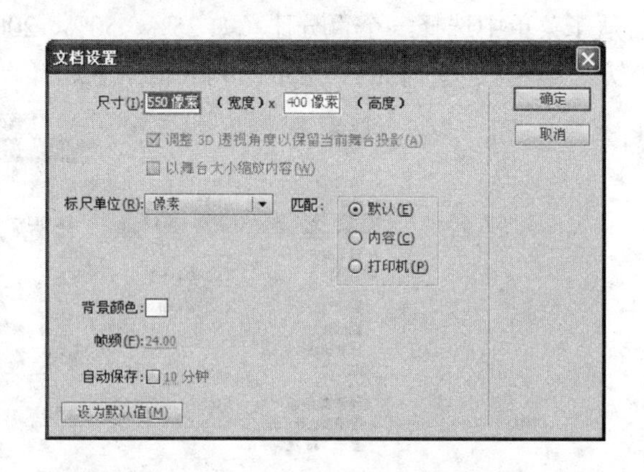

图1-19 “文档设置”对话框

（2）“匹配”：包含3个选项“默认”、“内容”、“打印机”。

若要将舞台尺寸与舞台内容使用的间距量精确对应，可选择“内容”选项。

若要将舞台大小设置为最大的可用打印区域，可选择“打印机”选项。

若要将舞台大小设置为默认大小（550×400 像素），可选择“默认值”选项。

（3）“调整 3D 透视角度以保留当前舞台投影”：用于调整舞台上 3D 对象的位置和方向，以保持其相对于舞台边缘的外观。值得注意的是，该选项默认情况为灰色不可用状态，只有更改舞台大小后才可使用。

（4）“以舞台大小缩放内容”：若要相对于舞台大小的自动缩放舞台内容，可选择该选项。该选项默认情况为灰色不可用状态，只有更改舞台大小后才可使用。

（5）“标尺单位”：若要指定显示在工作区的标尺的度量单位，可在此设置。默认为像素，可更改为英寸、点、厘米或毫米。

（6）“背景颜色”：用于更改舞台背景颜色。

（7）“帧频”：用于指定动画每秒钟播放的帧数。

4. 舞台中的辅助工具

标尺、辅助线和网格是 Flash 动画创作中很有用的 3 种辅助工具，它们有助于在舞台上精确地绘制和安排对象。例如，可以在文档中放置辅助线，然后使对象贴紧至辅助线，或者可以显示网格以便使对象贴紧至网格。

（1）标尺：标尺分为水平标尺和垂直标尺，使用标尺可有助于控制舞台中的媒体元素。默认工作区域中并不会显示标尺，选择“视图”|“标尺”命令，标尺自动显示在舞台的顶部和左侧。

在标尺显示状态下，移动舞台上的元素时，标尺上会显示多条指示线，指出该元素当前所处的位置和当前移动的元素的尺寸，如图 1-20 所示。

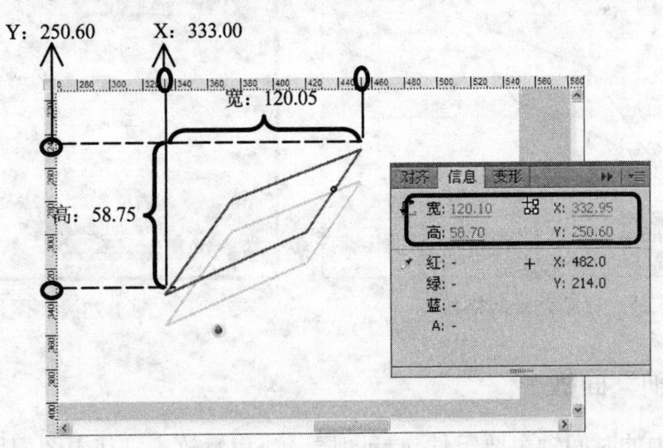

图 1-20 显示标尺后移动舞台中的元素

（2）辅助线：标尺显示状态下，从标尺上可拖动出水平辅助线和垂直辅助线。如果菜单栏中的“视图”|“贴紧”|“贴紧至辅助线”命令处于选择状态（命令前显示复选标记√），在移动舞台中的元素时，对象左上角顶点会自动贴紧至临近的辅助线，如图 1-21 所示。

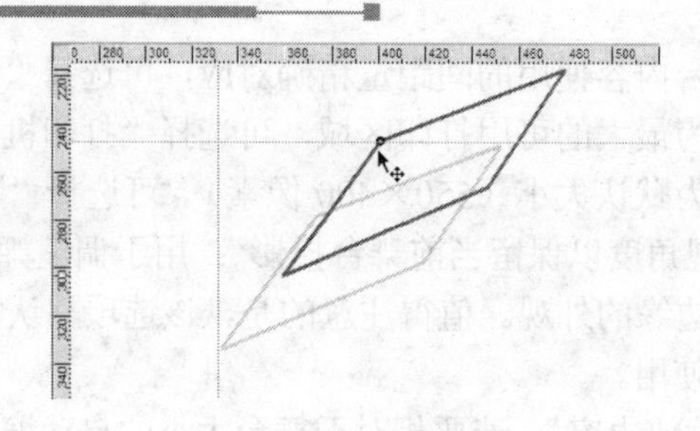

图 1-21　显示辅助线

若要移动辅助线，单击“工具”面板上的“选择工具”按钮，然后拖动辅助线至所需要的位置。
若要删除辅助线，使用“选择工具”将辅助线拖动至标尺上即可。
若要清除辅助线，可使用“视图”|“辅助线”|“清除辅助线”命令。

（3） 网格：选择“视图”|“网格”|“显示网格”命令可在舞台上显示/隐藏网格。默认状态下“视图”|“贴紧”|“贴紧至网格”命令处于启用状态，移动对象时拖动点附近的顶点或中点会自动贴紧临近的网格，如图 1-22 所示。

除此之外，还可以选择“视图”|“网格”|“编辑网格”命令，打开“网格”对话框，设置网格线颜色，是否显示网络，网格显示位置，是否贴紧网格，网格间距值，贴紧精确度等参数，如图 1-23 所示。

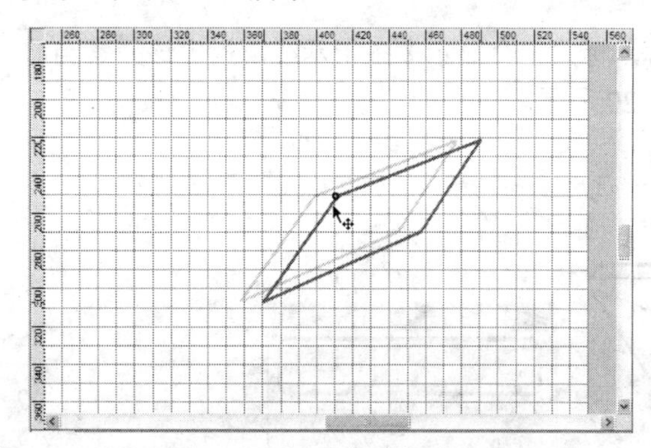

图 1-22　顶点自动贴紧网格线

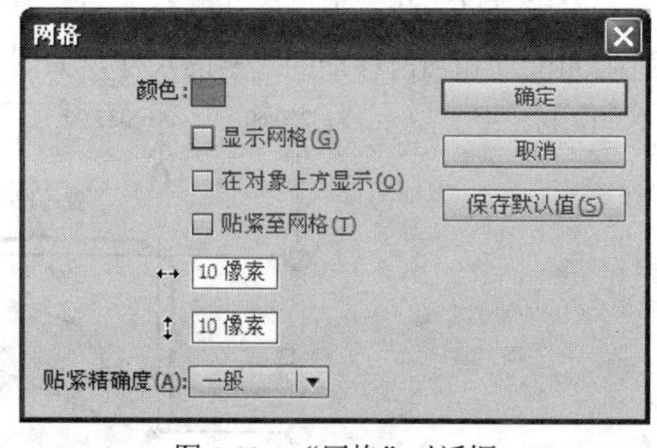

图 1-23　“网格”对话框

1.4.3　“时间轴”面板

Flash CS6.0 中的时间轴主要组件包括图层、帧和播放头，其中图层用来记录显示舞台中的不同对象，帧表示时长，而动画则是通过时间轴组织和控制文档在一定时间内播放的图层数和帧数形成的。

1. 时间轴的构成

“时间轴”面板左侧显示图层列表，每个图层中包含的帧显示在该图层右侧，而时间轴顶部的时间轴标题用于指示帧编号，播放头用于显示当前舞台中显示的帧，在时间轴底部显示的时间轴状态指示所选的帧编号、当前帧速率以及到当前帧为止运行的时间，如图 1-24 所示。

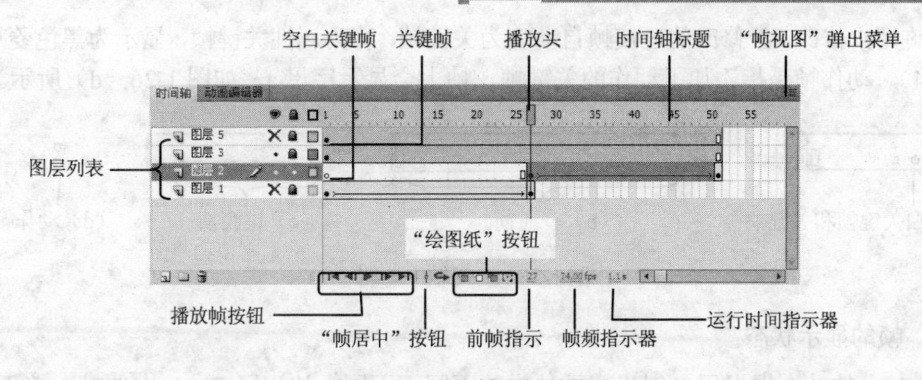

图 1-24 时间轴面板的构成

“时间轴”面板中的帧默认以标准方式显示，若要更改帧显示方式，可单击“时间轴”面板右上角的“帧视图”按钮，从弹出的下拉菜单中选择不同显示，更改帧在时间轴中的显示方式，如图 1-25 所示。

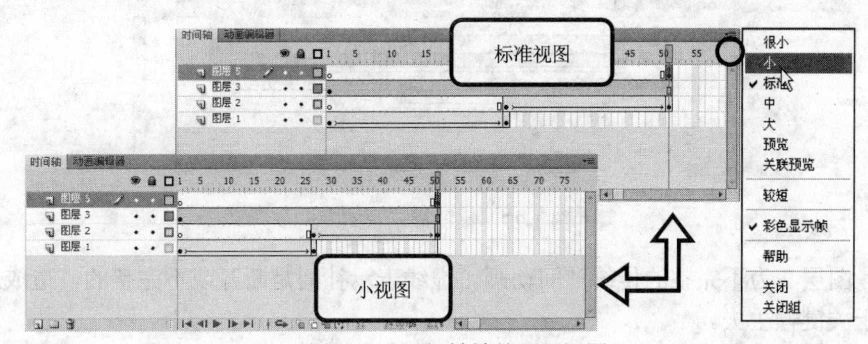

图 1-25 时间轴帧的不同视图

“帧视图”菜单中其他命令：若要减小帧单元格行的高度，可选择“较短”命令；若要打开/关闭用彩色显示帧功能，可选择“彩色显示帧”命令；若要显示每个帧的内容缩略图，可选择“预览”命令；若要每个完整帧（包括空白空间）的缩略图，可选择“关联预览”命令。

2. 帧的分类

在创建动画的过程中，每一帧都会显示在时间轴中，Flash CS6.0 中的帧里分为关键帧、普通帧、过渡帧和动作帧。

（1） 关键帧包括空白关键帧，即没有添加任何对象的关键帧，Flash 每个图层的第 1 帧默认为空白关键帧。关键帧是动画的关键点，在时间轴上关键帧显示为实心点黑圆点●，空白关键帧的帧显示为空心圆点○，如图 1-26（a）所示。

（2） 普通帧在时间轴中显示为浅灰色，其内容与左侧的关键帧相同，通常可通过按 F5 键在关键帧右侧添加普通帧，如图 1-26（b）所示。

（3） 过渡帧是位于动画两关键帧之间由 Flash 计算生成的帧。传统动画过渡帧是由软件自动计算生成的，用户无法对其对行编辑，如图 1-26（c）所示。Flash CS6.0 中的补间动画则允许用户修改，经修改的过渡帧自动变为关键帧，称为属性关键帧，显示为黑色菱形◆。

（4） 动作帧是指添加了动作的关键帧，帧上会显示字母 a，如图 1-26（d）所示。

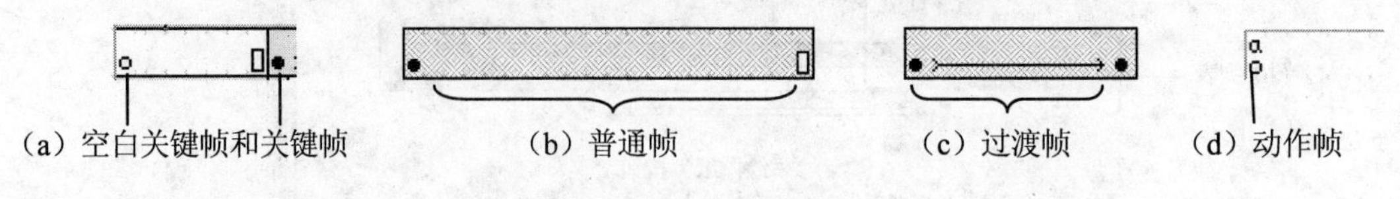

图 1-26 时间轴中的帧

3. 帧的显示状态

Flash 中的帧会根据用户创建动画种类的不同而不同，认识了 Flash 中的帧，接下来以图 1-27 为例，认识一下帧在时间轴中的不同显示状态。

（1） 图层 1 为形状渐变补间动画，即补间形状。关键帧之间通过黑色箭头连接，过渡帧为浅绿色背景。

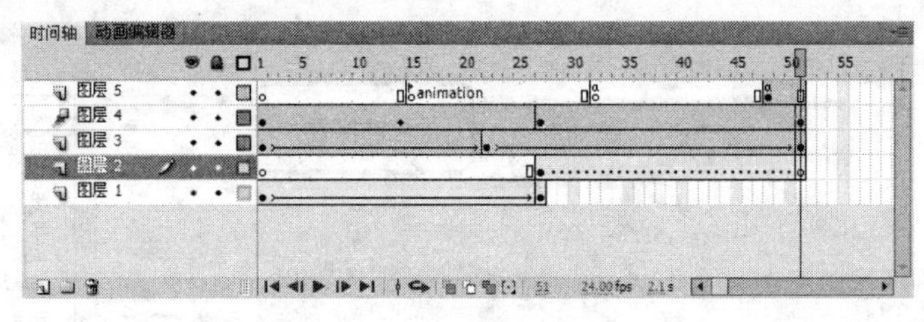

图 1-27 帧的显示状态

（2） 图层 2 为不完整的传统补间动画。虚线表示补间是断开或不完整的，造成此现象的原因在于关键帧丢失。

（3） 图层 3 为传统补间动画。关键帧之间通过黑色箭头连接，过渡帧为浅紫色背景。

（4） 图层 4 为补间动画，除第 1 个关键帧需要用户自行创建外，其他关键帧用户都可以通过修改对象属性创建，即用户可以通过更改属性的方式创建属性关键帧，如该图层第 14 帧。

（5） 图层 5 中的第 32 帧、第 48 帧为动作帧。值得注意的是第 15 帧并不是动作帧，只是添加了标签的空白关键帧。

4. 时间轴中的图层

在 Flash 中图层是用来承载动画的，所以图层也称为动画层。用户可以将不同的人物、动物、背景等媒体元素添加至不同图层，即可创作出复杂动画；除此之外，把不同媒体元素分别存放在不同图层最大的好处在于，用户可以分别对媒体元素进行编辑，而不会因媒体元素颜色相近或重叠而无法修改。

1.4.4 “属性”面板

“属性”面板是最常用的一种面板，位于工作区区侧。根据用户选择对象的不同，“属性”面板中也会显示出不同的内容。例如，在舞台空白区域内单击，“属性”面板会显示文档相应的属性检查器“发布”、“属性”和“SWF 历史记录”，如图 1-28 所示。例如，选择舞台上某图形元件，则“属性”面板会显示图形相应的属性检查器“位置和大小”、“色彩效果”和“循环”，如图 1-29 所示。

图 1-28　文档属性检查器

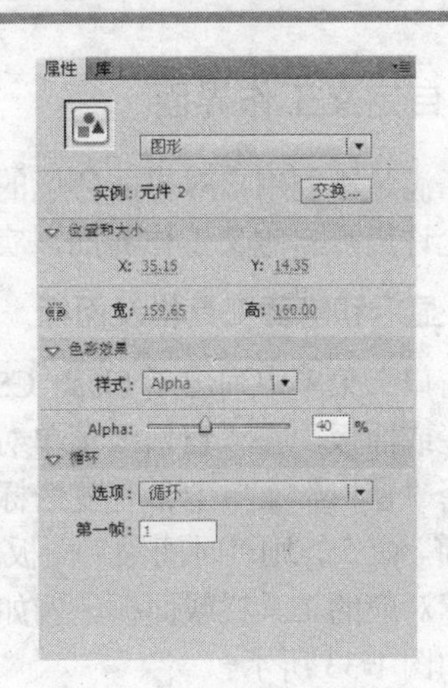

图 1-29　元件属性检查器

1.4.5　“库”面板

在“基本功能”模式下“库”面板默认显示在工作区域右侧，“库”面板主要用于存储和组织在 Flash 中创建的各种元件（图形、按钮和影片剪辑）、补间动画（包含传统补间动画）以及导入的媒体元素（位图图形、声音文件和视频剪辑等），如图 1-30 所示。

新创建的空白 Flash 文档，其“库”面板中是不会显示任意内容的。“库”面板中的内容只会随着用户动画创作的延续而增加。值得注意的是，“库”面板中的有些内容是不需用户创建就会自动生成的。例如，用户在“时间轴”内创建了一个补间动画，则会自动生成一个名为“补间”的元件显示在“库”面板中。

显示在“库”面板中的所有对象，用户都可以通过单击选择其名称的方式，查看当前选择的对象是否是用户所需的元素。除此之外，拖动“库”面板底部水平滚动条，还可以在“库”面板中查看元件或媒体元素的名称、是否跨文件共享、AS 链接、使用次数、修改日期及类型等信息，如图 1-31 所示。

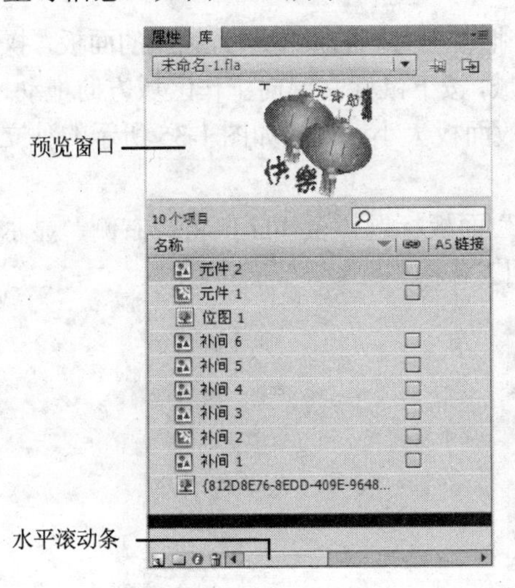

图 1-30　“库”面板

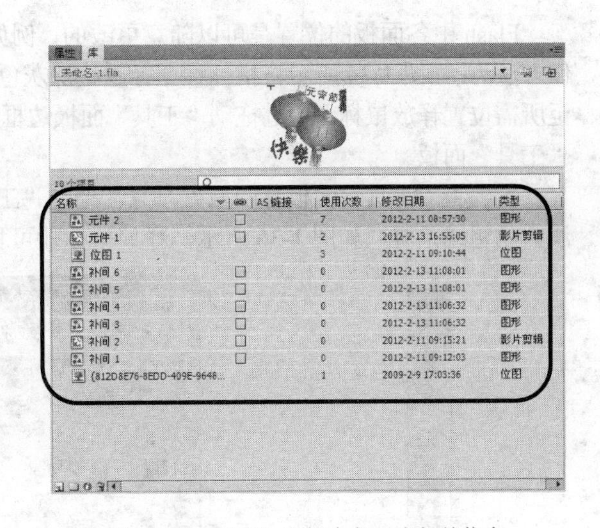

图 1-31　“库”面板中各元素相关信息

1.4.6 自定义工作界面

为了满足不同用户对界面环境的不同需求，Flash CS6.0 除了为用户内置了多种界面模式外，还允许用户自定义工作界面，实现个性化设置。

1. 显示和隐藏工具栏及面板

“窗口”菜单中列出了 Flash CS6.0 中几乎所有的工具栏和面板。Flash 窗口中已经显示的工具栏或面板，在“窗口”菜单对应命令前会显示复选标记√，如图 1-32 所示。

选择“窗口”菜单中带有复选标记的命令，则会隐藏对应的工具栏或面板。例如，选择“时间轴”命令，则“时间轴”面板会被隐藏。选择“窗口”菜单中不带有复选标记的命令，则会显示对应的工具栏或面板。例如，选择“组件检查器”命令，则在 Flash 窗口中显示该面板，如图 1-33 所示。

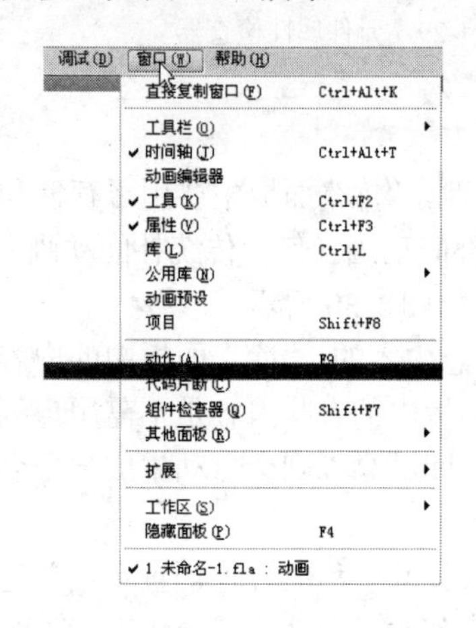

图 1-32 “窗口”菜单

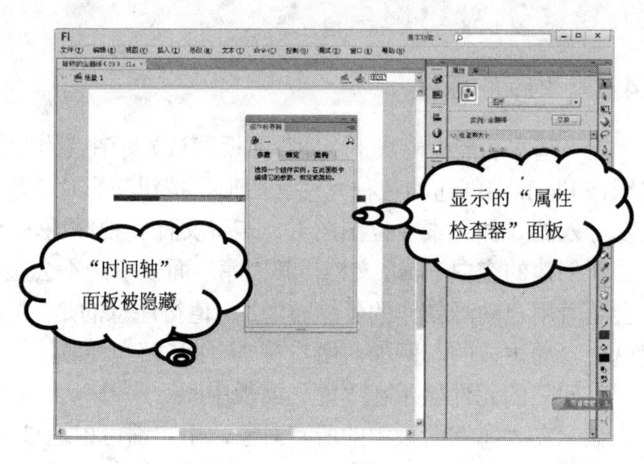

图 1-33 显示/隐藏面板

2. 移动面板位置

Flash 中各面板的位置是可以随意更改的，例如，把“工具”面板拖动为独立的面板，操作方法为：如图 1-34 所示将指针移至标题栏深灰色区域，按下鼠标左键向工作区域方向拖动，至所需位置释放鼠标。通过拖动“工具”面板边框修改面板大小，得到如图 1-35 所示的独立“工具”面板。

若要将“工具”面板移回原处，只需拖动“工具”面板标题栏至 Flash 窗口右侧，显示浅蓝色粗线条时，如图 1-36 所示，释放鼠标即可移回工作组。

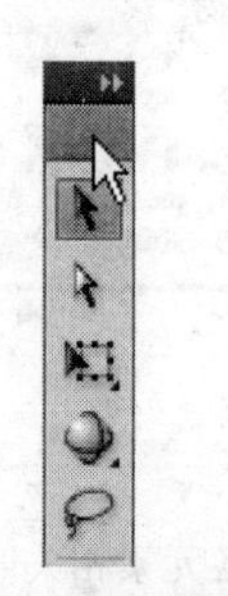

图 1-34 拖动标题栏

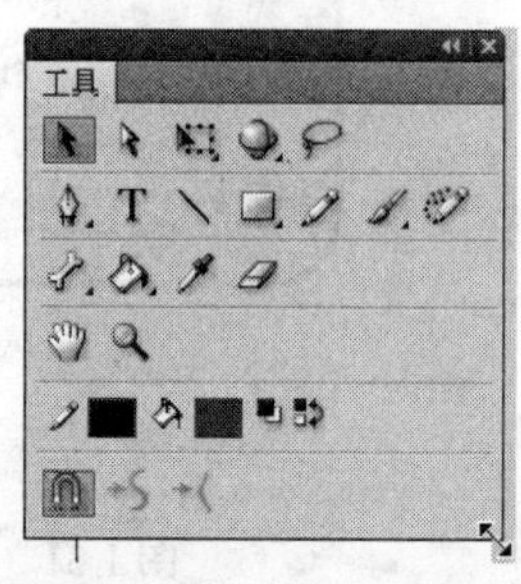

图 1-35 独立“工具”面板

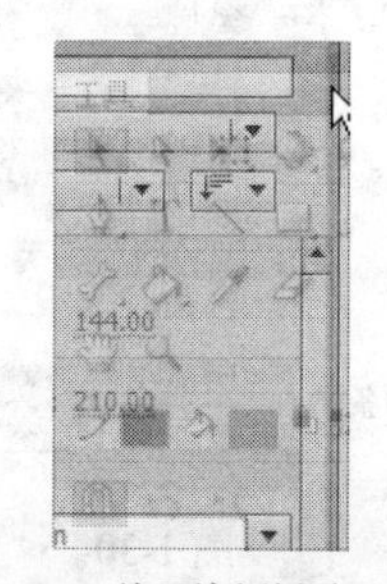

图 1-36 将面板移回工作组

3. 新建与管理自定义界面

若要自定义一个工作界面，可选择“窗口”|“工作区”|“新建工作区”命令，或单击窗口上方的“工作区切换器”按钮从弹出菜单中选择“新建工作区”命令，打开“新建工作区”对话框。在“名称”文本框中键入所需名称，如图 1-37 所示，单击“确定”按钮。切换至新建的工作区，自定义一个自己用起来比较顺手的界面即可。

若要删除或者重命名自定义的界面，可选择“窗口”|“工作区”|“管理工作区”命令，或单击窗口上方的“工作区切换器”按钮从弹出菜单中选择“管理工作区”命令，打开如图 1-38 所示的“管理工作区”对话框。在列表框中选择界面名称，然后单击“删除”按钮将其删除（删除自定义界面的操作不可撤销），或单击“重命名”按钮在打开的对话框中为所选自定义界面输入新的名称。

图 1-37　“新建工作区”对话框

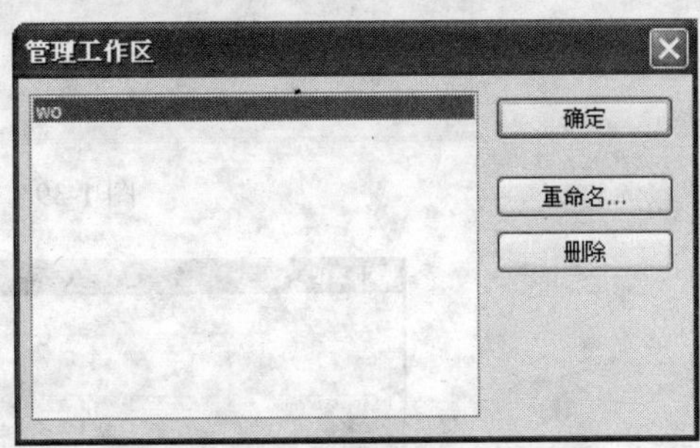

图 1-38　“管理工作区”对话框

1.5 动手实践——熟悉 Flash 工作流程

打造一个属于自己的工作环境，并应用模板创建名为“蜡烛”的动画文件，将其保存为能用低版本 Flash 5.0 软件打开的 FLA 文件，并修改其舞台属性。

步骤 1：自定义工作环境

（1） 运行 Flash CS6.0 应用程序，单击窗口上方的“工作区切换器”按钮从弹出菜单中选择“新建工作区”命令，打开“新建工作区”对话框。

（2） 在“名称”文本框中键入名称 wo，单击“确定”按钮。

（3） 将指针移至“工具”面板标题栏深灰色区域，按下鼠标左键向 Flash 窗口边框处拖动，显示浅蓝色粗线条时释放鼠标。

（4） 将“属性”面板左侧的 6 个只显示图标的面板移至“库”面板右侧，形成选项卡式面板组，完成自定义工作环境设置，如图 1-39 所示。

步骤 2：从模板创建文档

（1） 单击欢迎界面左侧“从模板创建”区域中的“动画”选项，打开“从模板创建”对话框。

（2） 从中间的“模板”列表框中选择“随机缓动的蜡烛”选项，如图 1-40 所示。

（3） 单击“确定”按钮，创建新文档。

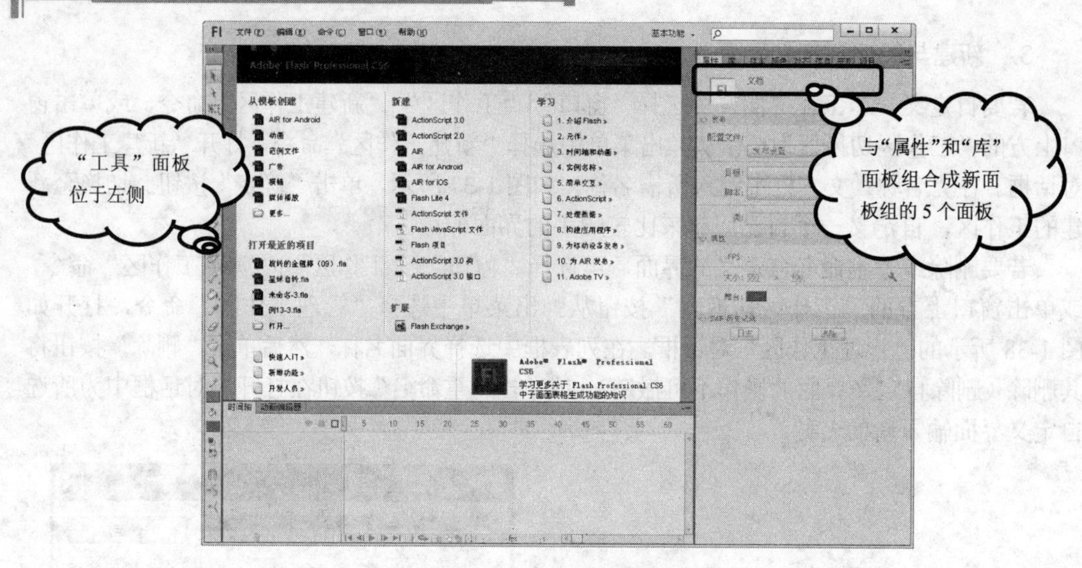

图 1-39　自定义工作界面

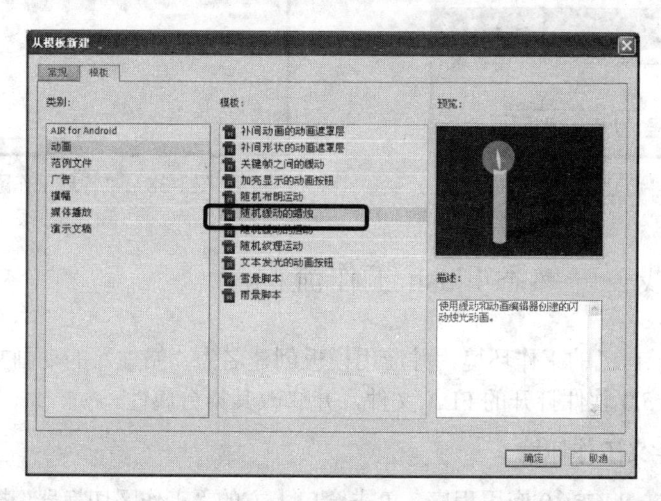

图 1-40　从“从模板创建”对话框选择模板

步骤 3：修改文档属性

（1） 在舞台空白处单击，切换至“属性”面板，展开“属性”检查器。

（2） 在 FPS 右侧的数值上单击，输入 24，按 Enter 键。

（3） 单击“舞台”右侧的“背景颜色”按钮，从弹出的调色板中选择#FFFFFF（白色）颜色块，如图 1-41 所示。

步骤 4：保存文档

（1） 选择“文件” | “保存”命令，打开“另存为”对话框。

（2） 选择保存文件的路径，在“文件名”文本框中输入“蜡烛”。

（3） 打开“保存类型”下拉列表框从中选择“Flash CS5.5 文档（*.fla）”选项，如图 1-42 所示。

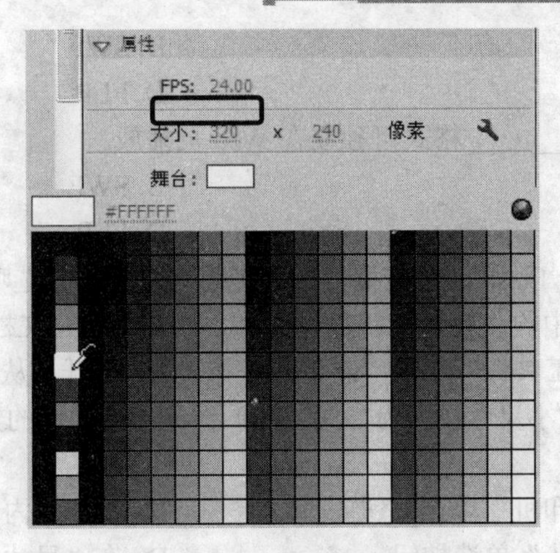

图 1-41　修改文档属性

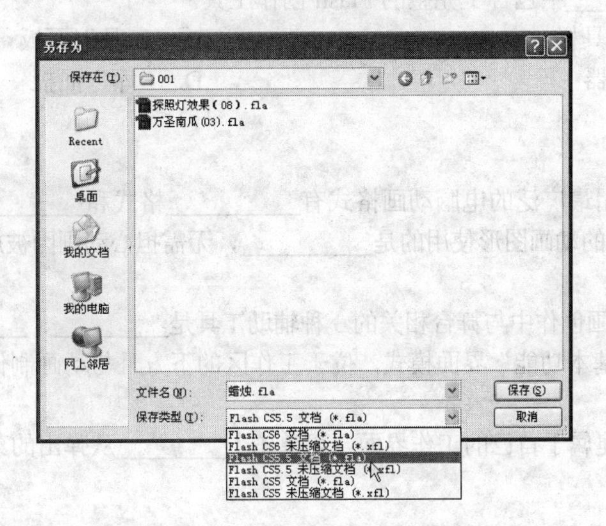

图 1-42　“另存为”对话框

（4） 单击“保存”按钮。

创建/导入媒体元素、设置动画和测试发布应用程序这几项内容我们将在后面章节进行介绍，在此就不叙述了。

1.6　习题练习

1.6.1　选择题

（1） 在 Flash 中使用“文件”|“保存”命令保存文件时，默认文件名扩展名为______。

A. FLA　　B. SWF
C. SWC　　D. FLP

（2） 下列选项中________格式可独立在 Web 页播放。

A. FLA　　B. SWF
C. SWC　　D. FLP

（3） 若要创建一个 Flash 演示文稿，应选择下列________选项。

A. 欢迎屏幕中的“新建”新建　　B.“新建文档”对话框
C. 单击“主工具栏”中的“新建”按钮　　D. 打开“从模板创建”对话框

（4） 要将舞台的大小尺寸设置为 550×400 像素，最简单的方法是在“文档属性”对话框中________。

A. 选中“打印机”单选按钮　　B. 选中“内容”单选按钮
C. 选中“默认”单选按钮　　D. 在“尺寸”选项组中输入宽、高值

（5） 在________中包含了完整的 Flash 创作工具。

A. 主工具栏　　B.“工具”面板
C. 控制器　　D. “库”面板

1.6.2 填空题

（1） 目前应用最广泛的电脑动画格式有__________格式和__________格式。

（2） Flash 中的动画图形使用的是__________，无需担心动画因被放大或缩小导致图形失真。

（3） Flash 动画创作中与舞台相关的 3 种辅助工具是________、________和________。

（4） Flash“基本功能”界面模式，位于工作区的下方且与动画制作息息相关的面板是__________面板。

（5） 若要创建属于自己的工作界面，可单击__________从弹出的菜单中选择“新建工作区”命令。

1.6.3 简答题

（1） Flash 都有哪些特点？

（2） 制作 Flash 文档的工作流程是什么？

（3） 简述如何为 Flash 文档设置背景颜色、指定文件大小。

1.6.4 上机练习

（1） 利用 Flash 内置的模板创建一个新文档，并将其保存为可用 Flash CS6.0 打开的动画文件。

（2） 自定义一个符合自由使用习惯的个性化界面。

第 2 章　绘制与调整图形

本章要点

- 绘制图形。
- 编辑图形。
- 为图形添加颜色。
- 使用 Deco 工具。

本章导读

- **基础内容**：应用工具绘制图形轮廓，并为其填充所需颜色。
- **重点掌握**：应用工具调整图形。
- **一般了解**：矢量图与位图的概念。

Flash 提供了一套完整的绘图工具，可供用户绘制各种自由形状或准确的线条、形状和路径，并可对图形填充任意颜色。

本章全面介绍了使用 Flash CS6.0 的工具面板中各种绘图工具绘制图形、填充工具和调整工具的使用方法。

2.1 绘制基本概念

使用 Flash 可以创建压缩矢量图形并将它们制作为动画。Flash CS6.0 在工具面板中提供了全套的绘图工具，使用它们可以在文档中创建和修改图形形状。此外，Flash CS6.0 还允许用户导入、处理在其他应用程序中创建的矢量图和位图。

2.1.1 矢量图和位图

在 Flash 文件中既可以使用矢量图形又可以使用位图，这两种格式的图形无论是在技术上还是在属性上都有明显的差别。接下来我们认识一下什么是位图、什么是适量图。

1. 矢量图

矢量图是由线条、颜色及位置组成。例如，树叶可以由创建树叶轮廓的线条所经过的点、轮廓的颜色和轮廓所包围区域的颜色组成。用户可以随意编辑矢量图，且在调整大小、改变形状以及更改颜色的操作时不会更改其外观品质。图 2-1 左图为原图，右图为放大后的矢量图效果。

图 2-1 矢量图放大前后效果对比

2. 位图

位图是由称作像素的彩色点组成的，每个像素的大小、所包含的颜色及图像包含的像素总数是固定不变。所以在调整位图大小时图像的边缘会出现锯齿。图 2-2 中左图为原图，右图为放大后的位图效果。

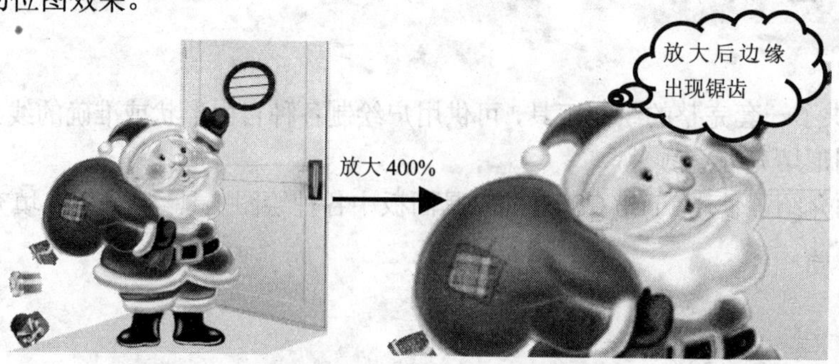

图 2-2 位图放大前后效果对比

2.1.2　认识 Flash 中的绘图工具

Flash“基本功能”模式中，“工具”面板默认显示在窗口右侧，分为 4 个区域：工具区、查看区、颜色区和选项区。其中“工具区”包含了 Flash 中常用的绘图工具、填充工具和编辑工具，“查看区”用于改变舞台显示比例及区域，“颜色区”用于设置笔触颜色和填充色，“选项区”用于设置工具的选项，如图 2-3 所示。

2.2　绘制与编辑图形

在 Flash 中绘制诸如直线、矩形、椭圆、多角星形这些简单图形时，可以直接使用相应的绘图工具进行绘制。若要更改其线条粗细、样式、颜色等属性，可使用属性检查器。

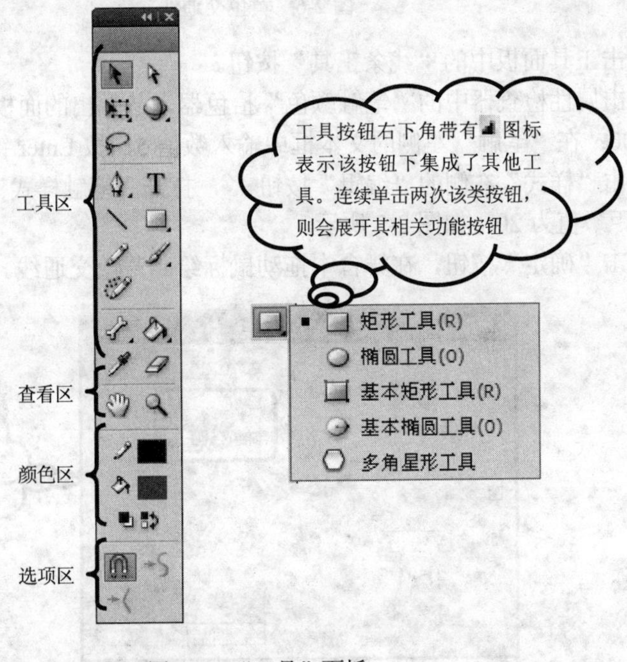

图 2-3　“工具”面板

2.2.1　使用直线工具

使用线条工具可以沿任意方向绘制直线。要绘制直线，可单击“工具”面板中的“线条工具”按钮，在“属性”面板“填充和笔触”检查器中修改其属性，如图 2-4 所示。默认情况下，使用线条工具绘制的直线为 1 像素粗细的圆角实线，用户可以使用属性检查器来更改线条工具的属性。例如，在“笔触颜色”拾色器中修改线条颜色，在“笔触”选项中设置线条粗细，在“样式”选项中设置线条样式。

完成属性设置，将鼠标指针移至舞台，拖动绘制出一条直线。如果要绘制 45°、135°的线条，按住 Shift 键拖动即可，如图 2-5 所示。

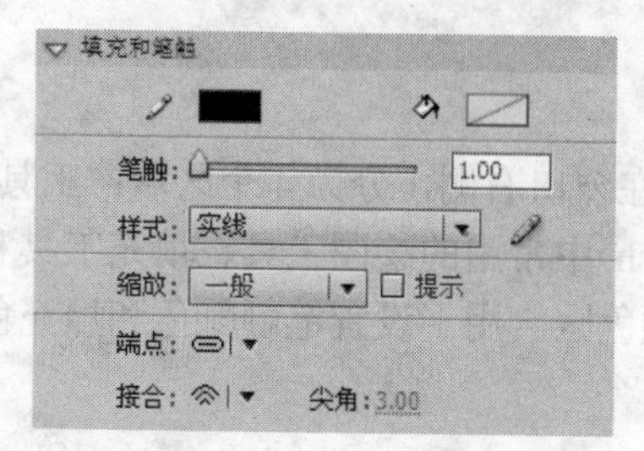

图 2-4 线条属性

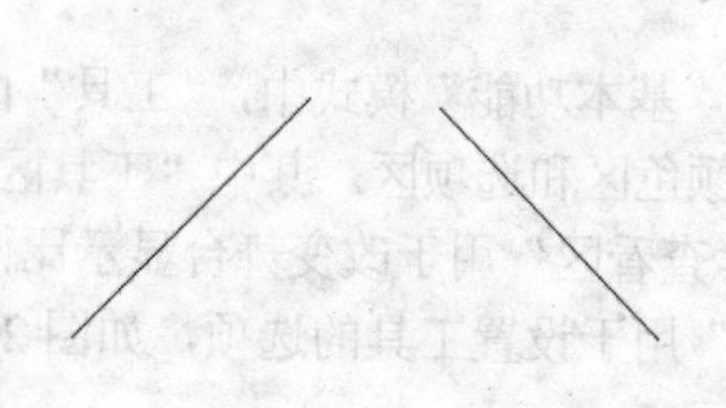

图 2-5 倾斜的线条

例如，绘制一条如图 2-6 所示的 5 像素粗细的黄色交通线，操作步骤如下：

图 2-6 黄色交通线

（1） 单击工具面板中的“线条工具”按钮。

（2） 单击属性检查器中的“笔触颜色”拾色器，从弹出的面板中，单击黄色色块，代码值为 FFCC00；在“笔触”左侧的文本框中输入数值 5，按 Enter 键。

（3） 单击“样式”在侧的“编辑”按钮，打开“笔触样式”对话框，设置“虚线”值为 20，“间距”值为 20，如图 2-7 所示。

（4） 单击“确定”按钮，在舞台中拖动鼠标绘制黄色交通线。

图 2-7 “笔触样式”对话框

2.2.2 使用矩形工具

利用“矩形工具”可以绘制不同样式的矩形、正方形和圆角矩形。要绘制矩形，可单击“工具”面板中的“矩形工具”按钮，在“属性”面板“填充和笔触”检查器中修改“笔触颜色”、“填充色”、“笔触”、“样式”等属性；在“矩形选项”中设置 4 个角形状，如图 2-8 所示。完成属性设置，将鼠标指针移至舞台，拖动绘制出指定样式的矩形。如果要绘制正方形，按住 Shift 键拖动即可，如图 2-9 所示。

默认状态下，用户只需要设置一个矩形圆弧值即可同时更改 4 个角圆弧。若要分别设置 4 个角的圆弧数值，可单击按钮，将其解锁为按钮；若要重新设置 4 个角的圆弧值，可单击“重置”按钮。

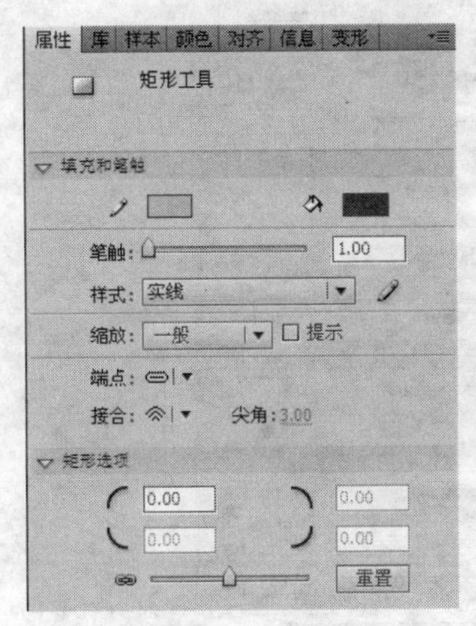

图 2-8　矩形属性

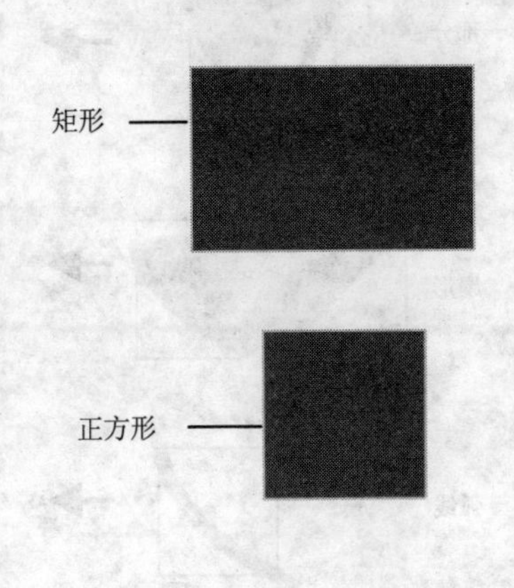

图 2-9　矩形与正方形

2.2.3　使用椭圆工具

利用“椭圆工具”可以绘制出椭圆形、正圆形、扇形和弧线。要绘制椭圆，可连续单击两次“工具”面板中的“矩形工具”按钮，从弹出的面板中选择“椭圆工具”选项，在“属性”面板“填充和笔触”检查器中修改“笔触颜色”、“填充色”、“笔触”、“样式”等属性，在“椭圆选项”中设置起始角度、内径值和闭合路径等，如图 2-10 所示。

完成属性设置，将鼠标指针移至舞台，拖动绘制出指定样式的椭圆形。如果要绘制圆形，按住 Shift 键拖动即可，如图 2-11 所示。

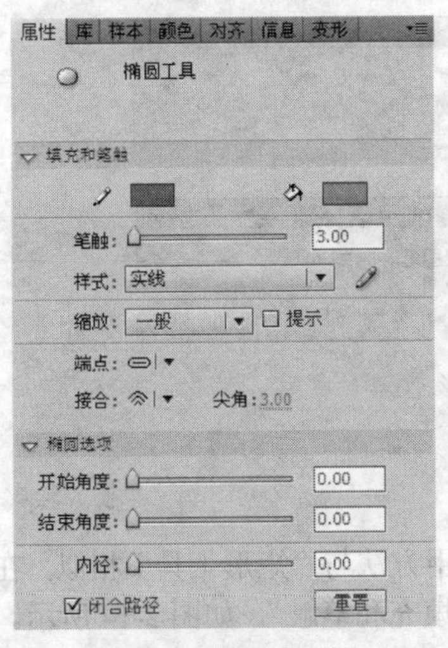

图 2-10　椭圆形属性

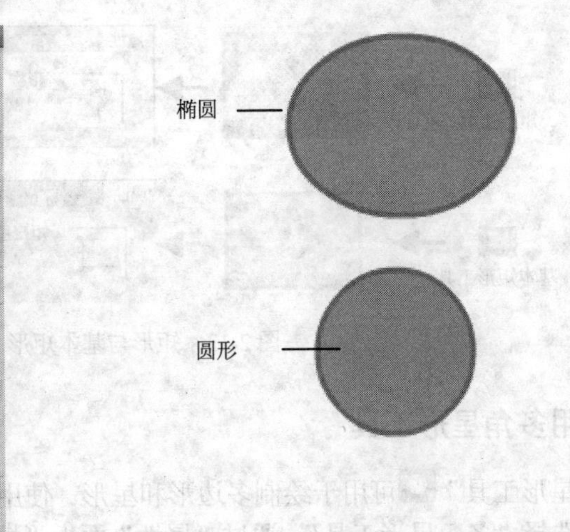

图 2-11　椭圆和圆形

若要绘制环形或环形的一部分，应在“内径”中设置 >0 的值；若要绘制扇形，应选择“闭合路径”复选框；若要绘制弧形，应清除“闭合路径”复选框，如图 2-12 所示。

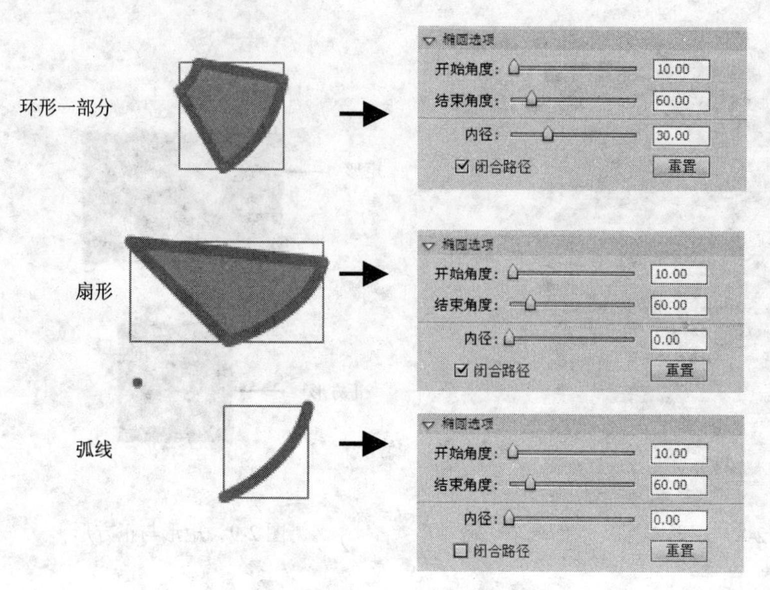

图 2-12　环形、扇形与弧线

2.2.4　使用基本矩形和基本椭圆工具

“基本矩形工具”和“基本椭圆工具”使用方法与“矩形工具”及“椭圆工具”基本相同，不同之处在于，使用“基本矩形工具”和“基本椭圆工具”绘制的矩形和椭圆形是对象图形。Flash 默认将使用“矩形工具”和“椭圆工具”绘制的图形称为形状，使用“基本矩形工具”和“基本椭圆工具”绘制的图形称为图元，如图 2-13 所示。

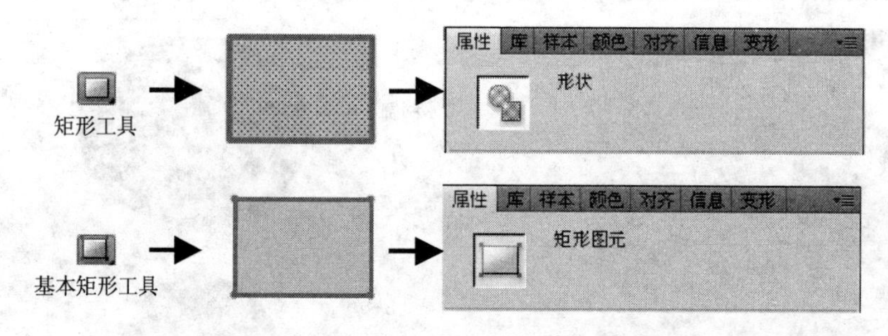

图 2-13　矩形与基本矩形

2.2.5　使用多角星形工具

“多角星形工具”可用于绘制多边形和星形。使用方法与“矩形工具”相似。在“属性”面板中选择“多角星形工具”，通过“属性”面板“填充和笔触”，如图 2-14 所示。单击“工具设置”下方的“选项”按钮，打开“工具设置”对话框，在该对话框中设置多边形“样式”、“边数”及顶点大小，如图 2-15 所示。完成属性设置，将鼠标指针移至舞台，拖动即可绘制出指定样式的多边形。

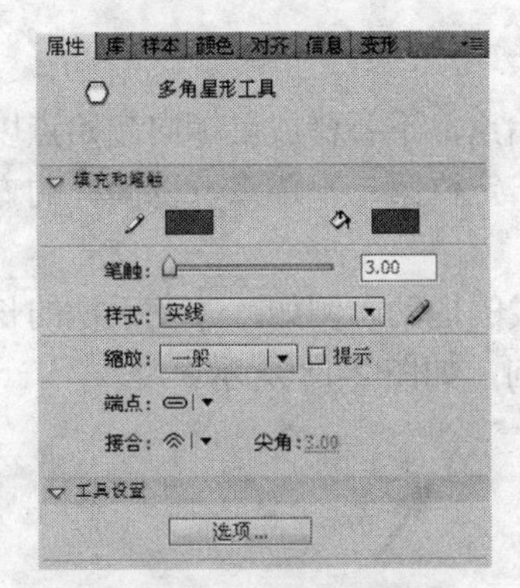

图 2-14　多角星形属性

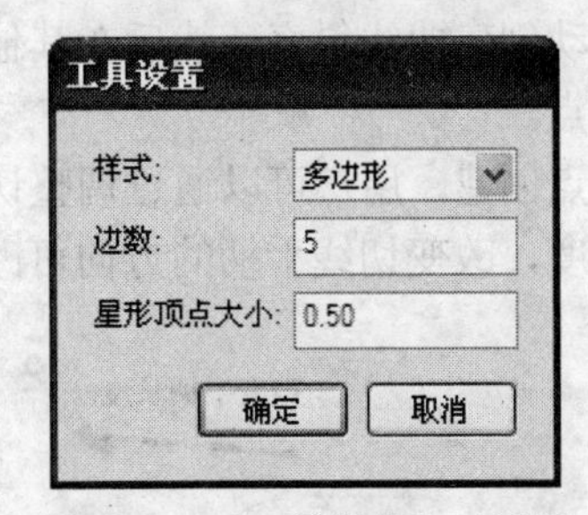

图 2-15　“工具设置”对话框

2.2.6　使用铅笔工具

“铅笔工具”可以随意绘制各种线条。Flash 中的铅笔工具提供了 3 种不同的模式：伸直、平滑和墨水，位于“工具”面板选项区中。

其中“伸直”功能用于绘制由规则线条组成的图形，如三角形、圆形和矩形等常见几何图形。“平滑”功能用于绘制平滑曲线。“墨水”功能用于绘制不用修改的手画线条，Flash 对其只做轻微的平滑处理，如图 2-16 所示。

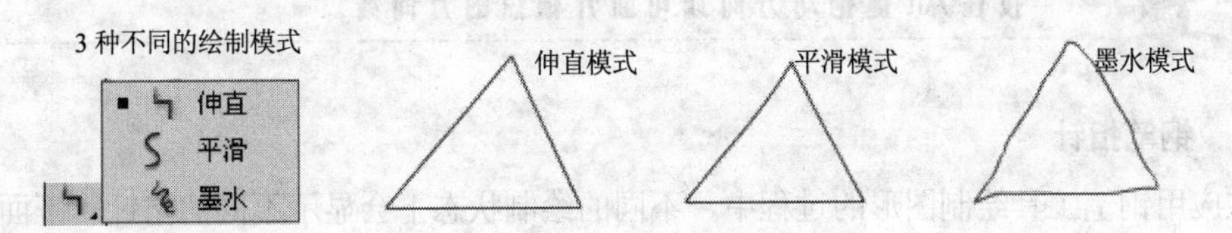

图 2-16　绘图工具 3 种模式及绘制效果

2.2.7　使用钢笔工具

使用钢笔工具可以绘制精确的路径，如直线或者平滑流畅的曲线。下面先来认识一下钢笔工具在操作过程中显示的不同图标，然后介绍应用钢笔工具绘制图形的方法。

1.　绘制直线图形

使用“钢笔工具”绘制直线图形时，首先应定义直线的起始点，然后在其他任意位置处单击定位第二个锚点，两个锚点间用线段连接。以同样的方式，完成其他线段的创建，最后按 Esc 键退出编辑状态。若用户要创建的图形为封闭图形，可将指针移至第一个锚点，当鼠标指针变为 时单击即可，如图 2-17 所示。

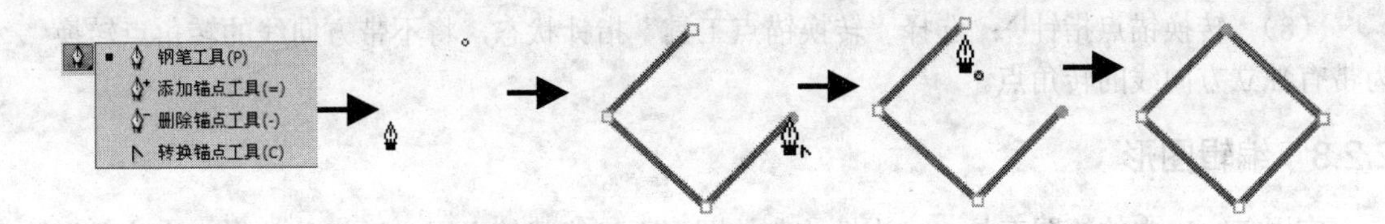

图 2-17　使用钢笔工具绘制由线段组成的图形

2. 绘制曲线图形

使用钢笔工具创建曲线时，同样也应定义曲线的起始点，不要释放鼠标向起始点以外任意位置处拖动创建曲线斜率，然后在其他任意位置处单击定位第二个锚点，以同样的方式创建出所有锚点。

完成锚点创建，用户可以通过调整切线手柄调整曲线的拖动。例如：改变手柄的长度可改变曲线弧度，改变切线手柄的方向可改变曲线弧度方向，如图 2-18 所示。

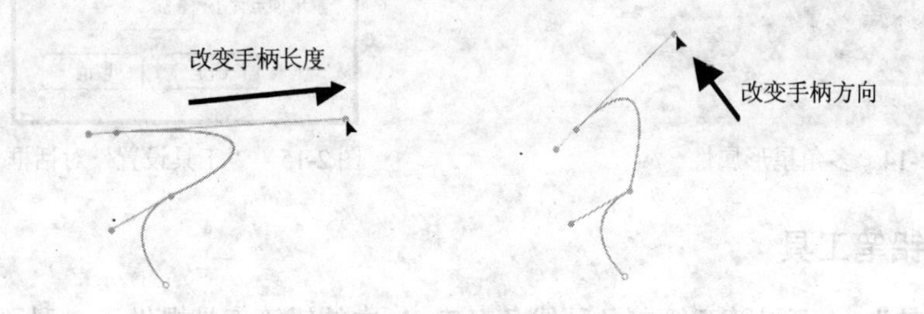

图 2-18　调整钢笔工具绘制的曲线图形

按 CapsLock 键可在十字准线指针和默认的钢笔尖形状指针之间进行切换。
按住 Alt 键拖动方向线可断开锚点的方向线。

3. 钢笔指针

在应用钢笔工具绘制图形的过程中，不同的绘制状态下会显示不同的指针。下面认识一下钢笔工具在不同绘制状态下的显示模式。

（1） 初始锚点：选择“钢笔工具”指针状态，在舞台单击即可创建初始锚点。

（2） 连续锚点：应用“钢笔工具”绘制路径中间点时指针状态。

（3） 添加锚点：选择“添加锚点工具”指针状态，可在已有的路径上单击添加锚点，且一次只能添加一个锚点；若要添加多个锚点，在路径不同位置处单击即可。

（4） 删除锚点：选择“删除锚点工具”指针状态，可在已有的路径的锚点上单击删除锚点，且一次只能删除一个锚点。

（5） 连续路径：从现有锚点扩展新路径。若要激活此指针，鼠标必须位于路径上现有锚点的上方。

（6） 闭合路径：绘制闭合路径时才会显示该指针状态。

（7） 回缩贝塞尔手柄：当鼠标位于显示其贝塞尔手柄的锚点上方时显示。单击鼠标将回缩贝塞尔手柄，同时该段曲线将会变为直线。

（8） 转换锚点指针：选择“转换锚点工具”指针状态，将不带方向线的转角点转换为带有独立方向线的转角点。

2.2.8 编辑图形

应用 Flash 中的绘图工具，一次性绘制的图形不可能就符合用户设想的效果，为此我们可以利用 Flash 提供的“钢笔工具”绘制出各种形状的线条，利用“选择工具”和“部分选取工具”可以对绘制的线条进行调整，利用“任意变形工具”可以调图形的大小，利用“橡皮擦工具”可以擦除多余的线条或填充色。

1. 使用“选择工具”

使用“选择工具”可以改变图形线条的形状，例如将线条调整为曲线或直线。选择“工具”面板中的“选择工具”，将其移至要改变形状的图形线条上，当指针变为时拖动鼠标即可将线条调整为弧形；若用户在拖动鼠标的同时按下 Ctrl 键，线条则被调整以拖动点为顶点的角，且顶角处自动添加新锚点，如图 2-19 所示。

图 2-19　使用“选择工具”编辑线条

2. 使用“部分选取工具”

使用“部分选取工具”，可以调整选择对象锚点位置和调整曲线弧度。选择“工具”面板中的“部分选取工具”，将其移至使用 Flash 绘制的图形上单击先选择图形，然后单击选择要调整的锚点（若要选择多个锚点可按住 Shift 键连接单击），按住鼠标键并将其拖动至所需位置；若要将其调为曲线，可按住 Alt 键拖动即可，如图 2-20 所示。

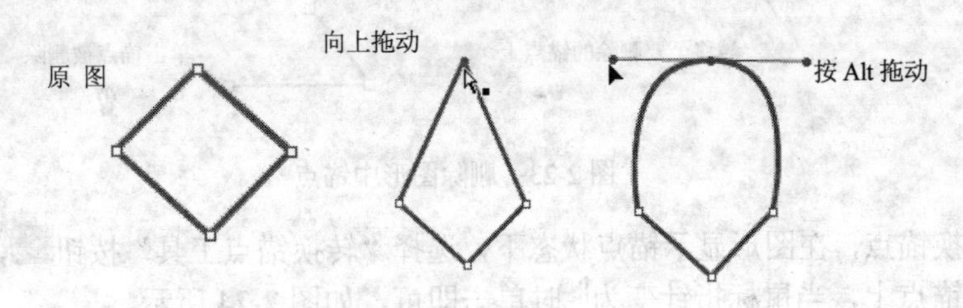

图 2-20　使用“部分选取工具”编辑线条（一）

一个锚点左右两侧各连接着一条切线手柄（即调节柄），一般情况下只要拖动其中一个调节柄另一侧的调节柄也会随之移动。如果想要调节其中一个调节柄，按住 Alt 键拖动即可，如图 2-21 所示。

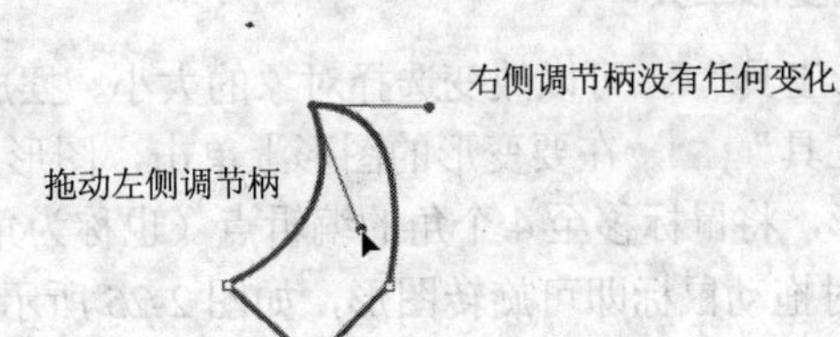

图 2-21　使用“部分选取工具”编辑线条（二）

3. 添加、删除和转换锚点

“添加锚点工具”、“删除锚点工具”和“转换锚点工具” 位于“工具”面板“钢笔工具”菜单组中。利用“添加锚点工具”和“删除锚点工具”可以添加或删除图形上的锚点，进一步对图形进行更多调整；利用“转换锚点工具”可以实现曲线锚点与直线锚点间的转换，改变曲线锚点的角度。

若要添加锚点，应先选择要添加锚点的图形，然后选择“添加锚点工具”按钮，将鼠标移至要添加锚点的位置，当鼠标指针变为时单击即可，如图 2-22 所示。

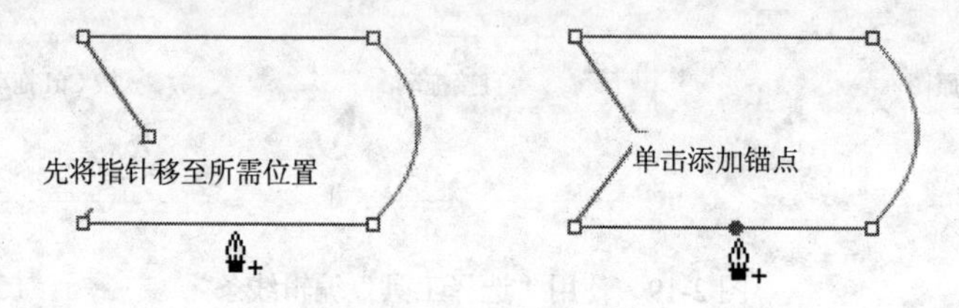

图 2-22　为图形添加锚点

若要删除转角点，在图形显示锚点状态下，选择“删除锚点工具”按钮，然后将鼠标移至要删除的锚点上，当鼠标指针变为时单击即可，如图 2-23 所示。

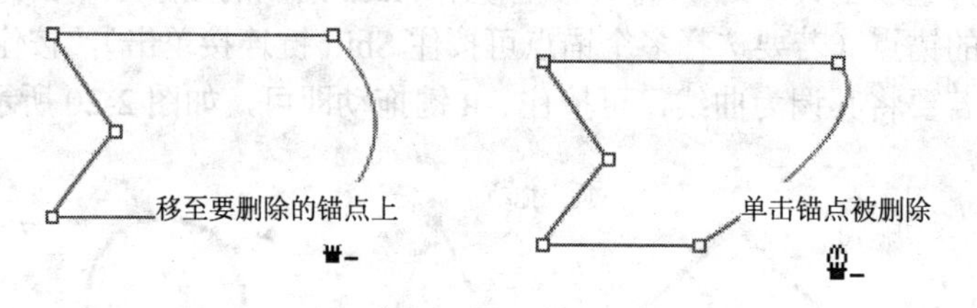

图 2-23　删除图形中锚点

若要转换锚点，在图形显示锚点状态下，选择“转换锚点工具”按钮，然后将鼠标移至要转换的锚点上，当鼠标指针变为时单击即可，如图 2-24 所示。

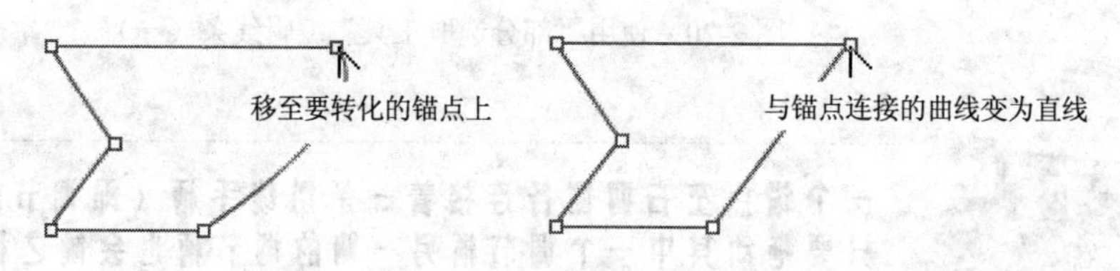

图 2-24　使用转换锚点工具

4. 使用“任意变形工具”

使用“任意变形工具”可以改变选择对象的大小、摆放角度及形状。选择“工具”面板中的“任意变形工具”，在要变形的图形上单击，图形周围显示 8 个编辑点。

如果要旋转图形，将鼠标移至 4 个角的编辑点（也称为角点）任意一个点上，当鼠标指针变为旋转指针时拖动鼠标即可旋转图形，如图 2-25 所示。

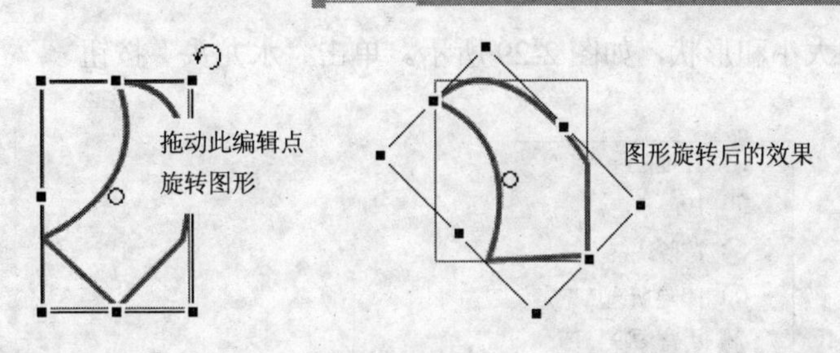

图 2-25　旋转图形

如果要缩放图形，改变图形的宽、高值，应先将鼠标移至线条中心 4 个编辑点，当鼠标指针变为双向箭头时拖动鼠标即可改变图形宽或高值，如图 2-26 所示。如果要等比例调整图形的宽、高值，应将鼠标移至 4 角点上，然后以拖动的方式调整图形大小。

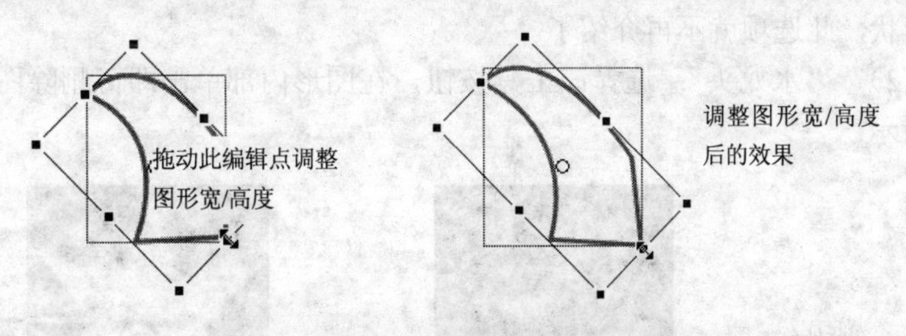

图 2-26　改变图形大小

如果要调图形形状，应先将鼠标指针移至任意编辑点，然后按下 Ctrl 键鼠标由双向箭头 ↘ 变为 ▷，拖动鼠标至所需位置，释放鼠标后再放开 Ctrl 键，即可调整图形形状，如图 2-27 所示。

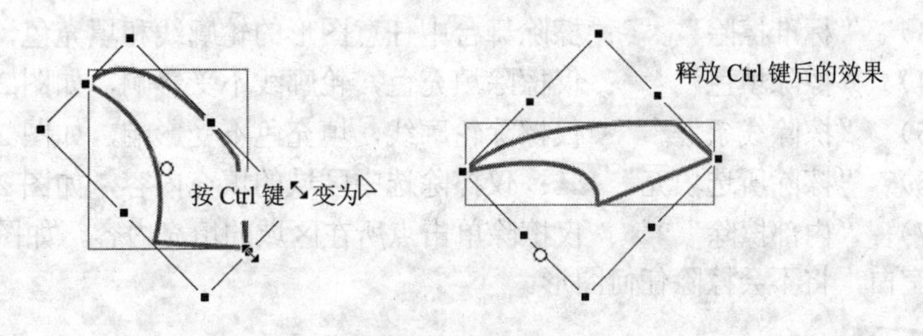

图 2-27　调整图形形状

“工具”面板中还包含两个变形工具：“3D 平移工具”和“3D 旋转工具”，这两个工具主要用于在 3D 空间中移动影片剪辑实例，主要用于制作三维动画。

5. 使用“橡皮擦工具”

“橡皮擦工具”可以有选择地擦除线条、图形的外部轮廓线以及内部填充色、位图。选择“工具”面板中的“橡皮擦工具”按钮，在“选项区”会显示 3 种可选模式：出现“橡皮擦模式”按钮、“橡皮擦形状”按钮和“水龙头”按钮。单击“橡皮擦模式”按钮，可设置橡皮擦的模式，如图 2-28 所示；单击“橡皮擦形状”按钮，可从弹出的列表框中选择橡皮擦的大小和形状，如图 2-29 所示。单击“水龙头”按钮，可以删除填充色。

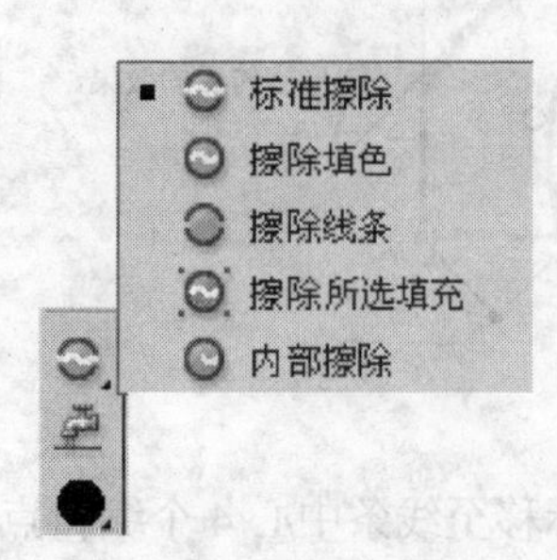

图 2-28 橡皮擦模式

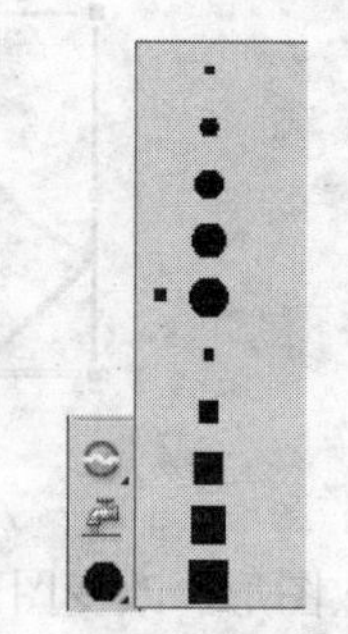

图 2-29 橡皮擦形状

（1） 橡皮擦形状：在擦除图像时，用户可根据需要从“橡皮擦形状”列表框中选择橡皮擦形状，此选项就不再介绍了。

（2） “水龙头”：选择该工具按钮，在图形内部单击即可删除图形内的填充色，如图 2-30 所示。

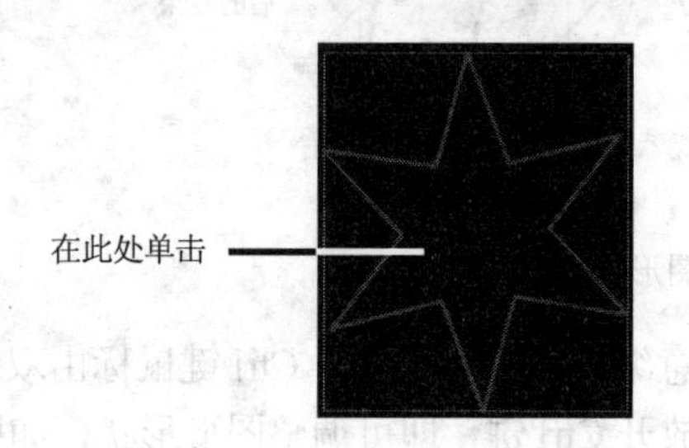

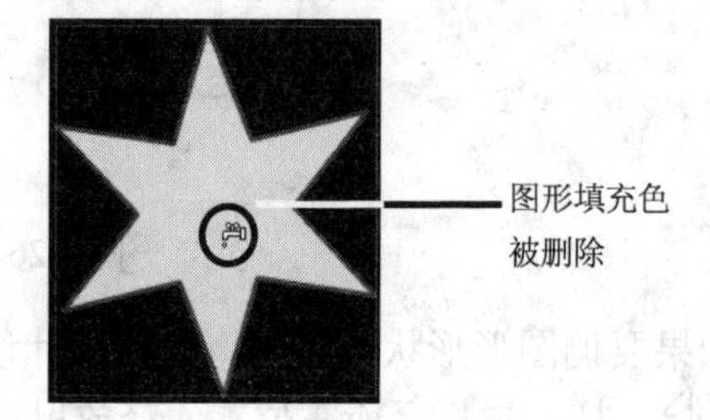

图 2-30 使用“水龙头”删除填充色

（3） “标准擦除”：擦除舞台中任意图形的轮廓线和填充色，如图 2-31 所示。

（4） “擦除填色”：仅擦除填充色，轮廓线不受影响，如图 2-32 所示。

（5） “擦除线条”：仅擦除轮廓线，填充色不受影响，如图 2-33 所示。

（6） “擦除所选填充”：仅擦除选中区域的填充内容，如图 2-34 所示。

（7） “内部擦除”：仅擦除单击点所在区域的填充内容，如图 2-35 所示。如果起始点为空白，将不会擦除任何图形。

在“工具”面板上双击“橡皮擦工具”按钮，可以同时删除舞台上的所有对象。

图 2-31 标准擦除

图 2-32 擦除填色

图 2-33 擦除线条

图 2-34 擦除所选填充

图 2-35 内部擦除

2.2.9　小实例——动手绘制卡通屋

绘制如图 2-36 所示的夜幕中的卡通小屋，并在小屋前添加一条弯曲的小路，路面上铺有大小不一的鹅卵石，小路旁边长着活力十足的小花和小草，天上闪烁着形状各异的星星。

图 2-36　夜幕中的小屋

步骤 1：绘制房屋和小路

（1） 启动 Flash CS6.0，单击欢迎界面中“新建”模块中的 ActionScript 3.0 选项，新建空白文档。

（2） 单击“工具”面板中的“矩形工具”按钮，选择矩形工具。

（3） 在“属性”面板，设置“笔触”值为 3，“笔触颜色”为#CC0000，设置“填充颜色”为#FF0000，在舞台中拖动绘制出一个红色矩形，如图 2-37 所示。

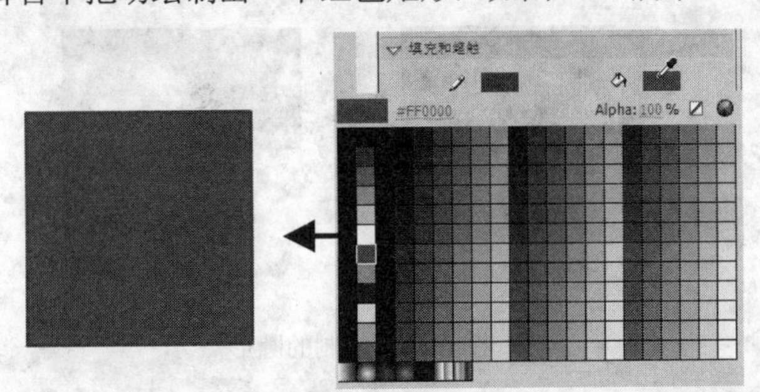

图 2-37　红色矩形

（4） 在“属性”面板中修改“笔触颜色”为#FFCC00，设置“填充颜色”为#FFFF00，在舞台中拖动绘制出一个黄色矩形，如图 2-38 所示。

（5） 在“属性”面板中修改“笔触颜色”和“填充颜色”为#CCCCCC，设置“矩形边角”半径为 30，在舞台中拖动绘制出多个大小不等、近似圆形的图形，如图 2-39 所示。

图 2-38　添加的黄色大门

图 2-39　未完成的小路

（6） 在“属性”面板中修改“笔触颜色”和“填充颜色”为#666666，单击按钮，将其解锁为按钮，分别设置“矩形边角”半径值为 40、30、20、10，在舞台中连续拖动绘制出多个大小不等的圆角矩形，得到如图 2-40 所示的效果。

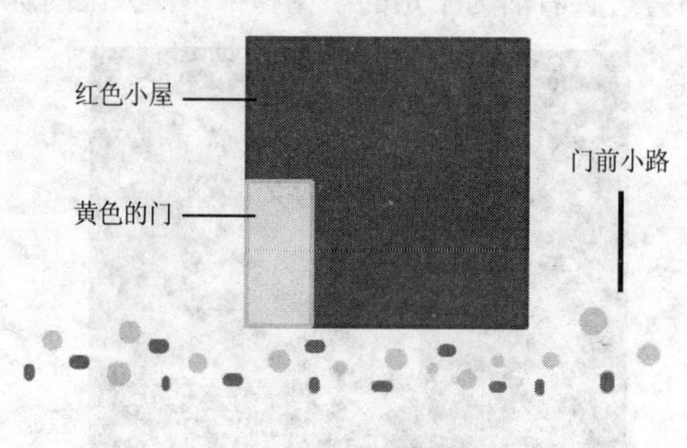

图 2-40　无顶无窗小屋

步骤 2：绘制窗户

（1） 确认“工具”面板中已经显示“椭圆形工具”按钮，单击选择椭圆形工具。

（2） 单击“工具”面板“选择区”中的“对象绘制”按钮。

（3） 在“属性”面板中设置“笔触”值为 3，“笔触颜色”为#FFCC00，设置“填充颜色”为#FFFFFF，单击“椭圆选项”右下角的“重置”按钮，将所有值重置为 0，按住 Shift 键在舞台中拖动绘制出一个圆形，如图 2-41 所示。

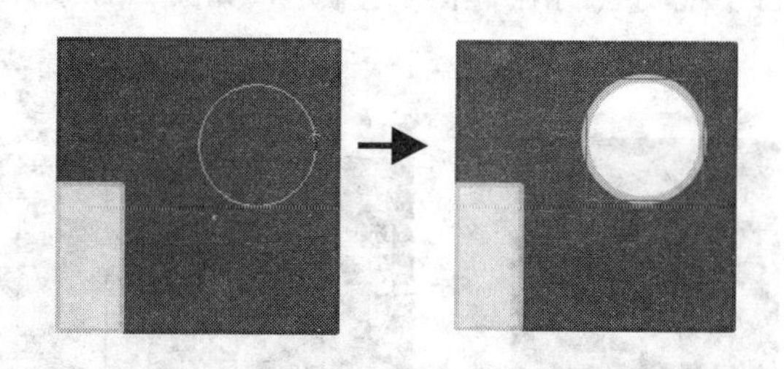

图 2-41　绘制的圆形

（4） 选择“工具”面板中的“直线工具”，确认“笔触颜色”为#FFCC00，设置“笔触”值为 5，在窗户中绘制两线直线，将圆形窗户平分为 4 等份，得到如图 2-42 所示的效果。

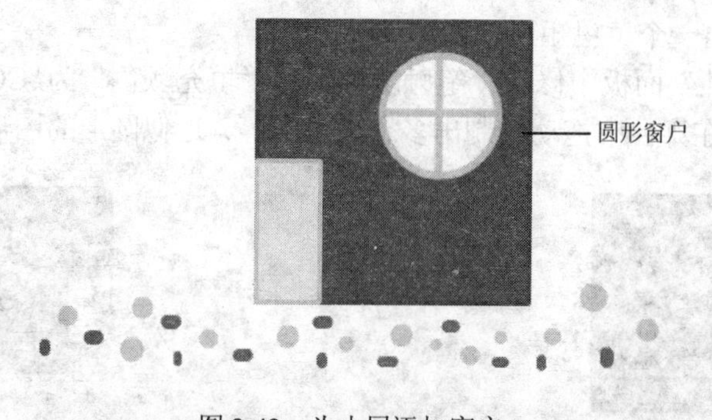

图 2-42　为小屋添加窗户

Flash 中有两种绘图模式：合并绘制和对象绘制，默认为合并模式，该模式下两个重叠的图像会被合并为一个对象，移除其中一个视为从原对象中切除，如图 2-43 所示。对象绘制则是把叠加的两个对象均视为独立个体，移除其中任意一个都不会对原图像造成影响，如图 2-44 所示。

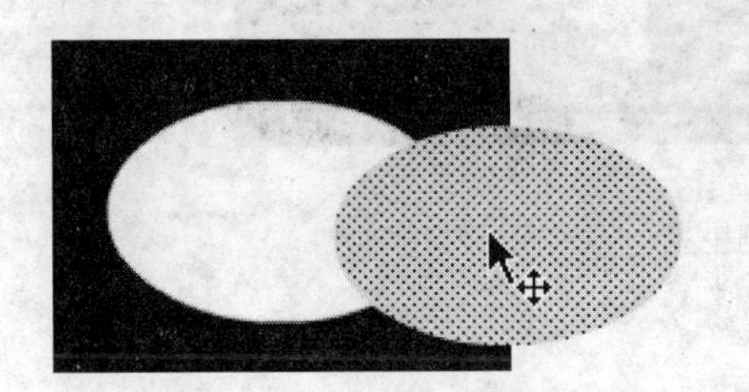

图 2-43　合并绘制模型

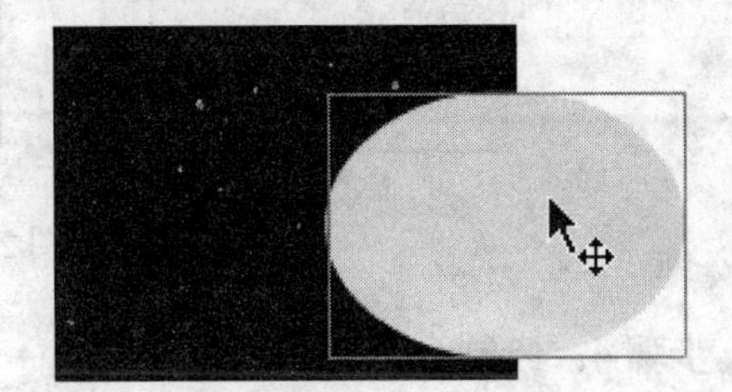

图 2-44　对象绘制模型

步骤 3：绘制屋顶

（1） 为了营造夜色背景，在“选择工具”选择状态下，单击舞台任意位置，在“属性”面板中将“舞台”颜色设置为黑色（#000000）。

（2） 确认“工具”面板中已经显示“多角星形工具”按钮，单击选择多边星形工具。

（3） 单击“工具”面板“选择区”中的“对象绘制”按钮。

（4） 在“属性”面板中设置“笔触”值为 3，“笔触颜色”为#000099，设置“填充颜色”为#0066FF，单击“工具”下的“选项”按钮，打开“工具设置”对话框。

（5） 从“样式”下拉列表框中选择“多边形”选项，设置“边数”值为 3，单击“确定”按钮，在舞台中拖动绘制出三角形，如图 2-45 所示。

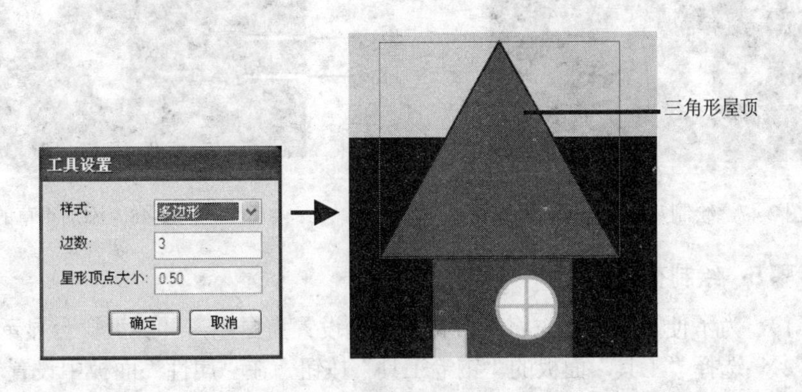

图 2-45　绘制三角形

（6） 按 Esc 键退出图形编辑状态，在此将“笔触颜色”设置为无，设置“填充颜色”为白色（#FFFFFF）。

（7） 打开“工具设置”对话框，设置“样式”为“星形”，“边数”值为 4，“星形顶点大小”值为 1，单击“确定”按钮，在舞台中绘制星星，如图 2-46 所示。

（8） 以同样的方式在舞台中绘制两个八角星，得到如图 2-47 所示的效果。

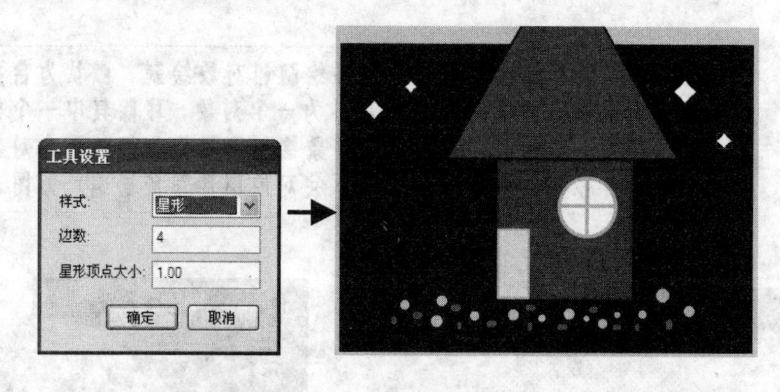

图 2-46　绘制星星

步骤 4：绘制小草和小路边沿

（1） 选择“工具”面板的“铅笔工具”按钮，单击“选择区”中的“平滑”按钮。

（2） 在“属性”面板中设置“笔触”值为 3，“笔触颜色”为#666666，绘制几条曲线，作为小草依附的小路。

（3） 按 Esc 键退出图形编辑状态，在“属性”面板中设置“笔触颜色”为#009900，“笔触”值不变，绘制出一株小草，得到如图 2-48 所示的效果。

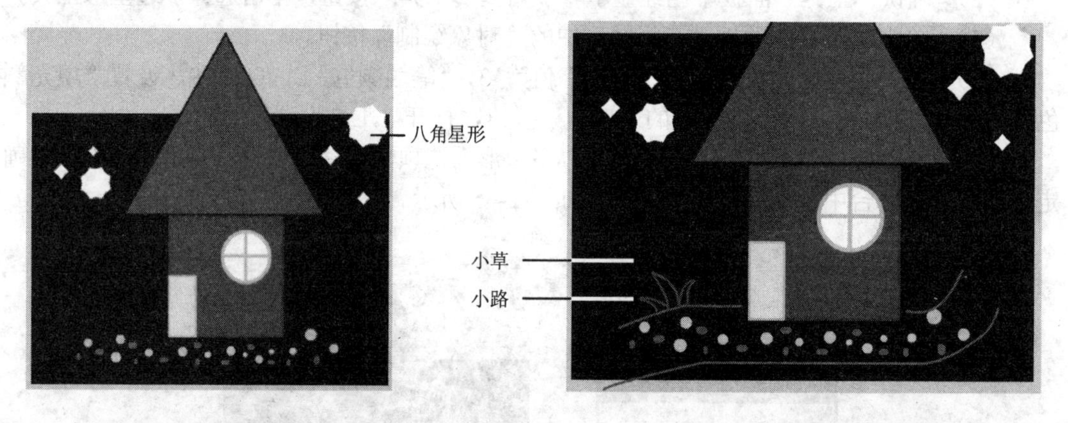

图 2-47　绘制八角星形

图 2-48　添加小草的房屋

步骤 5：绘制花朵

（1） 为了便了绘图，先将舞台背景颜色设置为白色，并放大舞台显示比例为 800%。

（2） 选择“工具”面板的“钢笔工具”按钮，在“属性”面板中设置“笔触”值为 1，“笔触颜色”为#009900，在舞台中单击并向右下角拖动鼠标，如图 2-49 所示。

（3） 在第一锚点下方小路上单击，按 Esc 退出，完成第一条曲线的绘制。

（4） 在曲线左上方处单击，向右下角拖动鼠标后释放鼠标。将鼠标指针移至第一条曲线的终点处单击，得到如图 2-50 所示的第二条曲线。

（5） 以同样的方式，绘制出花朵的两片叶子和花柄，如图 2-51 所示。

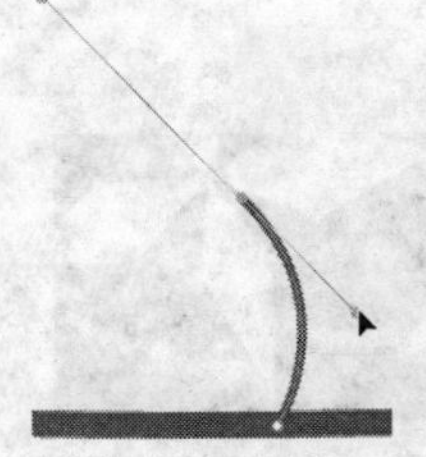

图 2-49　第一曲线

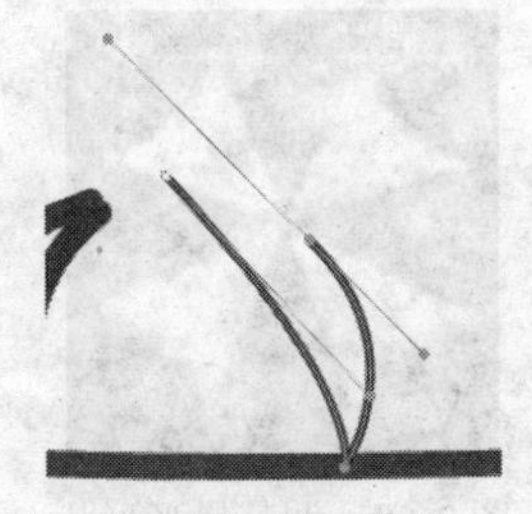

图 2-50　第二曲线

图 2-51　叶子和花柄

（6）　在“属性”面板中设置“笔触颜色”为#FF0000，“笔触”值不变，绘制出花朵，得到如图 2-52 所示的效果。

（7）　将舞台背景设为黑色，将舞台显示比例调为 100%，得到如图 2-53 所示的效果。

图 2-52　绘制的花朵

图 2-53　使用钢笔绘制的花朵

步骤 6：调整图形

（1）　选择“工具”面板的“部分选择工具”按钮，在红色花朵线条上连续单击，选择整个花朵，如图 2-54 所示。

（2）　单击右侧的锚点，分别拖动调节柄调整与锚点连接的两个曲线的形状，如图 2-55 所示。

（3）　以同样的方式，调整其他曲线的形状，得到如图 2-56 所示的效果。

图 2-54　选择花朵

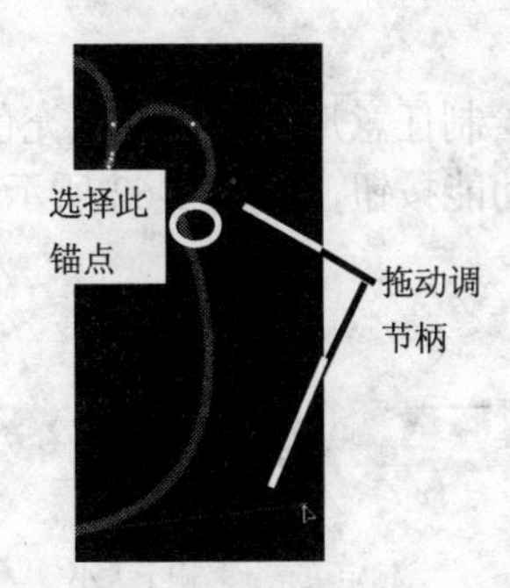

图 2-55　调整曲线形状

图 2-56　调整后的花朵

（4）　在左侧八角星形上连续单击，显示星形所有锚点，如图 2-57 所示。

（5）　将其调整为如图 2-58 所示的效果。

（6）　以同样的方式，将另一个八角星形调整为如图 2-59 所示的效果。

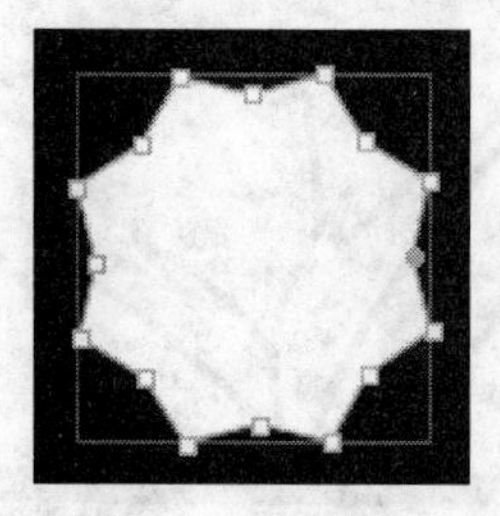
图 2-57　选择星形

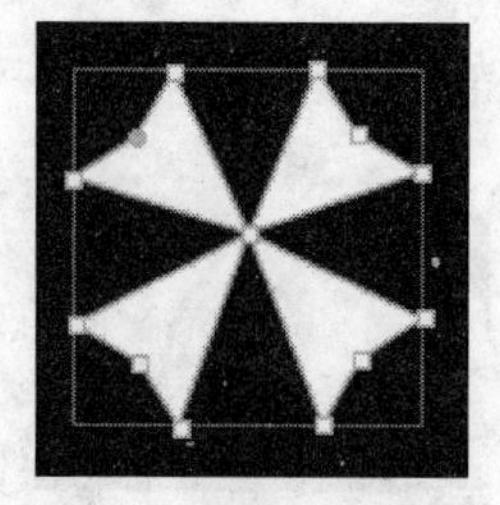
图 2-58　调整星形形状

图 2-59　调整星形形状

（7） 单击“工具面板”中的“任意变形工具”按钮，选择三角房顶，拖动上边线中角的调整点，改变其高度，得到如图 2-60 所示的效果。

（8） 以同样的方式调整右侧冰凌花状星形的大小，得到如图 2-61 所示的效果。

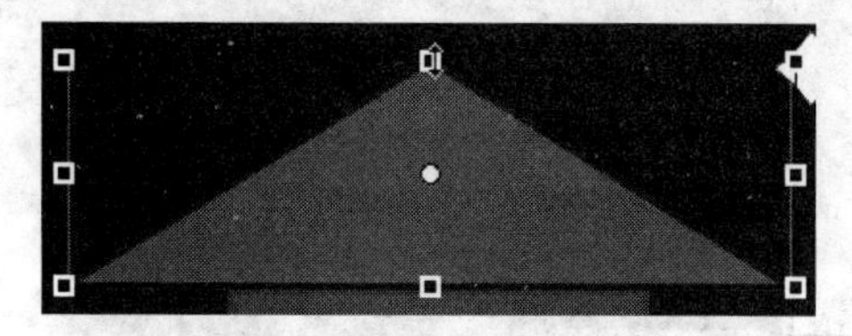
图 2-60　调整三角形高度

图 2-61　调整星形大小

（9） 单击“工具面板”中的“选择工具”，调整 6 个星形的位置，完成图像绘制。

（10） 选择“文件” | “保存”命令，保存文件为“卡通屋.fla”。

2.3　填充图形

Flash CS6.0 提供了工具用于修改图形颜色或为图形填充颜色和图案。用户可以通过使用颜料桶、“墨水瓶工具”、“滴工具管”、“刷子工具”、“喷涂刷工具”与“Deco 工具”、属性检查器中的颜色控件或者颜色面板来修改图形的笔触颜色和填充颜色。使用颜色面板时，除了可以使用颜色填充外，还可以使用位图填充。

2.3.1　使用“刷子工具”

应用“刷子工具”可以绘制任意形状和大小填充色。选择刷子工具后，在“工具”面板的选项区中会显示该工具的功能按钮，如图 2-62 所示。

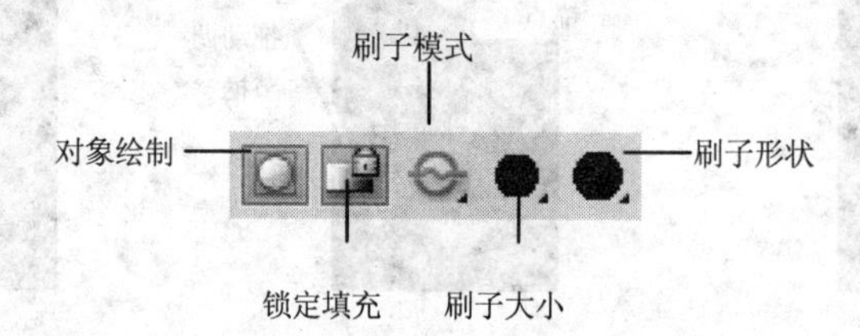

图 2-62　“刷子工具”的相关选项功能按钮

刷子工具的选项设置按钮的功能说明如下。

（1） “对象绘制”：选择状态表示绘制的图形将成为独立的个体，与其他对象重叠时不会自动合并，分离或重排重叠图形时也不会改变它们的外形。

（2）“锁定填充” ：使用渐变色填充色对象后，按下该按钮锁定颜色变化规律，可用于下次填充，如图 2-63 所示。

（3）“刷子形状”和“刷子大小” ：“刷子形状”用于确定刷子笔头的形状，“刷子大小”用于确定刷子笔头的形状，如图 2-64 所示。

图 2-63 “锁定填充”选项

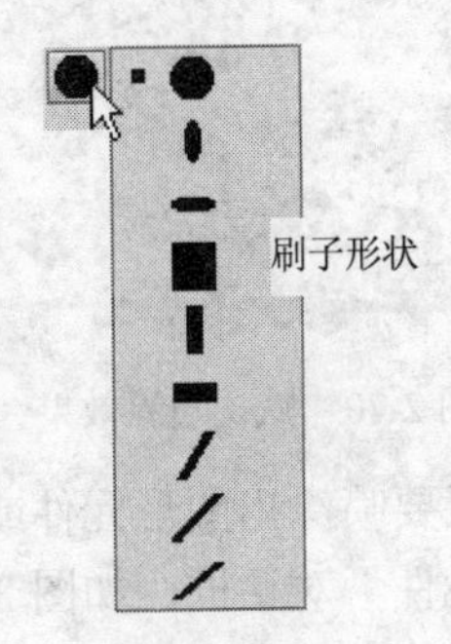

图 2-64 “刷子大小”和“刷子形状”的选项

（4）“刷子模式” ：用于设置刷子模式，弹出列表框中显示 5 个选项，下面认识一下这几种模式。

“标准绘画” ：绘制的图形会覆盖原图，包括线条和填充色，如图 2-65 所示。

“颜料填充” ：绘制的图形只覆盖原图选取部分，没被选取的区域不受影响。例如选择五角星形内部填充色，使用此模式绘制图形时，只能覆盖黄色刷子绘制的图形，如图 2-66 所示。

“后面绘画” ：绘制的图形从原图穿过，原图不受影响，如图 2-67 所示。

“颜料选择” ：绘制的图形只覆盖原图填充色，不覆盖线条，如图 2-68 所示。

“内部绘画” ：绘制的图形只覆盖起始笔触所在的填充区，不影响线条，如图 2-69 所示。

图 2-65 标准绘画

图 2-66 颜料填充

图 2-67 后面绘画

图 2-68 颜料选择

图 2-69 内部绘画

2.3.2 使用“喷涂刷工具”

“喷涂刷工具” 可以将填充色或图案喷涂到舞台中的指定位置。默认情况下，“喷涂刷工具” 使用当前的填充色喷射粒子点，除此之外用户也可以将图形元件或影片剪辑等作为图案粒子进行喷涂。

选择“喷涂刷工具” ，设置“填充颜色”（例如黑色），在舞台中拖动出 S 型，得到如图 2-70 所示的效果。如果选择“属性”面板中的“随机缩放”复选框，则在舞台中拖动出 S 型，得到如图 2-71 所示的效果。

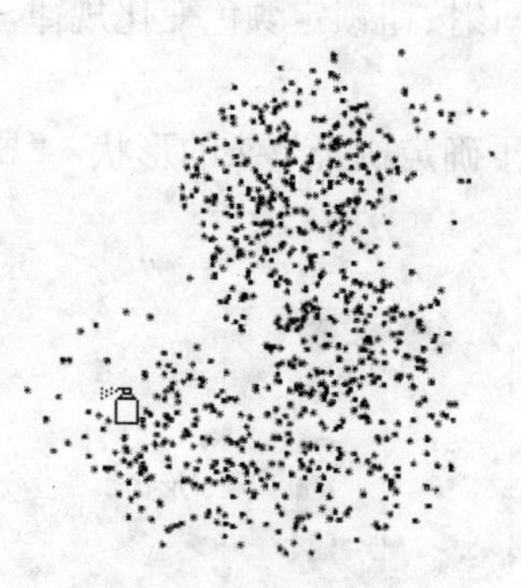

图 2-70　默认喷涂效果

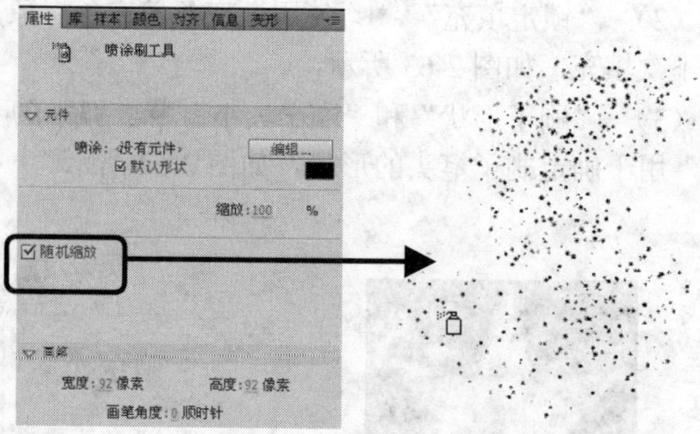

图 2-71　随机喷涂效果

如果要喷涂出图形元件或影片剪辑效果，可单击“属性”面板中的“编辑”按钮，打开“选择元件”对话框，如图 2-72 所示。选择“库”面板中显示的元件，单击“确定”按钮。在舞台中拖动喷涂刷工具，得到如图 2-73 所示的效果。

图 2-72　“选择元件”对话框

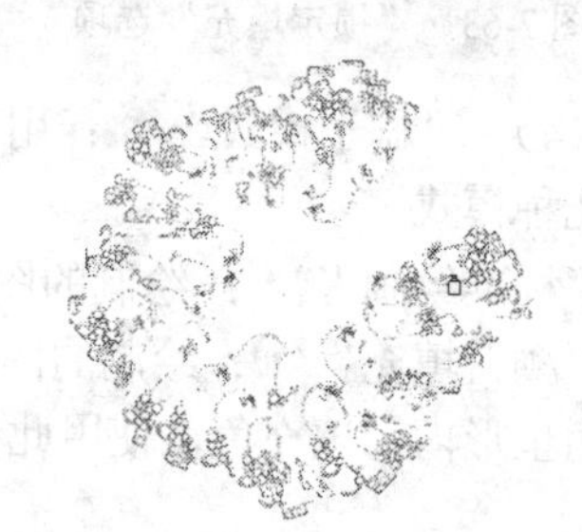

图 2-73　图形元件喷涂效果

2.3.3　使用“颜料桶工具”

使用“颜料桶工具”可以为图形的封闭或半封闭的区域填充纯色、渐变色或者位图。“颜料桶工具”包含 4 种空隙大小选项，选择颜料桶工具，单击“工具”面板中“空隙大小”按钮，即可打开列表框，如图 2-74 所示。下面介绍一下这 4 个选项。

（1）　“不封闭空隙”：只能向完全封闭的图形内填充内容。

（2）　“封闭小空隙”：可以向有较小空隙的未封闭图形内填充内容。

（3）　“封闭中等空隙”：可以向中等空隙的未封闭图形内填充内容。

（4）　“封闭大空隙”：可以向有较大缺口的未封闭图形内填充内容。

一般情况下，“颜料桶工具”应配合如图 2-75 所示的“颜色”面板一起使用，这样不但可以向图形中填充纯色，而且可以填充渐变色和位图。

图 2-74　空隙大小列表框

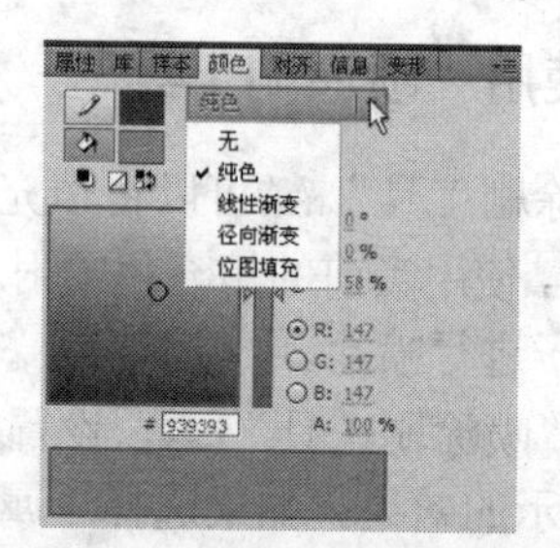

图 2-75　“颜色”面板

1. 纯色填充

为图形填充纯色，应先显示“颜色”面板，从“颜色类别”下拉列表框中选择“纯色”选项，在“填充颜色”拾色器中设置填充色。然后将鼠标指针移至要填充颜色的图形上单击，完成纯色填充，如图 2-76 所示。

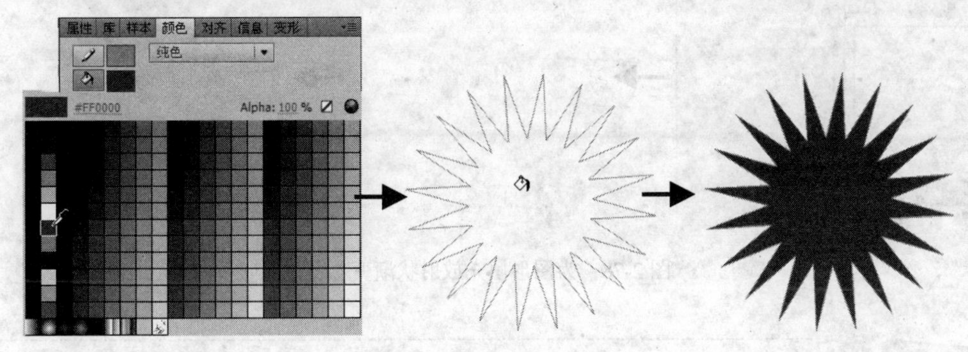

图 2-76　为图形填充纯色

如果用户希望进一步调整颜色，可在下方的颜色调节区内设置 RGB、HSB 值。“颜色”面板中的“黑白”按钮用于恢复默认颜色设置（白色填充及黑色笔触）。“无色”按钮用于删除所有笔触或填充。“交换颜色”按钮用于在填充和笔触之间交换颜色。

2. 应用渐变填充

Flash 中的渐变分为线性渐变和放射状渐变。其中线性渐变是沿着一根水平或垂直方向的轴线，从起点至终点沿直线逐渐变化颜色的渐变效果；放射状渐变是从一个中心焦点出发沿环形轨道向外改变颜色的渐变效果。

为图形填充线性渐变颜色，应先显示“颜色”面板，从“颜色类别”下拉列表框中选择“线性渐变”选项，单击下方颜色条左侧的滑块并在颜色调色板中选择所需颜色，再单击右侧的滑块并在颜色调色板中选择所需颜色。然后将鼠标指针移至要填充颜色的图形，拖动出渐变的方向，释放鼠标完成线性渐变填充，如图 2-77 所示。

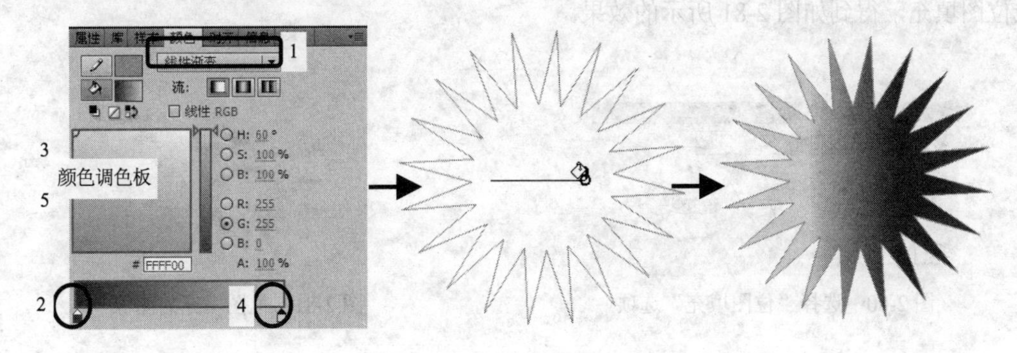

图 2-77　为图形填充线性渐变颜色

要为图形填充放射状渐变颜色，显示“颜色”面板，从“颜色类别”下拉列表框中选择

"线性渐变"选项，在下方自定义颜色区域设置渐变颜色。然后将鼠标指针移至要填充颜色的图形上单击，完成线性渐变填充，如图 2-78 所示。

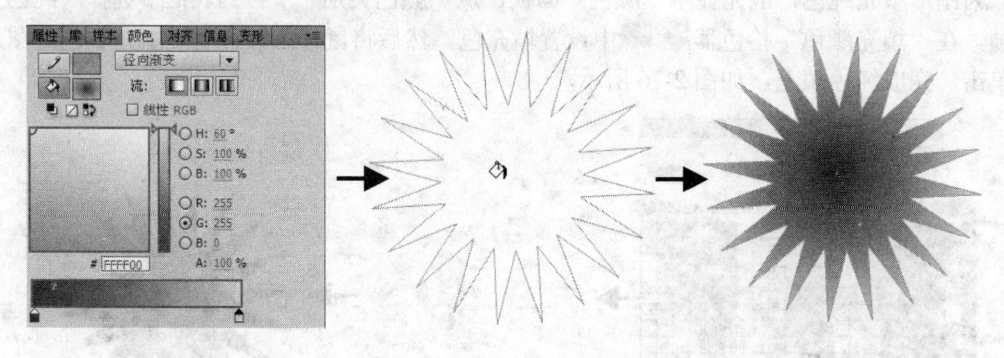

图 2-78　为图形填充放射状渐变颜色

"颜色"面板下方颜色条中的滑块是可以随意添加/删除的，如果要添加滑块只需在颜色条上单击即可；如果要删除多余的滑块只需将滑块拖离颜色条即可，如图 2-79 所示。

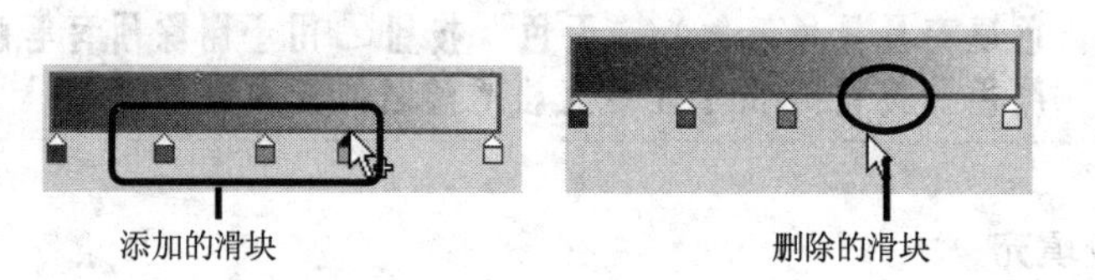

图 2-79　添加/删除颜色滑块

3. 位图填充

为图形填充位图，应先显示"颜色"面板，从"颜色类别"下拉列表框中选择"位图"选项，首次单击"导入"按钮，可直接将"库"中已包含的位图全部导入，如图 2-80 所示。再次单击"导入"按钮，则会打开"导入到库"对话框，用户可从电脑中选择要导入的位图，单击"打开"按钮显示在"颜色"面板中。然后将鼠标指针移至要填充颜色的图形上单击，完成位图填充，得到如图 2-81 所示的效果。

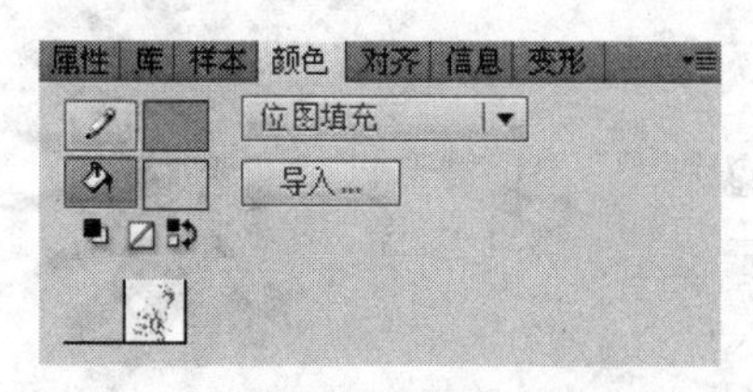

图 2-80　选择"位图填充"选项

图 2-81　位图填充的图像

2.3.4　使用"墨水瓶工具"

使用"墨水瓶工具"可以改变线条或图形轮廓线的颜色和粗细，还可以为没有轮廓线的填充区域添加轮廓线。两次单击“工具”面板中的“颜料桶工具”，从列表框中选择“墨水瓶工具”。然后用户可在“属性”面板或“工具”面板颜色区中的“笔触颜色”或“填充颜色”设置颜色，在“属性”面板中设置笔触和样式。完成设置，单击舞台中需要更改的对象即可，如图 2-82 所示。

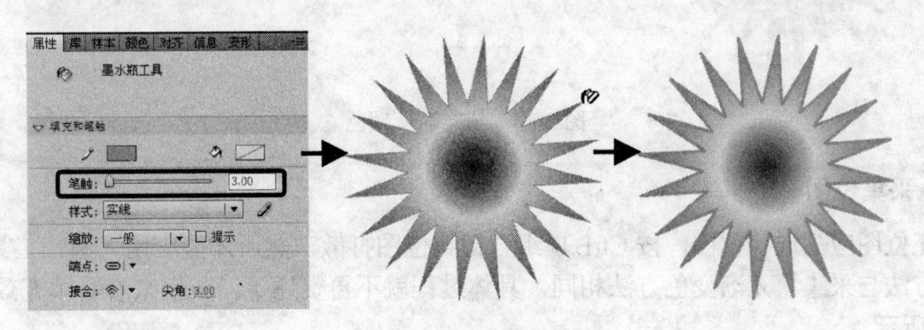

图 2-82 改变轮廓线条样式

2.3.5 使用“滴管工具”

使用“滴管工具”可以将位图或其他图形上的颜色采样后，配合“颜料桶工具”和“墨水瓶工具”可以将采样的图形或颜色应用至其他图形上。

1. 采集纯色

要采集其他图形上的颜色将应用至其他图形，应先选择“滴管工具”，将指针移至要采样的图形上单击，完成填充色采样。完成采样后“滴管工具”自动变为“颜料桶工具”，将指针移至要填充的图形上单击，即可为其填充采样的颜色，如图 2-83 所示。

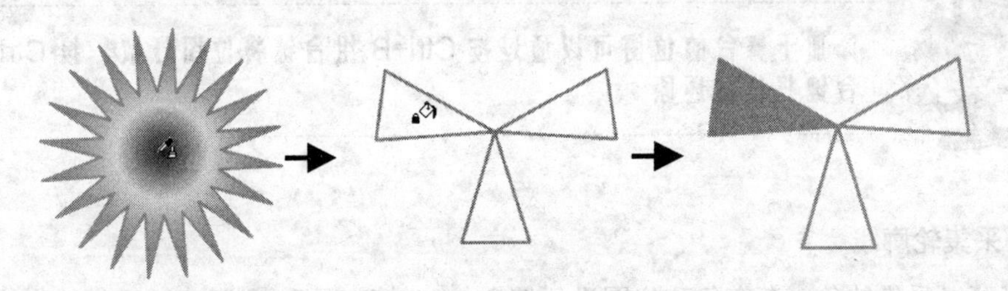

图 2-83 填充纯色

若要进行连续采样和填充操作，在完成第一次采样填充操作后，按“I”键即可直接切换回“滴管工具”继续进行采样。

2. 采集渐变色

填充颜色完毕，我们发现其实我们想要采取的渐变颜色而不是纯色，这时只要单击“工具”面板选项区中的“滴管工具”，将指针移至要采样的图形上单击，完成填充色的采样。单击“工具”面板选项区中的“锁定填充”按钮解除锁定，然后将指针移至要填充的图形上单击，即可为其填充渐变颜色，如图 2-84 所示。

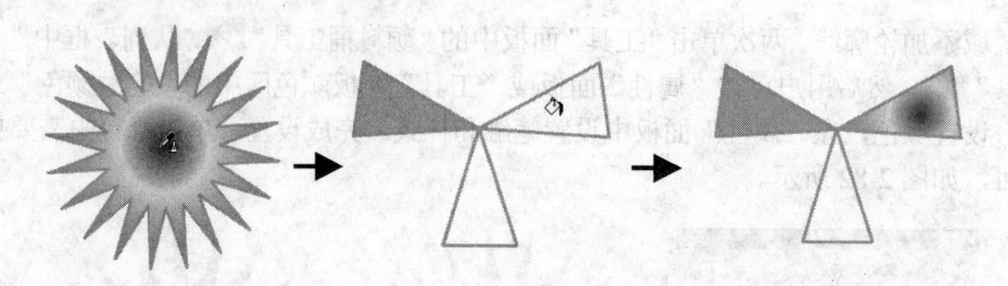

图 2-84　填充渐变颜色

3. 采集位图

填充位图应先选择位图，按 Ctrl+B 组合键将位图打散，然后才能应用“滴管工具”。其操作方法与采集填充渐变色方法相同，具体过程就不再赘述了，我们来看看填充效果，如图 2-85 所示。

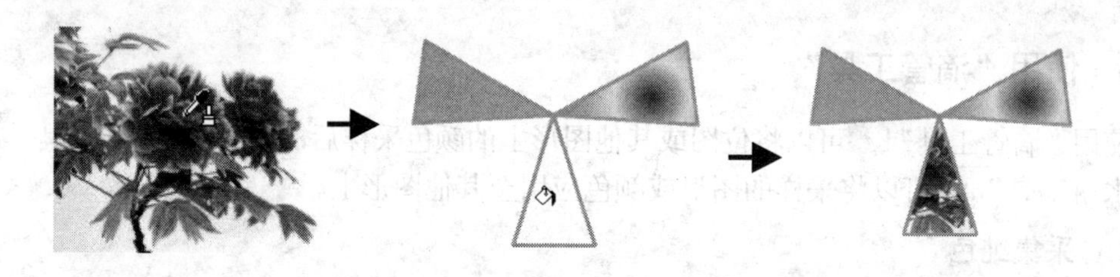

图 2-85　填充位图

添加于舞台的位图可以通过按 Ctrl+B 组合键将位图打散，按 Ctrl+G 组合键将位图还原。

4. 采集轮廓线

除了可以采集纯色、渐变色和位图进行填充，“滴管工具”还可以采集轮廓线应用至其他图形的轮廓。首先选择“滴管工具”，将指针移至要采样的图形的轮廓线上单击，完成采样。完成采样后“滴管工具”自动变为“墨水瓶工具”，将指针移至要填充的图形轮廓线上单击，完成轮廓线的填充，如图 2-86 所示。

图 2-86　填充轮廓线

2.3.6　使用“Deco 工具”

选择“工具”面板中的“Deco 工具”，可以使用“库”面板中的任意元件作为图案进行绘图或制作动画效果。“Deco 工具”填充模式包括有“蔓藤式填充”、“网格填充”和“对称刷子”等 13 种，用户可从“属性”面板“绘制效果”下拉列表框中选择，如图 2-87 所示。

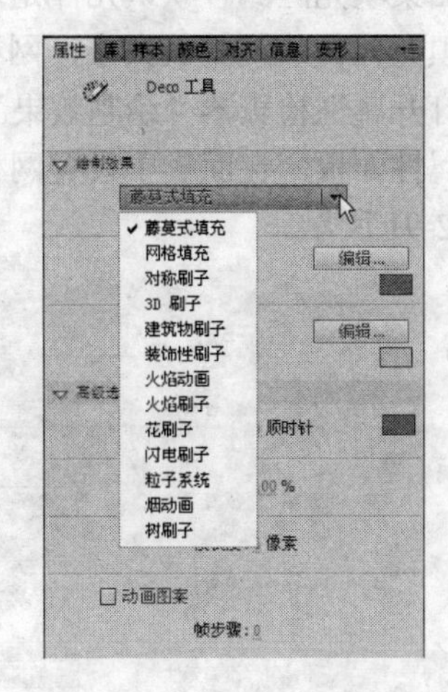

图 2-87　Deco 工具属性面板

1. 藤蔓式填充效果

应用藤蔓式填充效果可以为舞台、元件或封闭的图形区域填充含有叶子和花朵图案的动画。打开“绘制效果”下拉列表框从中选择“蔓藤式填充”选项，显示如图 2-88 所示的属性面板。在面板中设置树叶、花等选项，然后在舞台要填充效果的区域内单击即可，如图 2-89 所示。

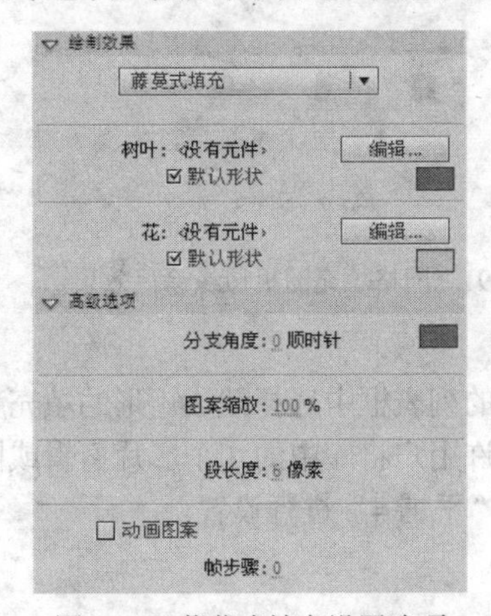

图 2-88　藤蔓式填充设置选项

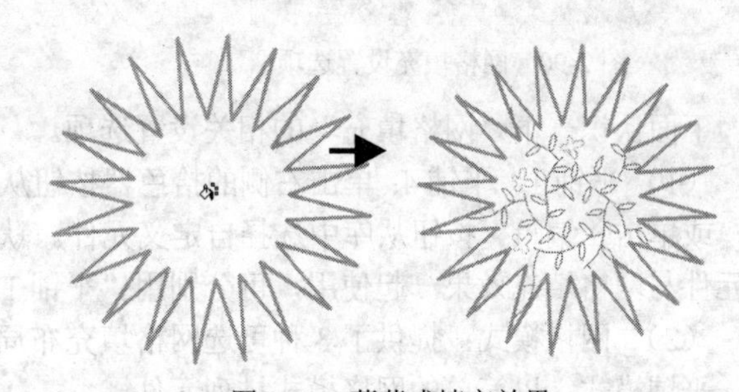

图 2-89　藤蔓式填充效果

下面认识一下“藤蔓式填充”的相关设置选项。

（1）　树叶和花：设置藤蔓的树叶和花的形状。如果单击“编辑”按钮，可以从库中选择已存在元件做为藤蔓的树叶和花。除此这外，可单击“编辑”按钮下方的拾色器，从打开的面板中选择树叶和花的颜色。

（2）　分支角度：设置生成分支图案的角度。可单击右侧的拾色器，从打开的面板中选择分支颜色。

（3）　图案缩放：设置作为图案对象的大小。

（4）　段长度：设置叶子节点和花朵节点之间的长度。

（5）　动画图案：选择该复选框表示在绘制图案时将创建逐帧动画。

（6）　帧步骤：设置生成逐帧动画时每秒横跨的帧数。

2. 网格填充效果

应用网格填充效果可以为舞台、元件或封闭的图形区域填充棋盘图案、平铺背景或用自定义图案填充区域。默认元件是 25×25 像素、无笔触的黑色矩形形状。完成填充后，如果移动填充元件或调整其大小，网格填充也会随之移动或调整大小。

打开属性检查器“绘制效果”下拉列表框从中选择“网格填充”选项，显示如图 2-90 所示的属性面板。在面板中设置网格图案等选项，然后在舞台要填充效果的区域内单击即可，如图 2-91 所示。

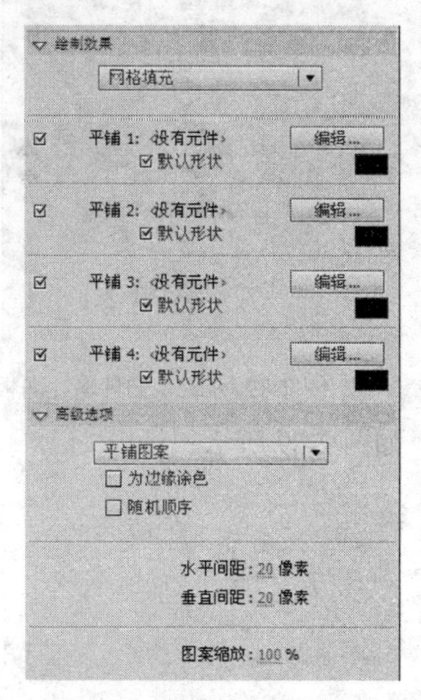

图 2-90 网格填充设置选项

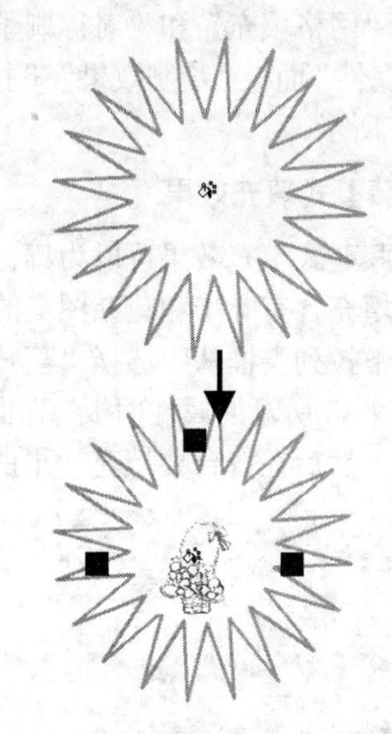

图 2-91 网格填充随机边缘涂色效果

下面认识一下“网格填充”的相关设置选项。

（1） 平铺 1～平铺 4：单击右侧的拾色器按钮从打开的列表框中选择默认矩形的填充颜色，或单击“编辑”按钮从库中选择自定义元件。默认允许用户将库中的 4 个影片剪辑或图形元件与网格填充效果一起使用，可分别用“平铺 1”～“平铺 4”进行设置。

（2） 网格模式：提供了 3 种可选网格填充布局格式。

平铺模式：以简单的网格模式排列元件。

砖形模式：以水平偏移网格模式排列元件。

楼层模式：以水平和垂直偏移网格模式排列元件。

（3） 为边缘涂色：使填充与包含的元件、形状或舞台的边缘重叠。

（4） 随机顺序：允许元件在网格内随机分布。

（5） “水平间距”和“垂直间距”：指定填充形状的水平间距和垂直间距。

（6） 图案缩放：沿水平方向（沿 x 轴）和垂直方向（沿 y 轴）放大或缩小元件。

3. 对称刷子效果

应用对称刷子可以制作围绕中心点对称排列的圆形或漩涡形图案。默认元件是 25×25 像素、无笔触的黑色矩形形状。

打开属性检查器“绘制效果”下拉列表框从中选择“对称刷子”选项，显示如图 2-92 所示的属性面板。在舞台上绘制元件时，将显示一组手柄。可以使用手柄通过增加元件数、添加对称内容或者编辑和修改效果的方式来控制对称效果，如图 2-93 所示。

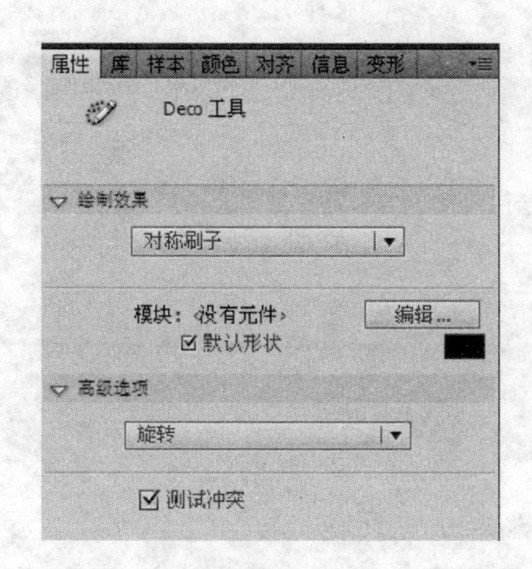

图 2-92　对称刷子设置选项

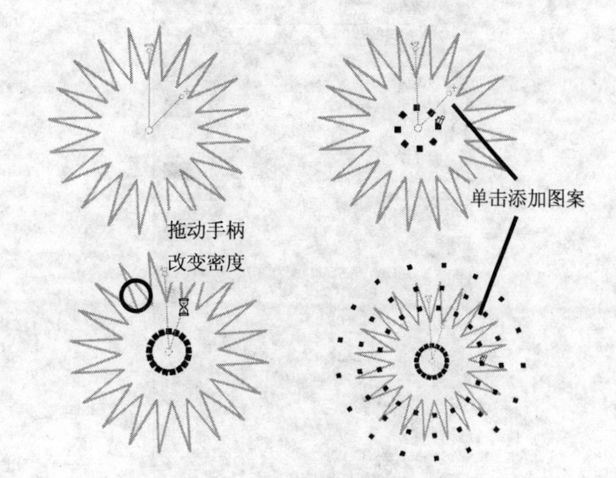

图 2-93　对称刷子填充效果

下面认识一下“对称刷子”的相关设置选项。

（1） 模块：设置默认矩形块的填充颜色，或单击“编辑”按钮自定义元件。通过这些基于元件的粒子，可以对创建的图稿进行多种创意控制。

（2）对称刷子模式：对称刷子提供了 4 种模式。

跨线反射：跨指定的不可见线条等距离翻转形状。

跨点反射：围绕指定的固定点等距离放置两个形状。

旋转：围绕指定的固定点旋转对称形状，默认参考点是对称的中心点。若要围绕对象的中心点旋转，可按圆形运动进行拖动。

网格平移：使用按对称效果绘制的形状创建网格。使用由对称刷子手柄定义的 x 和 y 坐标调整形状的高度和宽度。

（3） 测试冲突：选择该选项，无论创建多少对称效果实例数，都不会发生重叠现象。

4. 3D 刷子效果

使用通过 3D 刷子效果，可以在舞台上对某个元件的多个实例涂色，使其具有 3D 透视效果。打开属性检查器“绘制效果”下拉列表框从中选择“3D 刷子”选项，显示如图 2-94 所示的属性面板。在舞台中连续单击即可创建 3D 刷子效果，如图 2-95 所示。

下面认识一下“3D 刷子”的相关设置选项。

（1） 对象 1～对象 4：设置默认矩形块的填充颜色，或单击“编辑”按钮自定义元件。

（2） 最大对象数：设置要涂色对象的最大数目。

（3） 喷涂区域：指定与对实例涂色的光标的最大距离。

（4） 透视：用于切换 3D 效果。若要为大小一致的实例涂色，应取消选择该选项。

（5） 距离缩放：此属性确定 3D 透视效果的量。增加此值会增加由向上或向下移动光标而引起的缩放。

（6） 随机缩放范围：此属性允许随机确定每个实例的缩放。增加此值会增加可应用于每个实例的缩放值的范围。

（7） 随机旋转范围：此属性允许随机确定每个实例的旋转。增加此值会增加每个实例可能的最大旋转角度。

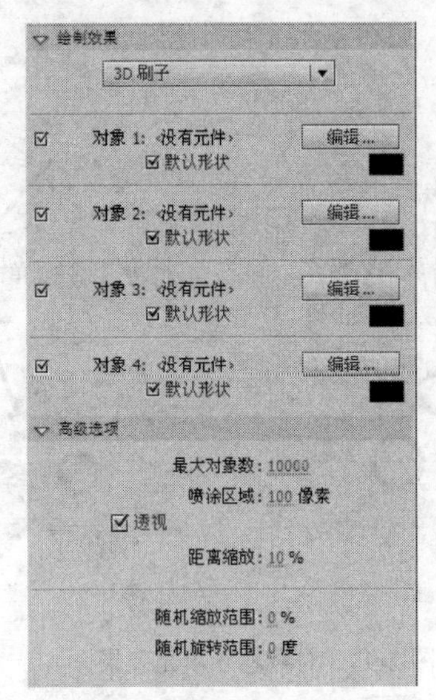

图 2-94　3D 刷子设置选项

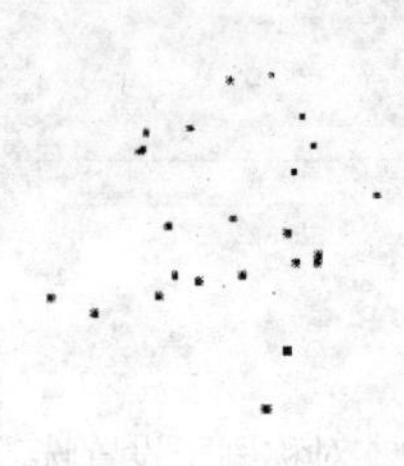

图 2-95　3D 刷子效果

5. 粒子系统效果

使用粒子系统效果，可以创建火、烟、水、气泡及其他效果的粒子动画。打开属性检查器“绘制效果”下拉列表框从中选择“粒子系统”选项，显示如图 2-96 所示的属性面板。在舞台中单击即可创建粒子动画，如图 2-97 所示。

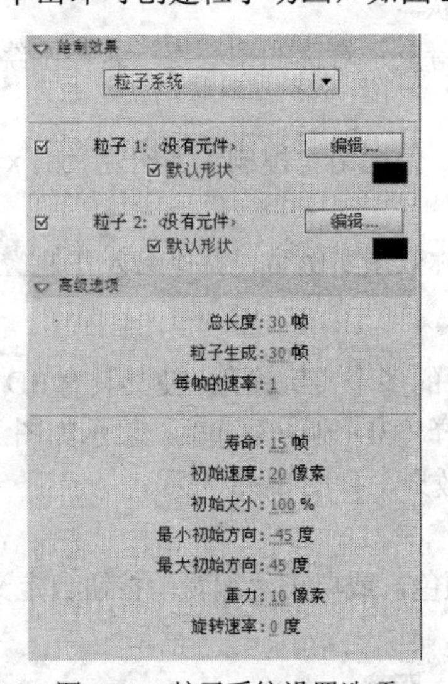

图 2-96　粒子系统设置选项

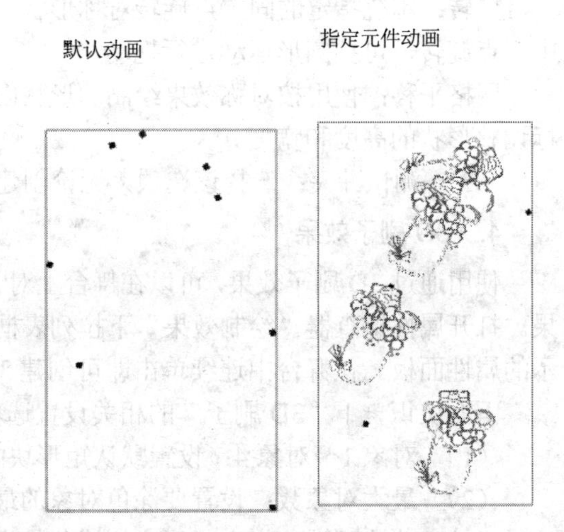

图 2-97　粒子系统动画效果

下面认识一下“粒子系统”的相关设置选项。

（1） 粒子 1 和粒子 2：可以分配两个元件作为粒子。默认使用的是一个黑色的小正方形。用户可通过单击“编辑”按钮选择图形，生成各种效果。

（2） 总长度：从当前帧开始算起，以帧为单位动画可持续时间。

（3） 粒子生成：生成粒子的帧的数目。如果帧数小于“总长度”属性，则自动在剩余帧中停止生成新粒子，但是已生成的粒子将继续添加动画效果。

（4）　每帧的速率：每个帧生成的粒子数。

（5）　寿命：单个粒子在“舞台”上可见的帧数。

（6）　初始速度：每个粒子在其寿命开始时移动的速度，速度单位是像素/帧。

（7）　初始大小：每个粒子在其寿命开始时的缩放。

（8）　最小初始方向：每个粒子在其寿命开始时可能移动方向的最小范围。测量单位为度，0 和 360 表示向上、90 表示向右、180 表示向下，270 表示向左，除此这外，还允许使用负值。

（9）　最大初始方向：每个粒子在其寿命开始时可能移动方向的最大范围。

（10）　重力：数字为正数时，粒子方向向下，为加速运动。如果重力是负数，则粒子运动方向向上，为减速运动。

（11）　旋转速率：应用到每个粒子的每帧旋转角度。

6. 建筑物刷子效果

使用建筑物刷子效果，可以在舞台上绘制建筑物。建筑物的外观取决于为建筑物属性选择的值。打开属性检查器“绘制效果”下拉列表框从中选择“建筑物刷子”选项，显示如图 2-98 所示的属性面板，在舞台中单击即可创建粒子系统动画，如图 2-99 所示。

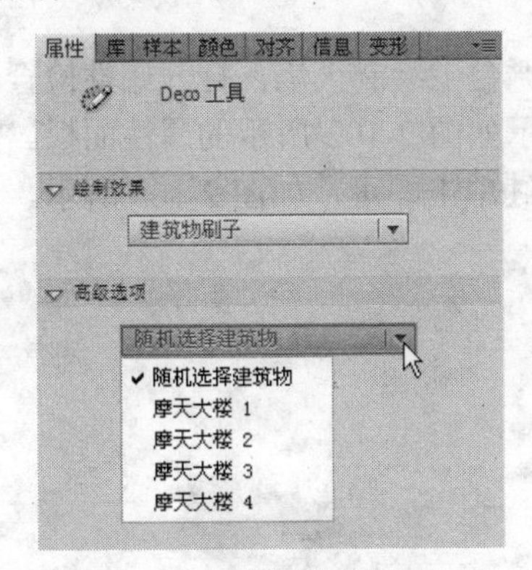

图 2-98　建筑物刷子设置选项

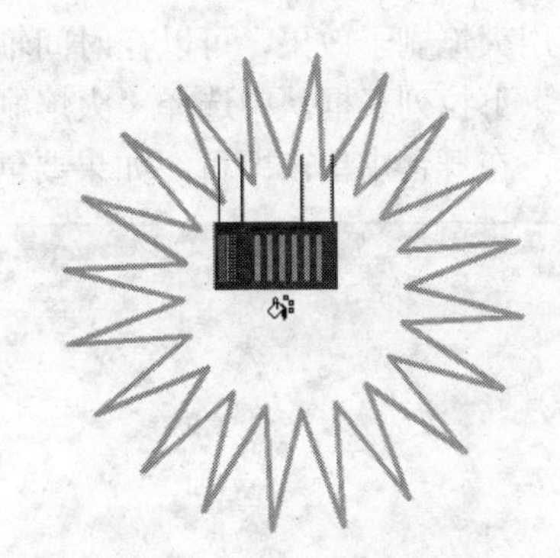

图 2-99　粒子系统动画效果

“建筑物刷子”只包含有两个相关设置选项：建筑物类型和建筑物大小。

（1）　建筑物类型：设置建筑样式。如摩天大楼 1～4，或选择随机选择建筑物。

（2）　建筑物大小：设置建筑物的宽度。值越大，创建的建筑物越宽。

7. 装饰性刷子效果

使用装饰性刷子效果，可以绘制装饰线，例如点线、波浪线及其他线条。打开属性检查器“绘制效果”下拉列表框从中选择“装饰性刷子”选项，显示如图 2-100 所示的属性面板。完成属性设置，在舞台中拖动即可，如图 2-101 所示。

下面认识一下“装饰性刷子”的相关设置选项。

（1）　线条样式：选择要绘制的线条样式。默认有 20 个可选项。

（2）　图案颜色：设置线条的颜色。

（3）　图案大小：指定所选图案的大小。

（4）　图案宽度：设置所选图案的宽度。

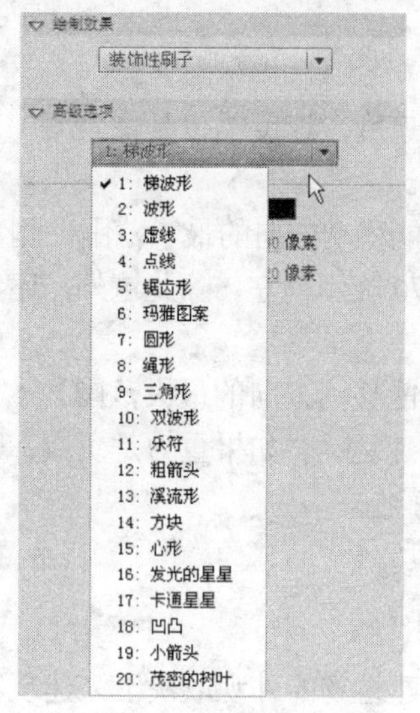

图 2-100　装饰性刷子设置选项

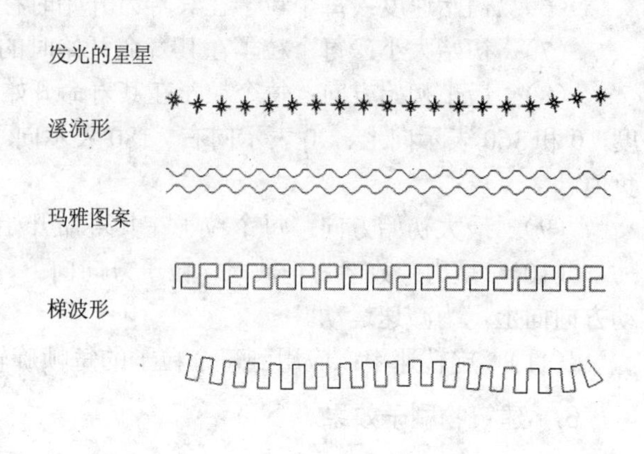

图 2-101　装饰性刷子效果

8. 火焰刷子效果

使用火焰刷子效果，可以在时间轴的当前帧中的舞台上绘制火焰。打开属性检查器“绘制效果”下拉列表框从中选择“火焰刷子”选项，显示如图 2-102 所示的属性面板。完成属性设置，在舞台中单击即可。如果要创建多火焰，连续单击即可，如图 2-103 所示。

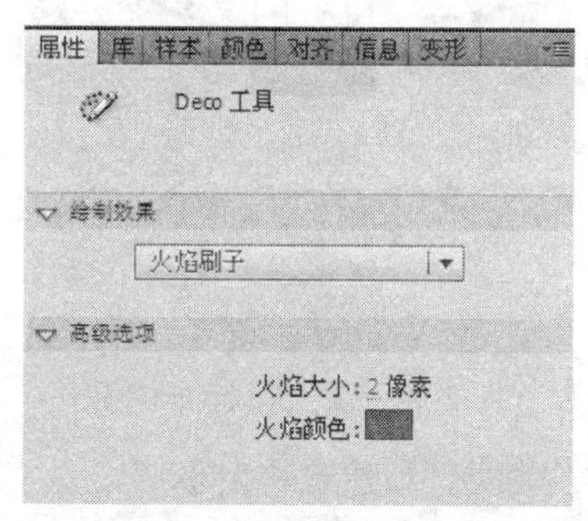

图 2-102　火焰刷子设置选项

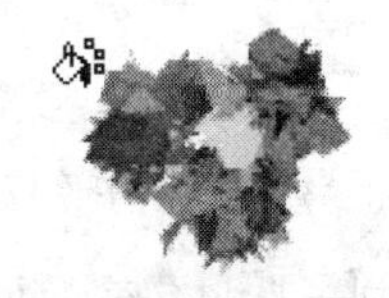

图 2-103　火焰刷子效果

下面认识一下“火焰刷子”的相关设置选项。

（1） 火焰大小：设置火焰的宽、高值。值越大，创建的火焰越大。

（2） 火焰颜色：设置火焰中心颜色。在绘制时，火焰从选定颜色变为黑色。

9. 火焰动画效果

使用火焰动画效果可以创建程式化的逐帧火焰动画。打开属性检查器“绘制效果”下拉列表框从中选择“火焰动画”选项，显示如图 2-104 所示的属性面板。完成属性设置，在舞台中单击即可，如图 2-105 所示。

下面认识一下“火焰动画”的相关设置选项。

（1） 火大小：设置火焰的宽、高值。值越大，创建的火焰越高。

（2） 火速：设置动画的速度。值越大，创建的火焰越快。

（3） 火持续时间：在时间轴中创建的帧数。

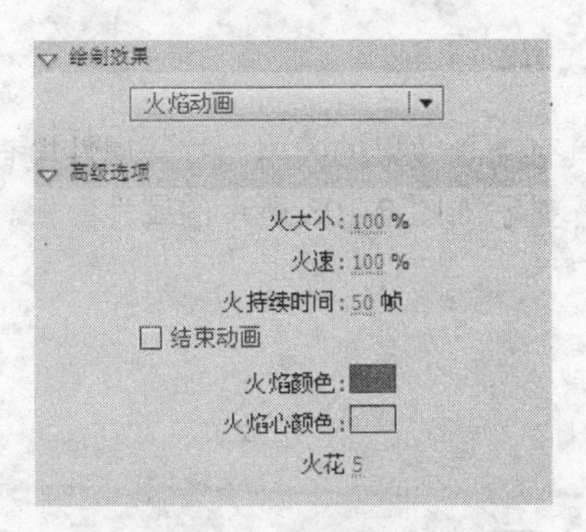

图 2-104　火焰动画设置选项

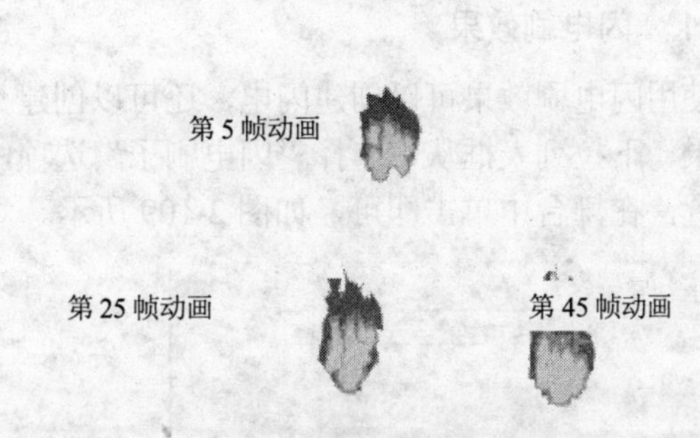

图 2-105　火焰动画效果

（4） 结束动画：选择此选项可创建火焰燃尽而不是持续燃烧的动画。如果要创建持续燃烧的动画效果，应取消选择该选项。

（5） 火焰颜色：指定火苗的颜色。

（6） 火焰心颜色：指定火焰底部的颜色。

（7） 火花：设置火源底部各个火焰的数量。

10.　花刷子效果

使用花刷子效果，可以在时间轴的当前帧中绘制程式化的花。打开属性检查器“绘制效果”下拉列表框从中选择“花刷子”选项，显示如图 2-106 所示的属性面板。完成属性设置，在舞台中单击即可，如图 2-107 所示。

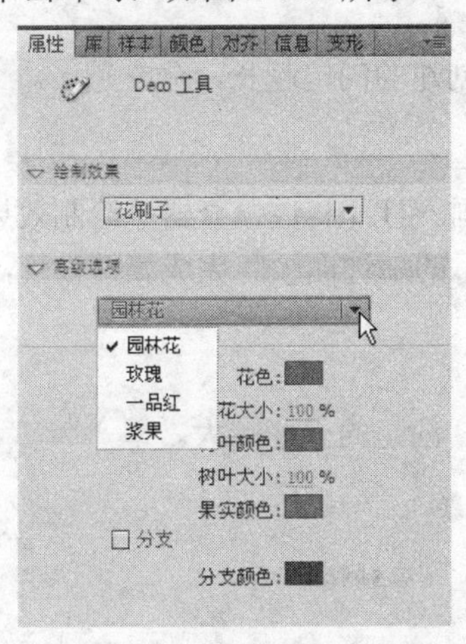

图 2-106　花刷子设置选项

图 2-107　花刷子效果

下面认识一下“花刷子”的相关设置选项。

（1） 花色：花的颜色。

（2） 花大小：花的宽度和高度。值越大，创建的花越大。

（3） 树叶颜色：叶子的颜色。

（4） 树叶大小：叶子的宽度和高度。值越高，创建的叶子越大。

（5） 果实颜色：果实的颜色。

（6） 分支：绘制花和叶子之外的分支。

（7） 分支颜色：分支的颜色。

11. 闪电刷效果

使用闪电刷效果可以创建闪电，还可以创建具有动画效果的闪电。打开属性检查器“绘制效果”下拉列表框从中选择“闪电刷子”选项，显示如图 2-108 所示的属性面板。完成属性设置，在舞台中单击即可，如图 2-109 所示。

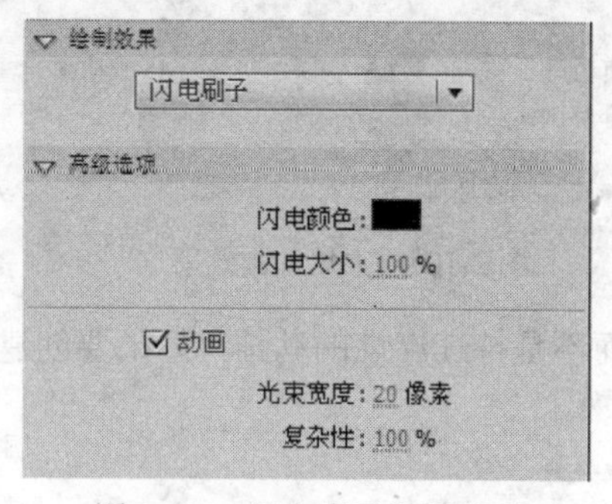

图 2-108 闪电刷子设置选项

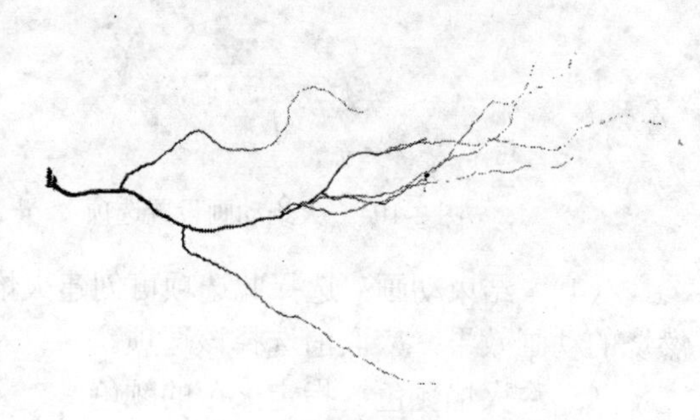

图 2-109 闪电刷子效果

下面认识一下“闪电刷子”的相关设置选项。

（1） 闪电颜色：闪电的颜色。

（2） 闪电大小：闪电的长度。

（3） 动画：创建闪电的逐帧动画。在绘制闪电时，Flash 将帧添加到时间轴中的当前图层。

（4） 光束宽度：闪电根部的粗细。

（5） 复杂性：每支闪电的分支数。值越高，创建的闪电越长，分支越多。

12. 烟动画效果

使用烟动画效果，可以创建程式化的逐帧烟动画。打开属性检查器“绘制效果”下拉列表框从中选择“烟动画”选项，显示如图 2-110 所示的属性面板。完成属性设置，在舞台中单击即可，如图 2-111 所示。

下面认识一下“烟动画”的相关设置选项。

（1） 烟大小：设置烟的宽度和高度。值越大，创建的火焰越大。

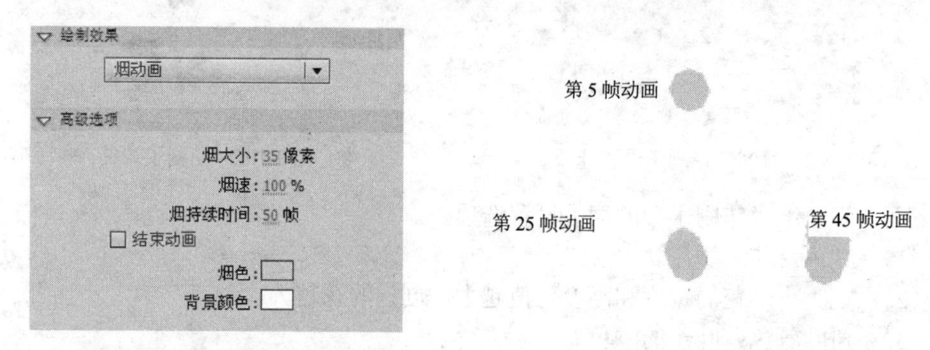

图 2-110 烟动画设置选项

图 2-111 烟动画效果

（2） 烟速：设置动画的速度。值越大，创建的烟越快。

（3） 烟持续时间：创建动画过程中在时间轴中创建的帧数。

（4） 结束动画：选择此选项可创建烟消散而不是持续冒烟的动画。如果要创建持续冒烟的效果，不应选择此选项。

（5） 烟色：烟的颜色。

（6） 背景色：烟的背景色。烟在消散后更改为此颜色。

13. 树刷子效果

使用树刷子效果，可以快速创建树状插图。打开属性检查器“绘制效果”下拉列表框从中选择“树刷子”选项，显示如图 2-112 所示的属性面板。完成属性设置，在舞台中拖动鼠标即可，如图 2-113 所示。

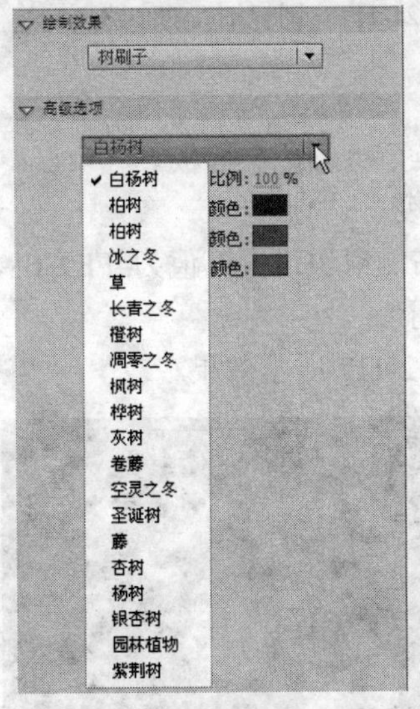

图 2-112　树刷子设置选项

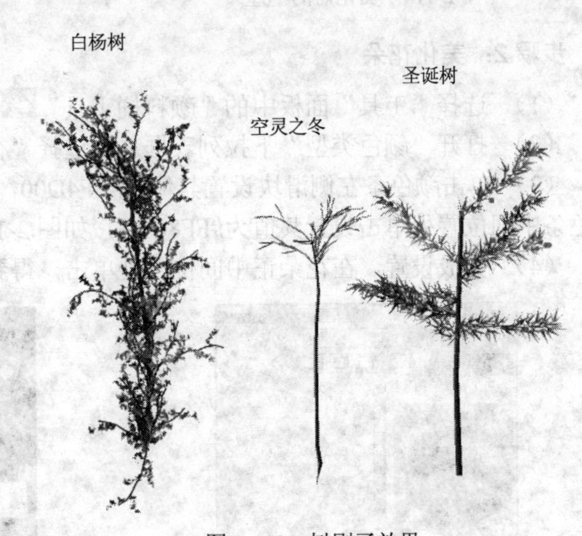

图 2-113　树刷子效果

下面认识一下“树刷子”的相关设置选项。

（1） 树样式：选择要创建的树的种类。默认提供了 20 种可选项。

（2） 树缩放：设置树的大小。值必须在 75～100 之间。值越大，创建的树越大。

（3） 分支颜色：树干的颜色。

（4） 树叶颜色：叶子的颜色。

（5） 花/果实颜色：花和果实的颜色。

2.3.7 小实例——美化卡通屋

打开“美化卡通屋.fla”文件，进一步美化小屋：为小路添加细石，渐变填充花朵，为房屋添加装饰线、添加藤蔓效果，得到如图 2-114 所示的效果。

步骤 1：美化小路

（1） 打开“美化卡通屋.fla”文件，选择图层“创建后的效果”。

（2） 选择“工具”面板中的“喷涂刷工具”。

（3） 在“属性”面板中设置“喷涂”颜色为#CCCCCC，“宽度”值为 50 像素，“高度”值为 50 像素。

（4） 在小路上连续单击，得到如图 2-115 所示的效果。

图 2-114　美化后的小屋

图 21-115　铺有细石的小路

步骤 2：美化花朵

（1） 选择“工具”面板中的“颜料桶工具”，切换至“颜色”面板。

（2） 打开“颜色类型”下拉列表框从中选择“径向渐变”选项。

（3） 单击颜色条左侧滑块设置其值为#FF4D00，单击右侧滑块设置其值为#FF9368，在颜色条中间位置处单击设置其值为#FF8CA3，如图 2-116 所示。

（4） 完成设置，在花朵正中间位置处单击，得到如图 2-117 所示效果。

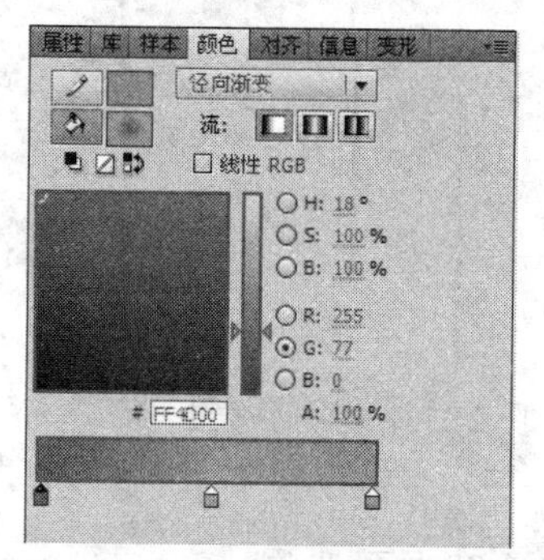

图 2-116　设置渐变颜色

图 2-117　为花朵添加渐变填充效果

步骤 3：美化小草

（1） 选择“工具”面板中的“墨水瓶工具”。

（2） 切换至“属性”面板，设置“笔触颜色”值为#00CC00，设置“笔触”值为 1。

（3） 在小草每条线条上单击，得到如图 2-118 所示的效果。

步骤 4：美化小屋

（1） 选择“工具”面板中的“Deco 工具”。

（2） 切换至“属性”面板，打开“属性”面板“绘制效果”下拉列表框，从中选择“装饰性刷子”选项。

（3） 打开“高级选项”下拉列表框，从中选择“玛雅文化”选项，设置“图案颜色”为#666666，“图案大小”和“图案宽度”值均为 30 像素。

（4） 完成设置，在小屋底部拖动出一条装饰线，得到如图 2-119 所示的效果。

（5） 打开“属性”面板“绘制效果”下拉列表框，从中选择“树刷子”选项。

（6） 打开“高级选项”下拉列表框，从中选择“藤”选项。

图 2-118　美化小草

图 2-119　添加装饰线

（7）在房屋右侧从下向上缓缓拖动，绘制出藤蔓效果。

（8）按 Ctrl+S 组合键，保存文件。

2.4　动手实践——自制卡片

自制如图 2-120 所示的卡片，其中蜡烛应用椭圆形工具绘制、心形使用钢笔工具绘制、玫瑰和树枝使用 Deco 工具绘制。

图 2-120　自制卡片效果

步骤 1：绘制蜡烛烛身

（1）新建 ActionSript 3.0 文件，切换至“属性”面板设置背景颜色为黑色（#000000），并保存文件为“自制卡片.fla”。

（2）使用“椭圆形工具”绘制一个仅有白色（#FFFFFF）边框无填充色的椭圆，使用“选择工具”加以调整，并使用“任意变形工具”进行旋转，如图 2-121 所示。

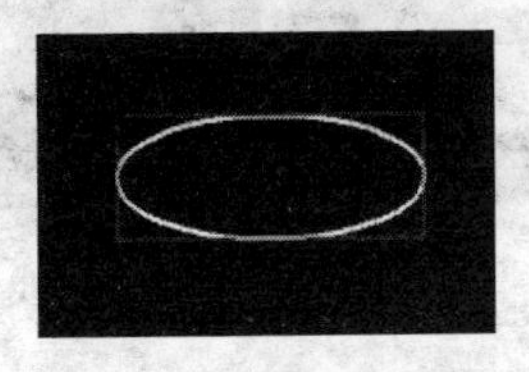
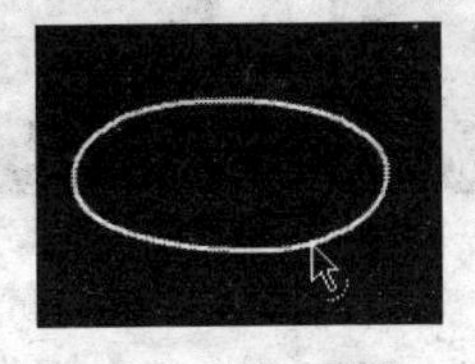
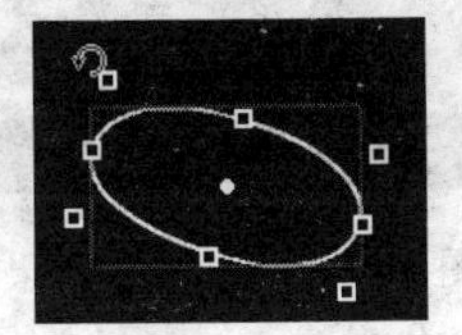

图 2-121　旋转椭圆形

（3） 切换至“颜色”面板，打开“颜色类型”下拉列表框从中选择“径向渐变”选项，单击“颜色条”左侧滑块，将其颜色设置为黄色（#F5DD38），并向右拖动；选择右侧滑块将其颜色设置为红色（#F76648），如图 2-122 所示。

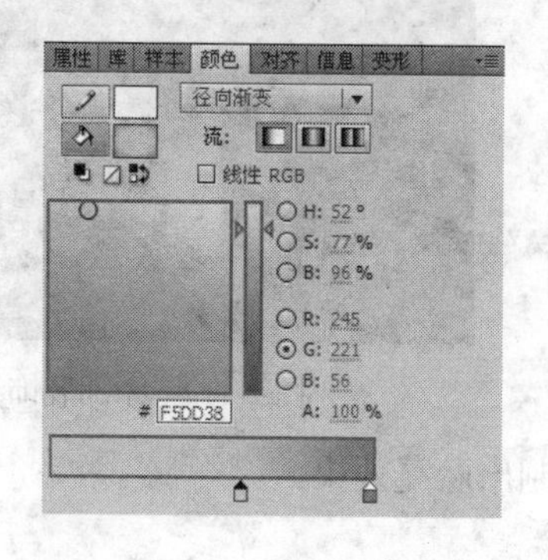

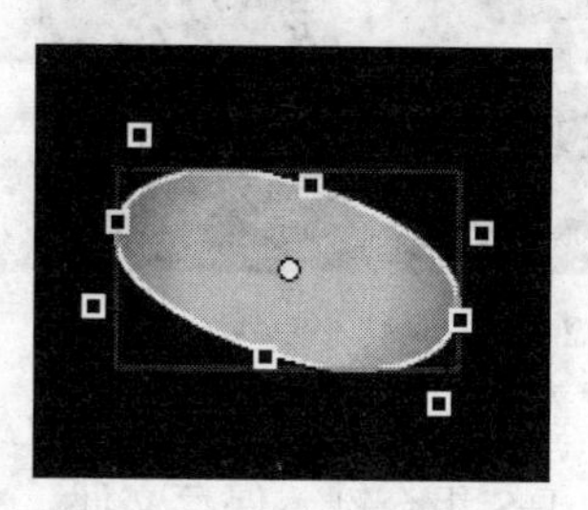

图 2-122　为椭圆形添加渐变颜色

（4） 在已绘制的图形上添加一个无边框的椭圆形，设置其径向渐变左侧滑块值为#F76648，右侧滑块值为#F5DD38，再利用“任意变形工具”进行旋转，如图 2-123 所示。

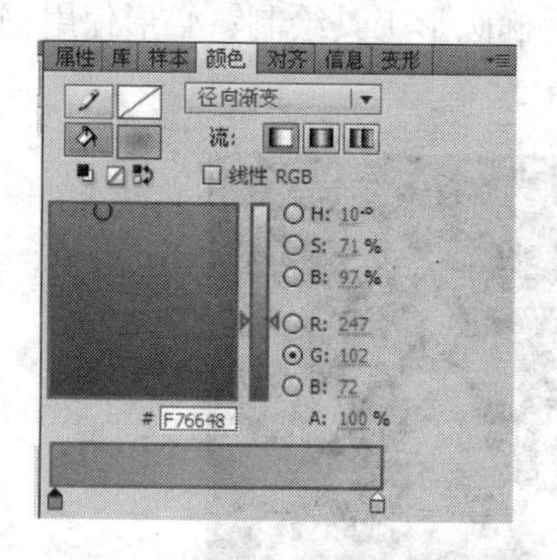

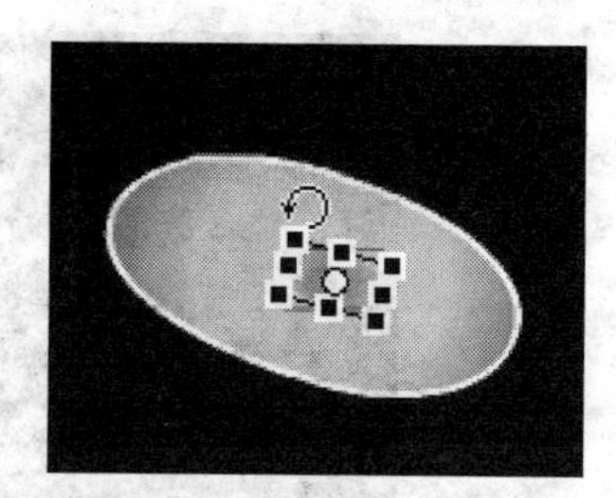

图 2-123　设置小椭圆形效果

（5） 使用“选择工具”将画好的椭圆拖动至大椭圆形右下角。

（6） 选择“刷子工具”，在“选项区”中设置“刷子大小”为最大，设置“刷子形状”为第 3 个选项，调整填充颜色为淡黄色（#FFFFCC）在大椭圆左上角拖动绘制出高光效果，并应用“任意变形工具”旋转高光效果，如图 2-124 所示。

（7） 应用“选择工具”选择大椭圆形的白色边线，按 Delete 键将其删除，如图 2-125 所示。

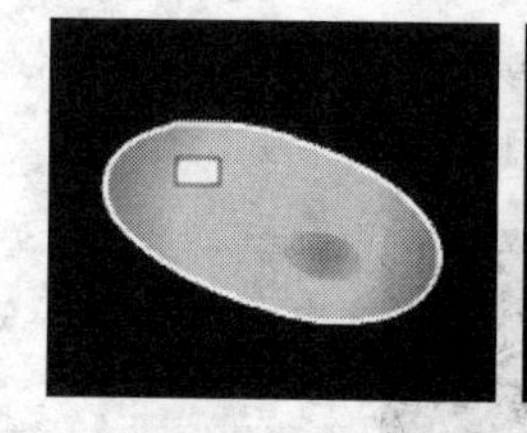
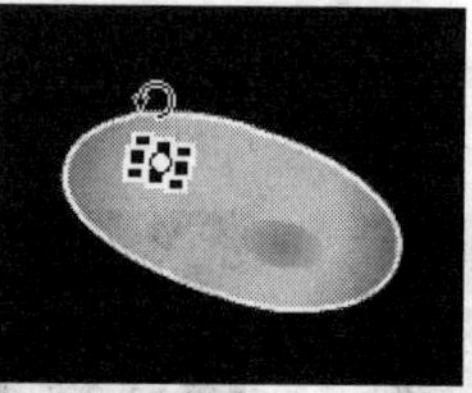

图 2-124　绘制高光效果

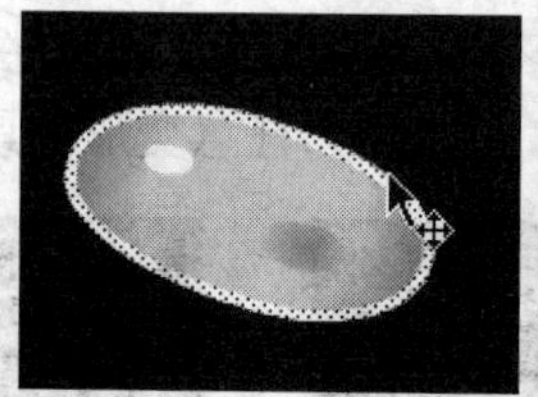
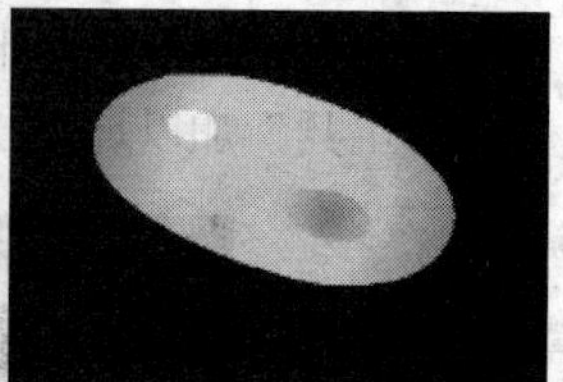

图 2-125　删除白色边线

（8） 应用“选择工具”选择所有椭圆形，按住 Ctrl 键向右拖动复制出一个同样的图形。再次选择前面绘制的椭圆形，按住 Ctrl+Shift 组合键不放，向下拖动复制出多个这样的图形，如图 2-126 所示。

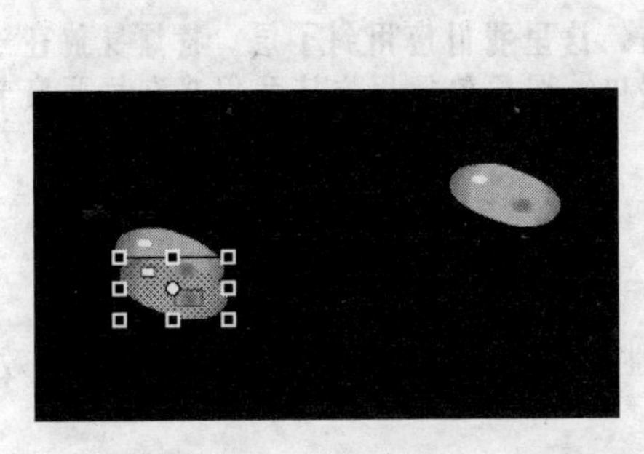
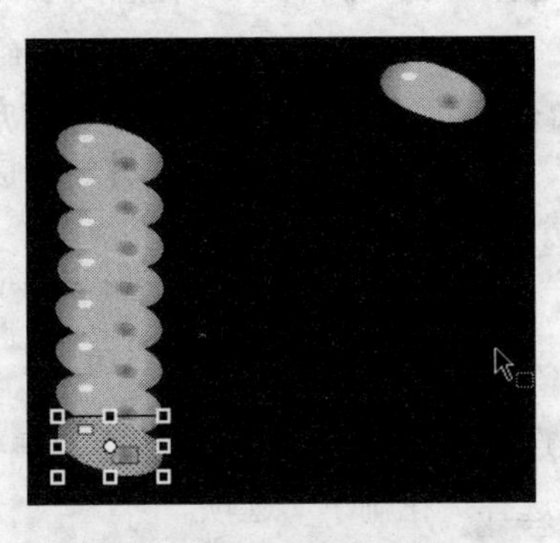

图 2-126 复制多个椭圆效果

（9） 保持最下方的椭圆选择状态，应用“任意变形工具”将其旋转为水平状态；以同样的方式将右上角独立的椭圆形旋转为水平状态，并拖动回蜡烛顶，如图 2-127 所示。

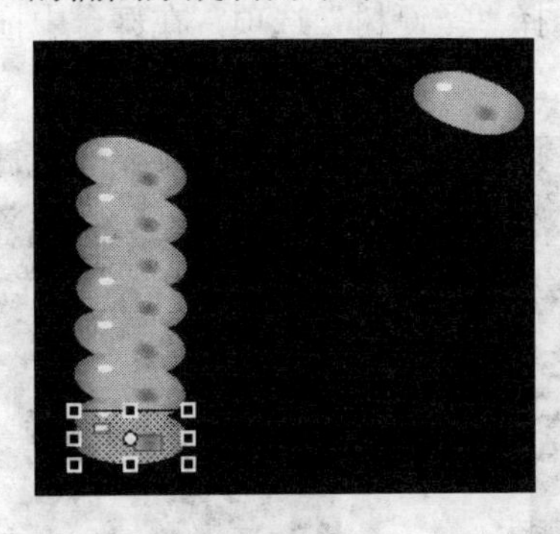
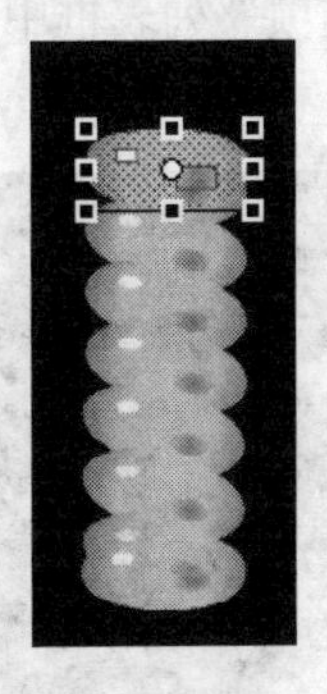

图 2-127 烛身效果

步骤 2：绘制蜡烛烛光

（1） 选择“椭圆形工具”按钮，在选项区中设置线条为无色。

（2） 切换至“颜色”面板，设置“颜色类型”为“径向渐变”。并在颜色条上添加一个滑块，从左至右依次设置滑块颜色值为：黄色、红色和白色，如图 2-128 所示。

（3） 按住 Shift 键，在舞台中绘制出一个圆形，应用“任意变形工具”改变其形状，并将其拖动至烛身上方，如图 2-129 所示。

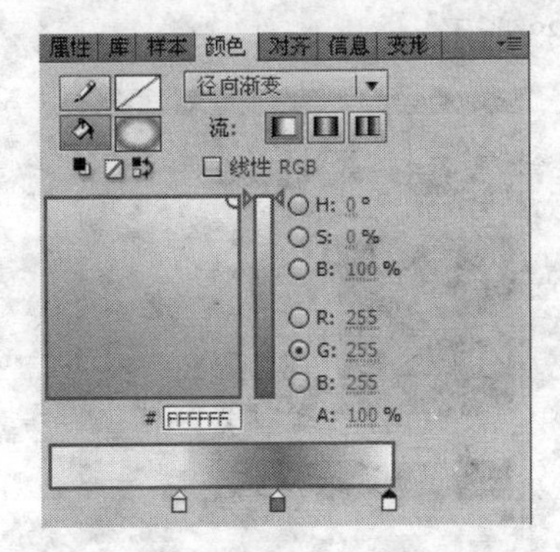

图 2-128 设置烛光渐变效果

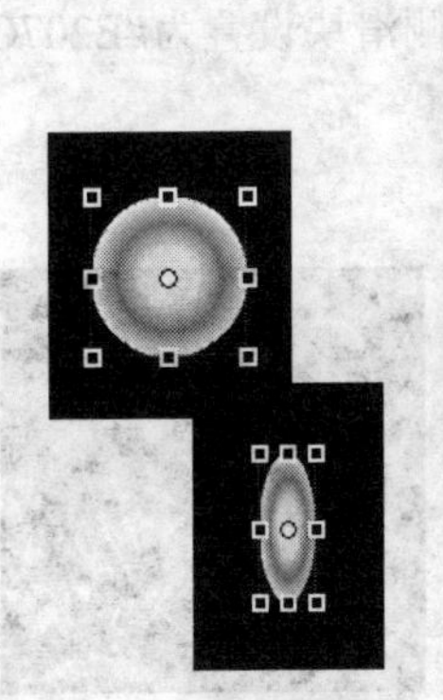
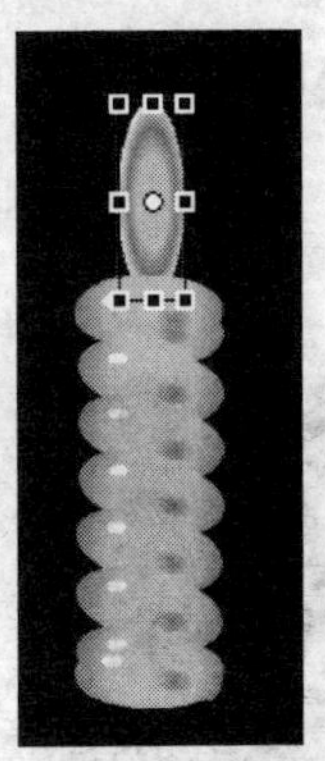

图 2-129 调整烛光

（4） 选择整根蜡烛，应用“任意变形工具”改变其大小，并复制出一根同样大小的蜡烛。

为了将烛光置于烛身下方，这里我们应用到了层。将烛身放在一个图层中，将烛光放在另一图层中。图层的使用方法我们将在后面章节中进行介绍。

步骤 3：绘制花与树枝

（1） 选择“Deco 工具”，切换至“属性”面板，打开“属性”面板“绘制效果”下拉列表框从中选择“花刷子”选项。

（2） 从“高级选项”列表框中选择“玫瑰”选项，并设置“花大小”与“树叶大小”值为 150%，在舞台中单击，得到如图 2-130 所示的效果。

（3） 打开“属性”面板“绘制效果”下拉列表框从中选择“树刷子”选项。

（4） 从“高级选项”列表框中选择“圣诞树”选项，在舞台中拖动，得到如图 2-131 所示的效果。

图 2-130 添加玫瑰花

图 2-131 添加圣诞树枝

步骤 4：绘制心形

（1） 使用“钢笔工具”绘制一个封闭曲线，在左右线条上方各添 1 个锚点，选择“部分选取工具”，单击曲线端点，端点上会出现调节手柄。上下左右调手柄，将该曲线调整为如图 2-132 所示形状。

（2） 打开“颜色”面板，设置“填充样式”为“径向渐变”。在颜色条上将左侧滑块设置为#AF057C，将右侧滑块设置为#E207C8，如图 1-133 所示。

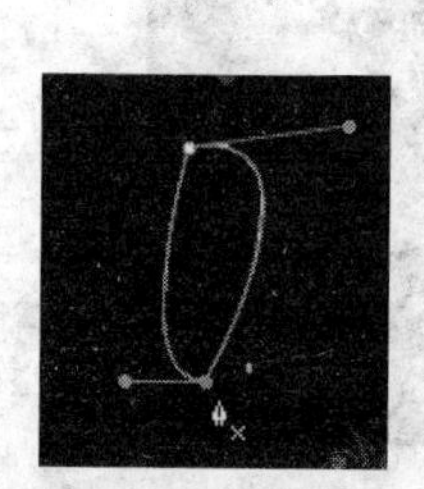

图 2-132 调整图形

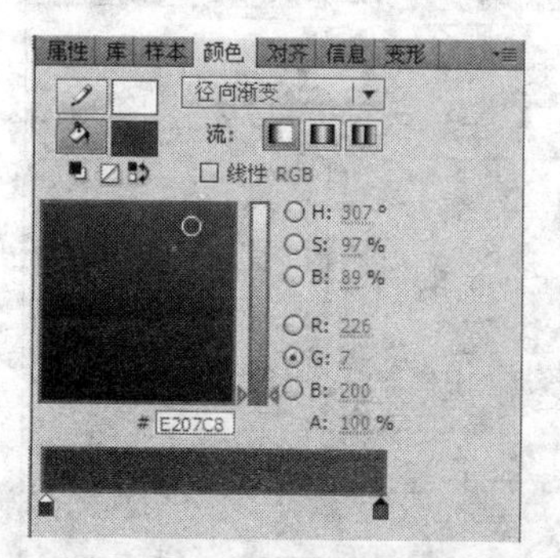

图 2-133 设置填充渐变色

（3） 使用“颜料桶工具”从右下向左上拖动鼠标填充颜色，并删除白色边框线，如图 2-134 所示。

（4） 应用“任意变形工具”调整大小并旋转方向，得到如图 1-135 所示效果。

图 2-134 渐变填充并删除轮廓线

图 2-135 舞台左侧心形

（5） 执行“修改”|“形状”|“柔化填充边缘”命令，打开“柔化填充边缘”对话框，设置“距离”为 10 像素，“步长数”为 3，“方向”为“扩展”，如图 2-136 所示。

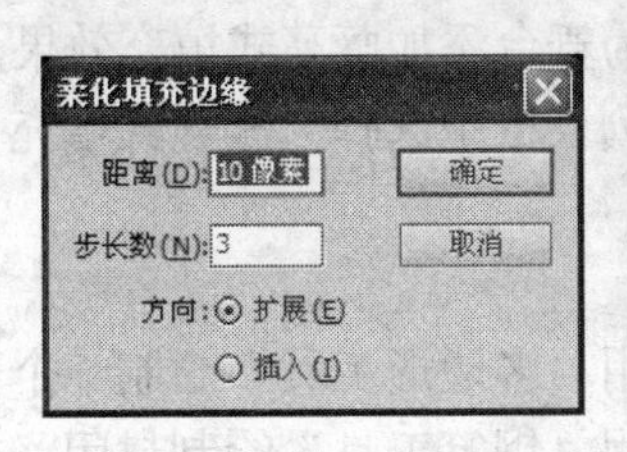

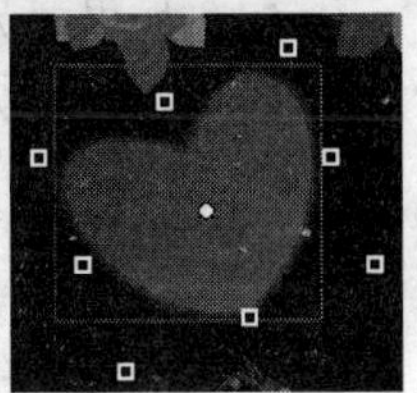

图 2-136 柔化填充边缘

（6） 复制一个相同的心形，拖动至舞台右上角，并应用“任意变形工具”调整大小、旋转方向。

（7） 按 Ctrl+S 组合键保存文件。

2.5 习题练习

2.5.1 选择题

（1） 使用铅笔工具绘制图形时，要想将接近三角形、椭圆、圆形、矩形和正方形的形状转换为这些常见的几何形状，应使用________绘画模式。

A. 伸直　　B. 平滑
C. 墨水　　D. 都可以

（2） 使用“钢笔工具”绘制路径时，当指针显示________形状时，执行单击操作即可闭合路径。

A.　　B.　　C.　　D.

（3） 绘制一条直线并确认已退出编辑状态，此时选择“选取工具”将指针移向线段，按住 Ctrl 键拖动鼠标，可以________。

A. 移动终点　　B. 移动转角点
C. 改变曲线形状　　D. 添加拐角点

（4） 若要使用“椭圆形工具”绘制一个圆形，应按住________键的同时拖动鼠标。

A. 无　　B. Shift　　C. Alt　　D. Ctrl

（5） 使用“部分选取工具”调整使用钢笔工具绘制的路径时，同时显示两个调整手柄时，如果只想调整其中一侧的手柄，应按________键。

A. 空格键　　B. Alt　　C. Shift　　D. Ctrl

2.5.2 填空题

（1） 在绘制图形时，为使同一图层中先后绘制的多个对象可独立存在，应使用 Flash 提供的________模式。

（2） 应用“滴管工具”可以将采集的填充色应用至其他图形上，完成第一次采集填充后，若要进行第二次采集可按________键切换成“滴管工具”。

（3） 应用“颜料桶工具”为图形填充自定义径向渐变色时，应切换至________面板进行径向渐变色设置。

（4） 应用“任意变形工具”旋转选择图形时，应将鼠标移至任意一个________上，当鼠标指针变为旋转指针时拖动鼠标旋转图形。

（5） 如果要为舞台添加藤蔓式填充效果，应使用________工具，然后从“属性”面板“绘制效果”下拉列表框中选择“藤蔓式填充”选项。

2.5.3 简答题

（1） 如何使用“多边形工具”绘制一个五角星？

（2） 如何使用“钢笔工具”绘制封闭路径？

（3） 如何使用“部分选取工具”调整对象？

（4） 如何为图形填充线性由黄变白的渐变效果？

（5） 如何使用“Deco 工具”绘制一棵柏树？

2.5.4 上机练习

随意找一张图片，如图 2-137 所示。执行“文件”｜“导入”｜“导入到舞台”命令可将选择图片直接导入舞台，以此图为参照，练习使用“工具”面板中的工具。

（1） 使用 Flash“工具”面板中的绘图工具绘制出图形轮廓。

（2） 图形颜色用户可根据自己喜好进行填充。

提示：单击“时间轴”面板中的“新建图层”按钮新建图层，在新建图层上绘制。

图 2-137 参照图

第3章 使用文本

本章要点

- 创建 TLF 文本。
- 设置文本属性。
- 为文本添加滤镜效果。
- 分离文本。

本章导读

- **基础内容**：Flash CS6.0 中的 TLF 文本引擎。
- **重点掌握**：创建文本并设置其属性。
- **一般了解**：应用定位标尺、设置滚动文本。

课堂讲解

利用 Flash CS6.0 的“文本工具”可以创建各种样式的文本，并可利用“滤镜”面板对文本进行美化，或分离文本后对其进行旋转、变形和翻转等操作后制作出符合自己要求的文字效果。本章主要介绍 TLF 文本块的创建、文本属性设置以及美化文本的方法。

3.1 创建文本对象

Flash CS6.0 为用户提供了两大类文本引擎：传统文本和 TLF 文本。从 Flash CS5 开始，就可以使用新文本引擎 TLF 向 FLA 文件添加文本。TLF 支持更多丰富的文本布局功能和对文本属性的精细控制。与以前的文本引擎（称为传统文本）相比 TLF 文本加强了对文本的控制，例如加强了字符格式设置、提供了更多的段落格式、可控制更多的亚洲字体属性、支持双向文本等。如果制作的动画要求文本布局进行精细控制，建议使用 TLF 文本。

3.1.1 文本的类型

Flash CS6.0 中默认使用的是传统文本。单击“工具”面板中的“文本工具” T 按钮，在“属性”面板中会显示文本工具模式相关属性，打开“TLF 文本”下拉列表框，用户可根据需要在此选择使用哪种文本，如图 3-1 所示。

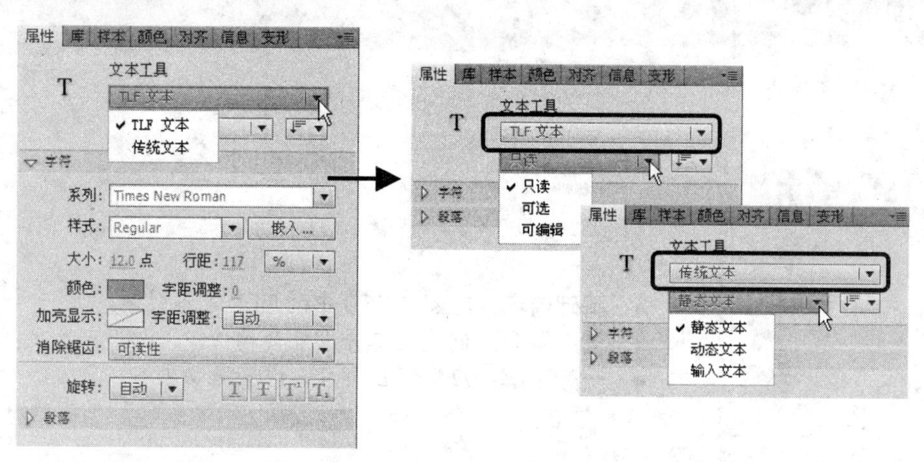

图 3-1 文本工具属性面板

TLF 文本分为 3 种类型的文本：只读、可选和可编辑。

（1） 只读：作为 SWF 文件发布时，文本无法选中或编辑。

（2） 可选：为 SWF 文件发布时，文本可以选中并可复制到剪贴板，但不可以编辑。

（3） 可编辑：作为 SWF 文件发布时，文本可以选中和编辑。

传统文本分为 3 种类型的文本：静态文本、动态文本和输入文本。

（1） 静态文本：显示不会动态更改字符的文本，即在动画制作过程中输入什么样的文本、为其设置了什么样的样式，动画播放时就会显示什么样的文本和样式。

（2） 动态文本：显示动态更新的文本，即可以根据情况动态改变文本的显示内容及样式，例如体育比分、股票行情或天气预报等。

（3） 输入文本：在动画播放时可以允许用户前台输入信息，程序在后台接受和处理用户输入的信息，例如表单或调查表等。

3.1.2 创建文本

在创建文本之前，用户需要先了解所创建的文本的用途，然后根据需要决定是创建 TLF

文本还是传统文本。TLF 文本提供了两种类型的文本块，点文本和区域文本。点文本块的大小由包含的文本决定，区域文本块的大小与其包含的文本量无关。

1. 创建 TLF 文本

若要创建 TLF 文本，首先选择“工具”面板中的“文本工具” T，在“属性”面板中的确认“文本引擎”列表框中选择 TLF 文本，从“文本类型”下拉列表框中选择要设置的文本类型，然后设置文本的相关属性，如图 3-2 所示。

完成设置，即可在舞台中单击显示文本块方便用户输入文本，完成输入按 Esc 键退出或在舞台任意位置单击即可，如图 3-3 所示。用户还可以通过拖动鼠标绘制的方式创建文本块方便用户输入文本，完成输入退出即可，如图 3-4 所示。

图 3-2　TLF 文本工具属性面板

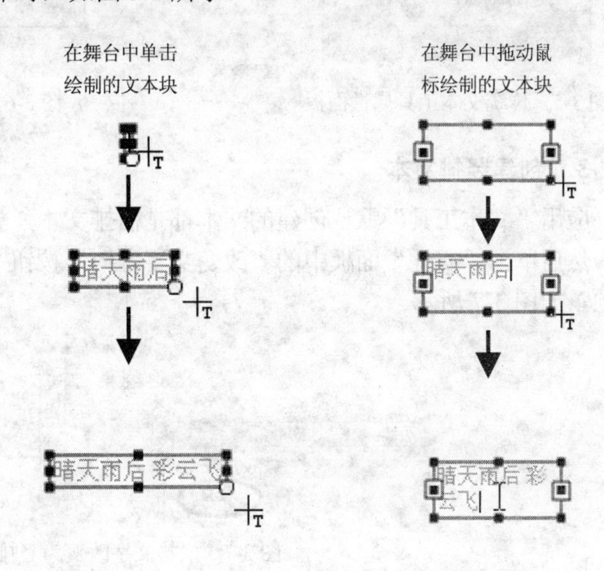

图 3-3　TLF 点文本　　图 3-4　TLF 区域文本

要将点文本更改为区域文本，有两种方法：一种方法是使用“选择工具”手动调整点文本块的大小，另一种方法是双击文本块右下角的小圆圈。

2. 创建传统文本

创建传统文本的方法与创建 TLF 文本方法相似，唯一不同之处在于，选择“文本工具” T，在“属性”面板“文本引擎”列表框中应选择“传统文本”，从“文本类型”下拉列表框中选择要设置的文本类型，然后设置文本的相关属性，如图 3-5 所示。完成设置，即可在舞台中单击或拖动绘制出传统文本块，输入文本后退出即可，如图 3-6 所示。

TLF 文本继承了传统文本的特性，只要不特殊说明下面所说的文本均为 TLF“可选”文本类型，我们将以 TLF 文本为例进行介绍。

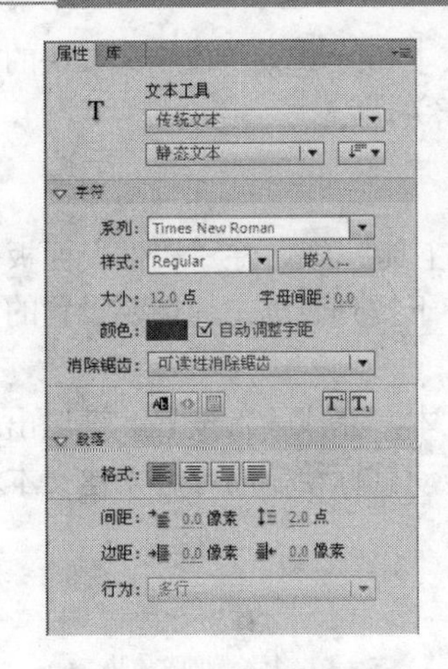

图 3-5 传统文本工具属性面板

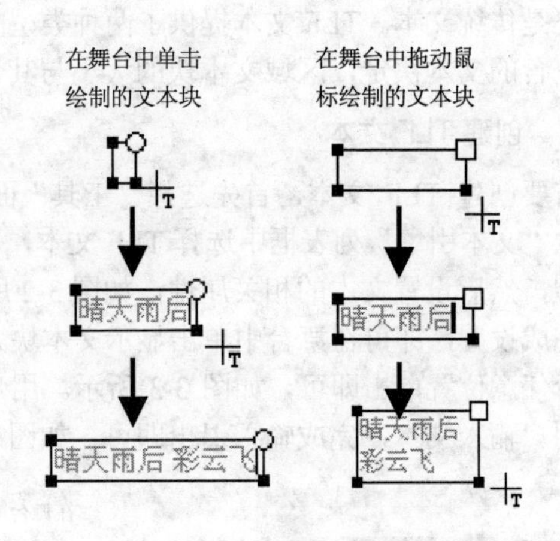

图 3-6 传统点文本与区域文本

3. 创建竖排文本

应用“文本工具”默认创建的文本都是横排文本，如果要创建竖排文本，应先选择文本块，然后单击“属性”面板中的“改变文字方向”按钮，从弹出的面板中选择“竖排”选项，如图 3-7 所示。

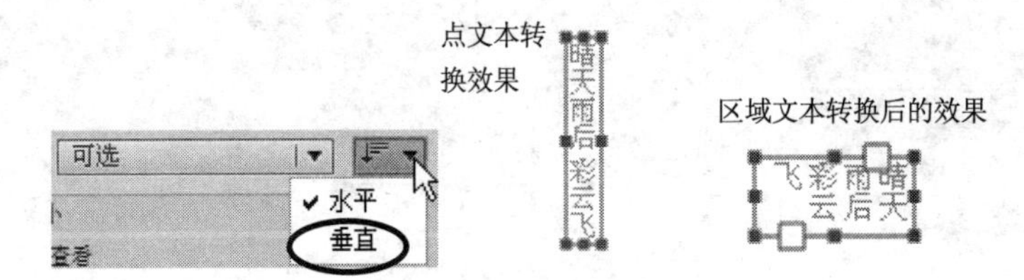

图 3-7 横排文字改变为竖排文字

选择文本块的方法，单击“工具”面板“选择工具”按钮，将指针移至要选择的文本块上单击即可。

3.1.3 小实例——创建传统文本

新建名为“竖排文本.fla”的 ActionScript 3.0 文档，在其中创建从左至右的静态文本，并在其中输入李清照的词“声声慢”。

（1） 按 Ctrl+N 组合键，打开“新建文档”对话框，选择“常规”选项卡“类别”列表框中的 ActionScript 3.0 选项，单击“确定”按钮。

（2） 单击“工具”面板中的“文本工具”按钮。

（3） 显示“属性”面板，打开“文本引擎”下拉列表框从中选择“传统文本”选项，打开“文本类型”下拉列表框从中选择“静态文本”选项。

（4） 单击“改变文本方向”按钮，从弹出的文本框中选择“垂直，从左向右”选项，如图 3-8 所示。

（5） 在舞台中拖动鼠标绘制出一个文本块，并在其中输入李清照的词“声声慢”，如图 3-9 所示。

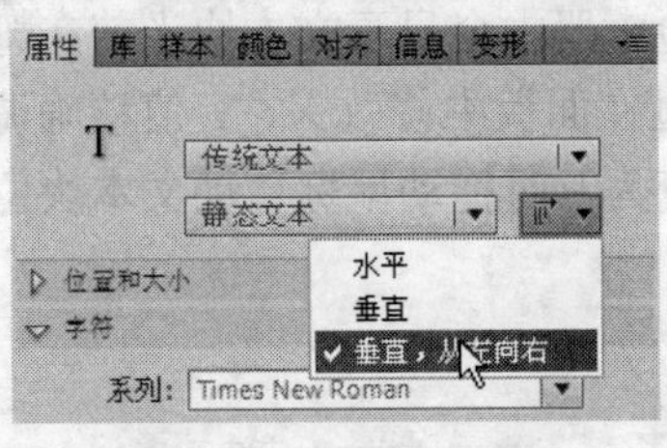

图 3-8　设置文本方向

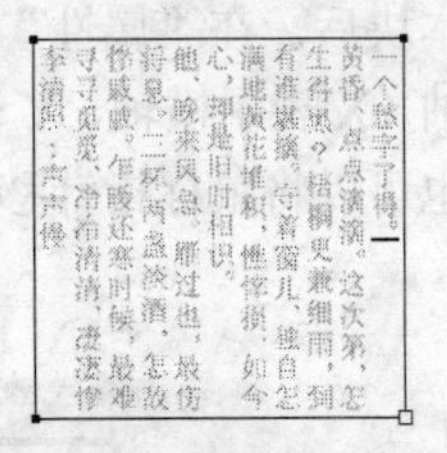

图 3-9　竖排文本效果

（6） 按 Ctrl+S 组合键，弹出“保存为”对话框，选择保存路径，设置“文件名”为“竖排文本”，“文件类型”使用默认选项，单击“保存”按钮。

3.2　设置文本属性

使用 Flash CS6.0 输入文本，用户可以在输入文本之前设置字符和段落属性，可以在编辑文本时设置字符、段落、窗口和流等属性，还可以在选择文本对象时设置字段、段落、3D 定位、色彩效果、显示和滤镜等属性。

3.2.1　认识文本属性面板

Flash 提供了 3 种模式的属性面板：文本工具、文本对象和文本编辑。单击“工具”面板中的“文本工具”按钮，但未选择 Flash 文档中的文本，显示的是文本工具属性面板。选择了整个文本块，显示的是文本对象属性面板。插入点位于文本块中，显示的是文本编辑属性面板。图 3-10 所示为与文本相关的 3 种不同模式的属性面板。

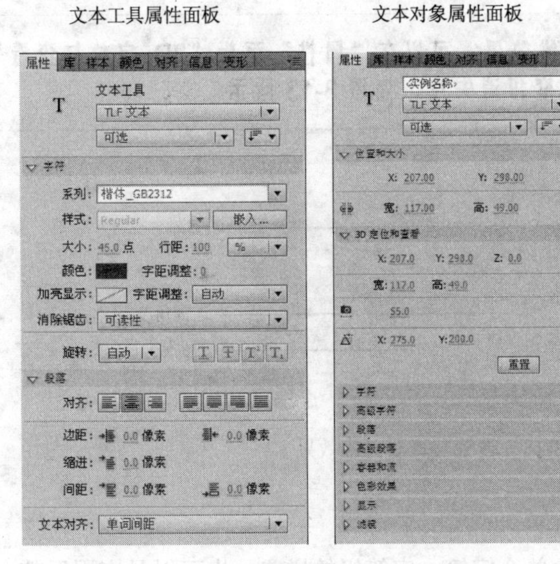

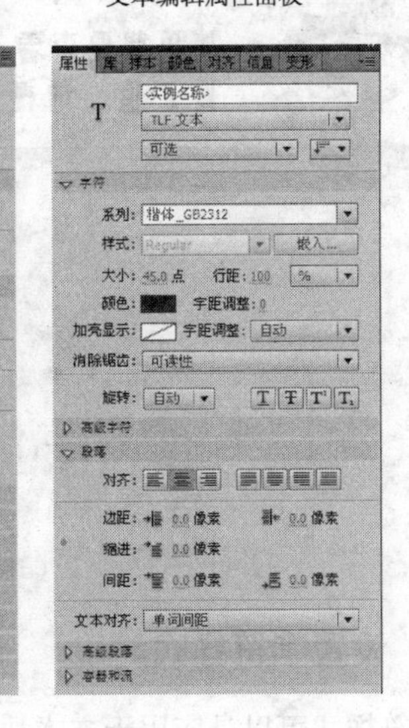

图 3-10　文本工具、文本编辑和文本对象属性面板

3.2.2 设置文本块位置和大小

选择文本块后，在“属性”面板“位置和大小”检查器中会显示文本块当前在舞台所处的 XY 坐标轴（X 表示横轴、Y 表示纵轴），用户可通过在面板中修改 X、Y 值精确调整文本块的位置；也可以将鼠标指针移至文本块上，当指针变为时拖动鼠标移动文本块位置，如图 3-11 所示。

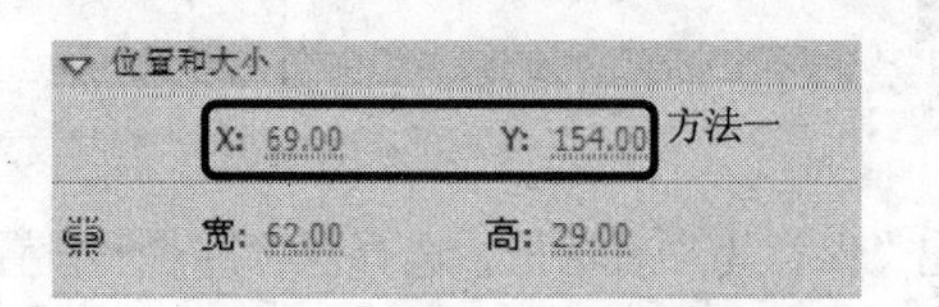

图 3-11　移动文本块位置

“宽”、“高”值是指当前所选文本块的宽度与高度，用户可通过在面板中修改“宽”、“高”值精确调整文本块的大小；如果要同时调整宽、高值，可单击解锁状态按钮使之变为锁定状态按钮时，修改“宽”、“高”任意一个值，即可同时调整选择文本块的宽与高。除此之外，用户也可以先选择“选取工具”，将鼠标移至文本块周围 8 个控制点上，当指针变为双向箭头时拖动即可修改文本块的大小，如图 3-12 所示。

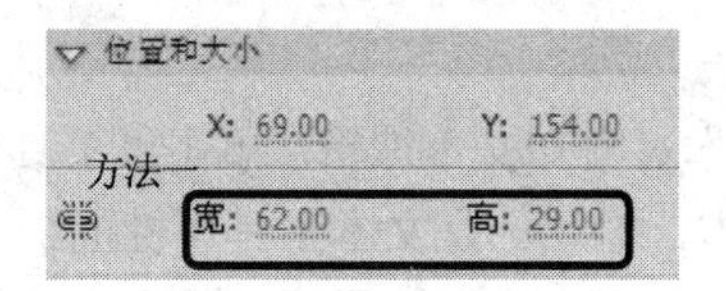

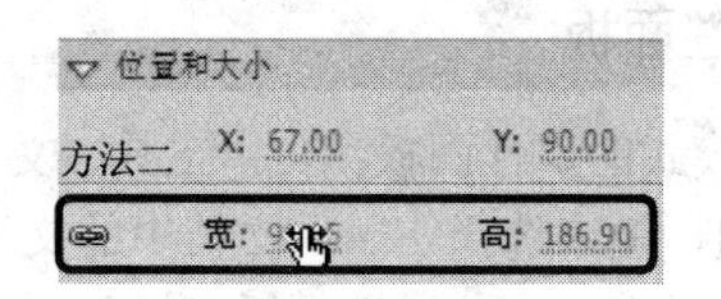

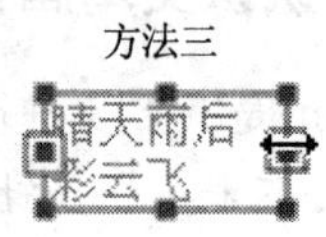

图 3-12　修改文本块大小

如果想要查看三维效果，可以在“属性”面板“3D 定位与查看”中设置 Z 值、透视角度和消失点，如图 3-13 所示。

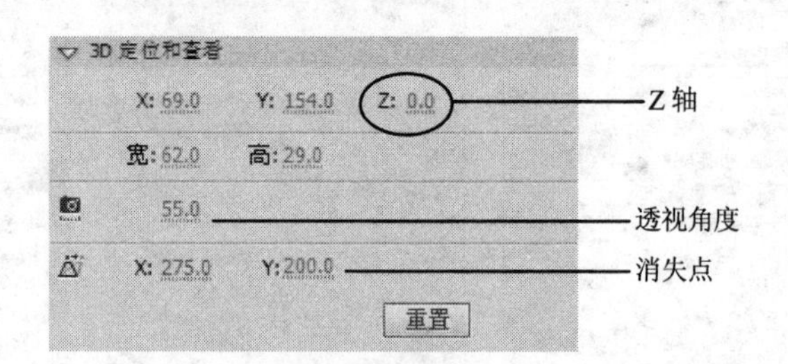

图 3-13　设置与查看三维效果

3.2.3 设置字符样式

字符样式可以是应用于文本块内单个字符、字符组的样式，也可以是应用于整个文字块内所有文字的样式。要设置字符样式，可使用“属性”面板中的“字符”和“高级字符”部分，如图 3-14 所示。

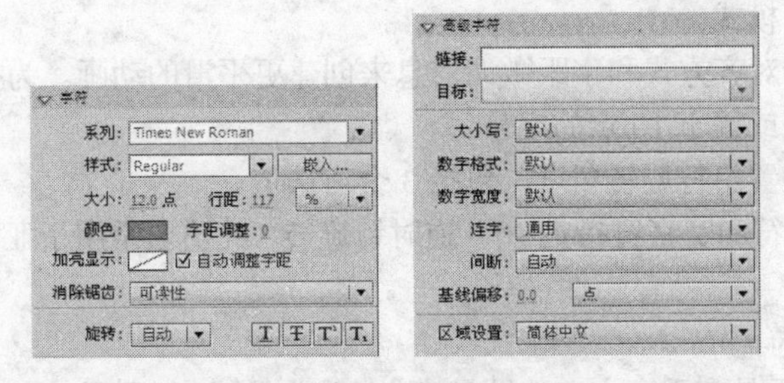

图 3-14　字符与高级字符

1. 字符属性

"属性"面板"字符"检查器中包括以下文本属性。

（1） 系列：用于设置字体，图 3-15 所示为应用了宋体、隶书和华文楷体字体的文本。应注意 TLF 文本只支持 OpenType 和 TrueType 字体。

（2） 样式：设置常规、粗体和斜体，如图 3-16 所示。TLF 文本对象不能使用仿斜体和仿粗体样式，但有些字体还可能包含其他样式，如黑体、粗体、斜体等。

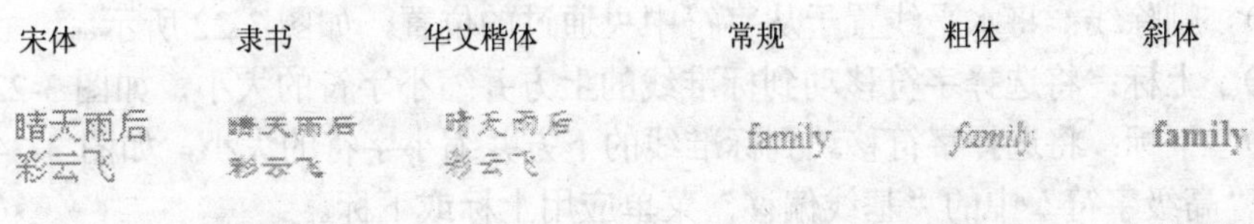

图 3-15　设置文本字体　　　　图 3-16　Times New Roman 字体的样式

（3） 大小：以像素为单位设置字符大小，如图 3-17 所示。

（4） 行距：默认以百分比为单位设置文本行之间的垂直间距，也可以以点为单位。图 3-18 所示为调整行距的效果。

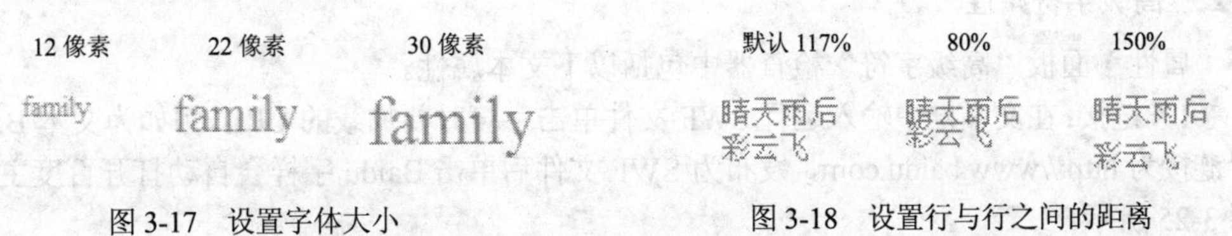

图 3-17　设置字体大小　　　　图 3-18　设置行与行之间的距离

（5） 颜色：设置文本的颜色。

（6） 字距调整：设置字符之间的间距，如图 3-19 所示。

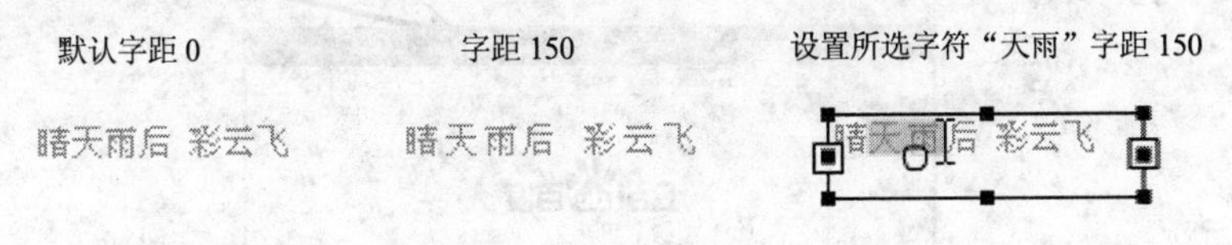

图 3-19　字符间距

（7） 加亮显示：加亮颜色。

（8） 消除锯齿：有 3 种消除锯齿模式可供选择。

使用设备字体：指定 SWF 文件使用本地计算机上安装的字体来显示字体。使用该选项时，建议选择最常用的字体，如宋体、黑体等。

可读性：字体较小时使字体更容易辨认。如果要设置文本动画效果，建议不要使用此选项，应使用“动画”模式。

动画：通过忽略对齐方式和字距微调信息来创建更平滑的动画。为提高动画中文字的清晰度，建议使用大于或等于 10 点的字号。

（9） 旋转：设置字符旋转角度，包括 3 个可选值。

自动：对全宽字符和宽字符指定 90° 逆时针旋转，此值通常用于亚洲字体，仅旋转需要旋转的那些字符。

0° ：不旋转字符。

270° ：主要用于具有垂直方向的罗马字文本，如图 3-20 所示。

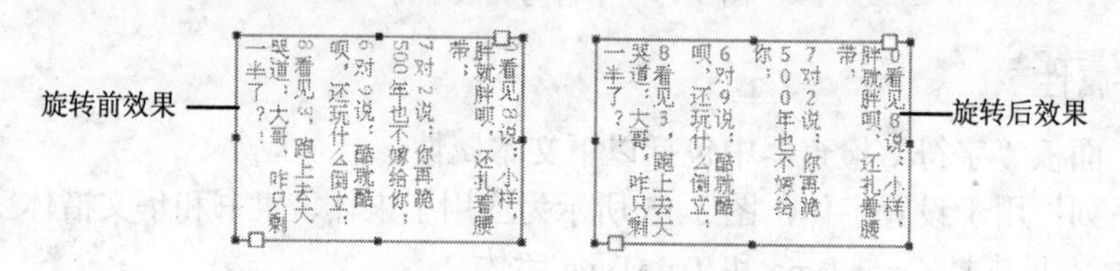

图 3-20 旋转 270° 前后效果对比

（10） 下画线：将水平线放在字符下，如图 3-21 所示。

（11） 删除线：将水平线置于从字符中央通过的位置，如图 3-22 所示。

（12） 上标：将选择字符移动到标准线的上方并缩小字符的大小，如图 3-23 所示。

（13） 下标：将选择字符移动到标准线的下方并缩小字符的大小，如图 3-24 所示。也可以使用“高级字符”中的“基线偏移”菜单应用上标或下标。

En	~~En~~	E^{n}	E_{n}
图 3-21 添加下画线	图 3-22 添加删除线	图 3-23 设置上标	图 3-24 设置下标

2. 高级字符属性

“属性”面板“高级字符”检查器中包括以下文本属性。

（1）链接：在文本框中输入运行 SWF 文件单击字符时要加载的 URL。例如为文本 Baidu 设置链接为 http://www.baidu.com，发布为 SWF 文件后单击 Baidu 字样会自动打开百度主页，如图 3-25 所示。

图 3-25 设置并打开链接

（2）目标：指定 URL 要加载的窗口，可使用以下值。

_self：指定当前窗口中的当前帧。

_blank：指定一个新窗口。

_parent：指定当前帧的父级。

_top：指定当前窗口中的顶级帧。

（3） 大小写：使用大写字符和小写字符。希伯来语文字和阿拉伯文字不区分大小写，不受此设置的影响。

默认：使用字符的默认大小写，如图 3-26（a）所示。

大写：所有字符都使用大写字型，如图 3-26（b）所示。

小写：所有字符都使用小写字型，如图 3-26（c）所示。

大写为小型大写字母：指定所有大写字符使用小型大写字型。

小写为小型大写字母：指定所有小写字符使用小型大写字型。此选项与“大写为小型大写字母”要求选定字体包含小型大写字母字型，例如 Adobe Pro 字体。

Family　　FAMILY　　family

（a）字符默认输入状态　　（b）所有字符均为大写　　（c）所有字符均为小写

图 3-26　设置字符大小写

（4） 数字格式：为 OpenType 字体提供等高和变高数字时应用的数字样式，提供了默认、全高和旧样式 3 个可选项，如图 3-27 所示。

（5） 数字宽度：在 OpenType 字体使用等高和旧字样时为其指定等比或定宽，如图 3-28 所示。

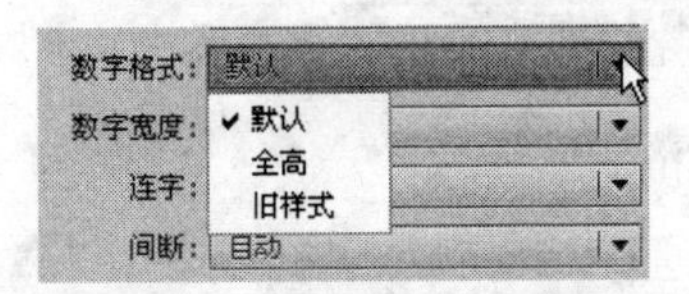

图 3-27　数字格式列表框

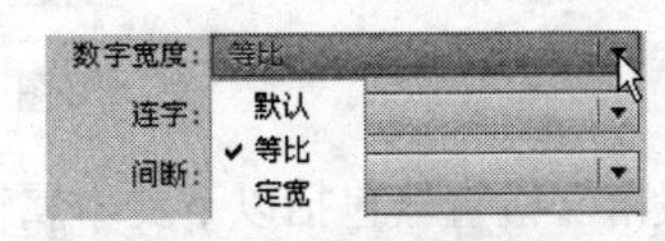

图 3-28　数字宽度列表框

（6） 连字：属于一类更常规的字型，称为上下文形式字型，字母的特定形状取决于上下文，例如周围的字母或邻近行的末端。连字属性包括以下值。

最小值：最小连字，如图 3-29 所示。

通用：常见或“标准”连字，此设置为默认设置，如图 3-30 所示。

不通用：不常见或自由连字。

外来：外来语或“历史”连字。

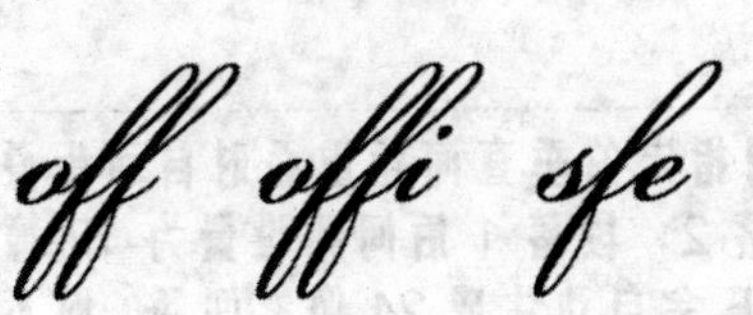

off offi sfe　　off offi sfe

图 3-29　最小值连字 　　图 3-30　通用连字

（7） 中断：用于防止所选词在行尾中断，例如，在用连字符连接时可能被读错的专有

名称或词。“中断”设置也用于将多个字符或词组放在一起，例如，词首大写字母的组合或名和姓。中断包括以下值。

自动：断行机会取决于字体中的 Unicode 字符属性。

全部：将所有字符视为强制断行机会。

任何：将所选文字的任何字符视为断行机会。

无间断：不将所选文字的任何字符视为断行机会。

（8） 基线偏移：以百分比或点为单位设置基线偏移。如果是正值，则将基线向上移动；如果是负值，则将基线下移。默认值为 0，范围是-720～720。应用此列表框也可设置“上标”或“下标”，如图 3-31 所示。

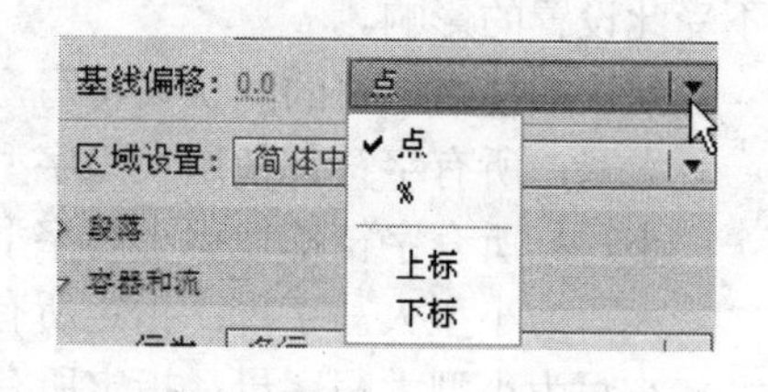

图 3-31 基线偏移列表框

（9） 区域设置：通过字体中的 OpenType 功能影响字形的形状。例如，土耳其语等语言不包含 fi 和 ff 等连字。

3.2.4 设置段落样式

段落样式是应用于文本块内某个段落、所选段落或所有段落的属性。要设置段落样式，可使用“属性”面板中的“段落”和“高级段落”部分，如图 3-32 所示。

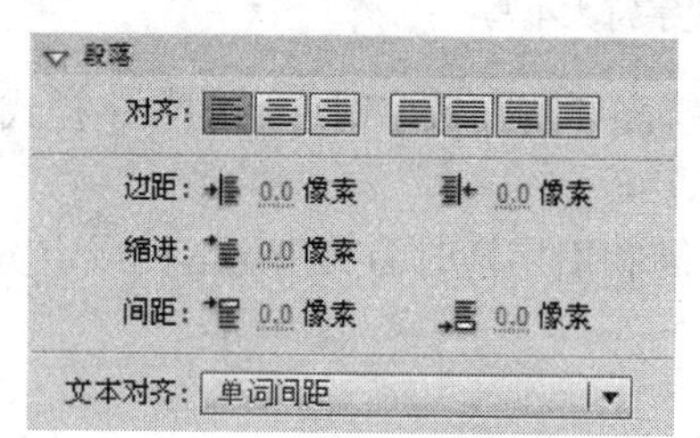

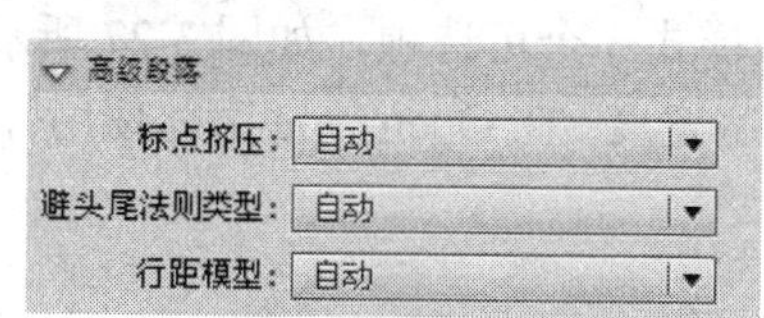

图 3-32 段落与高级段落

“段落”检查器包括以下文本属性。

（1） 对齐：设置段落文本对齐方式，用户可设置段落左对齐、居中对齐、右对齐和两端对齐，其中两端对齐根据末行对齐情况又分为末行左对齐、末行居中对齐和末行右对齐。图 3-33 为以图示的方式认识一下这几种对齐方式。

（2） 边距：默认值为 0，“起始边距”和“结束边距”以像素为单位指定了左边距和右边距值。例如，将“起始边距”和“结束边距”设置为 25 像素，如图 3-34 所示。

（3） 缩进：以像素为单位指定所选段落的首行缩进值，如图 3-35 所示。

（4） 间距：以像素为单位指定段落的前后间距。

与传统段落布局的区别：段落之间指定的垂直间距重叠时自动折叠。例如，两个相邻段落，段落 1 和段落 2，段落 1 后间距设置为 12 像素，段落 2 前间距设置为 24 像素。TLF 会自动生成 24 像素间距，而不是将 16 像素和 24 像素叠加为 36 像素，如图 3-36 所示。

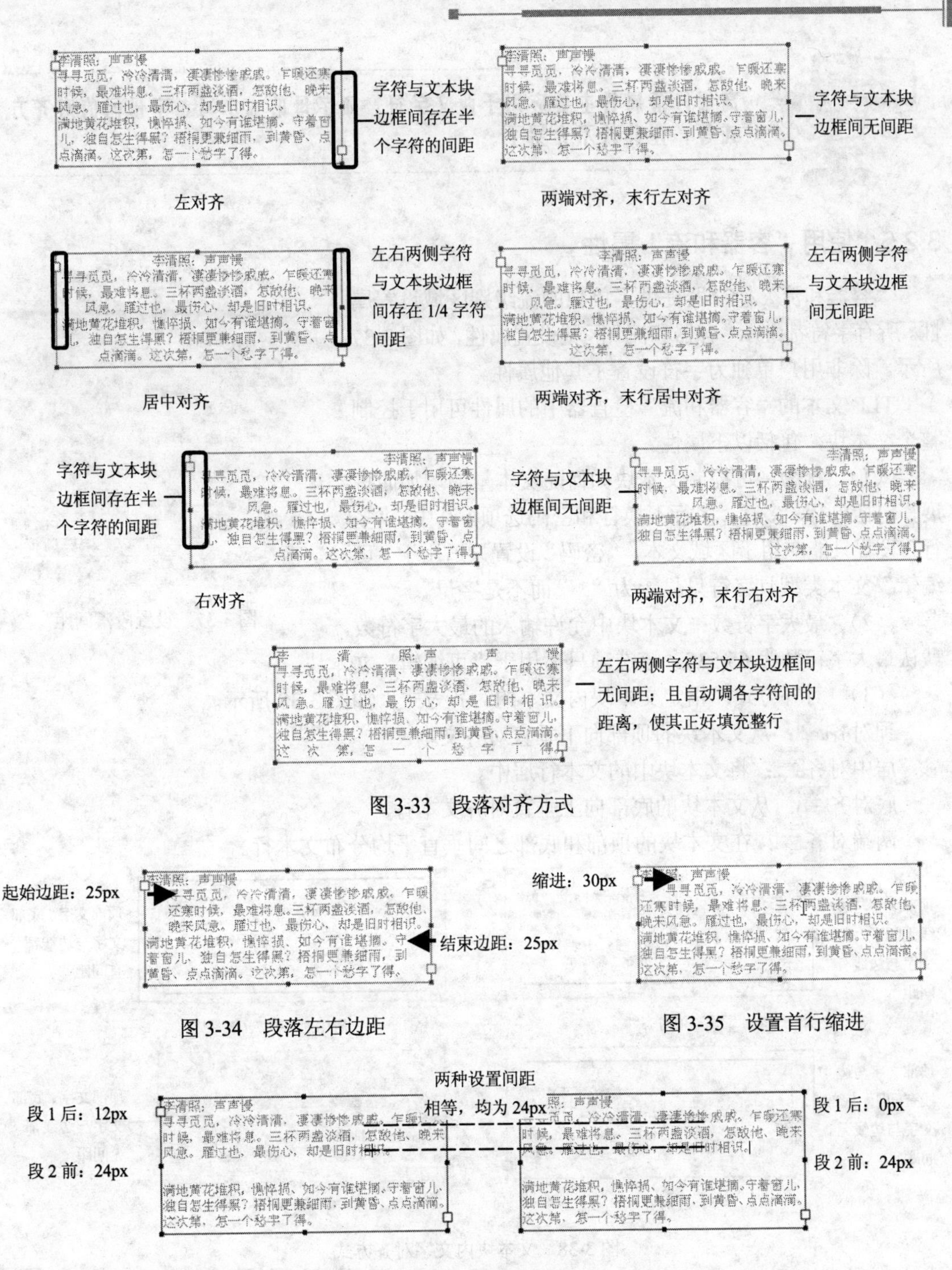

图 3-33　段落对齐方式

图 3-34　段落左右边距

图 3-35　设置首行缩进

图 3-36　设置段落间距

（5）　文本对齐：指示对文本如何应用对齐。文本对齐包括以下值。

字母间距：在字母之间进行字距调整。

单词间距：在单词之间进行字距调整，此设置为默认设置。

高级段落属性主要应用于西文字符，如字母的大小写、字母间的对齐方式等，在此就不介绍了。

3.2.5 使用“容器和流”属性

“容器和流”检查器提供了单独的流级别区域设置属性。所有字符都继承“容器和流”区域设置属性，如图 3-37 所示。除非用户单独为字符设置了其他属性。

TLF 文本的“容器和流”检查器中的属性可用于控制整个文本块，包括以下属性。

（1） 行为：可控制文本块如何随文本量的增加而扩展，包括单行、多行、多行不换行和密码选项。其中，“多行”设置只能应用于区域文本，“密码”设置只适用于“可编辑”文本类型且字符只显示为“*”而不是字母。

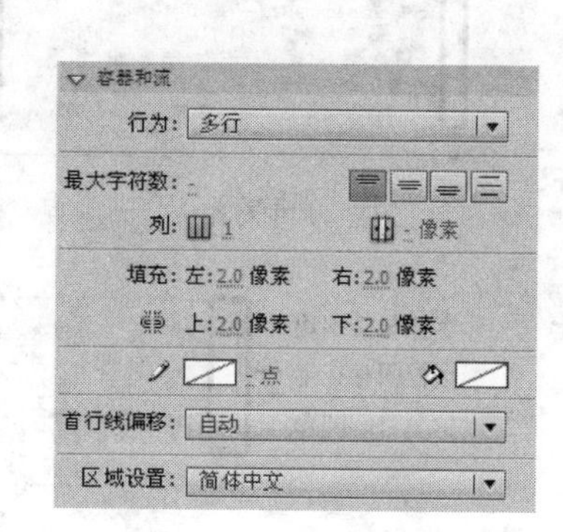

图 3-37 设置段落间距

（2） 最大字符数：文本块中允许输入的最大字符数，默认最大字符数为 65 535。该选项只适用于“可编辑”文本块。

（3） 对齐方式：指定文本块内文本的对齐方式，如图 3-38 所示。

顶对齐：从文本块的顶部向下垂直对齐文本。

居中对齐：将文本块中的文本行居中。

底对齐：从文本块的底部向上垂直对齐文本行。

两端对齐：在文本块的顶部和底部之间垂直平均分布文本行。

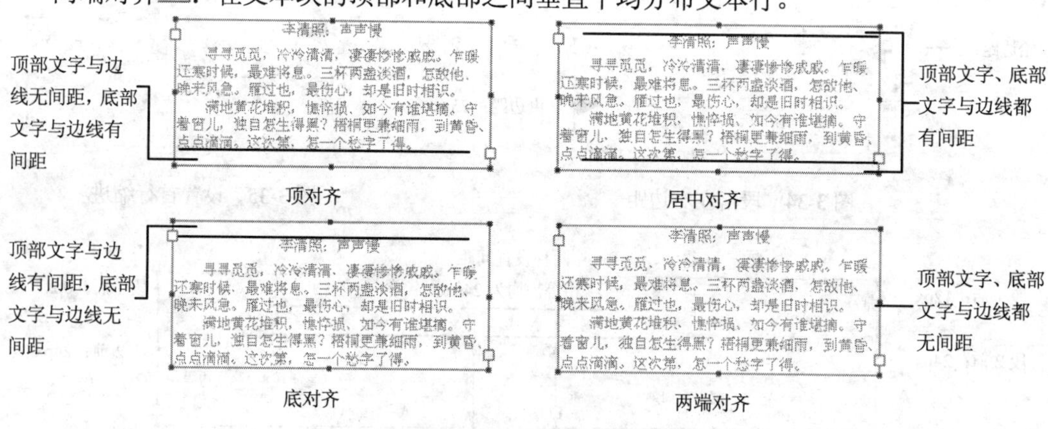

图 3-38 文本块内文字对齐方式

注：如果将文本方向设置为“垂直”，“对齐”选项会相应更改。

（4） 列数：指定文本块内文本的列数，默认值为 1，最大值为 50。此属性只适用于区域文本。

（5） 列间距：指定选定文本块中的每列之间的间距，默认值是 20，最大值为 1000。此度量单位可在“文档设置”对话框“标尺单位”列表框中进行设置。

（6） 填充：以像素为单位指定文本和文本块边线间的距离。用户可以分别设置“上”、“下”、“左”、“右”4 个边距，或单击按钮变为时同时改变 4 个边距。例如，将 4 边距全部设置为 30 像素，如图 3-39 所示。

（7） 边框颜色：文本块默认为无边框，在此可设置边框笔触颜色，如图 3-40 所示。

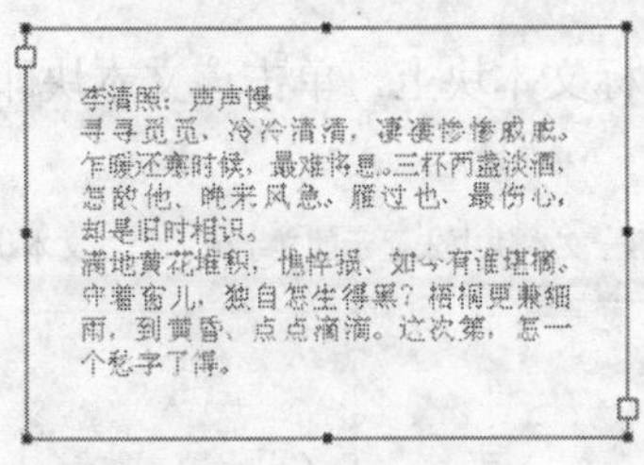

图 3-39　设置 4 个边距

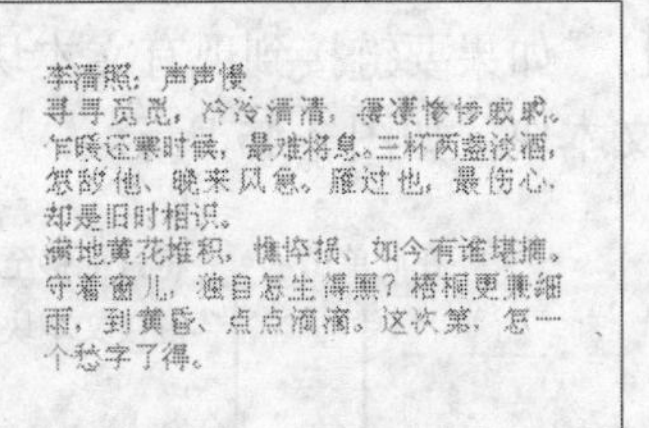

图 3-40　设置红色边框

（8） 边框宽度：设置文本块边框笔触宽度，如图 3-41 所示。该选项只有设置边框颜色后才可使用，最大值为 200。

（9） 背景色：文本块默认值为无背景色，在此可设置背景颜色，如图 3-42 所示。

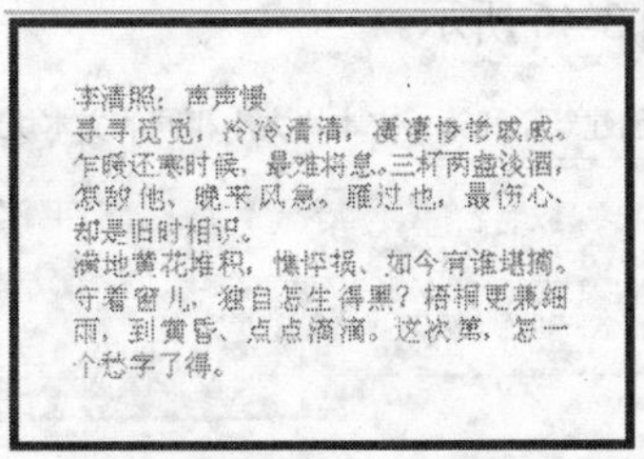

图 3-41　设置 5 像素边框

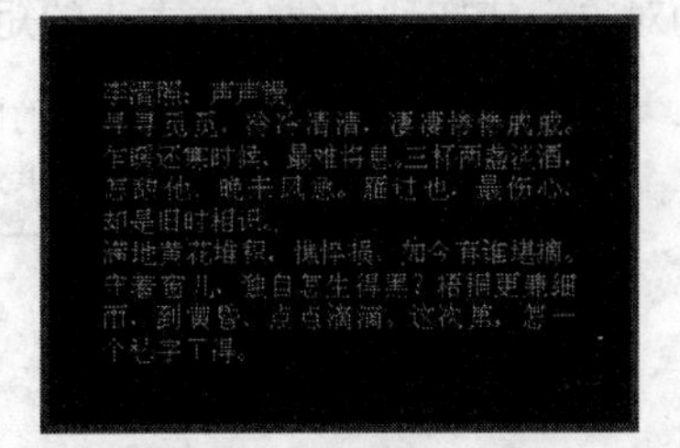

图 3-42　设置黑色背景

（10） 首行线偏移：指定首行文本与文本块顶部以何种方式对齐，可选设置为点、自动、上缘和行高。

3.2.6　跨多个文本块的流动文本

TLF 文本是可以在多个文本块之间进行串接或链接的，只要所有串接文本块位于同一时间轴内，文本块就可以在各个帧之间和在元件内进行串接。值得注意的是，该功能不适用于传统文本块。

1. 认识文本块的进出端口

要链接或串接文本块，首先应认识一下文本块的进出端口。文本块上的进出端口位置与文本块内文字的方向有关。如果文本块内的文本是水平从左到右方向，则进端口位于左上方，出端口位于右下方，如图 3-43 所示；如果文本块内的文本是垂直从右到左方向，则进端口位于右上方，出端口位于左下方，如图 3-44 所示。

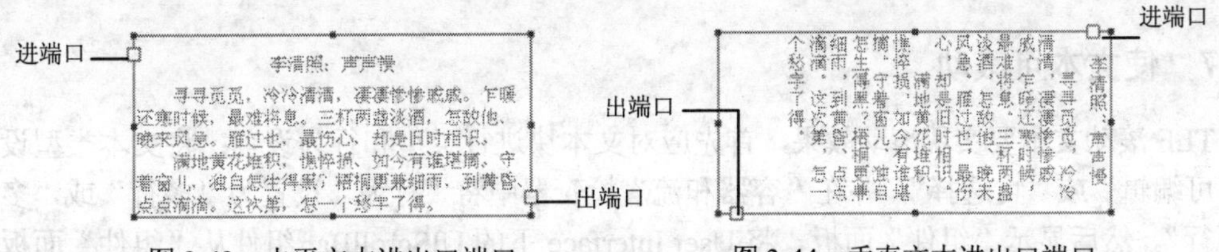

图 3-43　水平文本进出口端口　　图 3-44　垂直文本进出口端口

2. 链接文本块

链接文本块之间的文本可以流动。要链接两个或更多文本块，应使用“选择工具”或“文本工具”选择文本块，然后单击选定文本块的“进”或“出”端口，指针变为已加载文本的图标时，进行如下操作。

（1） 如果要链接到现有文本块，将指针定位在目标文本块上，单击该文本块即可链接这两个文本块，如图 3-45 所示。

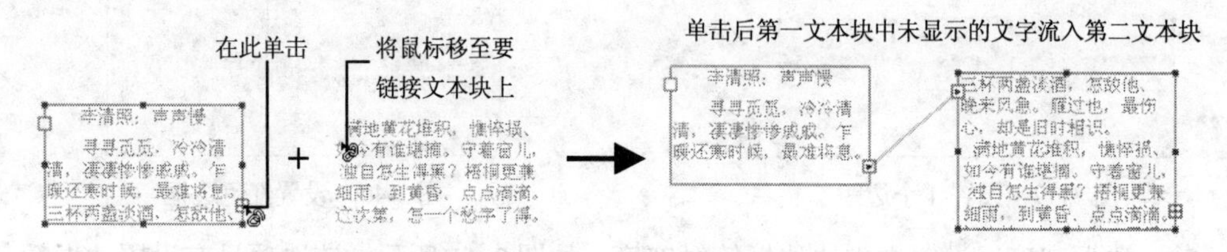

图 3-45 链接已存在的两个文本

（2） 如果要链接到新的文本块，可在舞台的空白区域单击创建与原始对象大小和形状相同的对象，或拖动创建任意大小的矩形文本块，如图 3-46 所示。

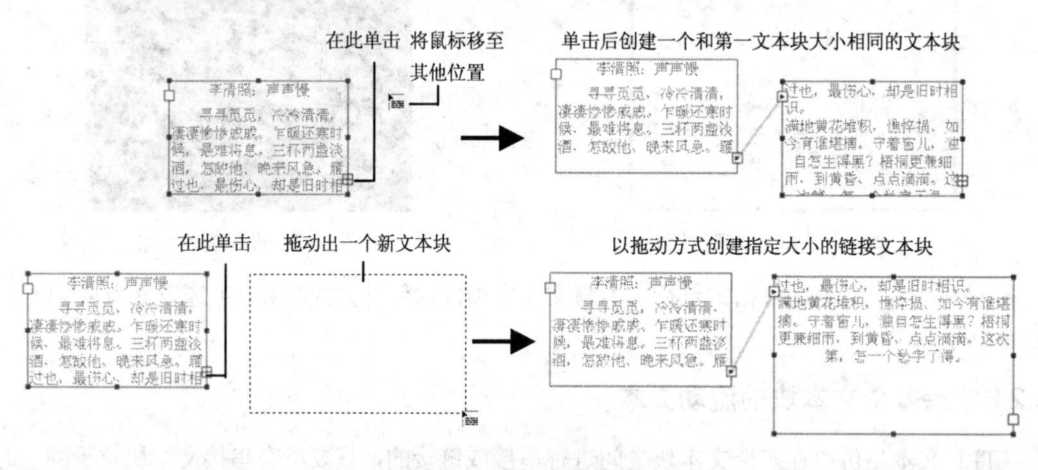

图 3-46 创建链接新文本块

创建链接后，第二个文本块获得第一个文本块的流动方向和区域设置。即使取消链接后，这些设置仍然留在第二个文本块中，而不是回到链接前的设置。

要取消两个文本块之间的链接，可在文本块编辑状态下双击要取消链接的进/出端口，或删除其中一个链接文本块。

3.2.7 使文本可滚动

TLF 滚动文本要实现滚动效果，首先应对文本块进行类型和行为设置：将文本类型设置为“可编辑”或“可选择”，并在“容器和流”检查器中将“行为”设置为“多行”或“多行不换行”。然后显示“组件”面板，将 User Interface 下的 UIScrollBar 组件从“组件”面板拖到文本块，使其紧靠在希望附加到的文本块的边框上释放鼠标即可，如图 3-47 所示。

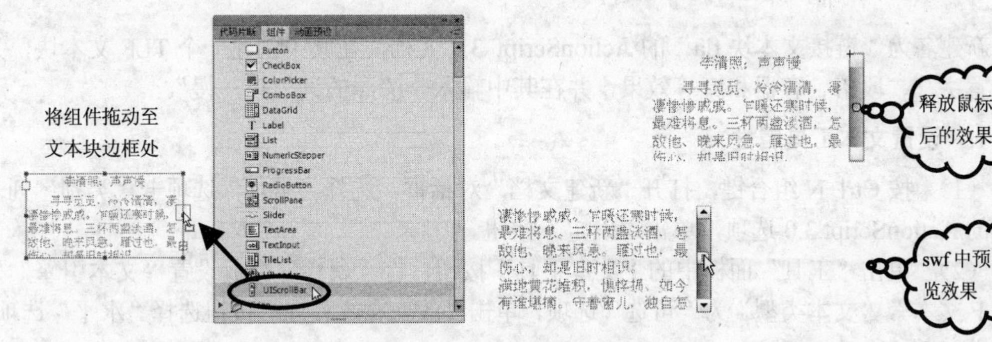

图 3-47　垂直方向滚动的文本

传统滚动文本只能应用于“动态文本”，创建动态文本后，执行下列任意操作可设置动态滚动文本块。

（1）按住 Shift 键，同时双击动态文本块右下角的方块□。

（2）选择动态文本块，然后选择“文本”|“可滚动”命令。

（3）右击动态文本块，从弹出的快捷菜单中选择“可滚动”命令。

3.2.8　使用定位标尺

在 Flash CS6.0 中用户可以在编辑文本的过程中显示定位标尺，为当前选定段落定义制表位，或为其设置段落边距和首行缩进等段落格式。显示定位标尺的方法，选择“文本”|“TLF 定位标尺”命令，当“TLF 定位标尺”命令带有复选标记√时表示已经显示标尺，如图 3-48 所示。

在定位标尺任意位置处单击，会显示制表符标签，双击该标记用户在显示的标尺设置栏中设置制表符的类型，如图 3-49 所示。

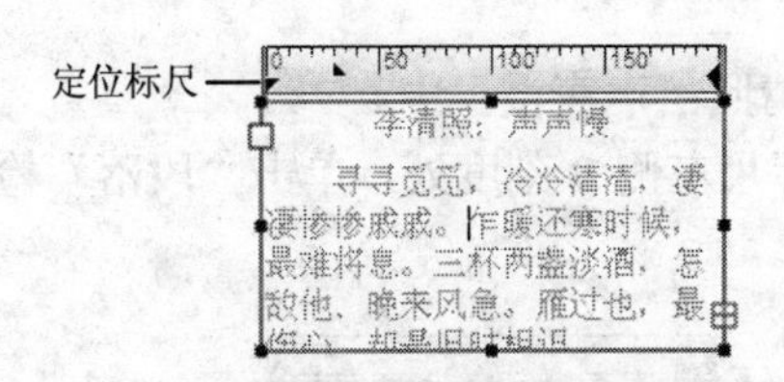

图 3-48　显示定位标尺

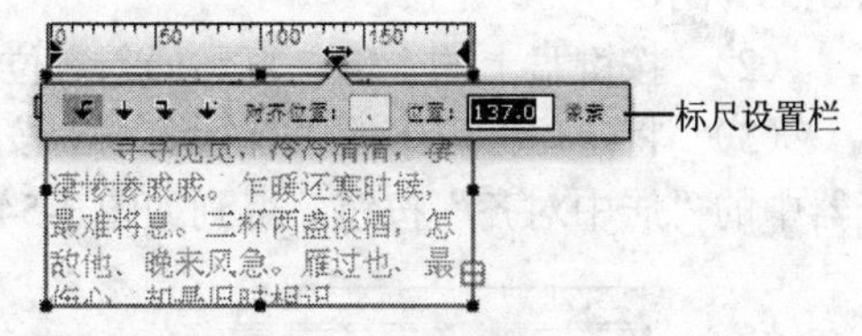

图 3-49　标尺设置栏

应用定位标尺及其设置栏，可进行如下操作。

（1）添加标签：在定位标尺中单击，制表符标记将显示在定位标尺中的该位置。

（2）开始、中心或末尾制表符：将文本的开始、末尾或中心与制表位对齐。

（3）小数制表符：将文本中的一个字符与制表位对齐。此字符通常默认为小数点，若要与短画线或其他字符对齐，可在设置栏“对齐位置”处输入短画线或其他字符。

（4）移动制表符：将制表符标记拖动到新位置。若要精确移动，可在设置栏“位置”中输入像素值。

（5）删除制表符：朝着文本方向拖动标记，使之离开定位标尺直至消失。

3.2.9 小实例——创建链接文本块

新建名为“链接文本块.fla”的 ActionScript 3.0 文档，在其中创建一个 TLF 文本块，为其设置字符、段落、容器和流等效果，并在其中输入李清照的词“声声慢”。

1. 设置文本工具属性

（1） 按 Ctrl+N 组合键，打开“新建文档”对话框，选择“常规”选项卡“类别”列表框中的 ActionScript 3.0 选项，单击“确定”按钮。

（2） 单击“工具”面板中的“文本工具”按钮，在“属性”面板设置“文本引擎”为“TLF 文本”，“文本类型”为“可选”选项，单击“改变文本方向”按钮选择“水平”选项，如图 3-50 所示。

（3） 在“系列”中选择“楷体_GB2312”，设置“大小”值为“18 点”，“行距”值为 130%，“颜色”为蓝色（代码#0000FF），如图 3-51 所示。

（4） 设置“对齐方式”为“左对齐”，“缩进”值为“30 像素”，“段后间距”为“5 像素”，如图 3-52 所示。

图 3-50 设置文本类型

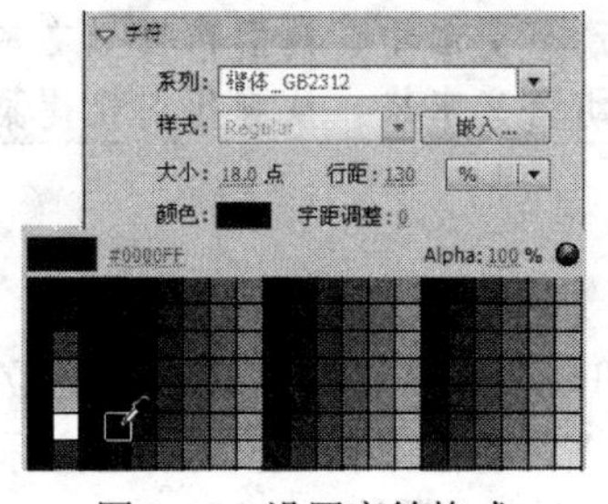

图 3-51 设置字符格式

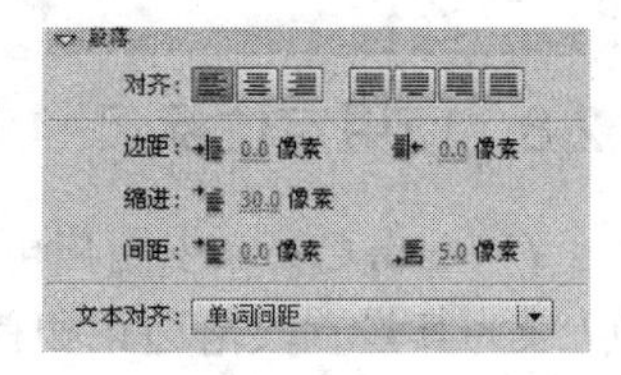

图 3-52 设置段落格式

2. 设置文本编辑属性

（1） 在舞台中拖动鼠标绘制出一个文本块，并在其中输入李清照的词“声声慢”，如图 3-53 所示。

（2） 按键盘上的↑键，直到插入点位于首行“李清照：声声慢”中。

（3） 将定位标尺中的“首行缩进”按钮拖动至标尺左侧 0 刻度处，单击“段落”检查器中的“居中对齐”按钮，得到如图 3-54 所示的效果。

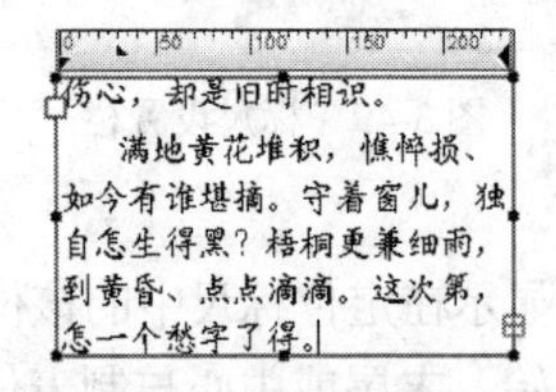

图 3-53 向文本块中输入文本

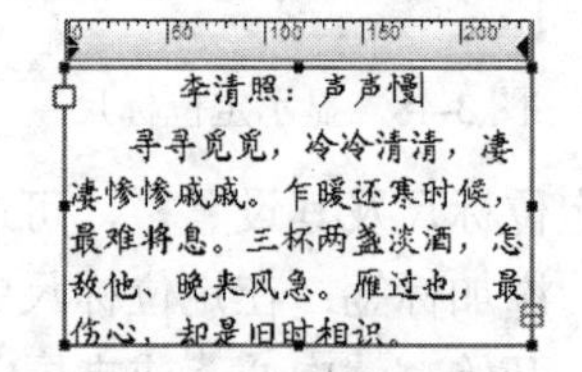

图 3-54 设置首行居中对齐

3. 设置文本对象属性

（1） 应用“选择工具”选择绘制的文本块。

（2） 在“位置和大小”检查器中设置“X”值为 20、“Y”值为 30、“宽”值为 280 和“高”值为 160，如图 3-55 所示。

（3）单击“填充”下方的按钮使其变为，在“左”后的数值处单击输入 10 按 Enter 键，设置“边框颜色”为红色（#FF0000），得到如图 3-56 所示的效果。

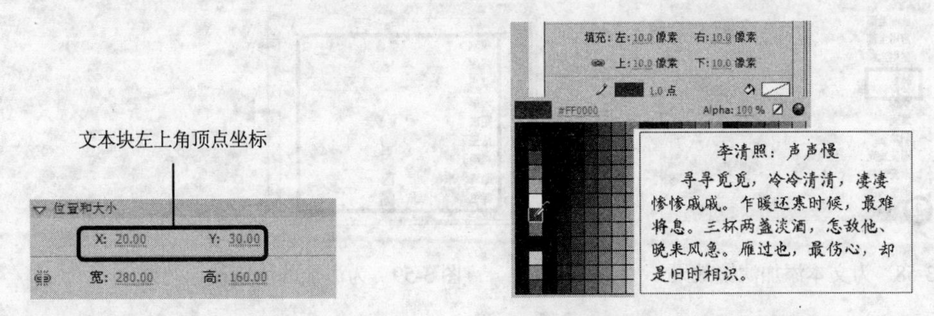

图 3-55　设置文本块位置和大小　　图 3-56　设置填充值得边框颜色

4. 链接文本块

（1）保持文本框选中状态，单击右下角的出端口，鼠标自动变为。

（2）将鼠标移至其他空白位置处，当鼠标变为时单击，创建一个与原文本块属性相同的链接文本块，如图 3-57 所示。

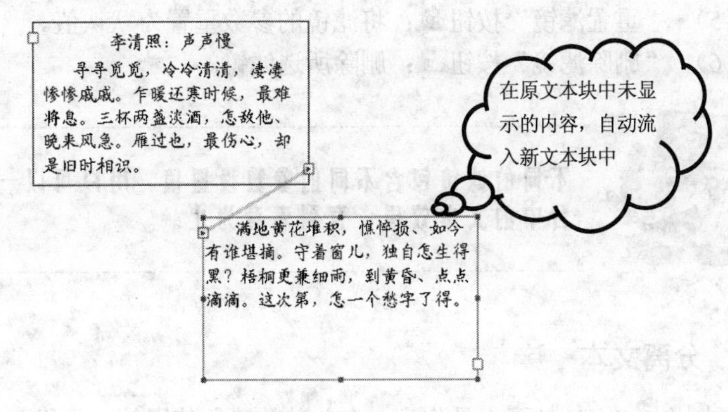

图 3-57　创建链接文本块

（3）按 Ctrl+S 组合键，弹出“保存为”对话框，选择保存路径，设置“文件名”为“链接文本块”，“文件类型”使用默认选项，单击“保存”按钮。

3.3　美化文本样式

Flash 中美化文本的方法很多，例如为整体文本添加滤镜效果、设置色彩样式和混合效果等，还可以将整体文本分离后单独为其设置效果。在这里介绍为文本添加滤镜和分离文本的方法。

3.3.1　为文本添加滤镜

应用“选择工具”选择文本块，在“属性”面板“滤镜”检查器中单击“添加滤镜”按钮，然后从弹出的下拉列表中选择一种滤镜，即可为所选文本添加滤镜效果，如图 3-58 所示。例如，为文本添加“投影”滤镜，选择滤镜后，还可以在列表框中设置参数，如图 3-59 所示。

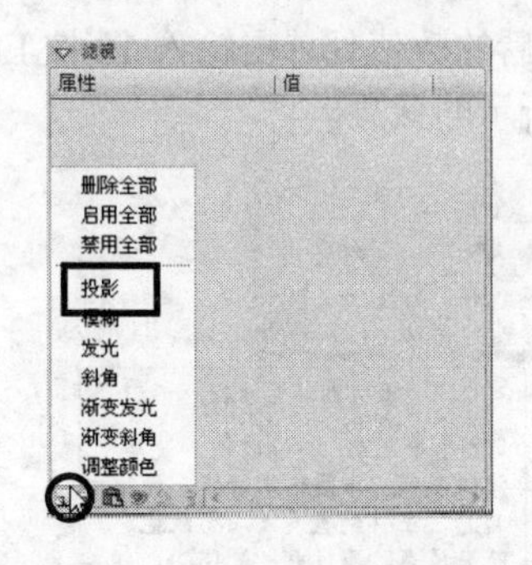

图 3-58 为文本添加滤镜效果

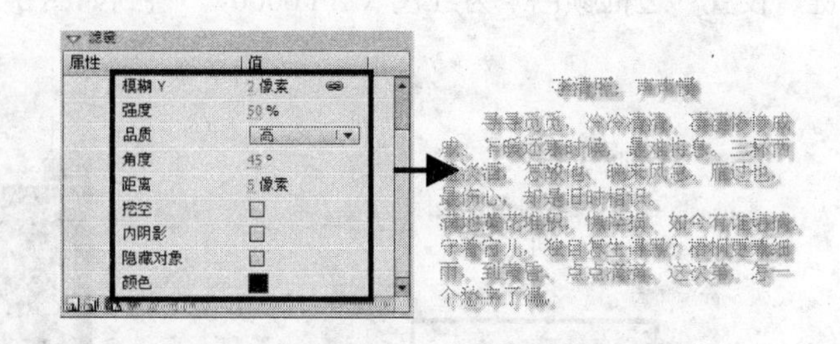

图 3-59 为添加的滤镜设置效果

“属性”面板“滤镜”区底部其他按钮的作用如下。

（1） “添加滤镜”按钮：为选择的文本块添加滤镜效果。

（2） “预设”按钮：将设置好的滤镜及参数保存起来，以便应用于其他对象。

（3） “剪贴板”按钮：可从弹出的列表中选择“复制所选”或“复制全部”选项，将复制的滤镜“应用”到其他对象中。

（4） “启用或禁用滤镜”按钮：单击该按钮，可启用或禁用为对象添加的滤镜效果。

（5） “重置滤镜”按钮：将滤镜的参数重置为默认值。

（6） “删除滤镜”按钮：删除所选滤镜。

不同的滤镜包含不同的参数设置值，用户可以一边调整参数一边查看舞台中的文本效果，直到满意为止。

3.3.2 分离文本

文本块在 Flash 动画中是作为一个单独的对象使用的，如果要将其中的字符作为一个单独的文本块，重新一个个建立很费时。这时可以应用 Flash 为用户提供的分离文本功能，将文本块中的所有文本分离成独立个体。

要分离文本，应用“选择工具”选择文本块，然后选择“修改”|“分离”命令，即可将选定文本中的每个字符变成一个个单独的文本块，得到如图 3-60 所示效果。若要将文本转换为形状，再选择一次“修改”|“分离”命令即可。可以为分离后的形状的各部分单独设置各种效果，例如选择后改变其颜色，如图 3-61 所示。

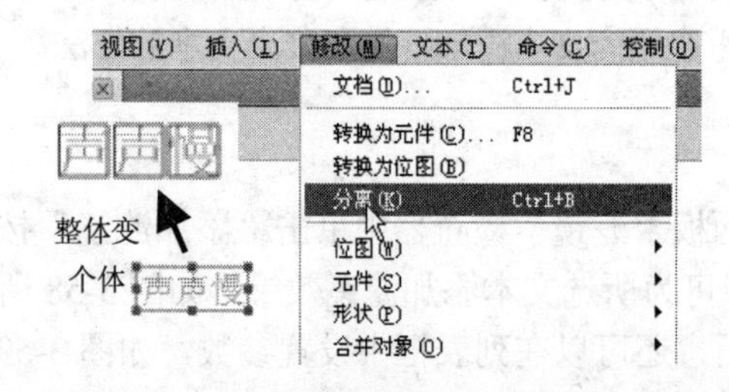

图 3-60 分离文本块中的文字

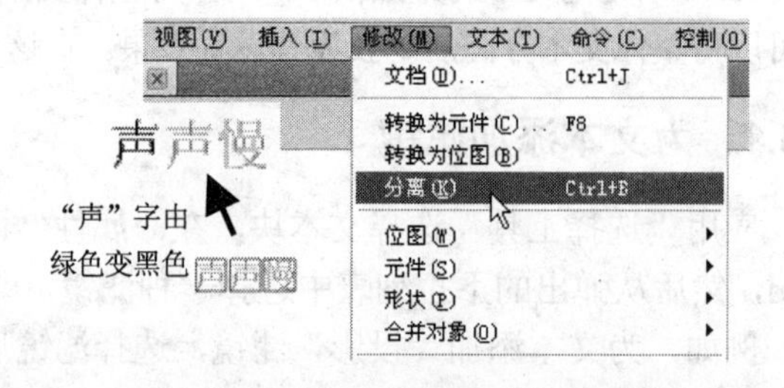

图 3-61 将文本块分离为形状

不可以分离可滚动文本字段中的文本。
分离为形状的文本不可以再编辑，例如将形状“声”修改为其他文字。

3.3.3　小实例——为标题文本添加滤镜效果

打开 3.2.9 中的实例将其另存为“添加滤镜效果.fla”，调整文字块属性并进行分离操作，为文本添加滤镜效果，得到如图 3-62 所示的效果。

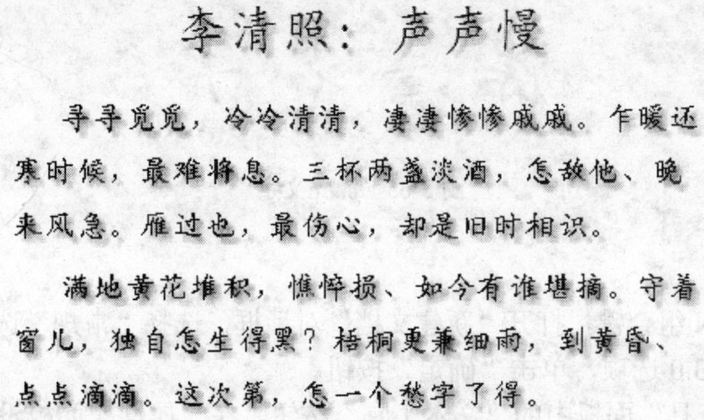

李清照：声声慢

寻寻觅觅，冷冷清清，凄凄惨惨戚戚。乍暖还寒时候，最难将息。三杯两盏淡酒，怎敌他、晚来风急。雁过也，最伤心，却是旧时相识。

满地黄花堆积，憔悴损、如今有谁堪摘。守着窗儿，独自怎生得黑？梧桐更兼细雨，到黄昏、点点滴滴。这次第，怎一个愁字了得。

图 3-62　最终文本效果

（1）　打开 3.2.9 中的实例“链接文本块.fla”，选择“文件”｜“另存为”命令，将其另存为“添加滤镜效果.fla”。

（2）　单击“工具”面板“选择工具”按钮，单击舞台右下方文本块的进端口取消链接，并选择空文本块按 Delete 键将其删除。

（3）　选择舞台中的文本块，在“属性”面板中设置 X 值为 50、Y 值为 70，“宽”值为 450、“高”值为 270，“行距”为 180%、“字距调整”为 100，“边框颜色”为无色。

（4）　单击“工具”面板中的“文本工具”按钮，选择“李清照：声声慢”文本，设置字体“大小”值为 30，得到如图 2-63 所示的文本效果。

（5）　单击“属性”面板“滤镜”检查器中的“添加滤镜”按钮，从列表框中选择“渐变发光”、“渐变斜角”和“调整颜色”选项，得到如图 3-64 所示的效果。

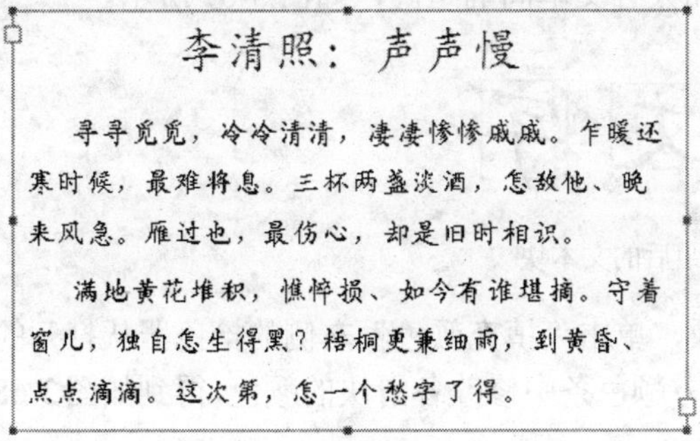

李清照：声声慢

寻寻觅觅，冷冷清清，凄凄惨惨戚戚。乍暖还寒时候，最难将息。三杯两盏淡酒，怎敌他、晚来风急。雁过也，最伤心，却是旧时相识。

满地黄花堆积，憔悴损、如今有谁堪摘。守着窗儿，独自怎生得黑？梧桐更兼细雨，到黄昏、点点滴滴。这次第，怎一个愁字了得。

图 3-63　调整文本属性

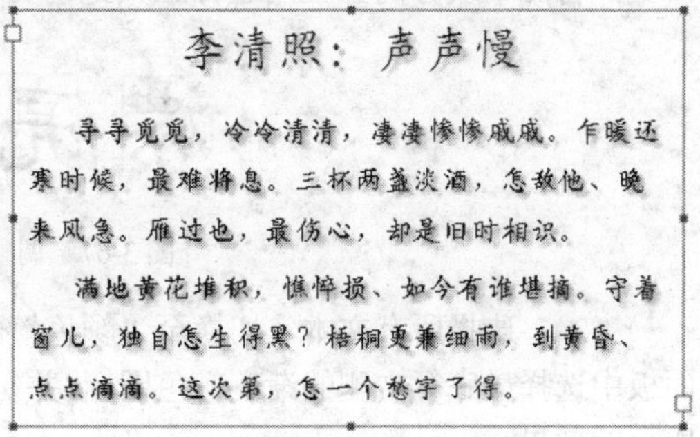

李清照：声声慢

寻寻觅觅，冷冷清清，凄凄惨惨戚戚。乍暖还寒时候，最难将息。三杯两盏淡酒，怎敌他、晚来风急。雁过也，最伤心，却是旧时相识。

满地黄花堆积，憔悴损、如今有谁堪摘。守着窗儿，独自怎生得黑？梧桐更兼细雨，到黄昏、点点滴滴。这次第，怎一个愁字了得。

图 3-64　为文本添加滤镜效果

（6） 修改滤镜“调整颜色”中的“亮度”值为-2、“对比度”值为-8、“饱和度”值为-93、“色相”值为-55。

（7） 按 Ctrl+S 组合键，保存文档。

3.4 动手实践——漂亮文字

新建名为“漂亮文字.fla”的 ActionScript 3.0 文档，在其中创建一个 TLF 文本块，输入“漂亮文字”字样，将其分离后为其填充渐变颜色并设置变形效果，得到如图 3-65 所示的效果。

图 3-65 漂亮文字

1. 输入文本

（1） 按 Ctrl+N 组合键，打开“新建文档”对话框，选择“常规”选项卡“类别”列表框中的 ActionScript 3.0 选项，单击“确定”按钮。

（2） 单击“工具”面板中的“文本工具”按钮，在“属性”面板设置“文本引擎”为“TLF 文本”，“文本类型”为“可选”选项，设置文字方向“水平”选项。

（3） 在“系列”中选择“楷体_GB2312”，设置“大小”值为“60 点”，“行距”值为 130%，“颜色”为蓝色（代码#0000FF）。

（4） 完成设置在舞台内单击，输入文本“漂亮文字”，如图 3-66 所示。

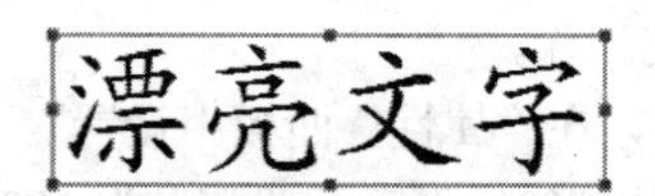

图 3-66 输入文本

2. 美化文本

（1） 单击“工具”面板“选择工具”按钮，选择文本块，然后选择“修改”|“分离”命令，将文本块分离并应用选择工具拖动文本加大各文本间的距离，如图 3-67 所示。

图 3-67 调整间距后的文本块

（2） 选择所有文本，切换至“颜色”面板，单击“填充颜色”右侧的拾色器从打开的面板中选择最底行右侧的渐变颜色图标，并在下方颜色条中修改各滑块的颜色，得到如图 3-68 所示的效果。

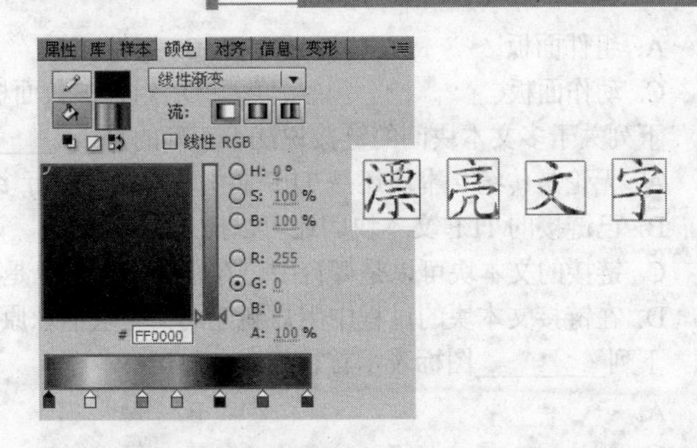

图 3-68 为文本添加渐变颜色

（3） 单击“工具”面板中的“任意变形工具”，选择“漂”字并拖动左上角控制点稍向左倾斜。以同样的方式旋转、变形其他文字，并向上调整“漂”和“字”的位置，得到如图 3-69 所示的效果。

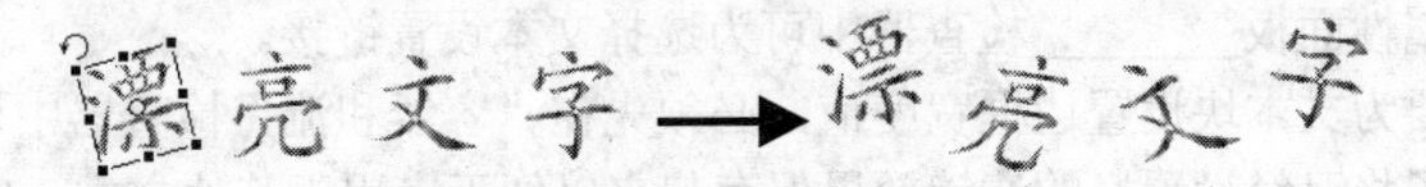

图 3-69 旋转变形文字

（4） 单击“工具”面板“选择工具”按钮，圈选所有文字，选择“修改”|“分离”命令，分别拖动“漂亮文字”最后一笔，如图 3-70 所示。

图 3-70 修改文字形状

（5） 按 Ctrl+S 组合键，弹出“保存为”对话框，选择保存路径，设置“文件名”为“漂亮文字”，“文件类型”使用默认选项，单击“保存”按钮。

3.5 上机练习与习题

3.5.1 选择题

（1） 创建文本后，可使用下列__________面板为文本添加滤镜特效。

A. 滤镜面板　　B. 属性面板

C. 参数面板　　D. 动作面板

（2） 要创建带有滚动条的滚动文本效果，应将 TLF 文本类型设置为__________。

A. 静态文本　　B. 只读文本

C. 可选择文本　　D. 滚动文本

（3） 创建滚动文本时，应打开__________面板，将 User Interface 下的 UIScrollBar 组件从“组件”面板拖到文本块。

A. 组件面板　　　　　　　　　　B. 属性面板

C. 动作面板　　　　　　　　　　D. 组件参数面板

（4） 下列关于多文本块间的链接说法不正确的是__________。

A. 无论是传统文本块还是 TLF 文本块都可以进行多文本块链接

B. 已链接的 TLF 文本块间还可以插入文本块

C. 链接的文本块可以是舞台中已存在的，也可以是用户新建的

D. 在链接文本块的过程中用户新建的文本块继承原文本块属性

（5） 下列__________图标表示首行缩进。

A.　　　　　　　　　　B.

C.　　　　　　　　　　D.

3.5.2 填空题

（1） Flash 传统文本可分为 3 种类型：__________、__________和__________。

（2） 若要将包含多字符的文本块分离成形状，应选择________菜单下的“分离”命令。

（3） 在属性面板________检查器中可为选择文本设置链接。

（4） 若要为文本块设置边框宽度值，必须先在“容器和流”检查器中设置________。

（5） 为了将已经设置好的滤镜效果保存起来以便于应用于其他文本，应单击“滤镜”检查器中的________按钮。

3.5.3 问答题

（1） 在 Flash CS6.0 包含哪两种文本引擎，文本类型有哪些？

（2） 如何创建 LTF 文本从左到右竖排文字？

（3） 如何创建可滚动文本块？

3.5.4 上机练习

使用“文本工具”输入文本 family，设置“系列”为 Lucida Handwriting，“大小”为 50 点，“字体颜色”为红色。将文本分离为其设置填充效果，得到如图 3-71 所示的文本效果。

图 3-71　描边文字效果

提示：

（1） 将文本分离后按 Ctrl+C 组合键复制文本到剪贴板。

（2） 对分离的文本执行“修改” | “形状” | “扩展填充”命令，并为其填充黄色（#FF9900）。

（3） 按 Ctrl+Shift+V 组合键将剪贴板中的文本粘贴回原位，制作出描边效果。

第 4 章　导入与处理图像

本章要点

- 导入图像。
- 设置图像属性。
- 将位图转化为矢量图。
- 处理位图的方法。

本章导读

- **基础内容**：导入图像文件。
- **重点掌握**：将位图转换为矢量图形。
- **一般了解**：了解如何应用 3D 平移工具与 3D 旋转工具在三维空间内查看图像。

课堂讲解

图像是动画作品中最主要的构成元素，除了可以使用 Flash 中绘图工具进行绘画外，还可以向 Flash 中导入其他程序制作好的图像，如 PNG、BMP、JPEG 和 PSD 等。

本章介绍有关导入与处理图像的知识，包括将图像导入 Flash 舞台和库、将图像分离转换成矢量图形、应用“工具”面板中的工具处理分离后的图像，将位图转换成矢量图等内容。通过本章的学习，读者将学会如何导入处理的图像。

4.1 导入图像

Flash 能够识别多种矢量图位图图像格式。用户可以将图形以复制粘贴的方式导入 Flash 中，也可以将图形以导入命令的方式导入到 Flash 中，或导入到库中以备日后使用。

4.1.1 可导入的文件类型与格式

Flash随版本的不同可识别的图像文件也不同，但在8.0版本以后导入以下格式文件，Flash都会识别。下面介绍 Flash 中允许用户导入的图像文件格式。

（1） Adobe Illustrator，版本 10 或更低版本，扩展名为 .ai。

（2） Adobe Photoshop，扩展名为.psd。

（3） AutoCAD DXF，扩展名为.dxf。

（4） 位图，扩展名为.bmp。

（5） 增强的 Windows 元文件，扩展名为.emf。

（6） FutureSplash Player，扩展名为.spl。

（7） GIF 和 GIF 动画，扩展名为.gif。

（8） JPEG，扩展名为.jpg。

（9） PNG，扩展名为.png。

（10） Flash Player 6/7，扩展名为.swf。

（11） Windows 元文件，扩展名为.wmf。

（12） Adobe XML 图形文件，扩展名为.fxg。

4.1.2 导入 JPG 图像文件

Flash 中提供了两种导入文件的方法，一种是直接将文件导入到舞台，一种是将文件导入到库。若要将文件导入舞台，可选择“文件”|“导入”|“导入到舞台”命令，打开“导入”对话框，选择要导入的文件，单击“打开”按钮即可将选择的文件导入到舞台，如图 4-1 所示。

图 4-1　将 JPG 图片导入到舞台

若要将文件导入库，可选择“文件”|“导入”|“导入到库”命令，打开“导入到库”对话框，选择要导入的文件，单击“打开”按钮。

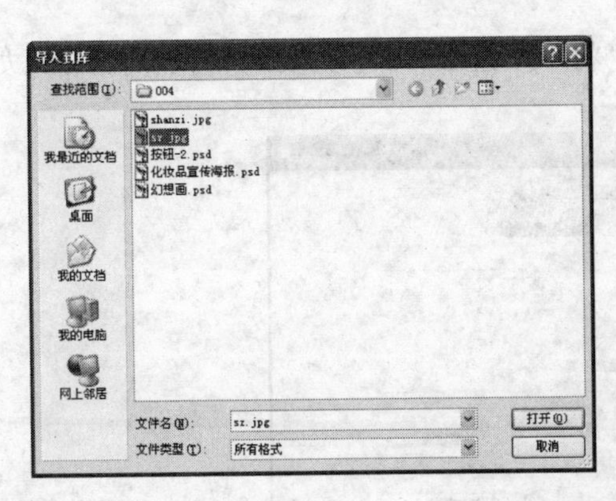

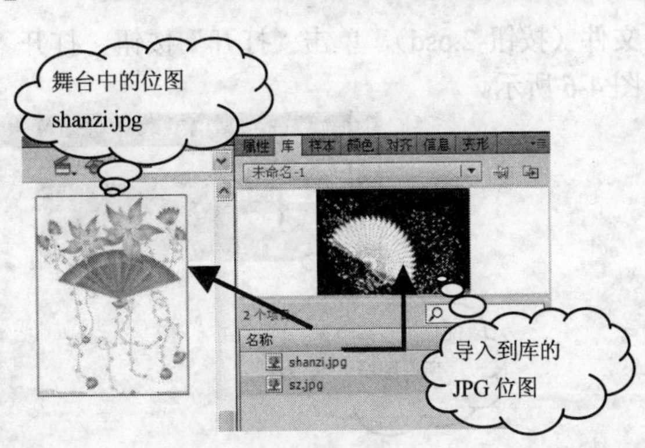

图 4-2　将 JPG 图片导入到库

在“库”面板中存在两幅 JPG 图片，一幅是导入到舞台时自动生成的，一幅是用户直接导入到舞台的。选择舞台中的图片，在“属性”面板中会显示相关属性，如图 4-3 所示。

图 4-3　属性面板

单击“编辑”按钮可打开用户电脑中默认的图像编辑软件，例如 Photoshop。单击“交换”按钮，打开“交换位图”对话框，如图 4-4 所示选择要与舞台中图像交换的图像，单击“确定”按钮完成交换，如图 4-5 所示。

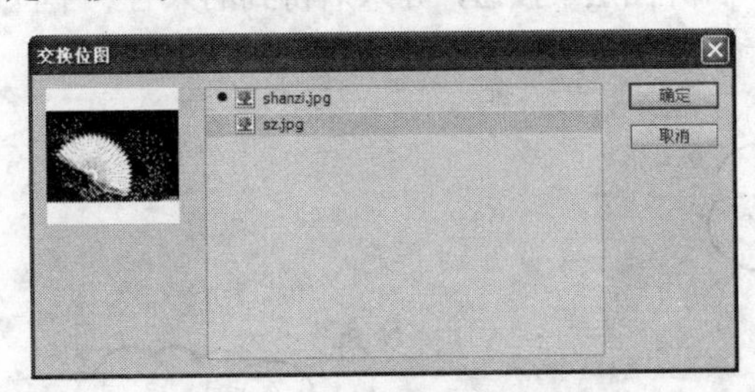

图 4-4　“交换位图”对话框

图 4-5　舞台中的图像 shanzi.jpg 变为 sz.jpg

4.1.3　导入 PSD 图像文件

由于不同类型的文件导入到 Flash 的过程是有区别的，有的文件可以直接导入到 Flash（例如 JPG、BMP），而有的文件导入时要求用户进行参数设置。这里以 PSD 文件为例，介绍 PSD 文件导入到舞台过程中参数设置的方法。

选择“文件”｜“导入”|“导入到舞台”命令，打开“导入”对话框，选择要导入的 PSD

文件（按钮-2.psd），单击“打开”按钮，打开“将‘按钮-2.psd’导入到舞台”对话框，如图 4-6 所示。

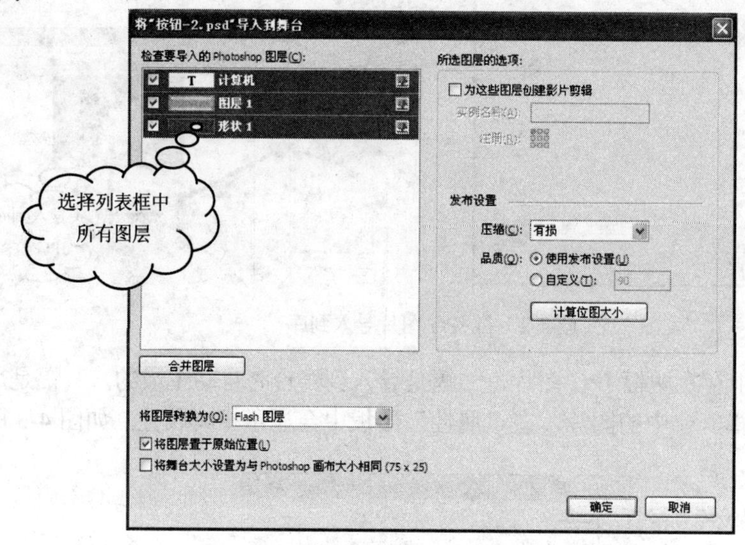

图 4-6　“将‘按钮-2.psd’导入到舞台”对话框

1. 合并图层

PSD 图像中如果只有一个图层，“合并图层”按钮是不可用的。只有当 PSD 图像中包含有两个或两个以上的图层，且用户同时选择了两个或两个以上的图层，“合并图层”按钮才可使用。例如图 4-6 所示，同时选择了 3 个图层。

在图 4-6 所示状态下，左下角参数自动选择“将图层转换为‘Flash 图层’”和“将图层置于原始位置”选项。若不单击“合并图层”按钮，导入后得到的将会是 3 个对象，每个对象占一个层，且 Flash 会自动沿用 Photoshop 中图层的名称，如图 4-7 所示。如果想要将 Photoshop 中的所有图层视为一个整体，可以按住 Shift 键或 Ctrl 键选择“检查要导入的 Photoshop 图层”列表框中要合并的图层，单击“合并图层”按钮，导入后得到的只有一个位图对象，如图 4-8 所示。

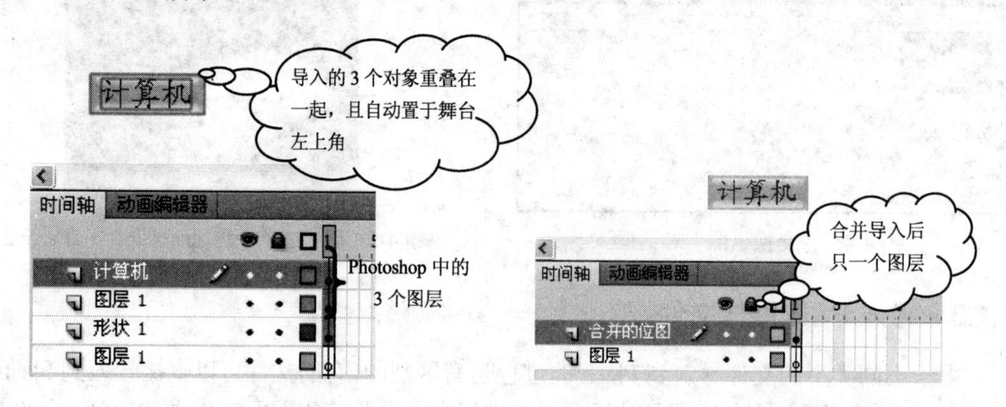

图 4-7　作为多个对象导入 Flash　　　　图 4-8　作为一个对象导入 Flash

合并时只能合并同处于同一层中的图层。例如，无法选择某个文件夹内的一个项目和其外的一个项目合并。

合并图层后“合并图层”按钮自动变为“分离”按钮，选择列表框中的“合并的位图”图层，单击“分离”按钮即可将合并图层分解，如图 4-9 所示。

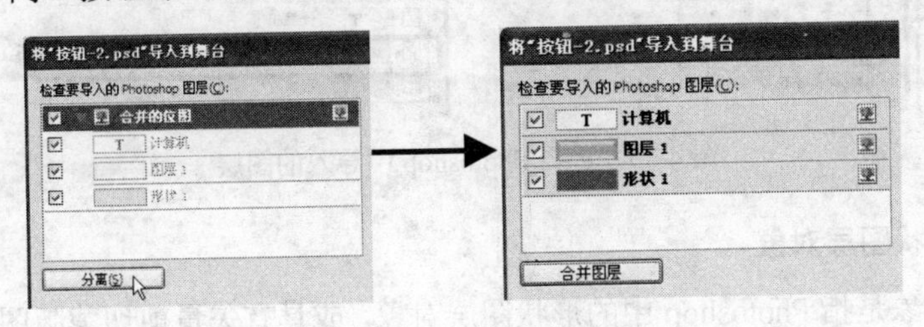

图 4-9　分解合并图层

除了将 Photoshop 中的图层以图层的方式导入 Flash 中外，还可以以帧的方式导入。打开图 4-6 左下方的“将图层转换为”下拉列表框从中选择“关键帧”选项。同时，选择“将舞台大小设置为与 Photoshop 画布大小相同（75×25）”复选框，如图 4-10 所示。单击“确定”按钮后，得到如图 4-11 所示的效果。

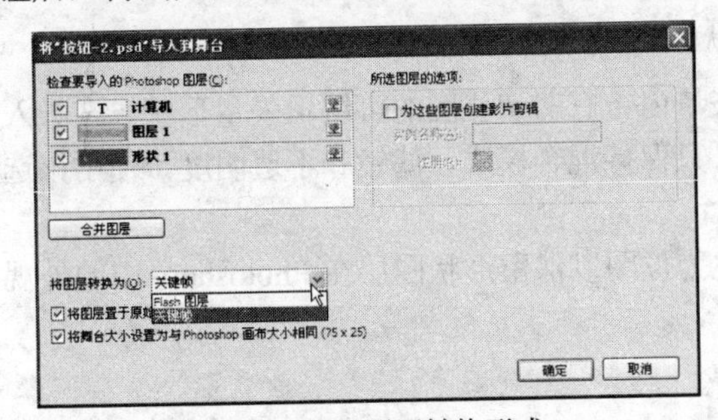

图 4-10　选择图层转换形式

图 4-11　调整舞台并以关键帧方式导入

2.　导入为影片剪辑

选择“将‘按钮-2.psd’导入到舞台”对话框左侧列表框中多个图层，列表框右侧显示“所选图层的选项”，如图 4-12 所示。选择“为这些图层创建影片剪辑”复选框，导入后 Flash 自动将其转化为影片剪辑，用户可在“库”面板中查看导入后的影片剪辑，如图 4-13 所示。如果不选择该选项，Flash 是不会将其转化为影片剪辑的，如图 4-14 所示。

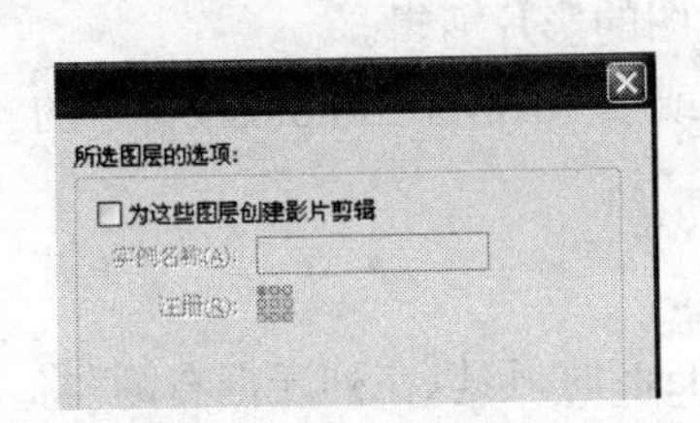

图 4-12　选择图层的选项

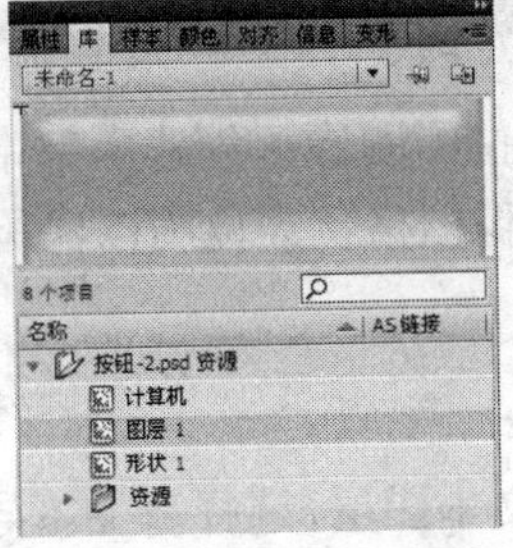

图 4-13　转换成影片剪辑

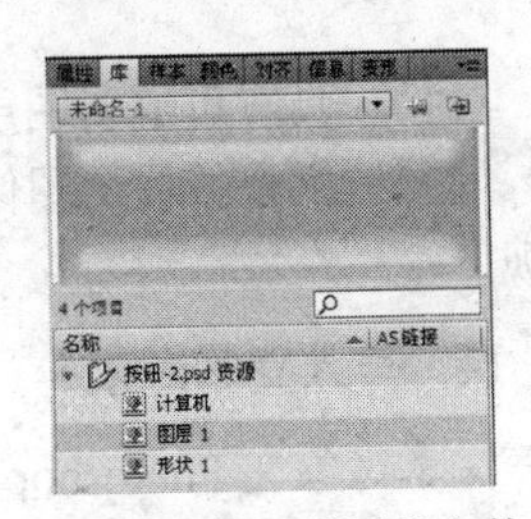

图 4-14　导入的图像文件

可以同时将 Photoshop 中所有的图层导入 Flash，也可以只导入其中的某个图层，用户只需要在列表框中进行选择即可，如图 4-15 所示。

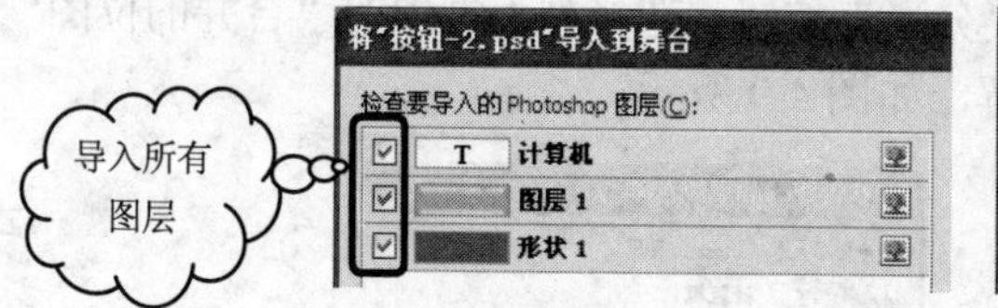

图 4-15　选择 Photoshop 中导入的图层

3. 导入形状图层对象

形状图层对象是指 Photoshop 中的形状图层对象，或具有矢量剪切蒙版图像图层的对象。若要导入形状图层对象，应在列表框右侧“将此形状图层导入为”中进行设置，如图 4-16 所示。

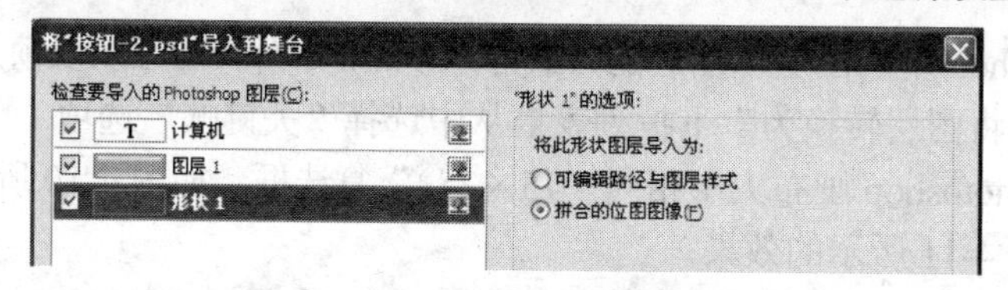

图 4-16　形状图层对象设置选项

（1） 可编辑路径与图层样式：创建矢量内带有剪切位图的可编辑矢量形状。在导入过程中自动删除 Flash 中不支持的混合模式，只保持混合模式、滤镜和不透明度。使用该选项导入的图像还可在 Flash 中继续编辑。

（2） 拼合的位图图像：将形状栅格化为位图以保留形状图层在 Photoshop 中的外观。使用该选项导入后的图像不可再编辑。

4. 导入图像或填充图层

若要导入图像或填充图层，可在列表框右侧“将此图像图层导入为”中进行设置，如图 4-17 所示。

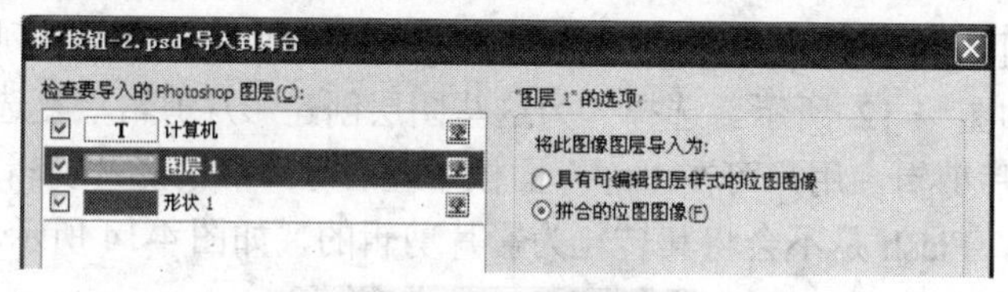

图 4-17　图像图层设置选项

（1） 具有可编辑图层样式的位图图像：创建内部带有位图的影片剪辑。

（2） 拼合的位图图像：将图像栅格化为位图以保留图像或填充图层在 Photoshop 中的外观。

5. 导入文本对象

文本对象在 Photoshop 中位于文本图层，选择将文本导入 Flash 时，可以在列表框右侧“将此文本图层导入为”中进行设置，如图 4-18 所示。

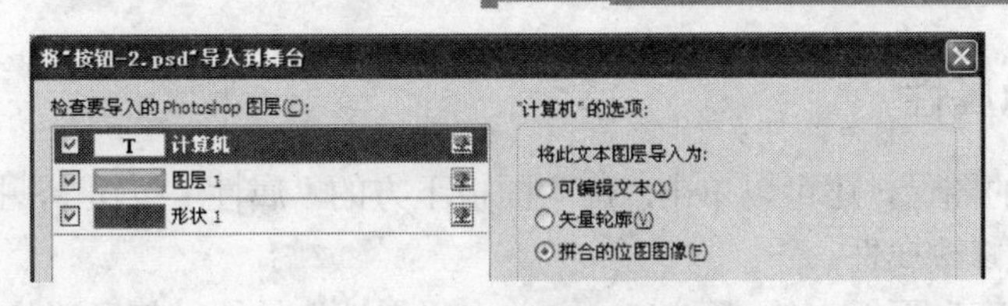

图 4-18　文本图层设置选项

（1）　可编辑文本：导入为可编辑文本对象。为保持文本的可编辑性，在导入时文本外观可能会受损。值得注意的是：在将文本对象选择“可编辑文本”选项导入到库时 Flash 会自动将其转换为图形元件。

（2）　矢量轮廓：将文本转换为矢量路径以保留文本的可视外观。文本自身不再具有可编辑性，但不透明度和可兼容模式仍然保持其可编辑性。

（3）　拼合的位图图像：将文本栅格化为位图以保留文本图层在 Photoshop 中的外观。

6.　设置发布选项

“发布”设置可以指定将 Flash 文档发布为 SWF 文件时，图像的压缩程度和文档品质。这些设置仅在将文档发布为 SWF 文件时才有效，将图像导入 Flash 舞台或库时对图像没有影响。若要进行发布设置，可在“发布设置”选项组中进行，如图 4-19 所示。

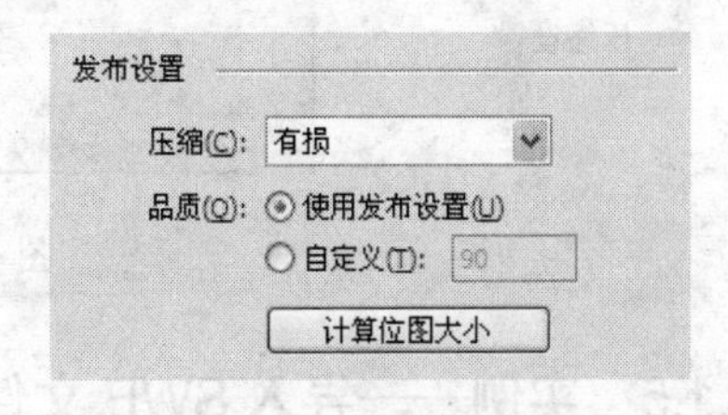

图 4-19　发布设置

（1）　压缩：可以选择有损或无损压缩格式。

有损：以 JPEG 格式压缩图像。若要使用为导入图像指定的默认压缩品质，可选择下方“品质”选项组中的“使用发布设置”选项。若要指定新的压缩设置，可选择“品质”选项组中的“自定义”选项，并在右侧文本框中输入值（值范围 1～100），设置的值越高，保留的图像就越完整，生成的文件也会越大。

无损：将使用无损压缩格式压缩图像，这样不会丢失图像中的任何数据。

（2）　计算位图大小：确定导入图层创建的位图的数目，以及图层上得到的位图压缩后的大小（以 KB 单位）。

在 Flash 中导入图像时，如果导入的是图像序列中的一个文件（如按钮-1，按钮-2，按钮-3……），而且该序列中的其他文件都位于相同的文件夹中，那么 Flash 将会自动将其识别为图像序列，导入时会弹出如图 4-20 所示的对话框，询问用户是否要导入序列中的所有图像。单击“是”按钮，导入序列所有图像；单击“否”按钮，只导入选择的图像。

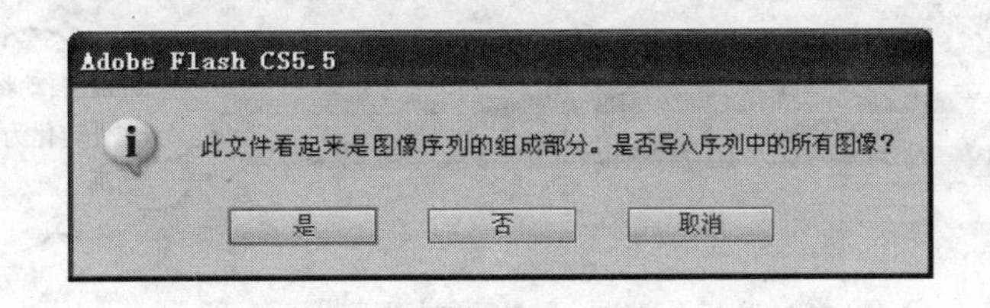

图 4-20　询问是否要导入序列中所有图像

4.1.4 设置图像属性

导入 Flash 中的图像，还可以单击“库”面板下方的“属性”按钮，打开相关的属性对话框，即可在其中修改属性。

例如，选择“库”面板中的 shanzi.jpg，单击“属性”按钮，打开“位图属性”对话框，如图 4-21 所示。在该对话框中用户可修改图像名称、平滑图像边缘、设置图像压缩方式、更新导入的图像、导入和测试图像。

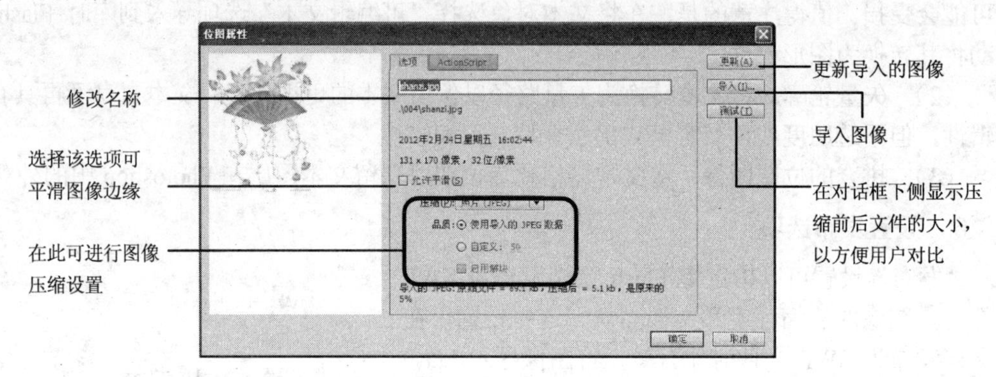

图 4-21 “位图属性”对话框

4.1.5 实例——导入 SWF 文件

前面以 JPG 和 PSD 类型为例，介绍了导入图像文件的方法。无论导入的是图像还是其他文件，导入的方法都是相同的，该实例中要向 Flash 舞台中导入名为 zhongqiu.swf 的 SWF 文件，如图 4-22 所示。

图 4-22 导入 SWF 文件

（1）按 Ctrl+N 组合键，打开“新建文档”对话框，选择“常规”选项卡“类别”列表框中的 ActionScript 3.0 选项，单击“确定”按钮。

（2）选择“文件”|“导入”|“导入到舞台”命令，打开“导入”对话框，选择要导入的文件 zhongqiu.swf，单击“打开”按钮。

（3）切换至“库”面板，选择“位图 1”选项，单击下方的“属性”按钮，打开“位图属性”对话框。

（4）选择“允许平滑”复选框，单击右上角“关闭”按钮。

（5）单击“选择工具”按钮，在舞台右下角空白位置处单击，切换至“属性”面板，在“属性”检查器“大小”中修改舞台值为“400*300”。

（6）按 Ctrl+S 组合键，弹出“保存为”对话框，选择保存路径，设置“文件名”为“导入 swf 文件”，“文件类型”使用默认选项，单击“保存”按钮。

4.2　处理图像

当把一个位图导入到 Flash 中后，用户可以通过各种方式修改该位图。例如，将位图分离为可编辑的像素或将位图图像转换为矢量图形，以便可以减小文件大小修改图像；除此之外还可以将其位图转换为影片剪辑，对其进行 3D 操作。

4.2.1　分离处理位图

分离位图的操作非常简单，在前面章节中也曾经用到过。选择舞台中要分离的位图，选择“修改”|“分离”命令，或按 Ctrl+B 组合键即可将其分离为可编辑像素。

位图被分离后，可以使用 Flash 中的工具调整、修改和编辑图像，例如修改图像颜色。这里我们介绍一个实用工具——“套索工具”，应用此工具可以从导入的位图中获取我们想要的图形。

1. 使用魔术棒删除相近颜色

单击“工具”面板中的“套索工具”按钮，在选项区中会显示 3 个工具按钮“魔术棒”、“魔术棒设置”和“多边形模式”工具。

单击“魔术棒设置”按钮，打开“魔术棒设置”对话框。从“平滑”下拉列表框中选择一个选项来定义选区边缘的平滑程度。在“阈值”中输入 1～200 数值，用于定义将相邻像素包含在所选区域内必须达到的颜色接近程度，如图 4-23 所示。其中数值越高，包含的颜色范围越广；如果输入 0，则只选择与单击的第一个像素的颜色完全相同的像素。

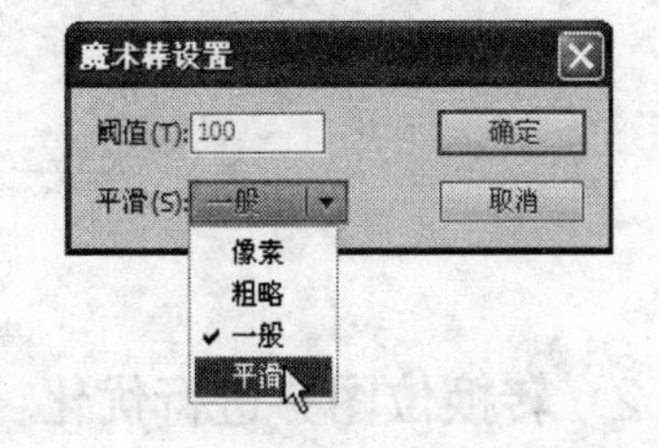

图 4-23　“魔术棒设置”对话框

完成设置后，单击“确定”按钮。将鼠标指针移至图像上要清除的颜色上，当指针变为魔术棒时单击选择相近颜色，按 Delete 键将其删除。然后切换至“选择工具”按钮，按住 Shift 键以拖动的方式选择需删除的部分，然后按 Delete 键将多余部分删除，如图 4-24 所示。

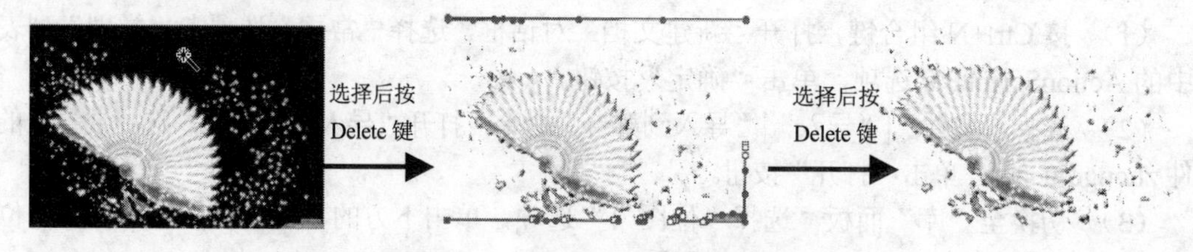

图 4-24　应用魔术棒删除相近颜色

2. 应用多边形抠图

“魔术棒”与“多边形模式”是不可以同时使用的。要使用“多边形模式”必须先取消选择“魔术棒”。然后将鼠标移至已经分离的图像上，以连续单击的方式勾勒出我们想要图像的轮廓，然后在圈选区域内双击选择并按 Ctrl+X 快捷键将其剪切出来。在其他图层或关键帧中按 Ctrl+V 组合键粘贴，抠出所需图形，如图 4-25 所示。

图 4-25　应用多边形抠图

位图配合“滴管工具”使用还可以将吸取的图像填充至其他图形，可参看第 2 章。分离后的图像，应用“魔术棒”选择近似颜色后，应用“工具”或“属性”面板的“填充颜色”和“颜色”面板可修改其颜色，如图 4-26 所示。

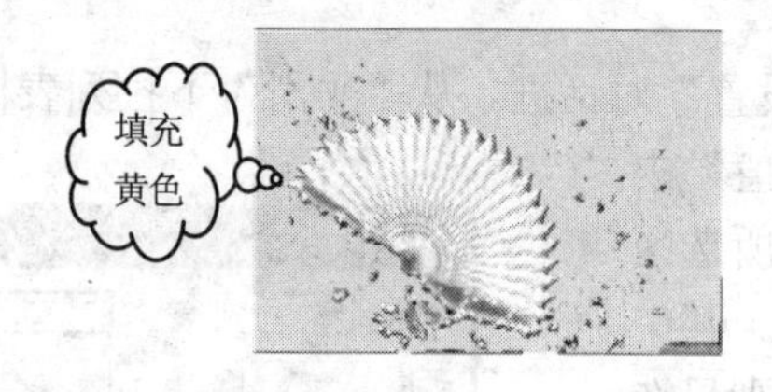

图 4-26　修改填充颜色

4.2.2 转换位图并进行优化

Flash 中提供的“转换位图为矢量图”命令可以将位图转换为具有可编辑离散颜色区域的矢量图形。如果导入的位图包含复杂的形状且颜色种类繁多，转换成矢量图形的文件比原始的位图文件大。用户可尝试“转换位图为矢量图”对话框中的各种设置，找到文件大小和图像品质之间的平衡点。

1. 转换为矢量图

要将所选位图转换为矢量图形，可选择“修改”|“位图”|“转换位图为矢量图”命令，打开“转换位图为矢量图”对话框，如图 4-27 所示。在其中进行所需的设置，单击“确定”按钮，弹出转换进度提示对话框。转换完毕后，转换进度对话框会自动关闭。值得注意的是，图像文件越复杂，转换所需的时间越多。

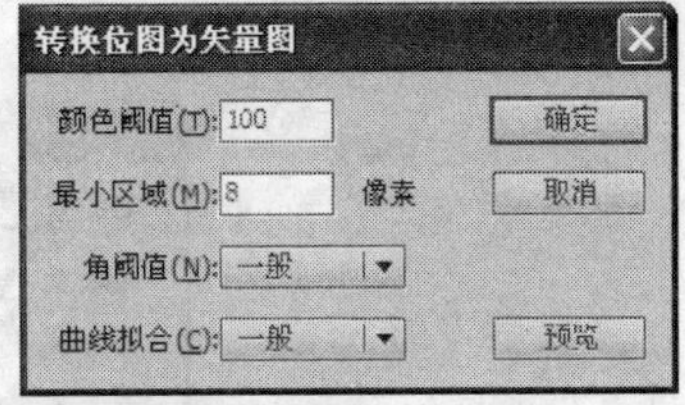

图 4-27　修改填充颜色

“转换位图为适量图”对话框中各选项参数功能如下。

（1） 颜色阈值：设置图像颜色像素值。当图像中两个像素比较，在 RGB 颜色值上的差异低于颜色阈值，则认为这两个像素颜色相同。若增大了该阈值，则意味着降低了颜色的数量。

（2） 最小区域：设置为某个像素指定颜色时需要考虑的周围像素的数量。

（3） 角阈值：确定保留锐边还是进行平滑处理，可选项为“一般”、“转多转角”和“较少转角”。

（4） 曲线拟合：确定绘制轮廓所用的平滑程度。可选项为“一般”、“像素”、“非常紧密”、“紧密”、“平滑”和“非常平滑”。

若要创建最接近原始位图的矢量图形，可对参数进行如下设置：“颜色阈值：10”，“最小区域：1 像素”，“角阈值：较多转角”，“曲线拟合：像素”。

2. 转换为矢量图

将位图转换为适量图形后，文件可能会很大，因此在输出文件之前，可以先进行最优化，减小图像文件变小，提高 SWF 文件的性能。

要最优化矢量图形，选择所需矢量图后，可选择“修改”|“形状”|“优化”命令，打开“优化曲线”对话框，如图 4-28 所示。调整优化强度值，单击“确定”按钮。

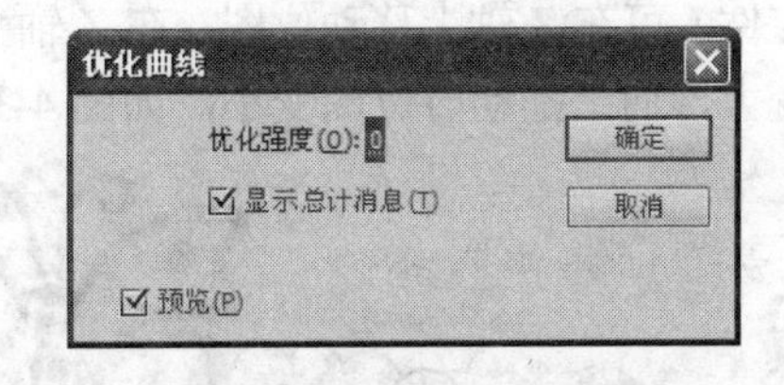

图 4-28　“优化曲线”对话框

4.2.3　将位图转换为影片剪辑

前面介绍在 Photoshop 中导入 Flash 时，在参数设置时选择“为这些图层创建影片剪辑”复选框即可将 Photoshop 图像转换为影片剪辑存放到“库”面板中。但 JPG 图像在导入 Flash 时并未转换为影片剪辑，是不是也可以将其转换为影片剪辑呢？答案是肯定的。下面介绍将位图转换为影片剪辑，并用 3D 工具查看的位图方法。

1. 转换为影片剪辑

只有导入到舞台或是从“库”面板中拖动至舞台中的位图才可以转换为影片剪辑。要将

位图转换为影片剪辑，应先选择舞台中的位图，然后选择“修改”|“转换为元件”命令（或按 F8 键），打开“转换为元件”对话框，如图 4-29 所示。在“名称”文本框中输入转换为元件后的名称，确认“类型”中显示为“影片剪辑”选项，其他选项保持默认，单击“确定”按钮。

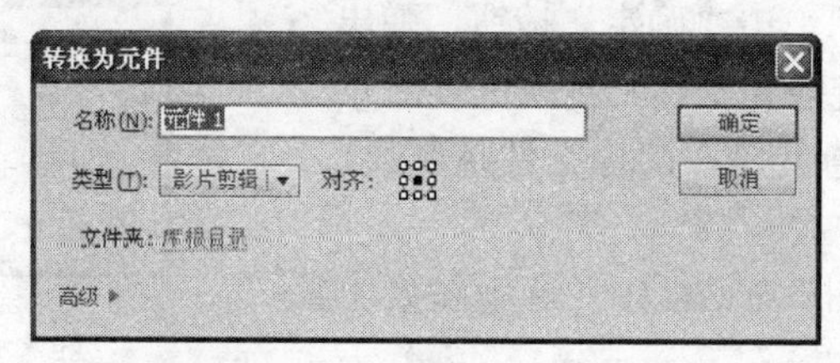

图 4-29 “转换为元件”对话框

2. 应用 3D 平移工具

Flash 中的 3D 工具包括“3D 旋转工具”和“3D 平移工具”。位图是不可以使用 3D 工具查看三维效果的，只有将其转换为影片剪辑后才能使用 3D 工具查看三维效果。

选择“工具”面板中的“3D 平移工具”按钮，在位图上单击，显示坐标轴，如图 4-30 所示。其中，水平红色箭头向右的轴线为 X 轴，垂直红色箭头向上的轴线为 Y 轴，除此之外还有一个垂直向内的 Z 轴。

图 4-30 3D 平移转换为影片剪辑的位图

沿 X、Y 轴箭头所指方向拖动位图，可沿所选轴移动对象。上下拖动图像中心点（Z 轴控件）可在 Z 轴上移动位图。在 Z 轴上移动位图时，位图尺寸会发生变化，向下移动时位图变大，向上拖动时位图变小，如图 4-31 所示。

图 4-31 拖动 Z 轴改变图像尺寸

3. 应用 3D 旋转工具

使用“3D 旋转工具”可以在 3 维空间中旋转影片剪辑。选择“工具”面板中的“3D 旋转工具”按钮，在舞台影片剪辑上单击，如图 4-32 所示。其中，红色垂直线为 X 轴控件，绿色水平线为 Y 轴控件，蓝色内圈为 Z 轴控件，橙色外圈为自由旋转控件。

图 4-32　3D 旋转转换为影片剪辑的位图

左右拖动 X 轴控件位图可绕 X 轴旋转，上下拖动 Y 轴控件位图可绕 Y 轴旋转，拖动 Z 轴控件进行圆周运动位图可绕 Z 轴旋转，拖动自由旋转控件可以同时绕 X 轴和 Y 轴旋转，如图 4-33 所示。

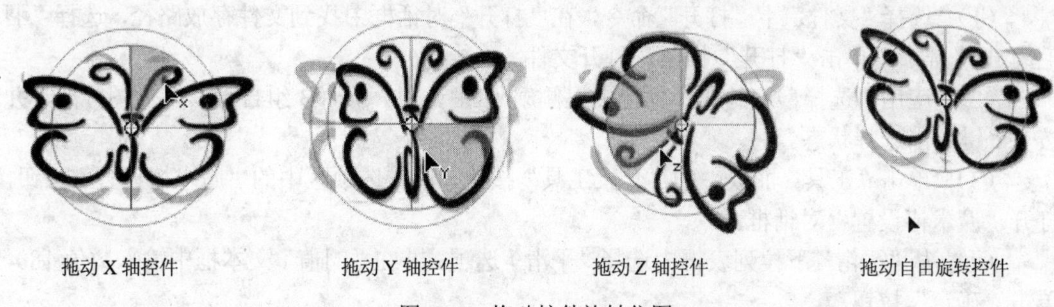

图 4-33　拖动控件旋转位图

移动旋转中心点后旋转选择对象，有可能会改变对象的外观和旋转方向，如图 4-34 所示。如果要改变位图的旋转中心，拖动中心点至所需位置即可；要将中心点移回位图，双击中心点即可。若要按 45° 增量约束中心点的移动，可按住 Shif 键的同时进行拖动。

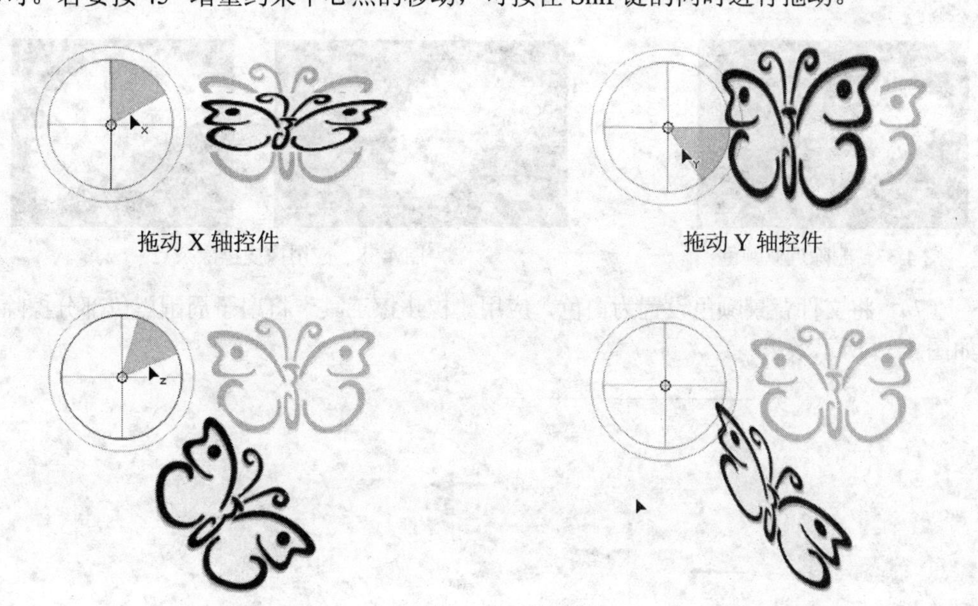

图 4-34　改变旋转中心后旋转位图

4.2.4 实例——分离扇子

打开文件“羽毛扇.fla”，文件中包含如图 4-35 所示的图片，将其中的扇子抠出来，得到如图 4-36 所示的效果。

图 4-35 文件中的位图

图 4-36 得到的羽毛扇效果

（1） 选择“文件”|“打开”命令，在“打开”对话框中找到文件存放路径，选择“羽毛扇.fla”选项，单击“打开”按钮，打开文件。

（2） 应用“选择”工具选择舞台中左侧扇子图像，按 Ctrl+B 组合键，将位图分离，并按 Esc 键退出选择状态。

（3） 单击“工具”面板中的“套索工具”按钮，单击选项区中的“魔术棒设置”按钮，打开“魔术棒设置”对话框。

（4） 从“平滑”下拉列表框中选择“平滑”选项。并在“阈值”文本框中输入数值 180，单击“确定”按钮。

（5） 在扇子黑色区域内单击，按 Delete 键将其删除。为方便查看扇子效果在此可将文件背景颜色设置为黑色，如图 4-37 所示。

（6） 单击“工具”面板中的“橡皮擦工具”按钮，擦除背景中白色部分，如图 4-38 所示效果。

图 4-37 删除近似颜色

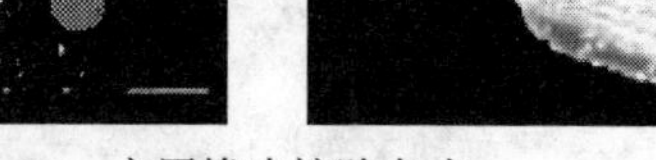

图 4-38 应用橡皮擦除杂点

（7） 将文件背景颜色设置为白色，应用“橡皮擦工具”将扇子周围黑色部分擦除，得到如图 4-39 所示效果。

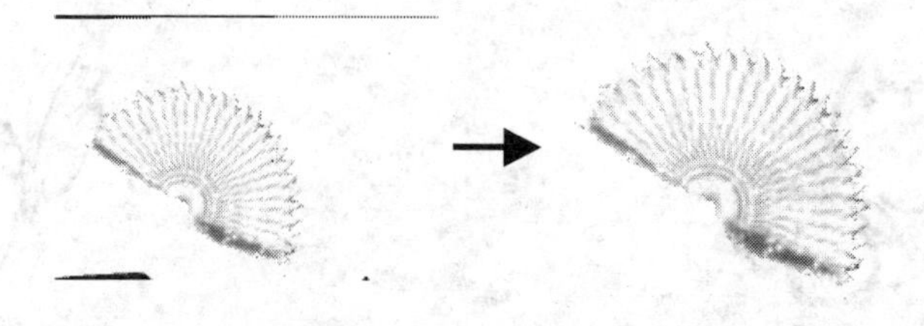

图 4-39 应用橡皮擦除杂点

（8） 以圈选的方式选择扇子，按 F8 键，打开“转换为元件”对话框，设置“文件名”

为 SZ，单击“确定”按钮。

（9） 选择“文件”｜“另存为”命令，打开“另存为”对话框，设置“文件名”为“羽毛扇 OK.fxg”，单击“保存”按钮。

4.3　动手实践——获取飞机并进行 3D 旋转

将如图 4-40 所示的名为 feiji 的 JPG 图像导入到舞台，将位图中的飞机抠出，并优化获取的图形，将其转化为元件后进行 3D 旋转，如图 4-41 所示。

图 4-40　要导入的图像 feiji.jpg

图 4-41　飞机旋转后的效果

步骤 1：文件设置

（1） 按 Ctrl+N 组合键，打开“新建文档”对话框，选择“常规”选项卡“类别”列表框中的 ActionScript 3.0 选项，单击“确定”按钮。

（2） 在“图层 1”中绘制一个白色无边框，与舞台大小相同的矩形框，覆盖舞台。

（3） 选择“编辑”｜“自定义工具面板”命令，打开“自定义工具面板”对话框，单击左侧“颜料桶工具”图标，选择“可用工具”列表框中的“渐变变形工具”选项，单击“增加”按钮，如图 4-42 所示，单击“确定”按钮，将“渐变变形工具”添加至“工具”面板。

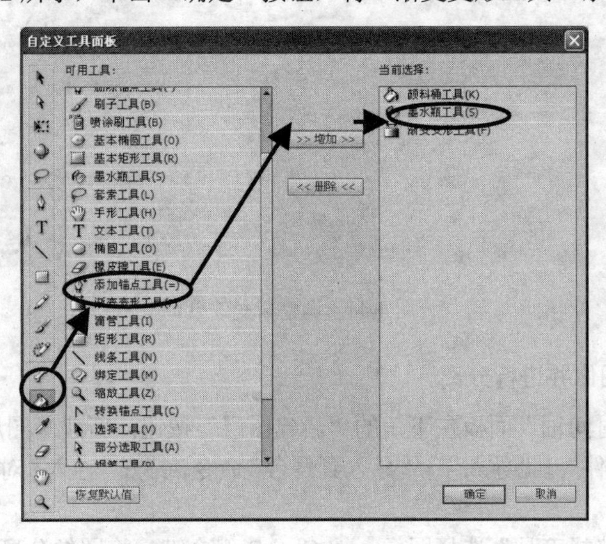

图 4-42　“自定义工具面板”对话框

（4） 单击“工具”面板中的颜色桶工具，切换至“颜色”面板，选择“线性渐变”选项，在下方的颜色条中进行渐变颜色设置，如图 4-43 所示。颜色条中从左向右各滑块颜色代码依次为：#59C400、#73CC26、#BEE894、#CBEFA7、#D8F4B9。

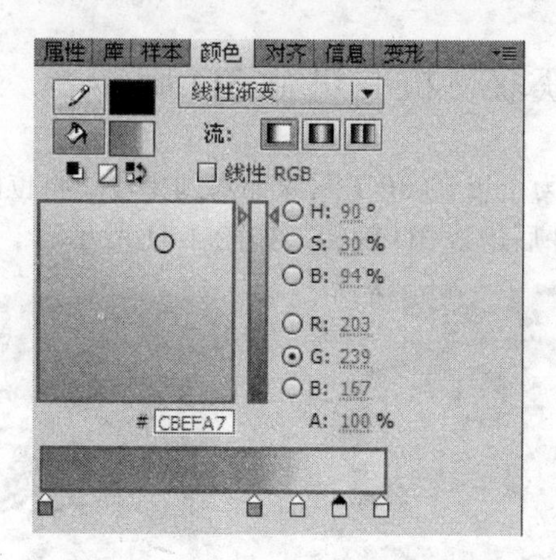

图 4-43　设置线性渐变填充颜色

（5） 在舞台矩形上单击，完成渐变填充。此时得到的渐变效果并不是我们想要的，接下来要进行渐变变形操作。

（6） 选择“工具”面板中新增的“渐变变形工具”按钮，为方便操作可将舞台视图调整为 50%。

（7） 将鼠标移至右侧渐变颜色旋转控制点上，将旋转控制杆移至矩形下方；将鼠标移至调节杆中心的方形控制点，向上拖动改变渐变范围渐变颜色；向下拖动调节杆上方的中心点，改变渐变颜色起始点，如图 4-44 所示。

（8） 按 Esc 键退出“渐变变形工具”。

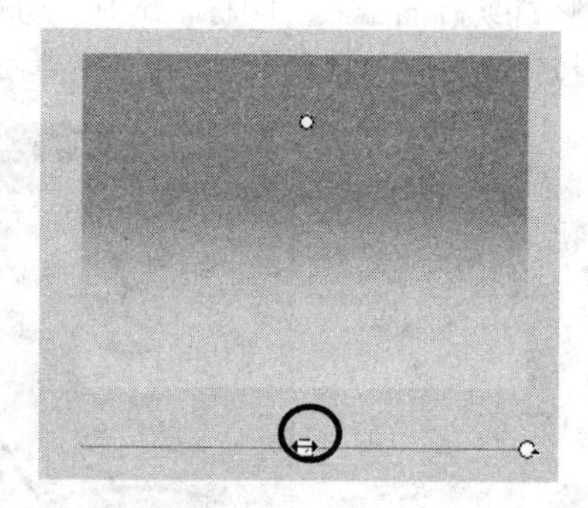

图 4-44　调整渐变效果

步骤 2：导入图像并进行分离

（1） 单击“时间轴”面板左下角的“新建图层”按钮，新建“图层 2”。

（2） 选择“文件”|“导入”|“导入到舞台”命令，打开“导入”对话框，选择 feiji.jpg，单击“打开”按钮。

（3） 应用“选择工具”选择图像，按 Ctrl+B 组合键，将图像分离。

（4） 选择“图层 1”，单击右侧的“锁定图层”按钮，将其锁定。

（5） 选择“图层 2”，应用“选择工具”圈选出飞机矩形块，如图 4-45 所示。

图 4-45　圈选分离图像中的图形

（6） 按 Ctrl+X 组合键将其剪切至剪贴板，在剩余图形上单击，按 Delete 键将其删除。

（7） 按 Ctrl+ V 组合键将其粘贴至“图层 2”中，并移至舞台中心，如图 4-46 所示。

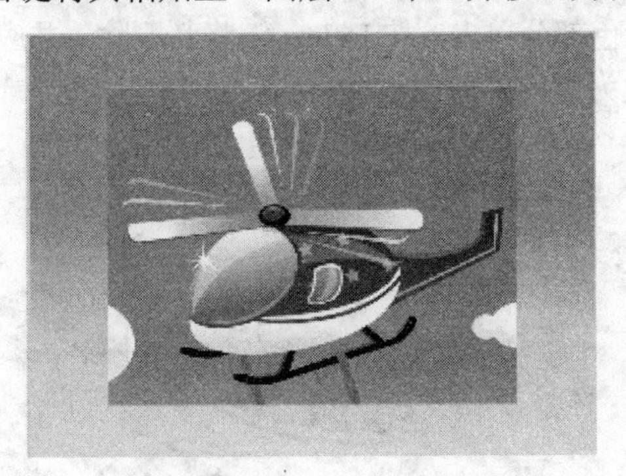

图 4-46　粘贴后的效果

步骤 3：从图像中抠图

（1） 按 Esc 键退出图形选择状态，单击“工具”面板中的“套索工具”按钮，取消“魔术棒”工具按钮选择状态，选择“多边形模式”按钮。

（2）沿着飞机的轮廓连续单击，直至绘制出飞机轮廓封闭图形，在飞机上双击，按 Ctrl+X 组合键将其剪切至剪贴板，如图 4-47 所示。

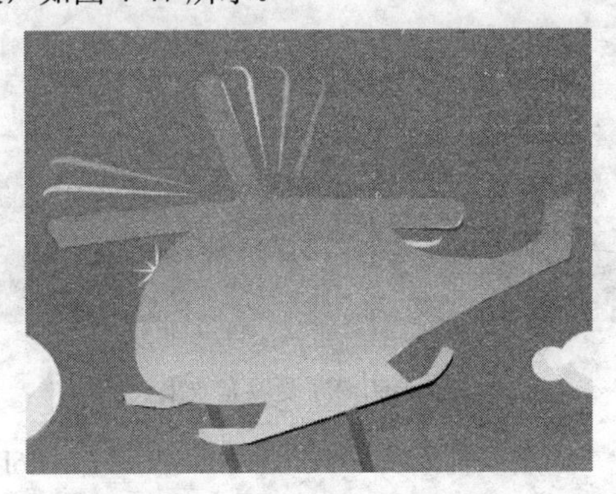

图 4-47　圈选分离图像中的图形

（3）按V键切换至“选择工具”，在图形上单击，按Delete键将其删除，再按Ctrl+ Shift+V组合键粘贴至原位，如图4-48所示。

图4-48 粘贴后的效果

（4） 单击“魔术棒设置”工具按钮，打开“魔术棒设置”对话框，设置“阈值”为30，“平滑”为“一般”，单击“确定”按钮。

（5） 在飞机支架绿色部分单击，按Delete键将其删除，并应用选择工具圈选支架上的棕色部分，将其颜色修改为黑色，如图4-49所示。

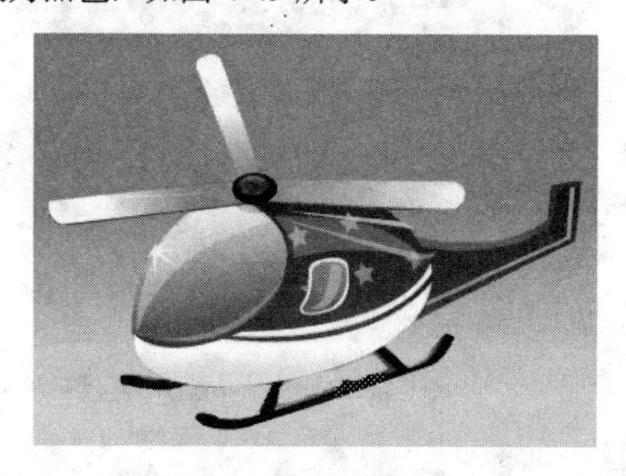

图4-49 修改支架部分

（6）放大舞台视图，在“颜色”面板中设置“线性渐变”由颜色#D9EAFE变为#A1D4F0，完成填充后应用“渐变变形工具”调整变形，如图4-50所示。

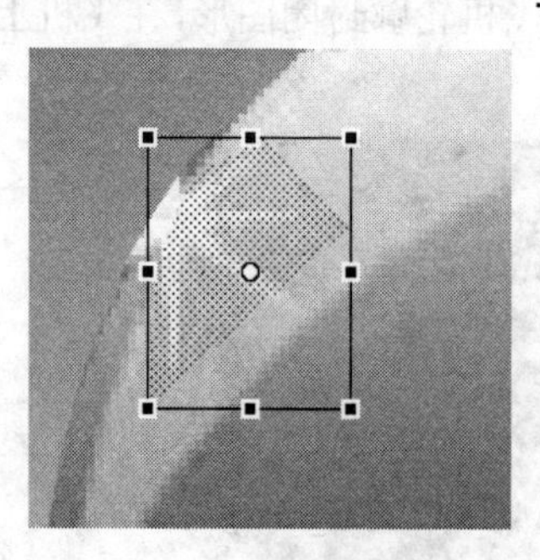

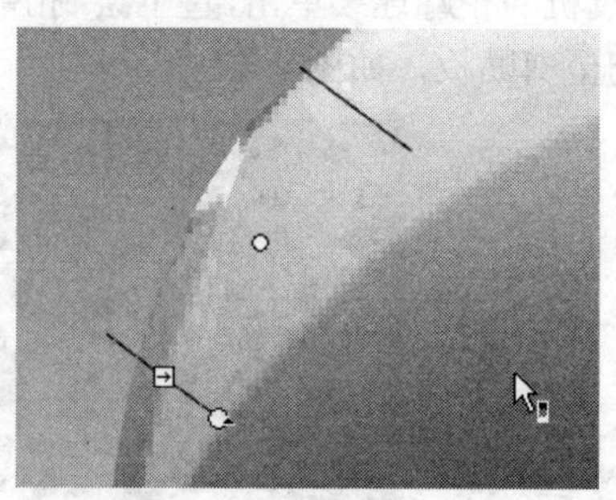

图4-50 渐变填充效果

（7） 以同样的方式，应用线性渐变#93C4E4、#FFFFFF、#6DB630渐变填充飞机头白色区域。

（8）根据自己喜好对飞机进行修饰，例如擦除飞机水平支架中突起部分，得到如图 4-51 所示效果。

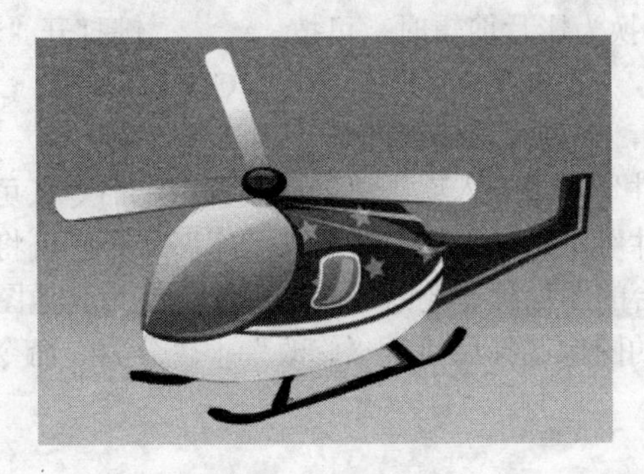

图 4-51　修剪飞机

步骤 4：3D 查看飞机影片剪辑

（1） 按 V 键切换至“选择工具”选择飞机，按 F8 键打开“转换为元件”对话框，在“名称”文本框中输入“飞机”，单击“确定”按钮。

（2） 按 W 键切换至“3D 旋转工具”，调整 X、Y、Z 和自由控制点，如图 4-52 所示。

（3） 按 Ctrl+S 组合键，弹出“保存为”对话框，选择保存路径，设置“文件名”为“3D 飞机”，“文件类型”使用默认选项，单击“保存”按钮。

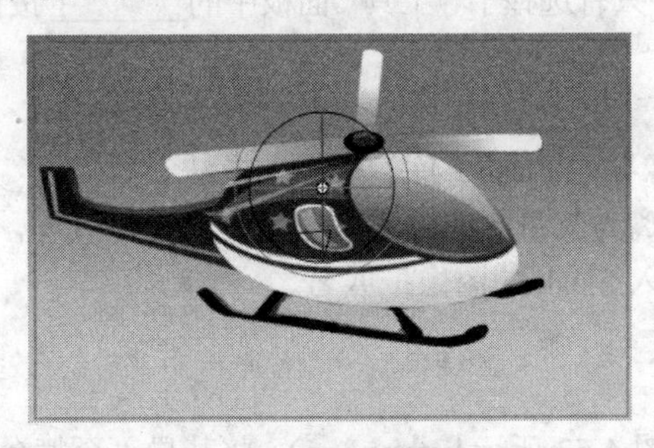

图 4-52　3D 旋转飞机

4.4　上机练习与习题

4.4.1　选择题

（1） 下列图像扩展名中，不可以使用“导入”命令导入舞台的是________。

A. *.bmp　　　　B. *.jpg

C. *.swf　　　　D. *.fla

（2） Photoshop 图像导入 Flash 中时，一般涉及的图层种类有 3 种，下面不属于这 3 种类型的是________。

A. 自定义　　　　B. 文本

C. 形状　　　　D. 图像

（3） 切换至“选择工具”的快捷键是________。

A. L　　B. V　　C. F8　　D. W

（4） 将选择图像转换为影片剪辑时，可按________键打开“转换为元件”对话框。

A. L　　B. V　　C. F8　　D. W

（5） 关于导入图像，下列说法错误的是________。

A. 选择“文件”|“导入”|“导入到舞台”命令，可将图像导入至舞台

B. 选择“文件”|“导入”|“导入到库”命令，可将图像导入至“库”面板

C. 导入至舞台的图像除非删除，否则无法更换为其他图像

D. 导入舞台的图像选择后执行“修改”|“分离”命令可将其分离

4.4.2 填空题

（1） 选择导入舞台的位图，按________快捷方式可将其分离转化为矢量图形。

（2） 向“工具”面板中添加按钮，应选择________下的“自定义工具面板”，在打开的对话框中进行。

（3） 将选择图像转换为影片剪辑，打开“转换为元件”对话框，打开此对话框的快捷键是________。

（4） 导入 Flash 中的位图背景颜色相近，要想一次删除背景颜色，可使用“工具”面板中的________工具。

（5） “多边形模式”只有选择了“工具”面板中的________按钮时才会在选项区中显示。

4.4.3 问答题

（1） 简述 BMP 图像导入 Flash“库”面板的方法。

（2） 简述将位图分离为矢量图的方法。

（3） 试述 5 种可导入 Flash 的图像扩展名。

4.4.4 上机练习

随意找张图片（例如图 4-53 所示 katong.jpg），将其导入至舞台，从图像中抠出自己想要的图形，并将其转化为影片剪辑。

图 4-53　导入卡通图片

第 5 章　元件、实例与库资源

本章要点

- 创建元件的方法。
- 向舞台添加实例的方法。
- 设置实例属性。
- 使用公用库资源。

本章导读

- **基础内容：** 元件与实例的创建。
- **重点掌握：** 按钮的创建方法。
- **一般了解：** 添加至舞台中实例属性的设置，可以根据实际需要，在属性面板中显示相应的选项，以设置实例效果。

课堂讲解

通过将不同的元素转换为元件添加至库中，不但可以简化操作，而且可以减小文件的大小。

本章介绍有关元件、实例和库资源的知识，主要包括创建影片剪辑、图像和按钮元件，设置元件属性，使用库资源方法。通过本章的学习，读者将了解元件、实例和库资源的应用方法。

5.1 使用元件与实例

元件是一个特殊的对象，它可以是形状、按钮或影片剪辑，实例是添加至舞台中的元件。用户创建的元件都会自动保存在“库”面板中，以便用户在当前文档或其他文档中重复使用，且无论重复使用多少次，文档大小都不会改变。

5.1.1 创建元件

Flash 中的元件包括 3 种类型：图形、按钮和影片剪辑，下面先来认识一下这 3 种元件，然后再介绍创建元件的方法。

（1） 图形元件：用于静态图像。

（2） 按钮元件：用于创建响应鼠标点击、滑过或其他动作的交互式按钮。

（3） 影片剪辑元件：用于创建可重用的动画片断。影片剪辑作为 Flash 中最具有交互性、用途最多及功能最强的部分，基本上是小的独立影片，它们可以包含主要影片中的所有组成部分（如声音、影片及按钮）。

1. 将选择元素转换为元件

创建元件的方法主要有两大类，一是将已有选定元素转换为元件，二是新建空元件然后在元件中添加所需内容。第一种方法，在第 4 章中介绍了将选择的图像转换为影片剪辑，如果要将选择的内容转换为图形元件或按钮元件又该怎么操作呢？

选择要转换为元件的元素，按 F8 键，打开“转换为元件”对话框，在“名称”文本框中输入元件名，打开“类型”下拉列表框其中包含 3 个选项“影片剪辑”、“图形”和“按钮”，如图 5-1 所示。要转换为哪种元件在此选择，完成所有设置后单击“确定”按钮即可。

“转换为元件”对话框中还包含如下两个选项。

（1） 对齐：设置元件的注册点，即中心点。为了更方便理解举例说明：应用“旋转工具”旋转对象时要围绕哪个点旋转，这个点即注册点。

（2） 文件夹：设置元件在“库”中的存放位置，默认存放在“库根目录”中。单击“库根目录”，打开“移至文件夹”对话框，在此可设置保存位置。

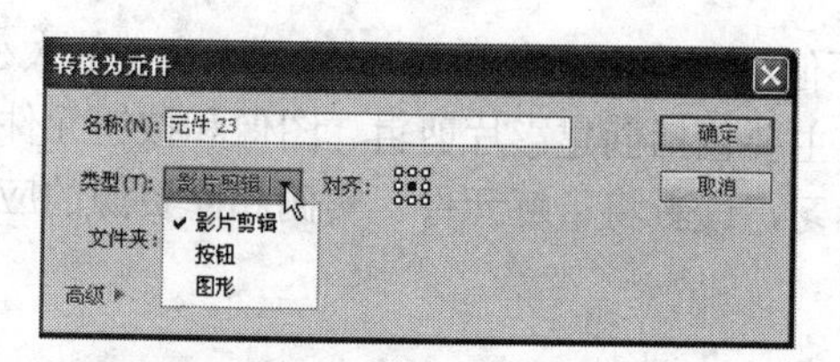

图 5-1 “转换为元件”对话框

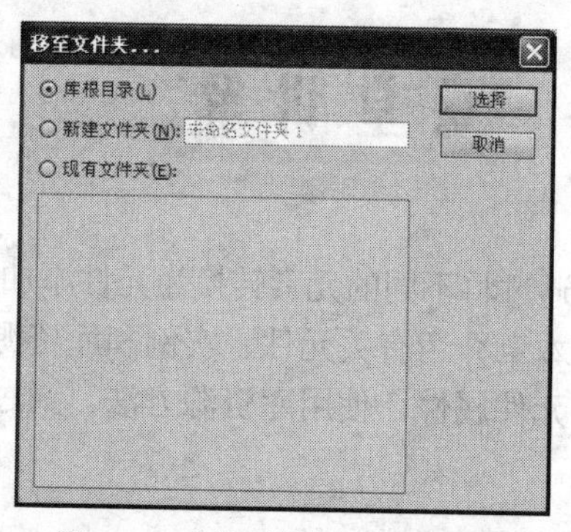

图 5-2 “移至文件夹”对话框

2. 创建空元件

如果要定义空元件，选择“插入”|“新建元件”命令，或单击“库”面板左下角“新

建元件”按钮，或按 Ctrl+F8 组合键，打开“创建新元件”对话框，如图 5-3 所示。

图 5-3　“创建新元件”对话框

“创建新元件”对话框与“转换为元件”对话框中的设置选项几乎相同，就不再介绍使用方法了。选择“类型”后，单击“确定”按钮，Flash 自动进入元件编辑界面。图 5-4 所示为影片剪辑元件和按钮元件编辑界面。

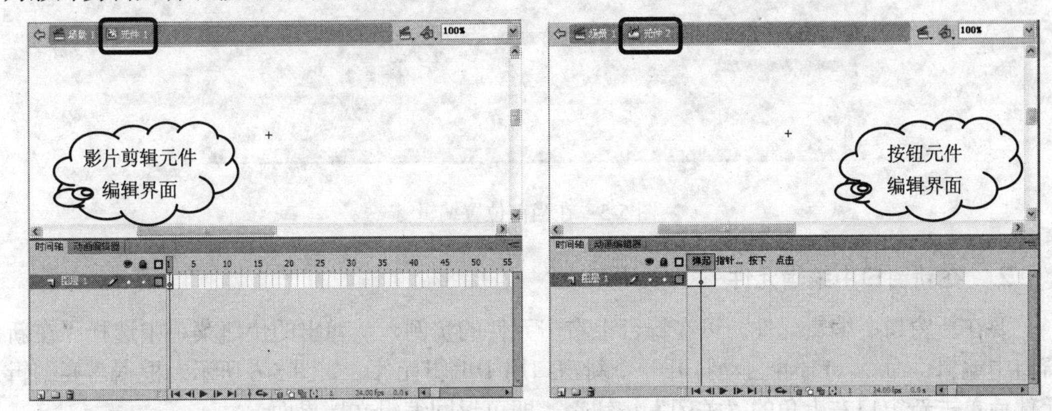

图 5-4　元件编辑界面

用户通过使用时间轴编辑动画、绘画工具绘制、导入介质、创建并修改其他元件的实例等手段创建新的元件。完成后若要退出元件编辑界面，单击“编辑栏”元件名称左侧的场景名（例如“场景 1”字样），或单击“返回”按钮，或选择“编辑”｜“编辑文档”命令。

在创建新元件时，注册点通常放置在元件编辑模式下窗口的中心，在编辑元件时也可以相对于注册点移动元件内容，以便更改注册点。

5.1.2　编辑元件

在动画制作过程中，可以随时修改已经定义好的元件。Flash 提供了 3 种编辑元件的方法：在当前位置编辑元件、在新窗口中编辑元件、在元件编辑界面编辑元件。编辑元件完成后，Flash 会自动更新文档中由该元件创建的所有实例。

1.　在当前位置编辑元件

要在当前位置编辑元件，可在舞台上双击元件的实例，或选择元件的实例后选择“编辑”｜“在当前位置编辑”命令，或右击元件的实例从弹出的快捷菜单中选择“在当前位置编辑”

命令，进入如图 5-5 所示编辑模式，根据需要编辑元件即可。在这种方式下编辑元件，只有可编辑的元件高亮显示，其他对象均灰色显示。

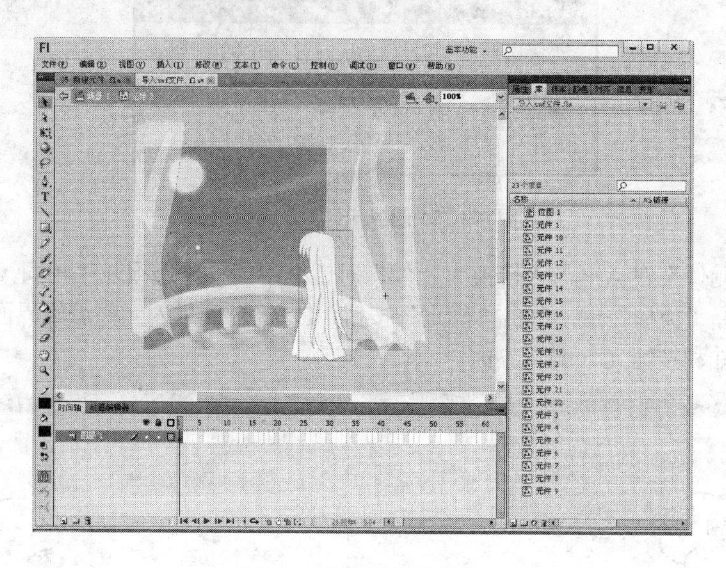

图 5-5　在当前位置编辑

2. 在新窗口中编辑元件

要在新窗口中编辑元件，可在舞台上右击元件的实例，从弹出的快捷菜单中选择“在新窗口中编辑”命令，Flash 自动打开一个新窗口用于编辑元件，如图 5-6 所示。根据需要编辑元件后单击新窗口右上角的“关闭”按钮☒，即可返回编辑文档界面。

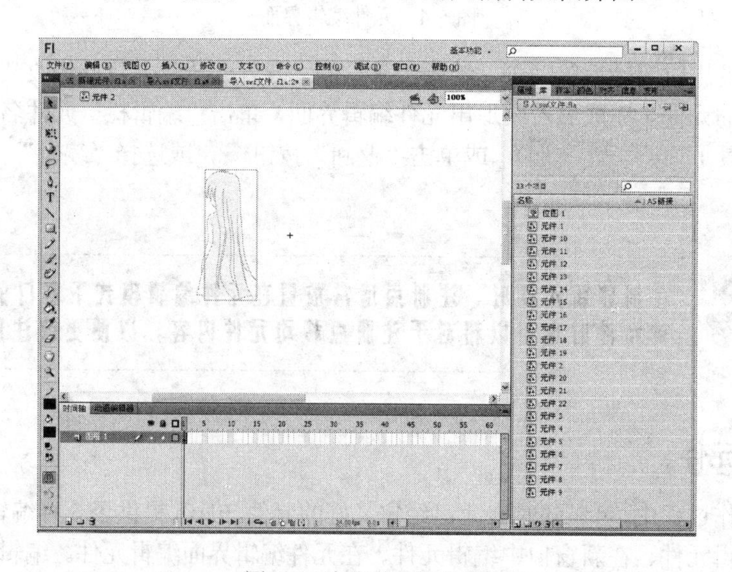

图 5-6　在当前位置编辑

3. 在元件编辑模式下编辑元件

要在元件编辑模式下编辑元件，应先选择元件的实例，然后选择“编辑”|“编辑元件”

命令，或右击元件实例从弹出的快捷菜单中选择“编辑”命令，或双击“库”面板中的元件图标，即可进入元件编辑模式。

5.1.3 创建按钮

按钮是较特殊的元件，该元件实际上是一个 4 帧的交互影片剪辑。前 3 帧显示按钮的 3 种可能状态，第 4 帧则定义按钮的活动区域。如果要使一个按钮具有交互性，可以把该按钮元件添加至舞台，为其指定动作。

1. 认识按钮

按钮元件时间轴上的每一帧都表示一种状态，这 4 种状态的功能如下。

（1） 第 1 帧：弹起状态，表示指针没有经过按钮时该按钮的状态。

（2） 第 2 帧：指针经过状态，表示当指针滑过按钮时，该按钮的外观。

（3） 第 3 帧：按下状态，表示单击按钮时，该按钮的外观。

（4） 第 4 帧：点击状态，定义响应鼠标单击的区域。此区域在 SWF 文件中是不可见的。如果没有指定动作，则 Flash 会将“弹起”帧中的对象作为响应鼠标事件的动作。

2. 创建按钮

双击“库”面板中的按钮元件进入元件编辑模式，时间轴的标题会变为显示 4 个标签分别为“弹起”、“指针经过”、“按下”和“点击”。其中第 1 帧（弹起）为空白关键帧，用户可在此帧中绘制按钮，如图 5-7 所示。

图 5-7 编辑“弹起”帧中的按钮

单击“指针经过”帧，选择“插入”|“时间轴”|“关键帧”命令，或按 F6 键插入关键帧，并将按钮图像更改为“指针经过”状态。然后为“按下”和“点击”帧执行同样的操作创建相应的按钮图像，完成按钮的基本制作。

定义“弹起”帧后不想再修改按钮在其他帧中的形状、颜色等，可以单击“指针经过”、“按下”或“点击”帧，选择“插入”|“时间轴”|“帧”

命令（或按 F5 键）插入普通帧，如图 5-8 所示。

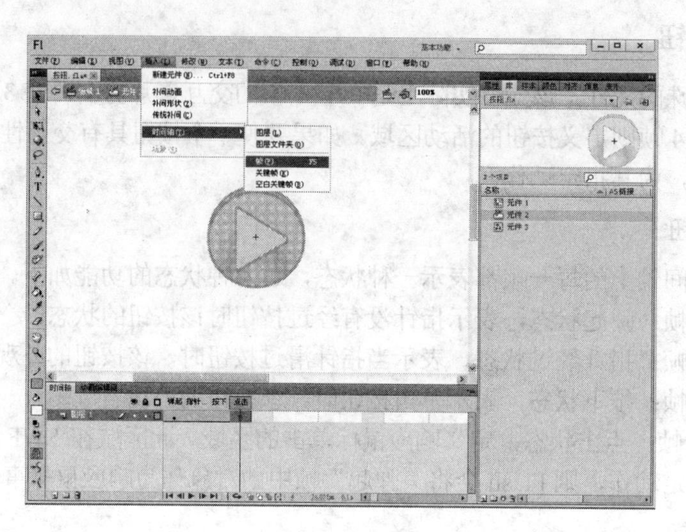

图 5-8　编辑其他帧

“点击”帧在舞台中是不可见的，它主要用于定义单击按钮时该按钮的响应区域。值得注意的是，“点击”帧中的图形必须是一个实心区域，且大小足以覆盖“弹起”、“按下”和“指针经过”帧的所有图形元素。

3. 预览按钮

要想预览按钮效果，可执行以下任意操作。

（1） 发布动画后，在打开的窗口中预览。

（2） 在“库”面板中选择要预览的按钮，然后在库预览窗口内单击“播放”按钮。

（3） 选择“控制”|“测试场景”或“控制”|“测试影片”命令。

（4） 要直接在文档编辑主界面中查看按钮，应选择“控制”|“启用简单按钮”命令。在 Flash 创作环境中，按钮中的影片剪辑不会显示。

也可以使用影片剪辑元件创建按钮，应用此方法创建的文件要稍大一些，但是可以添加更多的帧到按钮、制作更加复杂的动画。

5.1.4 使用实例

实例是指位于舞台上或嵌套在另一个元件内的元件副本。实例可以与其父元件在颜色、大小和功能方面有差别。编辑元件会更新它的所有实例，但对元件的一个实例应用效果则只更新该实例。

实例是“库”中的元件在动画中的应用。换句话说，元件在 Flash 文档中任何需要的地方（包括在其他元件内）使用，这个在动画中使用的元件我们就称之为实例。

1. 创建实例

无论是图形元件、影片剪辑元件、还是按钮元件，将其应用至动画主场景或其他元件中时，都应先确定要将其添加至哪个图层、哪个关键帧中。选择要添加元件的关键帧，然后切换至“库”面板，将要使用的元件拖动至工作区域，完成实例的创建，如图 5-9 所示。

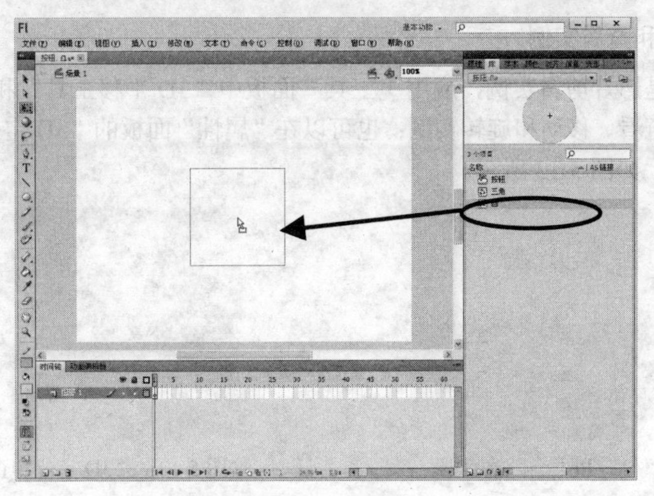

图 5-9　创建实例

影片剪辑实例只需要一个关键帧播放，而图形元件如果想要显示在连续帧中，则应选择要持续到的帧后选择“插入”|“时间轴”|“帧”命令，在时间轴上添加普通帧。

2. 交换实例

选择实例，单击“属性”面板中的“交换”按钮，打开“交换元件”对话框，如图 5-10 所示。在列表框中显示当前文档中的所有元件，选择要交换的元件，单击“确定”按钮。

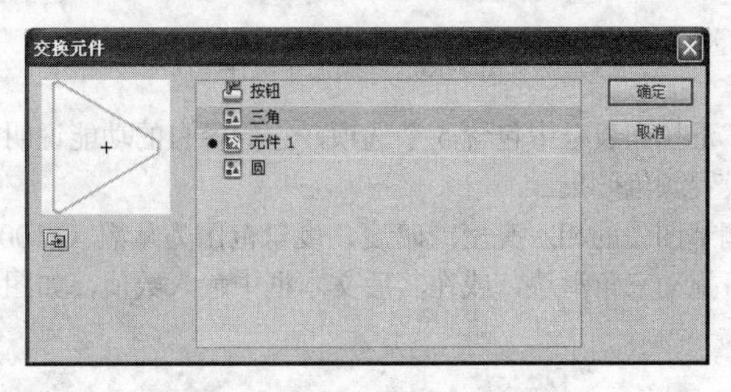

图 5-10　“交换元件”对话框

以交换实例的方式调整实例，可保留原实例设置的所有属性，如大小、位置、色彩效果或按钮动作等。

3. 设置实例大小和位置

添加至舞台中的实例都可以根据需要调整其大小和位置。调整方法有两种：一是应用“工具”面板中的“选择工具”调整实例位置、“任意变形工具”按钮调整实例大小；二是应用“属性”面板中的“大小和位置”检查器精确调整实例的大小与位置，如图 5-11 所示。

4. 3D 定位和查看实例

如果选择的是影片剪辑实例，应用“工具”面板中“3D 平移工具”和“3D 旋转工具”可以在三维空间查看、移动和旋转实例；也可以在“属性”面板的“3D 定位和查看”检查器中设置三维效果，如图 5-12 所示。

图 5-11 “位置和大小”检查器

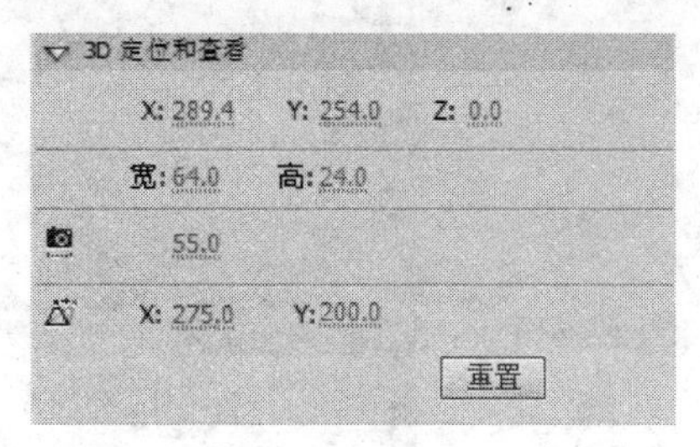

图 5-12 “3D 定位和查看”检查器

5. 设置实例色彩效果

选择实例，在“属性”面板“色彩效果”检查器中可以设置实例的亮度、色调、透明度等，如图 5-13 所示。

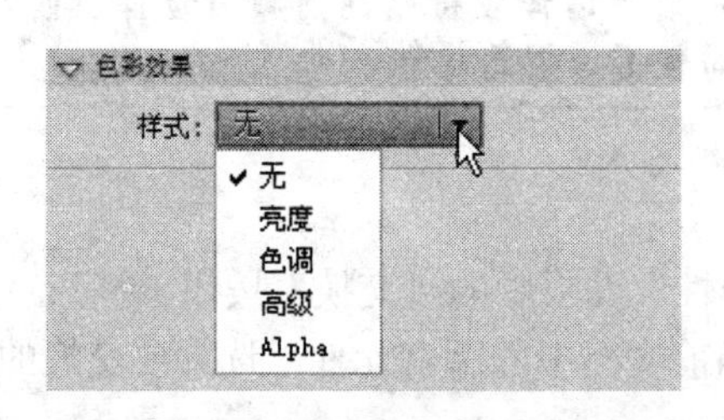

图 5-13 “颜色”属性

实例的“颜色”下拉列表框中包含 5 个选项，它们各自的功能说明如下。

（1） 无：不设置颜色效果。

（2） 亮度：调节图像的相对亮度或暗度，度量范围为从黑（-100%）到白（100%）。若要调整“亮度”可拖动三角滑块，或在其后文本框中输入数值，如图 5-14 所示。

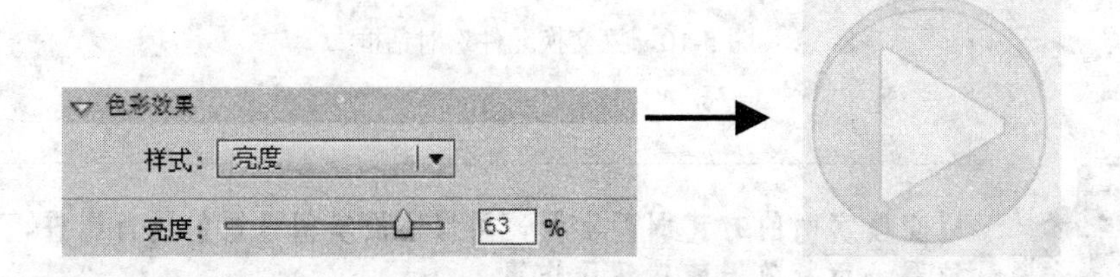

图 5-14 设置亮度

（3） 色调：用相同的色相为实例着色。单击“样式”右侧的拾色器从中选择颜色（如绿色），在“色调”中设置从透明（0%）到完全饱和（100%）度量范围，在“红”、“绿”、“蓝”中设置 RGB 值，如图 5-15 所示。

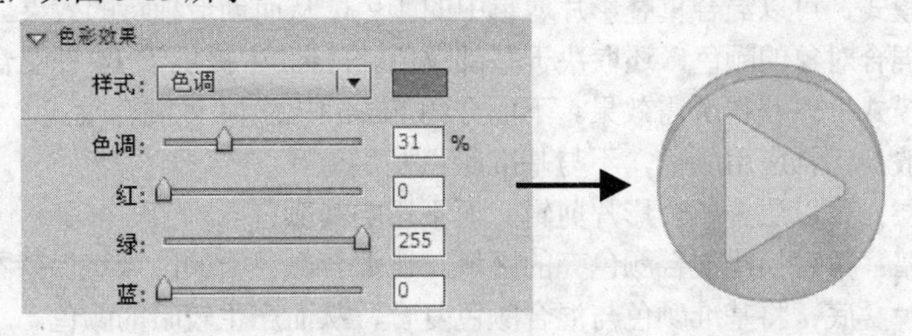

图 5-15　设置色调

（4） Alpha：调节实例的透明度。可在 Alpha 中设置从透明（0%）到完全饱和（100%）范围，如图 5-16 所示。

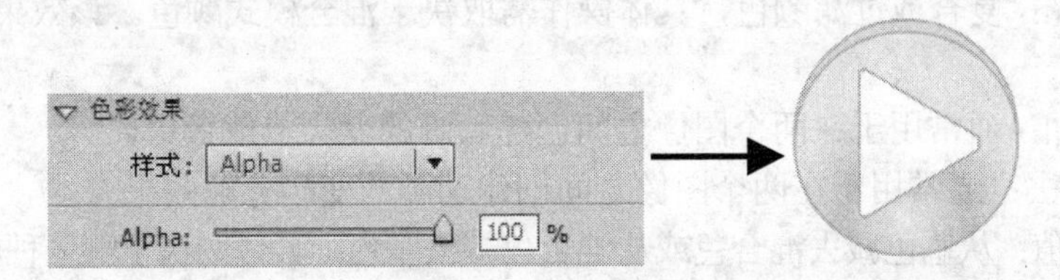

图 5-16　设置 Alpha

（5） 高级：调节实例的透明度和红色、绿色、蓝色值，左侧的控件可以按指定的百分比降低颜色或透明度的值，右侧的控件可以按常数值降低或增大颜色或透明度的值，如图 5-17 所示。

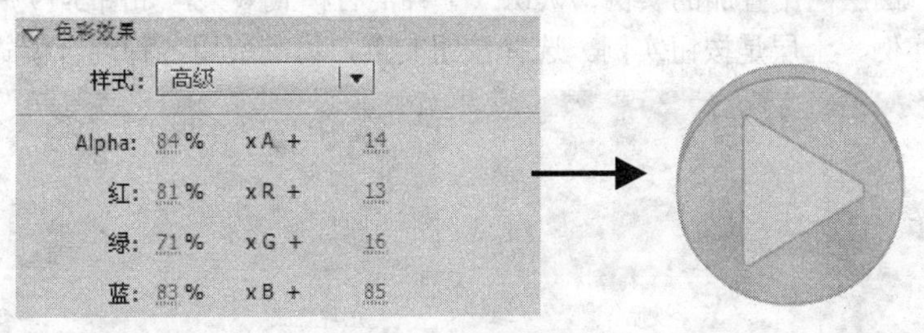

图 5-17　设置高级选项

当前的红、绿、蓝和 Alpha 值都乘以百分比值，然后加上右列中的常数值，产生新的颜色值。例如，当前红色值是 100，若将左侧值设置为 50%，将右侧值设置为 100%，则新的红色值 150 ([100 x .5] + 100 = 150)。

6. 设置实例可见性

在“属性”面板“显示”检查器中可以设置实例的可见性、混合模式和显现方式，如图 5-18 所示。默认状态下，“可见”复选框为选择状态，舞台中的实例是可见的；如果取消选择“可见”复选框，则该

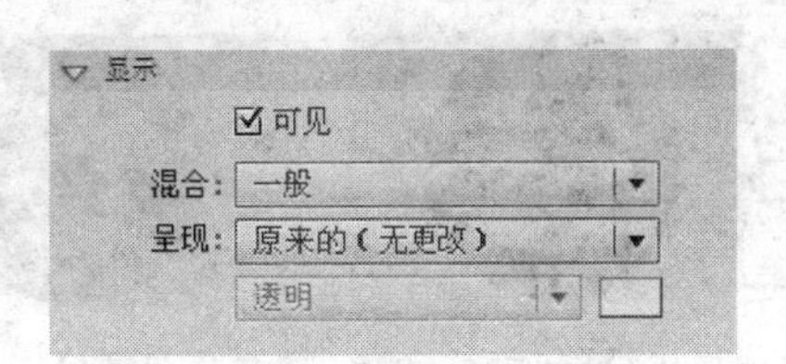

图 5-18　“显示”检查器

实例在舞台中是不可见的。

7. 设置实例混合模式

使用混合模式，可以混合重叠影片剪辑中的颜色，从而创造独特的效果。混合模式不仅取决于要应用混合对象的颜色，还取决于基础颜色。Flash 中提供了 14 种混合模式，建议试验不同的混合模式，以获得所需效果。下面介绍 Flash 中的 14 种混合模式。

（1） 一般：正常应用颜色，不与基准颜色发生交互。

（2） 图层：可以层叠各个影片剪辑，而不影响其颜色。

（3） 变暗：只替换比混合颜色亮的区域。比混合颜色暗的区域将保持不变。

（4） 正片叠底：将基准颜色与混合颜色复合，从而产生较暗的颜色。

（5） 变亮：只替换比混合颜色暗的像素。比混合颜色亮的区域将保持不变。

（6） 滤色：将混合颜色的反色与基准颜色复合，从而产生漂白效果。

（7） 叠加：复合或过滤颜色，具体操作需取决于基准颜色。

（8） 强光：复合或过滤颜色，具体操作需取决于混合模式颜色。该效果类似于用点光源照射对象。

（9） 增加：通常用于在两个图像之间创建动画的变亮分解效果。

（10） 减去：通常用于在两个图像之间创建动画的变暗分解效果。

（11） 差值：从基色减去混合色或从混合色减去基色，具体取决于哪一种的亮度值较大。该效果类似于彩色底片。

（12） 反相：反转基准颜色。

（13） Alpha：应用 Alpha 遮罩层。

（14） 擦除：删除所有基准颜色像素，包括背景图像中的基准颜色像素。

下面以同一图层两个叠加的实例，认识一下各混合模式效果，如图 5-19 所示。其中，下层是渐变图像实例、上层是按钮实例。选择按钮实例，为其应用各种混合模式。

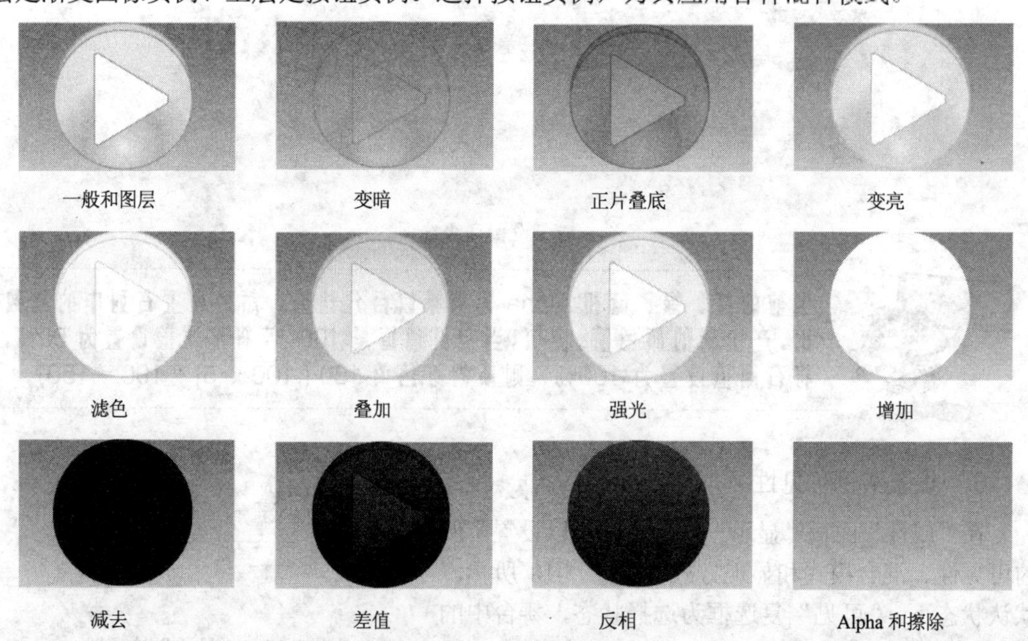

图 5-19　混合模式示例

8. 设置实例呈现方式

默认的“呈现”方式为“原来的（无更改）”选项，用户可设置的选项还包括“缓存为位图”和“导出为位图”，如图 5-20 所示。

为某个静态影片剪辑（如背景图像）或按钮实例设置“缓存为位图”选项，可以使动画播放更快更平滑。除此之外，还可以为“缓存为位图”的实例设置背景颜色。默认背景是透明的。若要设置不透明背景色，可打开下方的下拉菜单从中选择“不透明”选项，并在右侧的拾色器中设置背景颜色，如图 5-21 所示。

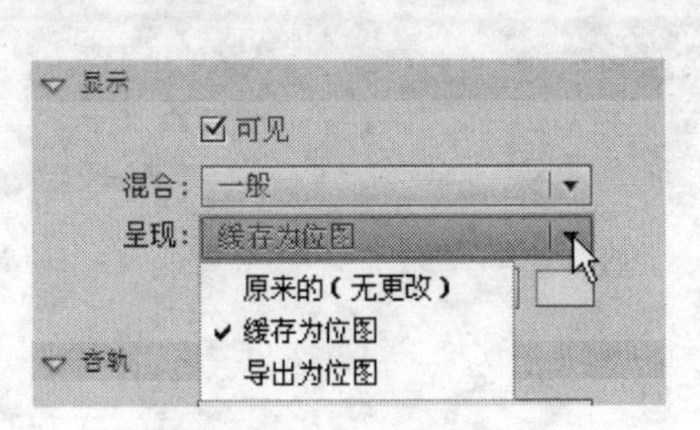

图 5-20　“呈现”选项

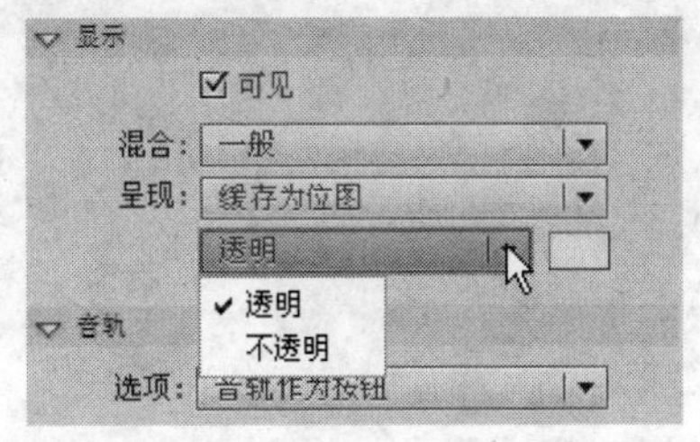

图 5-21　设置缓存位图背景

“导出为位图”选项可以在创作期间将影片剪辑和按钮元件的实例作为位图呈现在舞台上。Flash 在发布 SWF 文件时也使用这些位图。播放性能比“缓存为位图”选项的速度快，原因是它可以避免 Flash 在运行时执行转换操作。用户可以在包含形状、文本和 3D 对象的影片剪辑上使用“导出为位图”选项，且可以通过双击实例的方式编辑元件，编辑内容后自动反映到舞台上的位图中。

当位图过大（任意方向上大于 2880 像素），或是 Flash 无法为位图分配内存时，即使设置了“缓存为位图”方式，也不会使用位图，而会通过使用矢量数据来呈现影片剪辑或导入元件。

9. 设置循环

对于图形元件的实例，可以通过设置动画选项循环播放。Flash 中允许用户设置的动画选项包括：“循环”、“播放一次”、“单帧”3 个选项，如图 5-22 所示。下面认识一下这 3 个选项。

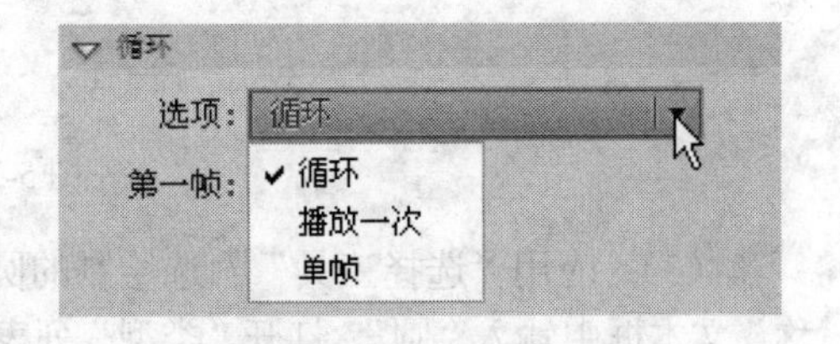

图 5-22　设置图形实例的循环

（1）　循环：按照当前实例占用的帧数来循环包含在该实例内的所有动画序列。若要指定循环时首先显示的图形元件的帧，可在“第一帧”文本框中输入帧编号。

（2）　播放一次：从指定帧开始播放动画序列直到动画结束，然后停止。

（3）　单帧：显示动画序列的一帧，在“第一帧”中指定要显示的帧。

10. 分离实例与元件

Flash 中的实例与元件存在着链接关系，修改元件舞台中的实例会随之改变，同样在舞台中编辑实例的话也会修改元件。如果只想修改舞台中的实例，而不修改库中的元件，必须切断实例与元件之间的链接。

若要切断实例与元件之间的链接，应先选择实例，然后选择“修改”|“分离”命令，即可将该实例分离成它的几个组件图形元素。

5.1.5 实例——制作按钮

创建图 5-23 所示的按钮，“鼠标经过”与“按下”帧效果相同，“点击”帧感应区域为可以覆盖整个按钮的圆形。这里用到的元件有：图形（圆和三角）、影片剪辑（渐变圆）和按钮（注：按钮中各圆形颜色可根据自己喜好进行设置）。

图 5-23　按钮

步骤 1：转换为图形元件

（1） 按 Ctrl+N 组合键，打开“新建文档”对话框，选择“常规”选项卡“类别”列表框中的 ActionScript 3.0 选项，单击“确定”按钮。

（2） 选择“椭圆形工具”按钮，设置“笔触颜色”代码为#BCBDC2、“填充色”代码为#DFDEF0，“笔触”值为 2，按住 Shift 键在舞台中绘制一个圆形，如图 5-24 所示。

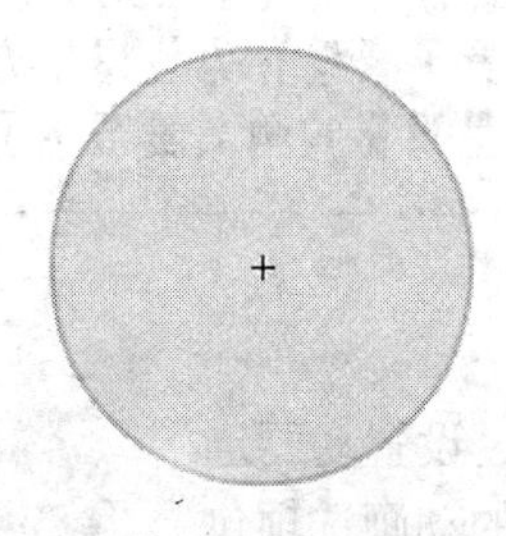

图 5-24　圆形元件

（3） 应用“选择工具”圈选绘制的圆形，按 F8 键打开“转化为元件”对话框，在“名称”文本框中输入“圆”，打开“类型”列表框从中选择“圆形”，“对齐”为中心点，单击“确定”按钮。

步骤 2：创建图形元件

（1） 选择“插入” | “新建元件”命令，打开“新建元件”对话框，在“名称”文本框中输入“三角”，打开“类型”列表框从中选择“圆形”，单击“确定”按钮。

（2）选择“多边形工具”按钮，在“属性”面板中修改填充颜色为白色（代码为#FFFFFF），单击“选项”按钮，打开“工具设置”对话框，选择“样式”为“多边形”，“边数”值为 3，单击“确定”按钮。

（3）按住 Shift 键在舞台中拖动绘制出一个三角形，以同样的方式再绘制出一个正圆形，如图 5-25 所示。

（4） 应用“选择工具”选择圆形白色填充色，按 Delete 键将其删除，如图 5-26 所示。

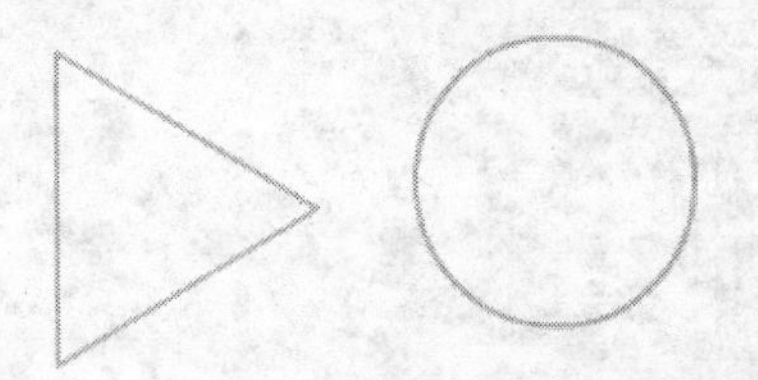

图 5-25　三角形和圆形

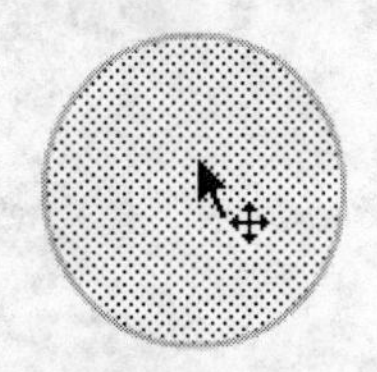

图 5-26　删除填充色

（5） 应用“任意变形工具”选择圆形轮廓，将其移至三角形上方，改变圆形大小，如图 5-27 所示。

（6） 应用“选择工具”分别选择圆形和三角形不必要的部分将其删除，并修改 3 个角使其变得圆滑，得到如图 5-28 所示的圆角三角形。

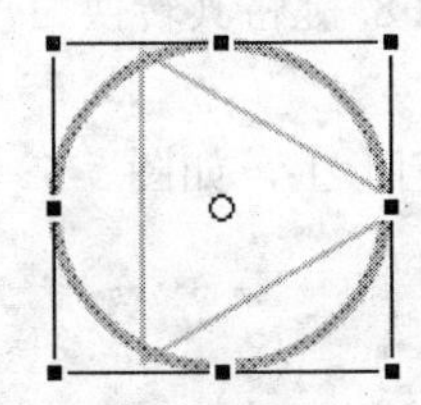

图 5-27　三角形与圆形轮廓重叠

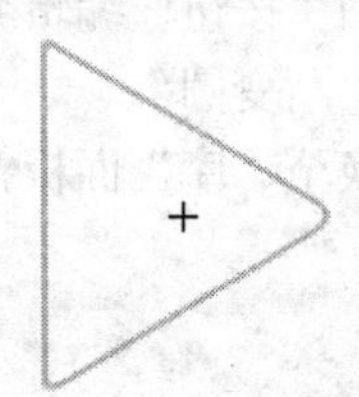

图 5-28　圆角三角形

步骤 3：设置按钮“弹起”帧

（1） 选择“插入”｜“新建元件”命令，打开“新建元件”对话框，在“名称”文本框中输入“按钮”，打开“类型”列表框从中选择“按钮”，单击“确定”按钮。

（2） 切换至“库”面板，将“圆”元件拖动至舞台；切换至“对齐”面板，选择“与舞台对齐”命令，单击“垂直中齐”和“水平居中分布”按钮，将实例置于舞台中心，如图 5-29 所示。

（3） 再从“库”面板中拖动一个“圆”元件至舞台，将其设置为与舞台中心对齐。

（4） 应用“任意变形工具”调整第二个“圆”实例高度，选择两个圆形实例，切换至“对齐”面板，取消选择“与舞台对齐”复选框，单击“底对齐”按钮，如图 5-30 所示。

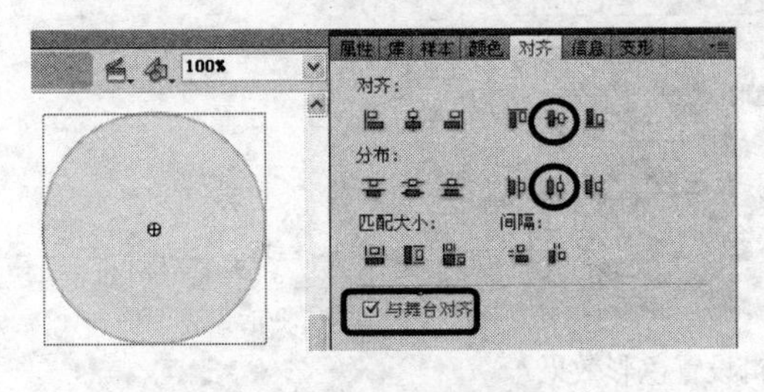

图 5-29　圆形相对于舞台对齐

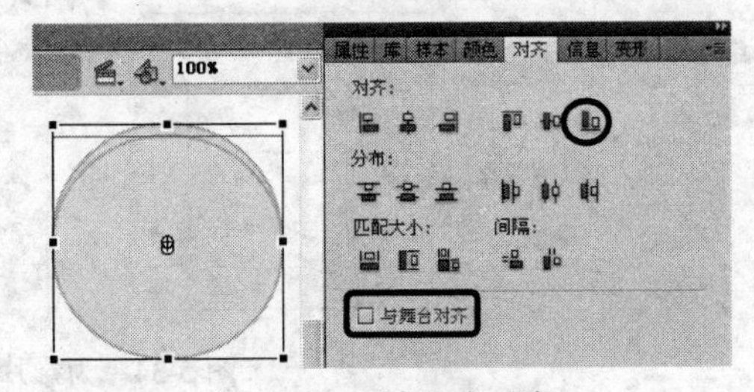

图 5-30　两实例底对齐

（5） 选择上方的圆形实例，按 Ctrl+B 组合键将其分离，双击进入圆形编辑模式。

（6） 选择填充区域，切换至“颜色”面板，设置“颜色类型”为“径向渐变”，并在下方的颜色条上添加一个滑块，各滑块颜色代码从左至右依次为#E1f9f9、#CFD0D2、#ECEAEB，如图 5-31 所示。

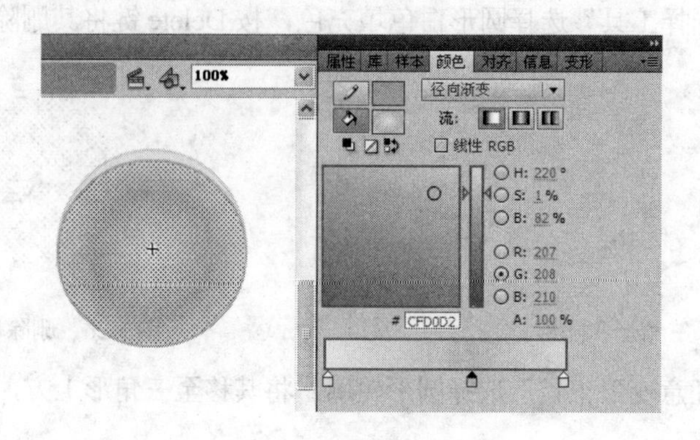

图 5-31　设置渐变填充色

（7）选择“渐变变形工具”按钮，调整变形中心点，如图 5-32 所示。

（8）返回“按钮”编辑界面，选择渐变填充圆形，按 F8 键将其转换为“影片剪辑”元件，名称为“渐变圆”。

（9）切换至“库”面板，将“三角”元件拖动至舞台圆形上，如图 5-33 所示。

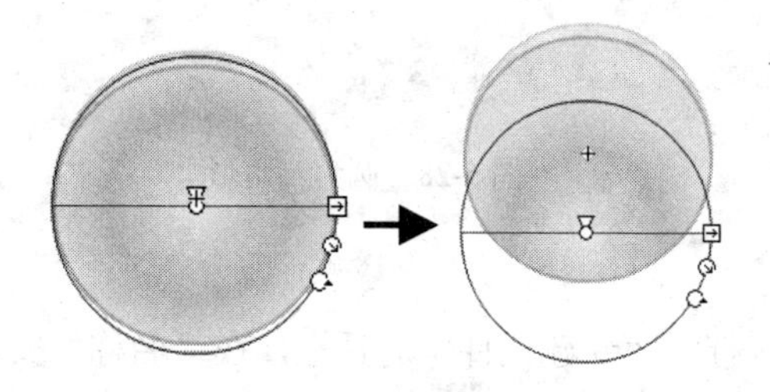

图 5-32　调整渐变色

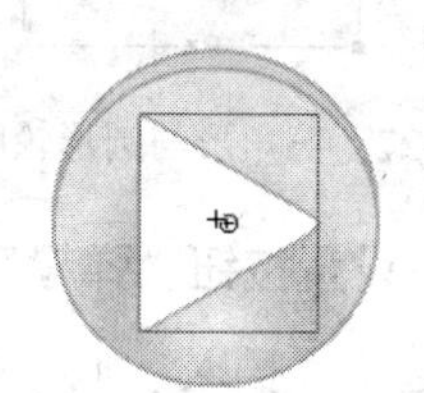

图 5-33　将元件拖动至舞台

步骤 4：设置按钮“指针经过”帧

（1）单击“时间轴”面板“指针…”帧，按 F6 键插入关键帧。

（2）选择“渐变圆”实例，在“属性”面板“色彩效果”检查器中设置“样式”为“色调”，颜色为“白色”，“色调”值为 25%，“红”、“绿”和“蓝”值为 255，如图 5-34 所示。

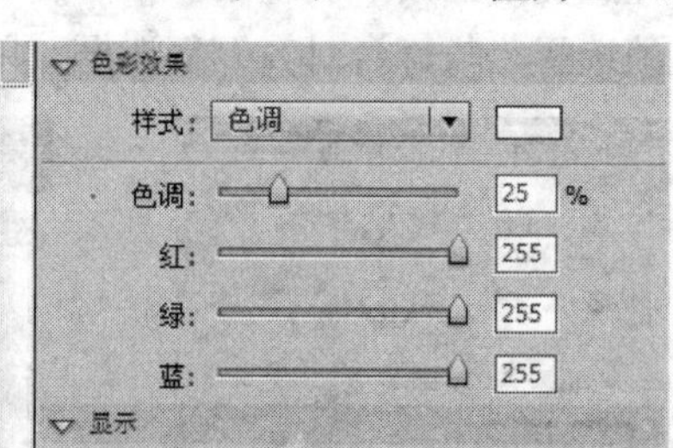

图 5-34　为影片剪辑设置色彩效果

（3）选择“三角”实例，在“属性”面板“色彩效果”检查器中设置“样式”为“高级”，修改“红”左侧栏值为 50%、右侧栏值为 100，“绿”左侧栏值为 50%、右侧栏值为 100 和，其余数值保持默认不变，如图 5-35 所示。

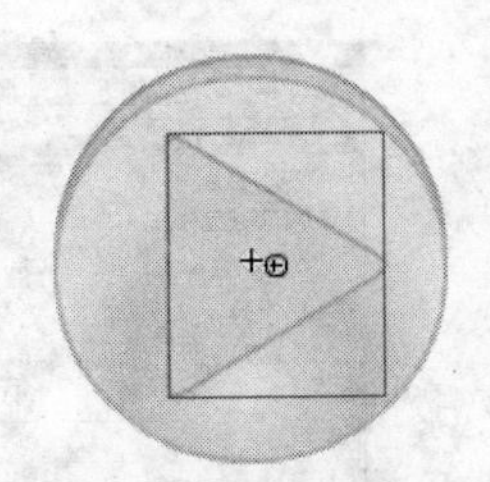
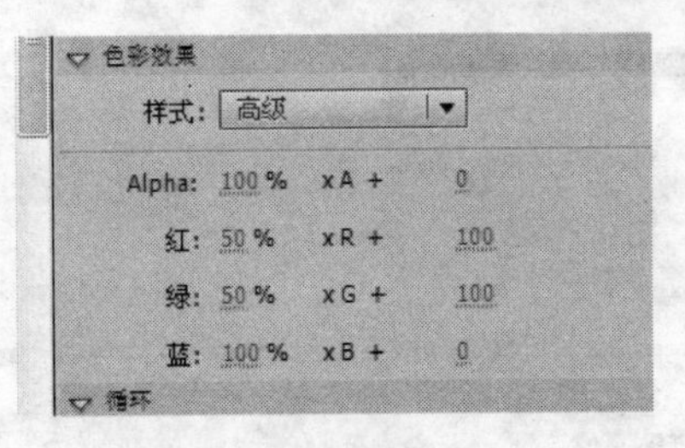

图 5-35　为圆形设置设置色彩效果

步骤 5：设置按钮“按下”和“点击”帧

（1） 单击“时间轴”面板“按下”帧，按 F5 键插入普通帧。

（2） 单击“时间轴”面板“按下”帧，右击从弹出的快捷菜单中选择“转换为空白关键帧”命令。

（3） 切换至“库”面板，将“圆”元件拖动至舞台，并应用“对齐”按钮，使圆形元件与舞台中心对齐，如图 5-36 所示。

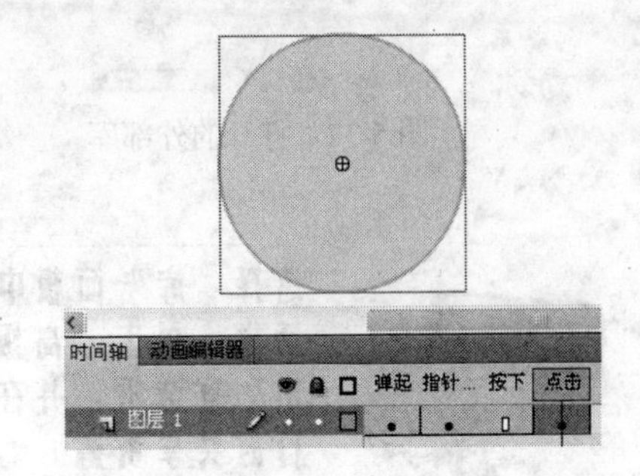

图 5-36　按钮的 4 帧

步骤 6：应用按钮元件

（1） 单击“编辑栏”中的“场景 1”字样，返回文档编辑主界面。

（2） 切换至“库”面板，将“按钮”元件拖动至舞台。

（3） 选择“控制”|“启用简单按钮”命令，在文档中查看按钮。

（4） 按 Ctrl+S 组合键，弹出“保存为”对话框，选择保存路径，设置“文件名”为“按钮”，“文件类型”使用默认选项，单击“保存”按钮。

5.2　Flash 中的库资源

在 Flash CS6.0 中，除了可以使用每个文档自己的库项目外，还可以使用公用库中的项目，或者创建自定义的公用库，以便在文档间共享这些资源。如果导入的库资源和库中已有的资源同名，还可以通过解决命名冲突来管理资源。

5.2.1　使用库资源

在其他文件中创建的元件，Flash 允许将其应用于当前文件，无需用户重新制作。若要在当前文件中应用其他文档中的元件，可选择“文件”｜“导入”｜“打开外部库”命令，打开“作为库打开”对话框，选择包含所需元件的文件，单击“打开”按钮。Flash 自动显示所选文件的“库”面板，并在面板顶部显示文件名，如图 5-37 所示。用户只需将要应用的元件拖动至文档中即可。

另一种调用其他文档中元件的方法：选择“文件”｜“打开”命令，在“打开”对话框中选择所需元件的文档，单击“打开”按钮。然后切换至要插入元件的文档，从“库”面板顶部下拉列表框中选择包含所需元件的文档，如图 5-38 所示，再从下方列表框中将所需的元件拖动至文档。

图 5-37　打开的外部库

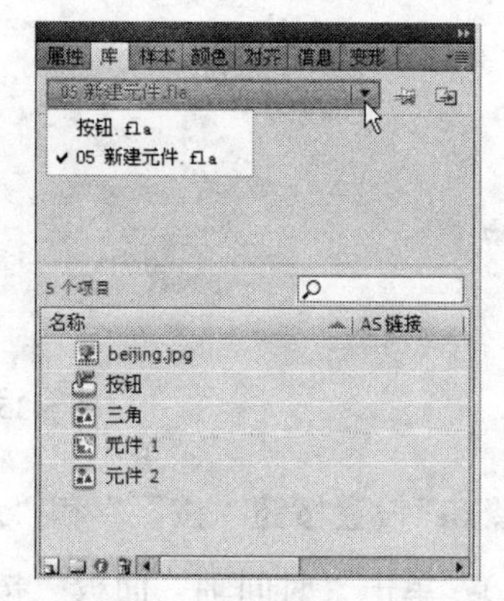

图 5-38　显示多文档的“库”面板

选择“库”面板中的元件，单击“属性”按钮，打开“元件属性”对话框，单击“高级”字样高级▶展开高级选项。选择“为运行时共享导出”复选框，并在 URL 中输入共享资源的链接，可在源文档中定义运行时共享资源。

发布 SWF 文件时，将 SWF 文件发布到指定的 URL 上，目标文档便可使用共享资源。

5.2.2　公用库

除了可以在创作过程中建立每个应用程序的文档库外，选择“窗口”｜“公用库”命令，可从子菜单中选择 Flash CS6.0 提供的“声音”、“按钮”和“类”范例公用库，直接在文档中使用其中的项目。

（1）“声音”库：其中包含有 186 种声音可供选择。选择“窗口”|“公用库”|“声音”命令即可显示该库面板，如图 5-39 所示。

（2）“按钮”库：其中包含 18 类按钮及与其相关的图形和影片剪辑（共 277 个项目）可供选择。选择“窗口”|“公用库”|“按钮”命令即可显示该库面板，如图 5-40 所示。

（3）“类”库：其中包含 3 个库项目，是共享库资源范例。选择“窗口”|“公用库”|“类”命令即可显示该库面板，如图 5-41 所示。

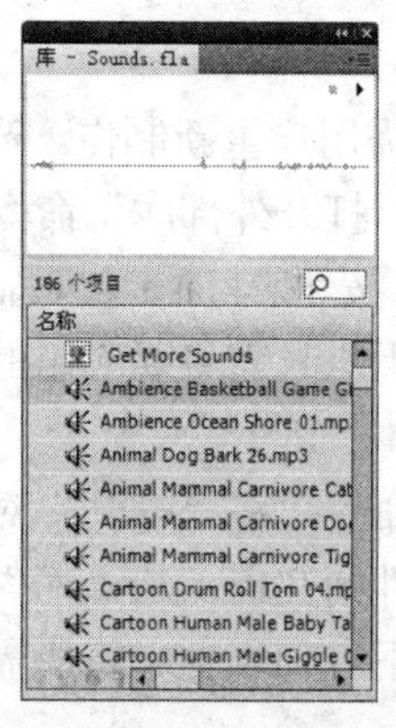

图 5-39　“声音”库

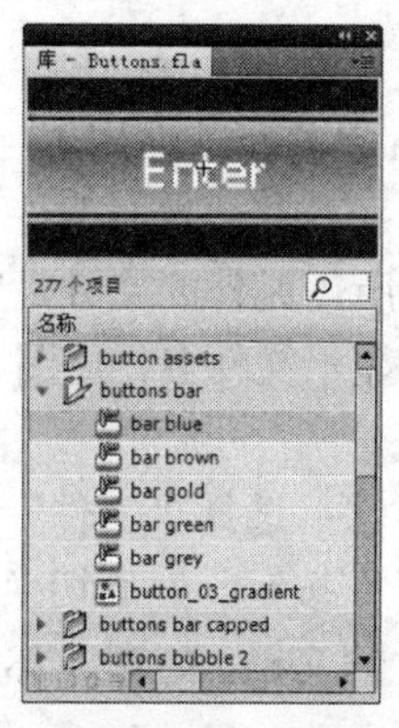

图 5-40　“按钮”库

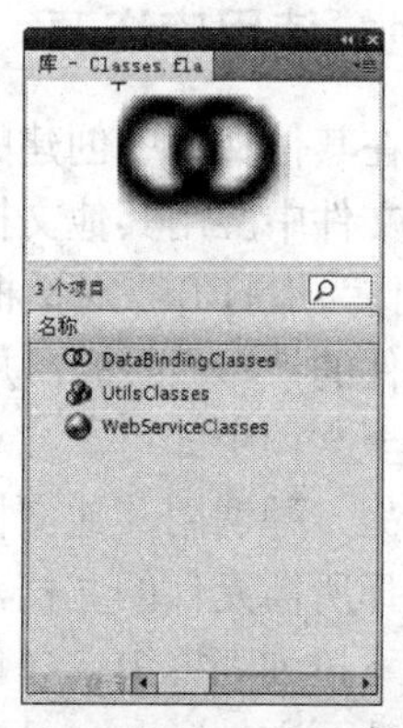

图 5-41　“类”库

5.2.3　解决库资源之间的冲突

当把一个库资源导入或复制到已经含有同名的不同资源的文档中时，会打开一个“解决库冲突”对话框，如图 5-42 所示。用户可以选择是否用新元件替换现有的元件。

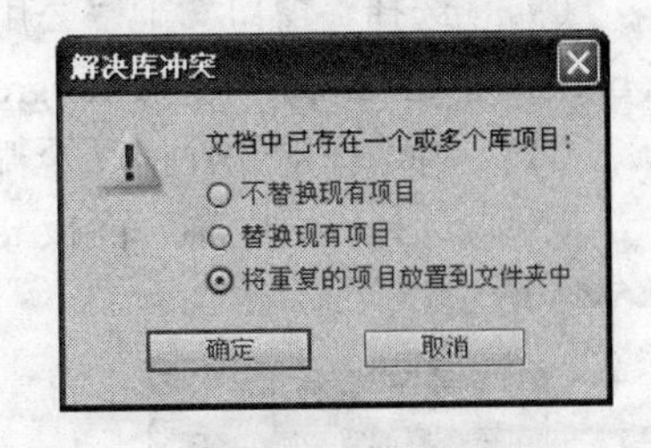

图 5-42　“解决库冲突”对话框

若要保留目标文档中的现有元件，可选择“不替换现有项目”选项。若要用同名的新项目替换现有元件及其实例，可选择“替换现有项目”选项。若两个元件都想保留并继续使用，可选择“将重复的项目放置到文件夹中”选项。

用这种方法替换库项目是无法撤销的。在执行通过替换冲突的库项目才得以解决的复杂粘贴操作之前，建议先备份 FLA 文件。

5.2.4　库中比较实用的操作

右击“库”面板中的任意元件，弹出如图 5-43 所示的快捷菜单。下面介绍快捷菜单中的这些命令。

（1）　重命名：更改元件名称。

（2）　删除：删除选中的元件。

（3）　直接复制：打开“直接复制元件”对话框，创建一个选择元件的副本。

（4）　移至：如果用户在库中创建了多个文件夹，可选择此命令，将元件移至其他文件夹中。

（5）　编辑”命令：进入元件编辑窗口，对元件进行修改。

（6）　属性：打开“元件属性”窗口，修改元件名称和类型。

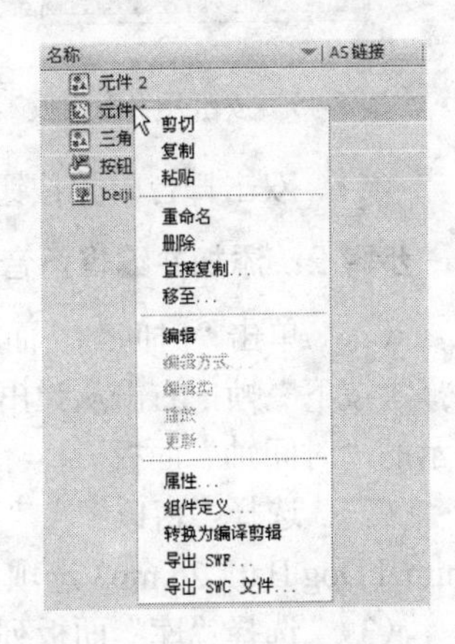

图 5-43　“库”面板快捷菜单

5.2.5　实例——应用公用库

从“公用库”的“按钮”面板中拖动按钮至舞台，并为其添加单击按钮时发出犬吠声，如图 5-44 所示。

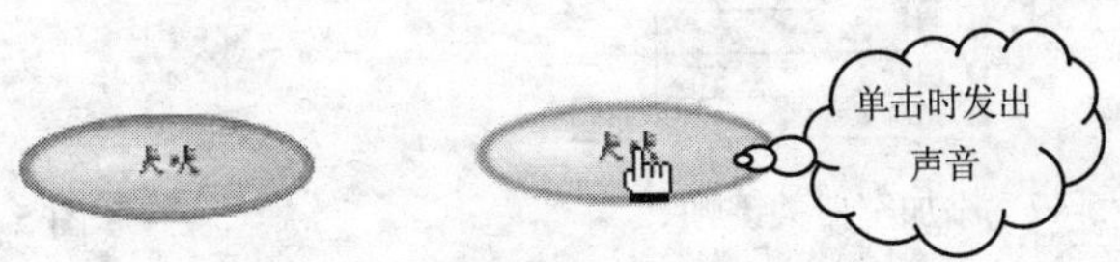

图 5-44　按钮状态

步骤 1：添加并修改按钮元件

（1）　按 Ctrl+N 组合键，打开“新建文档”对话框，选择“常规”选项卡“类别”列表框中的 ActionScript 3.0 选项，单击“确定”按钮。

（2） 切换至“属性”面板，在“大小”中设置文档大小尺寸为 120*50 像素。

（3） 选择“窗口”|“公用库”|“按钮”命令，打开“库 – Buttons.fla”面板，选择 buttons oval 文件夹下的 oval green 按钮，如图 5-45 所示。

（4） 将选择的元件拖动至舞台，并双击进入编辑模式。

（5） 选择“时间轴”面板 text 层，单击其中的“锁定图层”按钮，取消锁定状态，如图 5-46 所示。

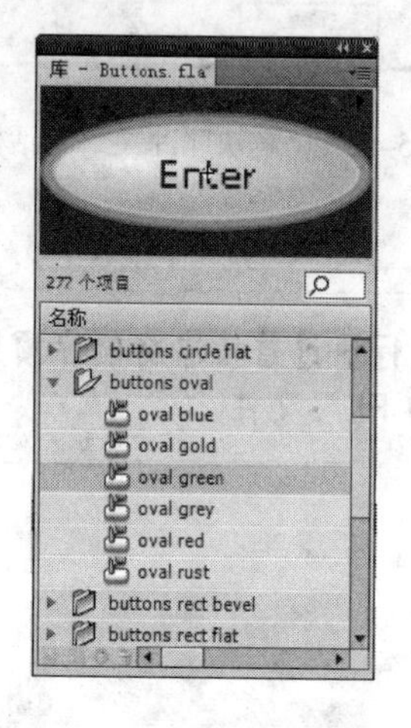

图 5-45 按钮公用库面板

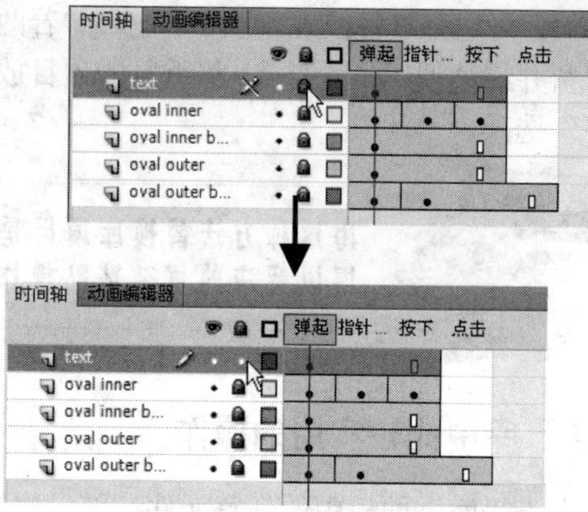

图 5-46 解锁图层

（6） 双击舞台中的按钮实例，应用“文本工具”将 Enter 字样更改为“犬吠”。

步骤 2：添加并编辑声音

（1） 单击“时间轴”面板左下角的“新建图层”按钮，在 text 图层上方新建一个图层，选择“按下”帧，右击从弹出的快捷菜单中选择“转换为空白关键帧”命令，得到如图 5-47 所示的“时间轴”面板。

（2） 选择“窗口”|“公用库”|“声音”命令，打开“库 – Sounds.fla”面板，选择 Animal Dog Bark 26.mp3 选项，将其拖动至“库”面板。

（3） 选择“库”面板列表框中的 Animal Dog Bark 26.mp3 选项，将其拖动至舞台，得到如图 5-48 所示的“时间轴”面板。

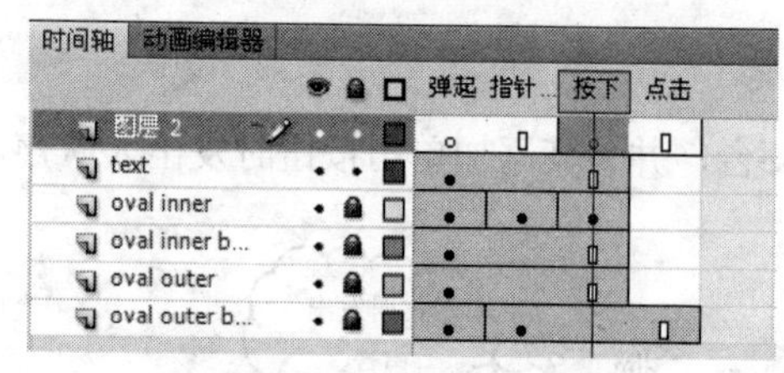

图 5-47 添加空白关键帧

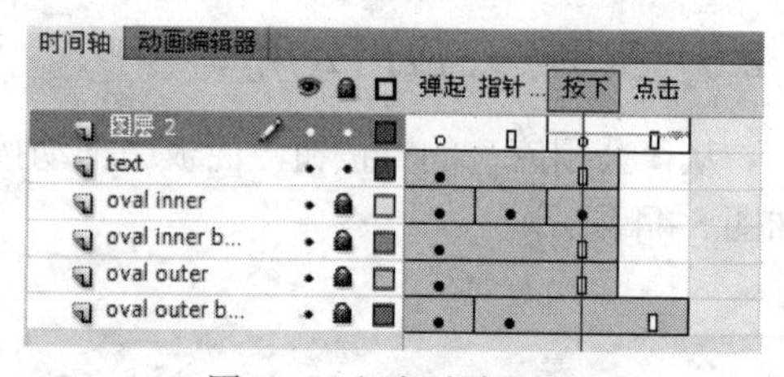

图 5-48 添加声音文件

（4） 切换至“属性”面板，单击“效果”右侧的“编辑”按钮，打开“编辑封套”对话框，调整中间标尺上左右两侧的图标，只显示声音的一部分，如图 5-49 所示。

图 5-49　编辑声音效果

步骤 3：调整并测试按钮

（1） 单击"确定"按钮，退出"编辑封套"对话框，返回"场景 1"。

（2） 应用"选择工具"选择实例，切换至"属性"面板，单击图标显示为图标，并在其后设置"宽"值为 100。

（3） 切换至"对齐"面板，选择"与舞台对齐"复选框，并单击"垂直中齐"和"水平居中分布"按钮。

（4） 选择"控制"|"启用简单按钮"命令，单击按钮时会发出犬吠声。

（5） 按 Ctrl+S 组合键，弹出"保存为"对话框，选择保存路径，设置"文件名"为"公用库"，"文件类型"使用默认选项，单击"保存"按钮。

5.3　动手实践——自动显示图片

创建两个关键帧，向其中添加两个转换为元件的背景图片 001 和 002，并在图片右下方添加外部文件""按钮。为了使两幅图片可以自动切换，可使用普通帧延长图片的显示时间，如图 5-50 所示。

图 5-50　自动切换的元件 001 与元件 002

步骤 1：创建图形元件

（1） 按 Ctrl+N 组合键，打开"新建文档"对话框，选择"常规"选项卡"类别"列表框中的 ActionScript 3.0 选项，单击“确定”按钮。

（2） 选择“文件”｜“导入”｜“导入到库”命令，打开“导入到库”对话框，选择要导入的文件 001.jpg 和 002.jpg，单击“打开”按钮。

（3） 选择“插入”｜“新建元件”命令，打开“新建元件”对话框，在“名称”文本框中输入 001，“类型”选择“图形”，单击“确定”按钮。

（4） 进入 001 元件的编辑界面，将 001.jpg 拖动至舞台，在“属性”面板显示状态下设置“宽”值为 550 像素。

（5） 切换至“对齐”面板，选择“相对于舞台”复选框，并单击“垂直中齐”和“水平居中分布”按钮，如图 5-51 所示。

图 5-51 设置 001 图形元件

步骤 2：复制并修改元件

（1） 切换至“库”面板，选择 001 元件，右击从弹出的快捷菜单中选择“直接复制”命令，打开“直接复制元件”对话框，设置“名称”为 002，单击“确定”按钮。

（2） 双击“库”面板中的 002 元件，进入编辑界面，选择舞台中的图片。

（3） 切换至“属性”面板，单击“交换”按钮，打开“交换位图”对话框，选择列表框中的 002.jpg，单击“确定”按钮，如图 5-52 所示。

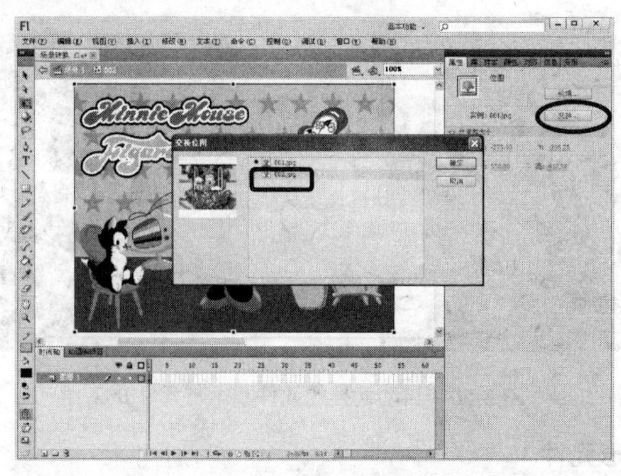

图 5-52 设置 002 图形元件

步骤3：应用元件

（1） 切换至“库”面板，将001元件拖动至舞台，并应用“对齐”面板设置相对于舞台居中对齐。

（2） 在“时间轴”面板第26帧处单击，按F6键插入关键帧，将元件002拖动至舞台并应用“对齐”面板设置相对于舞台居中对齐。

（3） 在“时间轴”面板第50帧处单击，按F5键插入普通帧。

步骤4：应用外部元件

（1） 选择“文件”｜“导入”｜“打开外部库”命令，打开“作为库打开”对话框，选择“按钮”文件，如图5-53所示。

（2） 单击“打开”按钮，显示“库-按钮”面板，如图5-54示。

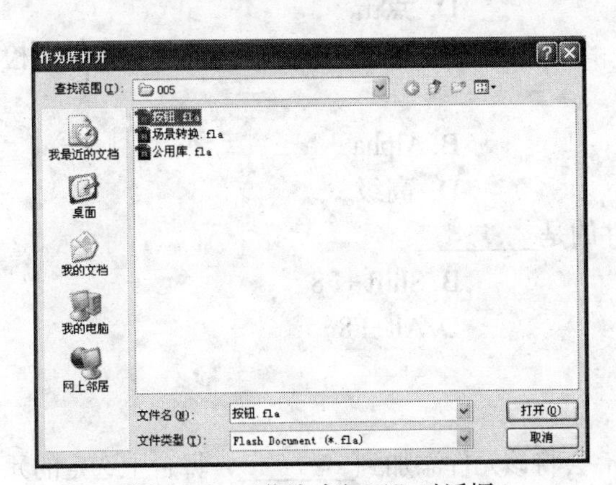

图5-53　“作为库打开”对话框

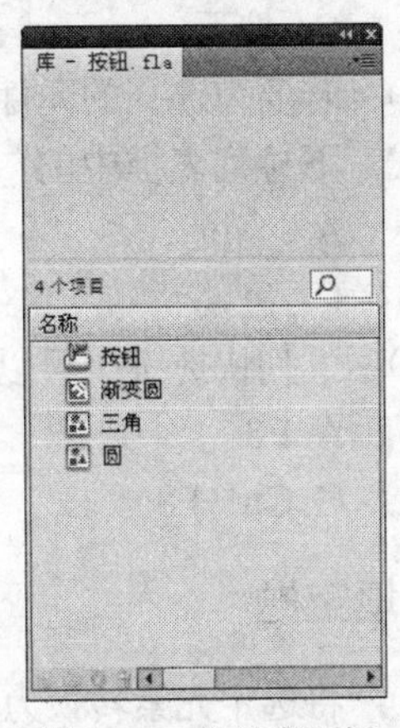

图5-54　外部库面板

（3） 单击“时间轴”面板中的“新建图层”按钮，创建新图层“图层2”。

（4） 选择“库-按钮”面板中的“按钮”元件，将其拖动至当前文档的“库”面板中。

（5） 关闭“库-按钮”面板，选择“库”面板中的“按钮”元件，将其拖动至舞台右下角，并应用“自由变形工具”调整其大小，得到如图5-55所示的效果。

（6） 选择“图层2”第50帧，按F5键插入普通帧，如图5-56所示。

（7） 按Ctrl+S组合键，弹出“保存为”对话框，选择保存路径，设置“文件名”为“自动切换图片”，“文件类型”使用默认选项，单击“保存”按钮。

图5-55　调整按钮大小

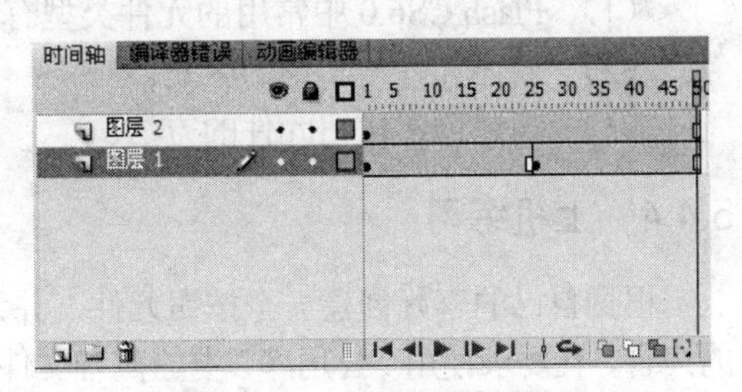

图5-56　“时间轴”面板效果

5.4 上机练习与习题

5.4.1 选择题

(1) 按钮元件的指针经过状态是按钮编辑界面“时间轴”面板中的第________帧。

A. 1　　B. 2　　C. 3　　D. 4

(2) ________中的包含资源是 Flash 提供的资源。

A. 公用库　　B. 声音　　C. 按钮　　D. 类

(3) ________帧所定义的内容是在 SWF 文件中不可见的。

A. 弹起　　B. 指针经过

C. 按下　　D. 点击

(4) 若要为选择的元件设置透明度、红色、绿色和蓝色值，应选择“色彩效果”检查器“样式”下拉列表框中的________选项。

A. 亮度　　B. Alpha

C. 色调　　D. 高级

(5) 下列快捷键中可以创建空白元件的是________。

A. F8　　B. Shift +F8

C. Ctrl+F8　　D. Alt+F8

5.4.2 填空题

(1) 将选定元素转换为元件后，Flash 会将该元件添加到________，舞台上选定的元素此时我们称它为____________。

(2) 要复制一个与选择元件一模一样的元件，可右击该元件，从弹出的快捷菜单中选择____________命令，在打开的对话框中单击“确定”按钮，可创建一个相同的元件。

(3) 当修改____________时，Flash 会自动更新其在文档中的所有实例。

(4) 若要编辑添加至时间轴的声音文件，可以单击___________面板中的“编辑”按钮，在打开的“编辑封套”对话框中编辑声音文件。

(5) 如果要将选择的“图形”元件调整为“影片剪辑”元件，可单击“库”面板左下角的__________按钮，在打开的对话框中调整元件类型。

5.4.3 问答题

(1) Flash CS6.0 中常用的元件类型有哪些？

(2) 简述元件与实例的区别。

(3) 简述创建按钮元件的方法。

5.4.4 上机练习

根据自己的喜好创建一个按钮元件，并为其添加鼠标移至按钮时、单击按钮时发出不同的声音，且要求使用“公用库”中的声音文件。完成按钮制作将其添加至文档编辑主窗口“场景 1”中。

第6章　图层、帧与动画

本章要点

- 引导层的使用。
- 遮罩层的使用。
- 补间动画的制作。
- 多场景动画的制作。
- 骨骼动画的制作。

本章导读

- **基础内容：** 时间轴、图层、帧是制作动画的根本，图层和帧的有关操作必须牢记。
- **重点掌握：** 逐帧动画、补间动画、补间形状、遮罩动画、运动引导层动画、多场景动画和骨骼动画各类动画的制作方法。
- **一般了解：** 图层文件夹和动画预设应用。

课堂讲解

通过将不同的元素（如背景图像或元件）放置在不同的图层上，可以很容易地用不同的方式对动画进行定位、分离和重排序等操作，从而制作出不同的动画效果。

本章除了介绍图层、帧的基本操作，还介绍了各种动画的制作方法，如逐帧动画、补间动画、补间形状、遮罩动画、运动引导层动画、多场景动画和骨骼动画。

6.1 认识图层、帧与动画

图层是时间轴的一部分，它是按堆叠顺序一层层地相互叠加在一起的。图层可以帮助用户组织文档中的对象。当用户创建动画时，可以使用图层来组织动画序列的组件和分离动画对象。本节主要介绍有关图层、帧的基本操作和 Flash 中动画的分类。

6.1.1 有关图层的基本操作

新建的 Flash 文档只包含一个图层，为了创作出各种动画要对层进行操作。本节介绍 Flash 中有关图层的基本操作。

1. 创建层与层文件夹

当创建新场景、图画、动画剪辑或按钮时，Flash 会自动为其创建一个默认名为“图层 1”的图层。如果要创建新图层，可执行以下任意操作。

（1） 单击“时间轴”面板左下角的“插入图层”按钮。

（2） 选择“插入”|“时间轴”|“图层”命令。

（3） 右击“图层 1”图层，从弹出的快捷菜单中选择“插入图层”命令。

如果要创建的图层很多，可使用图层文件夹分类进行管理，如图 6-1 所示。要创建图层文件夹，可执行以下任意操作。

（1） 单击“时间轴”面板左下角的“插入图层文件夹”按钮。

（2） 选择“插入”|“时间轴”|“图层文件夹”命令。

（3） 右击图层从弹出的快捷菜单中选择“插入文件夹”命令。

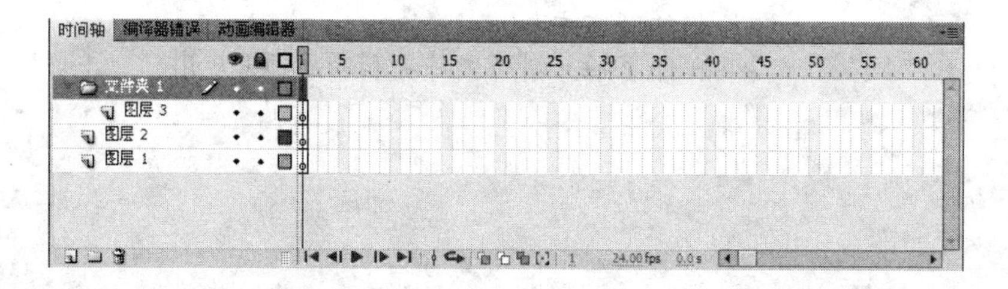

图 6-1 “图层 3”位于图层文件夹中

图层与图层文件夹的操作方法相同，下面只介绍图层的基本操作，图层文件夹可以参照图层的基本操作。

2. 选择图层

选择“时间轴”面板中图层的方法有以下几种：

（1） 单击“时间轴”中图层或文件夹的名称。

（2） 在时间轴中单击要选择的图层的任意一个帧。

（3） 在舞台中选择对象可选择该对像所在的图层。

如果要选择连续的多个图层，可按住 Shift 键连续单击"时间轴"面板中的图层；如果要选择不连续的多个图层，可按住 Ctrl 键单击时间轴中的图层。

3. 改变图层顺序

要改变图层的顺序，选择一个或多个要改变其顺序的图层，然后上下拖动它到时间轴中其他图层上方或下方的所需位置即可。在拖动时该图层的顶部或底部将会显示一条灰色指示线，指示该图层目前相对于其他图层的位置，如图 6-2 所示。

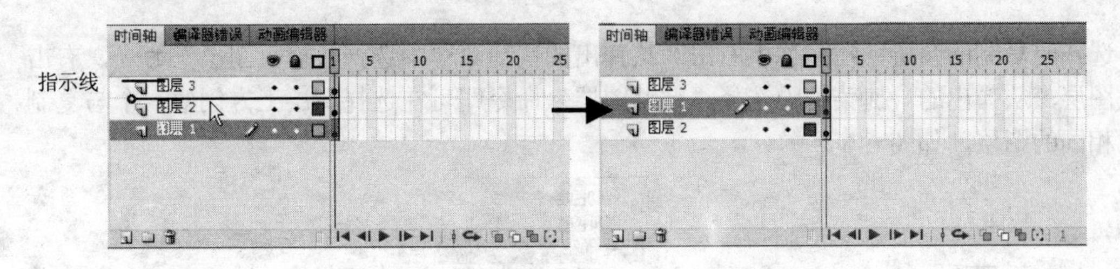

图 6-2　拖动"图层 1"至"图层 2"上方

4. 重命名图层

默认情况下，图层的命名方式为"图层+空格+N"（N 为从 1 开始的自然数），例如：图层 1、图层 2、图层 3……。为了看到图层就联想到图层中包含的内容，可以为图层定义名称。重命名图层的方法有以下几种：

（1） 双击"时间轴"面板中的图层名称进入编辑状态，输入图层名称按 Enter 键，如图 6-3 所示。

（2） 右击图层名称，从弹出的快捷菜单中选择"属性"命令，打开如图 6-4 所示的"图层属性"对话框。在"名称"文本框中输入新名称，单击"确定"按钮。

（3） 选择"时间轴"面板中的图层，选择"修改" | "时间轴" | "图层属性"命令，打开"图层属性"对话框，在"名称"文本框中输入新名称。

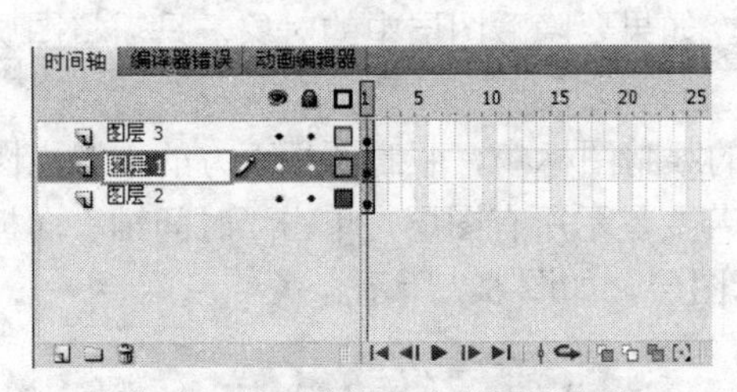

图 6-3　处于编辑状态的图层名称

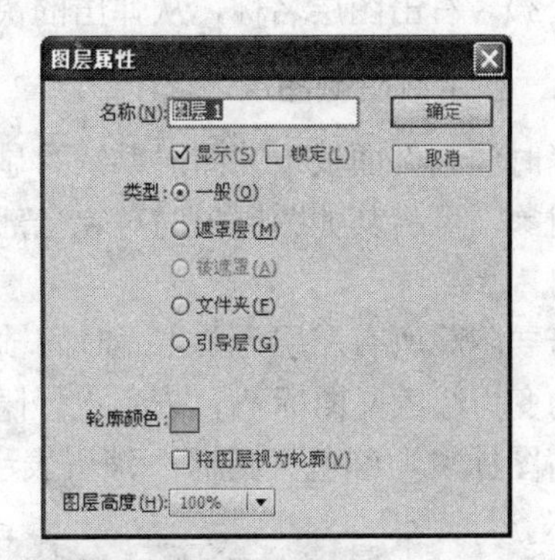

图 6-4　"图层属性"对话框

5. 复制图层

如果右击当前选择的图层，从弹出的快捷菜单中选择"复制图层"命令，或选择"编辑" | "时间轴" | "复制图层"命令，即可在选择图层上方创建一个含有"复制"后缀字样的同名称图层，如图 6-5 所示。

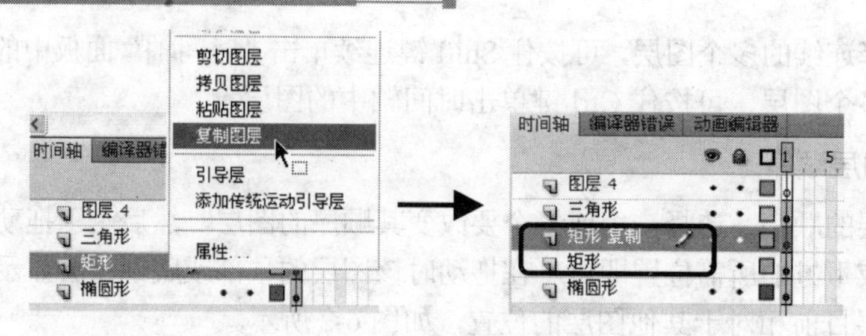

图 6-5　复制图层

选择要复制的图层，在名称上右击，从弹出的快捷菜单中选择“拷贝图层”命令，右击任意图层，从弹出的快捷菜单中选择“粘贴图层”命令即可在选择图层上方创建一个与复制图层相同的图层，如图 6-6 所示。

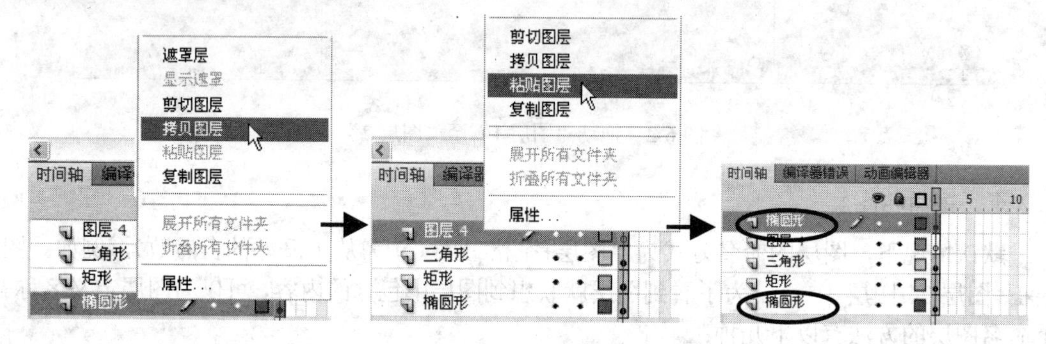

图 6-6　拷贝粘贴图层

6. 删除图层

选择要删除的图层，执行下列任意操作可删除图层。

（1）　单击“时间轴”面板中的“删除图层”按钮。

（2）　将图层拖动至“时间轴”面板的“删除图层”按钮上。

（3）　右击图层名称，从弹出的快捷菜单中选择“删除图层”命令。

7. 显示或隐藏图层

“时间轴”面板中的图层默认为显示状态。在编辑动画的过程中，为了便于查看某图层中的对象，可将其他图层中的对象全部隐藏起来。如果要隐藏图层中的对象，只需将图层隐藏即可。

若要隐藏所有图层，单击“时间轴”面板中的眼睛图标，眼睛图标下方的小黑点图标•自动变为红色叉图标，表示已经隐藏图层；若要显示所有图层，单击“时间轴”面板中的眼睛图标，红色叉图标消失表示已经显示图层，如图 6-7 所示。

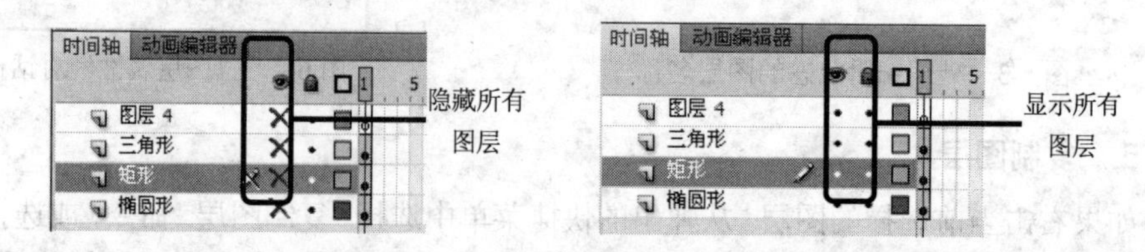

图 6-7　显示/隐藏图层

若只想隐藏某个图层，可单击该图层右侧、眼睛图标下方的小黑点图标•；小黑点图标•变为红色叉图标✕时，单击红色叉图标✕即可显示该图层。

在所有图层显示状态下，按住 Alt 键单击某图层右侧、眼睛图标下方的小黑点图标•时，可隐藏其他未单击的图层；再次按住 Alt 键单击当前图层、眼睛图标下方的小黑点图标•，可显示所有图层。

8. 锁定图层

通过锁定图层，可以防止编辑当前图层时修改其他图层。默认状态下所有图层均处于解锁状态。如果要锁定所有图层，单击“时间轴”面板中的锁形图标；再次单击锁形图标，可解除所有图层的锁定状态。如果只想锁定部分图层，可单击图层右侧、“锁定”列中的小黑点图标•；再次单击小黑点图标•，可解除锁定，如图 6-8 所示。

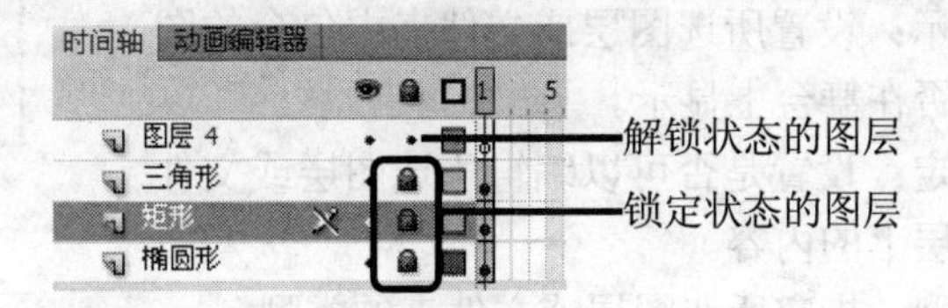

图 6-8　锁定/解锁图层

如果要锁定或解锁连续图层，可在图层右侧“锁定”列按住鼠标向上或向下拖动；如果要锁定当前图层外所有图层，可按住 Alt 键单击该图层右侧“锁定”列中的小黑点图标•。

9. 显示图层中形状的轮廓

无论是形状还是图形，在 Flash 中不仅显示轮廓还显示填充内容。如果要显示形状轮廓而不显示填充内容，可单击“时间轴”面板“轮廓”列中的小黑点图标；如果要显示所有图层的轮廓而不显示填充内容，可单击“时间轴”面板中的此图标；再次单击此图标，可显示轮廓和填充内容，如图 6-9 所示。

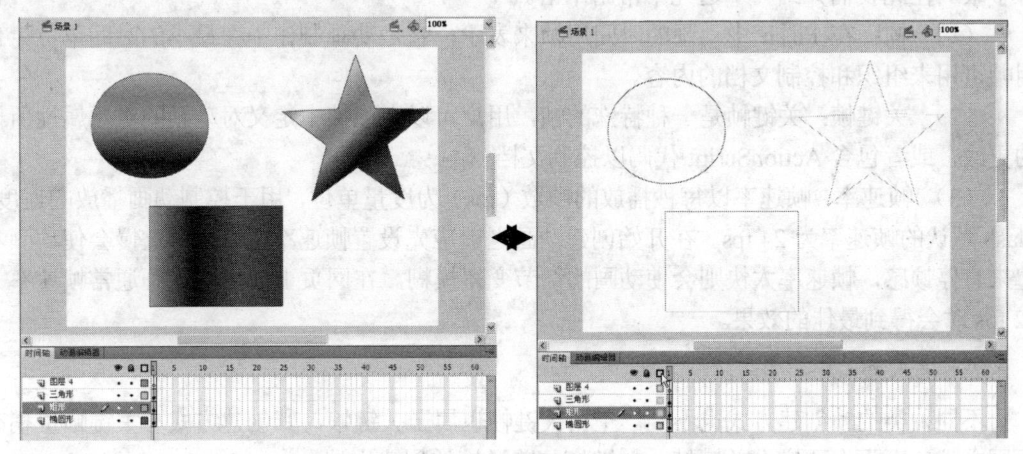

图 6-9　显示/隐藏图层轮廓

10. 图层属性对话框

每一个图层或图层文件夹都有唯一的一组属性，如名称、类型、状态、高度及轮廓颜色等。要设置所选图层或文件夹的属性，可选择“修改”|“时间轴”|“图层属性”命令，或者右击所需的图层或文件夹，从弹出的快捷菜单中选择“属性”命令，打开“图层属性”对话框，根据需要指定图层或图层文件夹的名称、状态、类型、轮廓颜色、图层高度等选项，如图 6-10 所示。

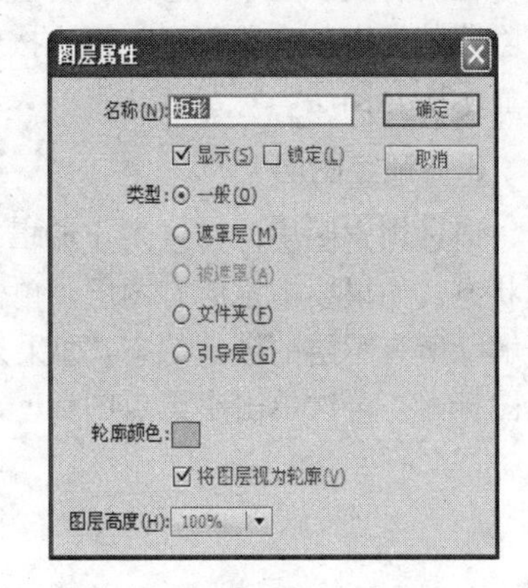

图 6-10 “图层属性”对话框

在“图层属性”对话框中可以设置以下参数。

(1) 名称：设置图层或文件夹命名。

(2) 显示：设置所选图层或文件夹中包含的图层上的内容是否在舞台上显示。

(3) 锁定：设置是否可以编辑所选图层或文件夹中包含的图层上的内容。

(4) 类型：指定所选图层或文件夹的类型。

(5) 轮廓颜色：用于设置当前层上对象轮廓的颜色。

(6) 将图层视为轮廓：用于决定是否显示该层上所有对象的轮廓。

(7) 图层高度：可设置层的高度，在层中处理波形（如声波）时很实用，有 100%、200%和 300%共 3 种高度。

6.1.2 有关帧的基本操作

Flash CS6.0 中的帧可分为关键帧、普通帧、过渡帧和动作帧，而帧的显示状态会根据用户创建动画种类的不同而不同，这些内容我们在第 1 章中已经介绍过了，就不再赘述了。在此我们先介绍一下与帧有关的常用术语，然后介绍与帧有关的基本操作。

1. 与帧有关的常用术语

在使用“时间轴”面板创建动画的过程中，经常会听到“帧”、“关键帧”和“帧速率”等字眼。在此我们介绍一下这几个常用术语。

(1) 帧：在 Flash 中动画的时间用帧来表示，它是动画制作中在最小的时间单位，使用帧可用来组织和控制文档的内容。

(2) 关键帧：关键帧是一种特殊的帧，用户可以在该帧中定义对动画的对象属性所做的更改，或者包含 ActionScript 代码以控制文档。

(3) 帧速率：帧速率以每秒播放的帧数（fps）为度量单位，用于控制动画播放的速度，Flash 默认的帧速率为 24 fps。在开始创建动画之前应先设置帧速率，帧速率太慢会使动画看起来有停顿感，帧速率太快则会使动画的细节变得模糊。在网页上使用的动画通常帧速率为 12 fps 时会得到最佳的效果。

2. 插入帧

不同种类的帧创建方式也不同。空白关键帧也属于关键帧，其创建方式与关键帧也稍有不同之处。下面介绍空白关键帧、关键帧与普通帧的创建方法。

（1） 插入空白关键帧：单击时间轴的帧，选择“插入”|“时间轴”|“空白关键帧”命令，或右击时间轴中的帧，从弹出的快捷菜单中选择“插入空白关键帧”命令，即可在该帧的位置插入一个空白关键帧，如图 6-11 所示。

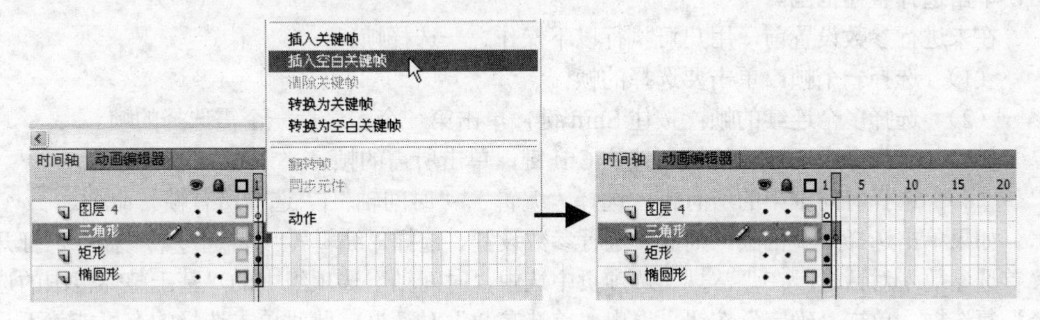

图 6-11　插入空白关键帧

（2） 插入关键帧：单击时间轴中的帧，选择“插入”|“时间轴”|“关键帧”命令，或右击时间轴中的帧，从弹出的快捷菜单中选择“插入关键帧”命令，或者按 F6 键即可在该帧处插入一个关键帧，如图 6-12 所示。

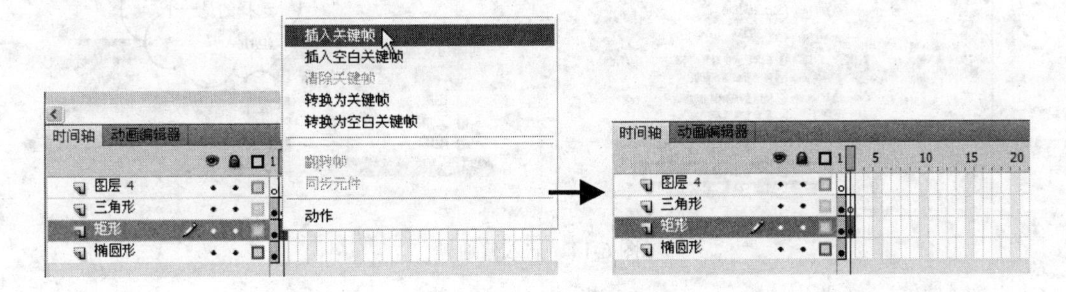

图 6-12　插入关键帧

向空白关键帧中添加对象，空白关键帧自动变为关键帧。如果选择空白关键帧右侧帧，执行插入关键帧命令，插入的依旧是空白关键帧。插入的关键帧自动保留前一个关键帧中所有对象及对象属性。

（3） 插入普通帧：在关键帧右侧任意帧处单击，选择“插入”|“时间轴”|“帧”命令，或右击时间轴中的帧，从弹出的快捷菜单中选择“插入帧”命令，或者按 F5 键即可在关键帧到该帧插入普通帧，如图 6-13 所示。

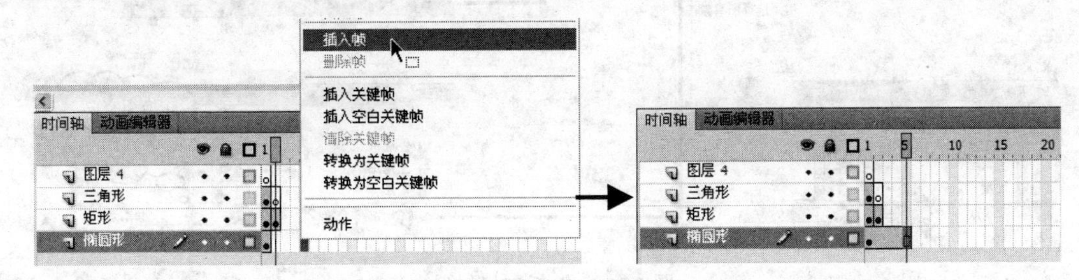

图 6-13　插入普通帧

3. 选择帧

Flash 提供了两种选择帧的方法：一是默认状态下，单击选择单个帧；二是经过参数设置后，单击选择整体范围。

在未进行参数设置前，用户可执行以下操作之一选择帧。

（1） 选择一个帧：单击要选择的帧。

（2） 选择多个连续的帧：按住 Shift 键，单击第一个和最后一个需选择的帧。

（3） 选择多个不连续的帧：按住 Ctrl 键，单击所需的帧。

（4） 选择时间轴中的所有帧：选择“编辑”|“时间轴”|“选择所有帧”命令。

如果单击选择某个范围，则需要进行参数设置。选择“编辑”|“首选参数”命令，打开“首选参数”对话框，在“常规”选项页中选中“时间轴”选项组中的“基于整体范围的选择”复选框，单击“确定”按钮。退出“首选参数”对话框，此时单击选择的有可能就不是一帧了，如图 6-14 所示。

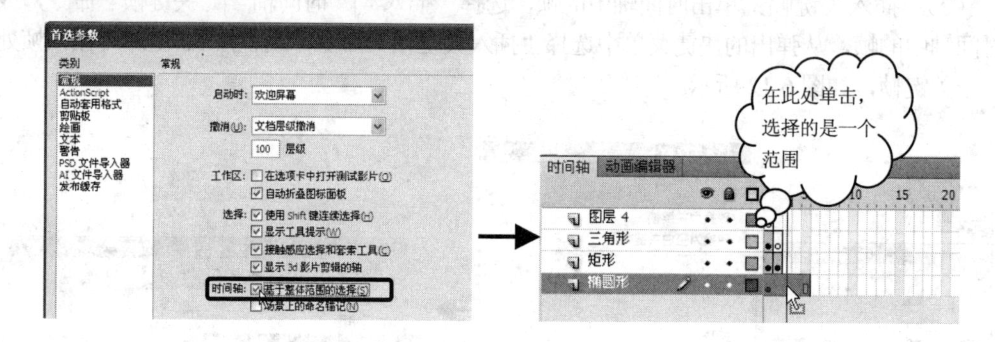

图 6-14 插入普通帧

4. 将普通帧转换为关键帧或空白关键帧

在时间轴中选择了一个已有帧，选择“修改”|“时间轴”|“转换为关键帧”命令，或右击时间轴中的一个帧，从弹出的快捷菜单中选择“转换为关键帧”命令，即可将该帧转换为关键帧。若选择“修改”|“时间轴”|“转换为空白关键帧”命令，或在右键快捷菜单中选择“转换为空白关键帧”命令，则该帧将转换为空白关键帧，如图 6-15 所示。

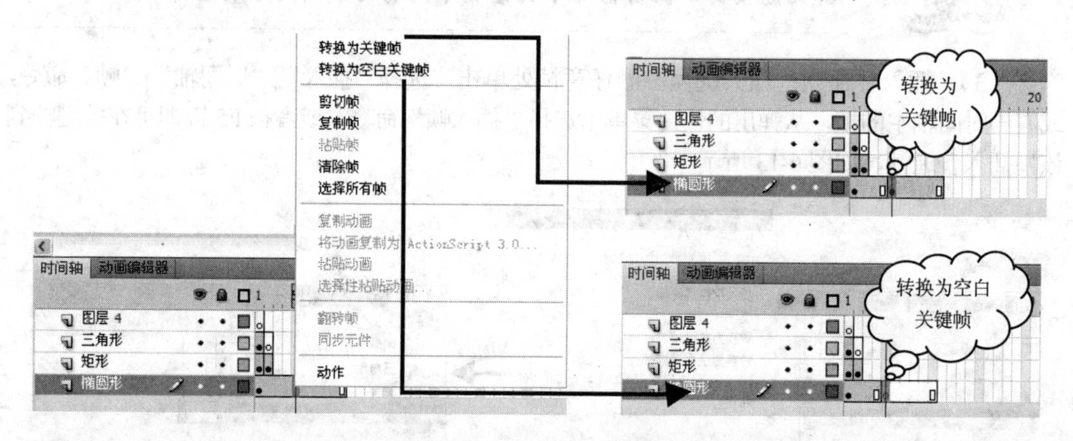

图 6-15 将普通帧转换帧

5. 将关键帧转换为普通帧

若要将关键帧转换为普通帧，选择关键帧（包括空白关键帧）后选择“编辑”|“时间轴”|“清除关键帧”命令即可。被清除的关键帧以及到下一个关键帧之前的所有帧的舞台内容都将由被清除的关键帧之前的帧的舞台内容所替换。

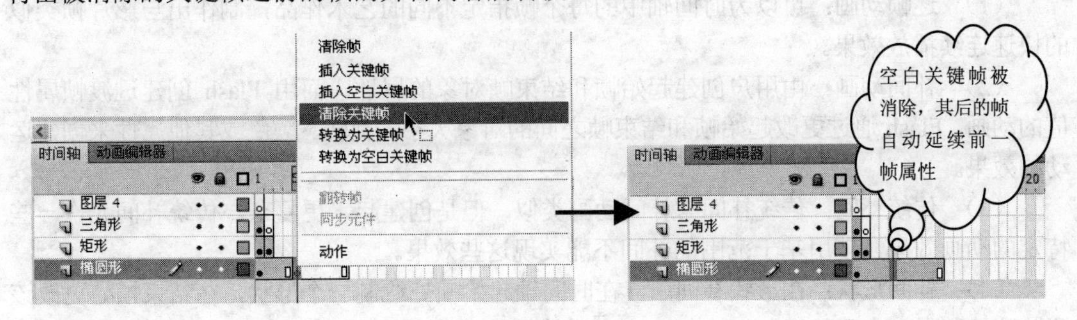

图 6-16 将关键帧转换为普通帧

6. 复制或粘贴帧或帧序列

若要复制或粘贴帧或帧序列，可选择帧或帧序列，并选择“编辑”|“时间轴”|“复制帧”命令，然后选择要替换的帧或序列，再选择“编辑”|“时间轴”|“粘贴帧”命令，如图 6-17 所示。

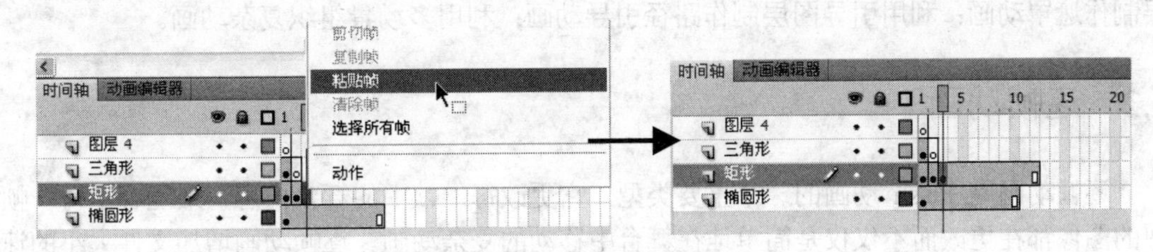

图 6-17 复制粘贴帧序列

除此之外，单击选择关键帧或选择帧序列，按住 Alt 键将其拖动至要粘贴的位置，当鼠标变为时释放鼠标和 Alt 键，也可以创建选择帧的副本，如图 6-18 所示。

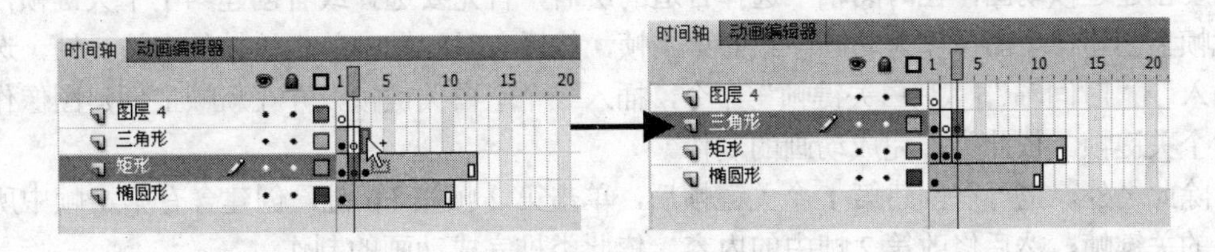

图 6-18 快捷创建帧序列

7. 删除帧或帧序列

要删除帧或帧序列，应先选择帧或帧序列，然后选择“编辑”|“时间轴”|“删除帧”命令；或者右击帧或帧序列，从弹出的快捷菜单中选择“删除帧”命令。删除所选帧或帧序列后，其周围的帧保持不变。

6.1.3 Flash CS6.0 中动画的分类

用“时间轴”面板可以组织和控制一定时间内的图层和帧中的文档内容，创建各种各样的动画。在 Flash CS6.0 中可以创建的动画类型有以下几种。

（1） 逐帧动画：可以为时间轴中的每个帧指定不同的艺术作品，制作出与影片帧类似的快速连续播放效果。

（2） 补间动画：由用户创建起始帧和结束帧对象的属性，而由 Flash 创建过渡帧属性值的动画。Flash 通过更改起始帧和结束帧之间的对象大小、旋转、颜色或其他属性来创建运动的效果。

（3） 传统补间：传统补间与补间动画类似，但是创建起来更复杂。传统补间允许一些特定的动画效果，使用基于范围的补间不能实现这些效果。

（4） 补间形状：在形状补间中，在时间轴起始帧处绘制一个形状，在结束帧处更改该形状或绘制另一个形状，由 Flash Pro 定义过渡帧的中间形状，创建一个形状变形为另一个形状的动画。

（5） 反向运动姿势：反向运动姿势用于伸展和弯曲形状对象以及链接元件实例组，使它们以自然方式一起移动。在将骨骼添加到形状或一组元件之后，可以在不同的关键帧中更改骨骼或符号的位置。

除以上介绍的 5 种动画外，在 Flash 中还可以制作一些特殊的动画。例如，利用遮罩图层制作遮罩动画；利用引导图层制作路径引导动画；利用多场景组织复杂动画。

6.2 逐帧动画

逐帧动画是 Flash 动画的一个重要类型，它更改每一帧中的舞台内容，最适合于每一帧中的图像都在更改而不仅仅是简单地在舞台中移动的复杂动画。逐帧动画增加文件大小的速度比补间动画快得多。在逐帧动画中，Flash 会保存每个完整帧的值。

6.2.1 创建逐帧动画

要创建逐帧动画，在时间轴中选择合适的层后，首先要选择或者创建第 1 个关键帧，并在此帧上创建一个图像作为动画序列的第 1 帧，然后在时间轴中单击该帧的右边一帧，选择“插入”|“时间轴”|“空白关键帧”命令，插入一个空白关键帧，并在新帧上创建图像作为第 2 个关键帧。依此类推完成动画的制作。

除此之外，也可在创建第 1 个关键帧后，单击第 2 帧按 F6 键，创建含有第 1 帧中所有对象的关键帧，然后修改第 2 帧中的内容。依此类推完成动画的制作。

6.2.2 使用绘图纸外观

通常情况下，在舞台上只能显示动画序列中的一个帧。为了便于定位和编辑逐帧动画，可以通过使用绘图纸外观来在舞台上一次查看两个或更多的帧。

要启用绘图纸外观，单击“时间轴”面板下方的“绘图纸外观”按钮即可。启用绘图纸外观后，时间轴标题中会出现“起始绘图纸外观”标记和“结束绘图纸外观”标记，且一次只显示两个标记，如图 6-19 所示。如果单击“绘图纸外观轮廓”按钮，还可将具有绘图纸外观的帧显示为轮廓，如图 6-20 所示。

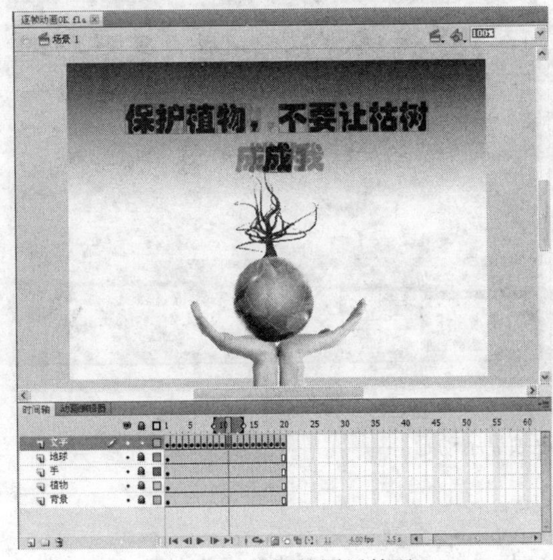

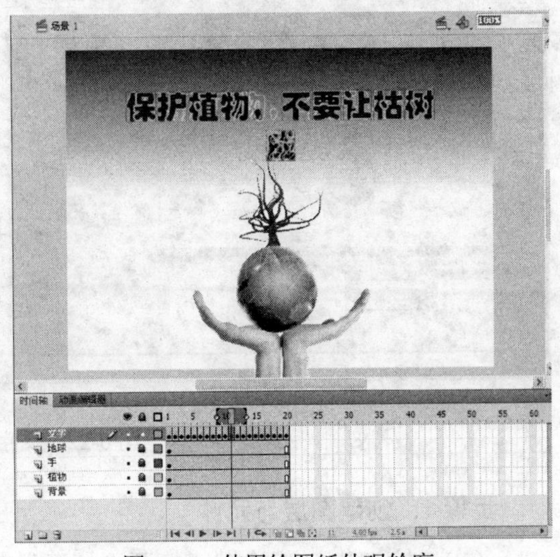

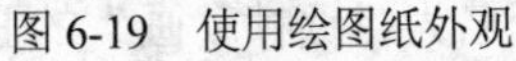

图 6-19　使用绘图纸外观　　　　图 6-20　使用绘图纸外观轮廓

通常情况下，绘图纸外观标记和当前帧指针一起移动。如果要更改某个绘图纸外观标记的位置，将它的指针拖到一个新的位置即可；如果要编辑绘图纸外观标记之间的所有帧，可单击“编辑多个帧”按钮；如果要更改绘图纸外观标记范围，可单击“修改标记”按钮，从弹出菜单中选择所需的命令。例如选择“标记范围 5”选项，得到如图 6-21 所示效果。

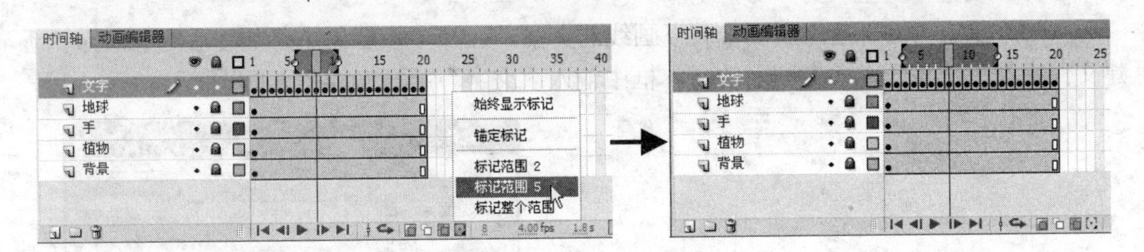

图 6-21　改变标记范围

被锁定的图层即使应用“绘图纸外观”和“绘图纸外观轮廓”也不会显示效果。

6.2.3　实例——文字逐帧动画

打开“逐帧动画.fla”文件，在“时间轴”面板最上方创建名为“文字”的图层，在该图层创建文字逐帧显示的动画，文字内容为“保护植物，不要让枯树成为我们眼中的风景线”，如图 6-22 所示。

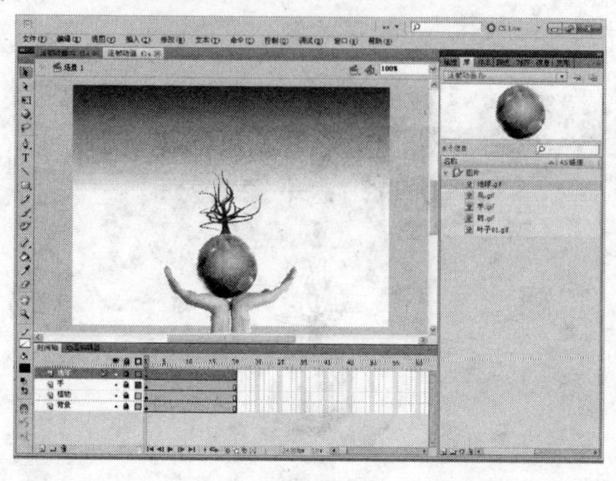

原文件

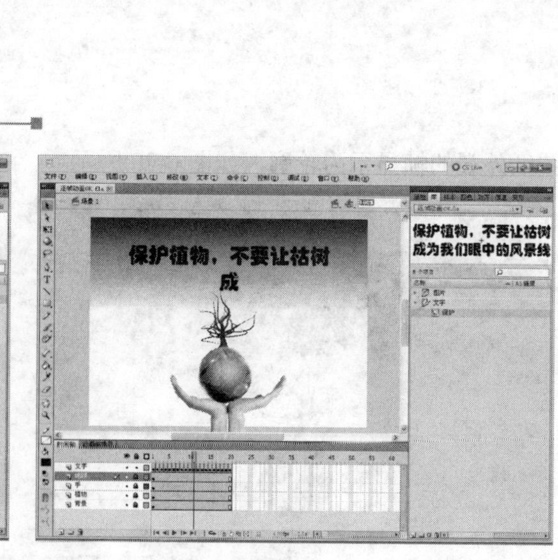

完成文件

图 6-22　文字逐帧显示动画

步骤 1：创建图层与元件

（1） 按 Ctrl+O 组合键，打开“打开”对话框，选择名为“逐帧动画”的 Flash 动画文件，单击“打开”按钮打开文档。

（2） 选择“地球”图层，单击“时间轴”面板中的“新建图层”按钮，新建图层。

（3） 双击“图层 1”字样，将图层名称修改为“文字”，如图 6-23 所示。

（4） 按 Ctrl+F8 组合键，打开“创建新元件”对话框，在“名称”文本框中输入“保护”字样，设置“类型”为“影片剪辑”。

（5） 单击“文件夹”右侧带有下画线的文字，打开“移至文件夹”对话框，选择“新建文件夹”单选按钮，并在其后的文本框中输入“文字”字样，如图 6-24 所示。

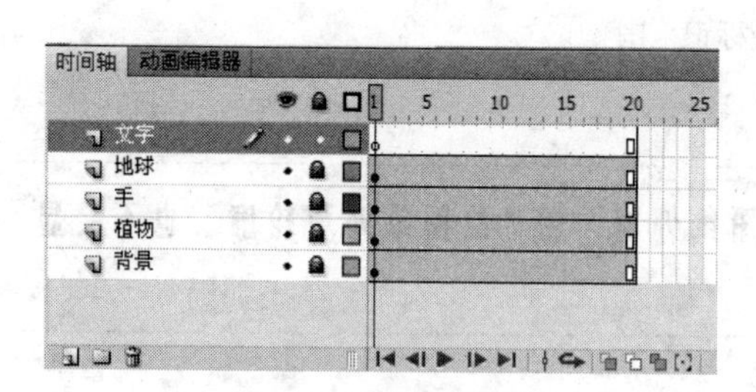

图 6-23　创建新图层

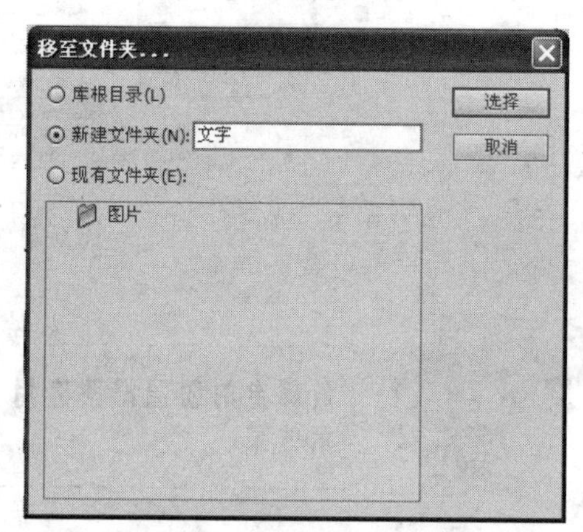

图 6-24　设置元件存放位置

（6） 单击“选择”按钮返回“创建新元件”对话框，单击“确定”按钮退出“创建新元件”对话框。

步骤 2：编辑元件并添加至舞台

（1） 选择“工具”面板中的“文字工具”按钮，在舞台中拖动绘制出一个文本块。

（2） 在“属性”面板“字符”检查器中设置“系列”为“华文琥珀”，“大小”值为 40

点，“行距”值为 50，“颜色”代码为#082187；在“段落”检查器中设置“对齐方式”为“居中对齐”。

（3） 在文本框中输入文本“保护植物，不要让枯树成为我们眼中的风景线”，如图 6-25 所示。

（4） 切换至“对齐”面板，选择“与舞台对齐”复选框，单击“垂直中齐”和“水平居中分布”按钮。

（5） 单击“编辑栏”中的“场景 1”字样，返回主文档编辑窗口。

（6） 切换至“库”面板，展开“文字”文件夹，将“保护”影片剪辑拖动至舞台，如图 6-26 所示。

保护植物，不要让枯树成为我们眼中的风景线

图 6-25　创建的文字元件

保护植物，不要让枯树成为我们眼中的风景线

图 6-26　添加至场景中的文字元件

步骤 3：设置图层并转换帧

（1） 选择舞台中的“保护”影片剪辑，按两次 Ctrl+B 组合键，将文字分解为图形。

（2） 为了确保动画制作完毕时文字最终效果的位置为当前显示位置，这里我们要创建与“文字”图层一模一样的图层。左击“文字”图层从弹出的快捷菜单中选择“复制图层”命令，在“文字”上方创建一个名为“文字 复制”的图层，如图 6-27 所示。

（3） 选择“文字 复制”图层，将其拖动至“文字”图层下方，并单击右侧“锁定”列中的小黑点图标，将该图层锁定，如图 6-28 所示。

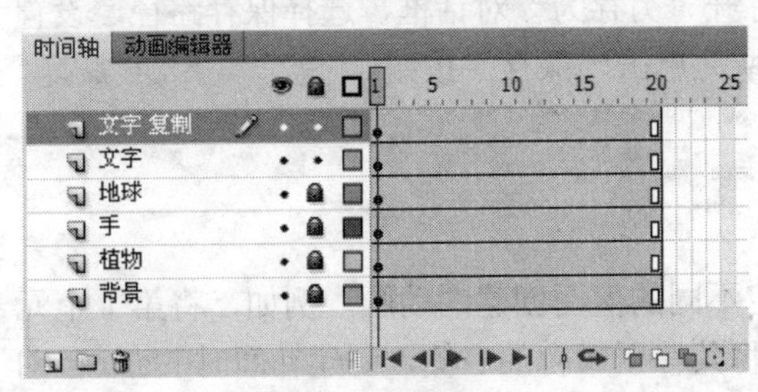

图 6-27　复制图层

图 6-28　改变图层位置并编辑图层

（4） 选择“文字”图层中的所有帧右击鼠标，从弹出的快捷菜单中选择“转换为关键帧”命令。

步骤 4：设置逐帧动画

（1） 选择“时间轴”面板中的第 1 帧，按住 Shift 键在舞台中选择除“保”字外的所有对象，如图 6-29 所示。按 Delete 键将选择对象全都删除。

（2） 选择“保”字，切换至“对齐”面板，选择“与舞台对齐”复选框，单击“水平居中分布”按钮。

（3） 选择“时间轴”面板中的第 2 帧，按住 Shift 键在舞台中选择除“保护”字外的所有对象，如图 6-30 所示。按 Delete 键将选择对象全部删除。

（4） 选择“保护”两个字，按住→键将两个文字移至第一排文字中间。

图 6-29　复制图层

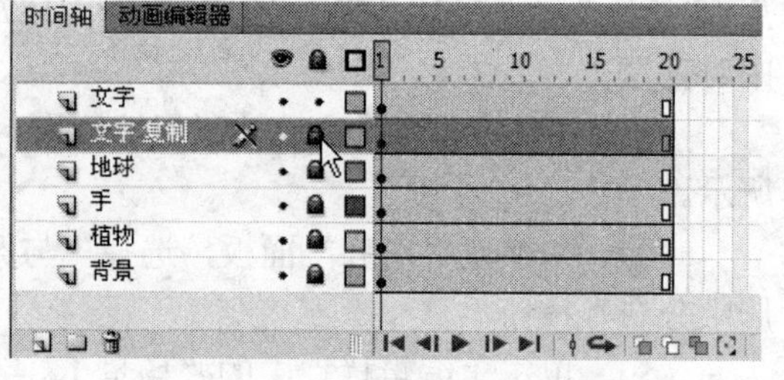

图 6-30　改变图层位置并编辑图层

（5）以同样的方式，完成第 3 帧～第 20 帧的操作。

（6）默认 Flash 动画帧速率为 24 fps，为了放慢逐帧动画的播放速度，单击“时间轴”面板中的“帧速率”文本框在其中输入数值 4，如图 6-31 所示。

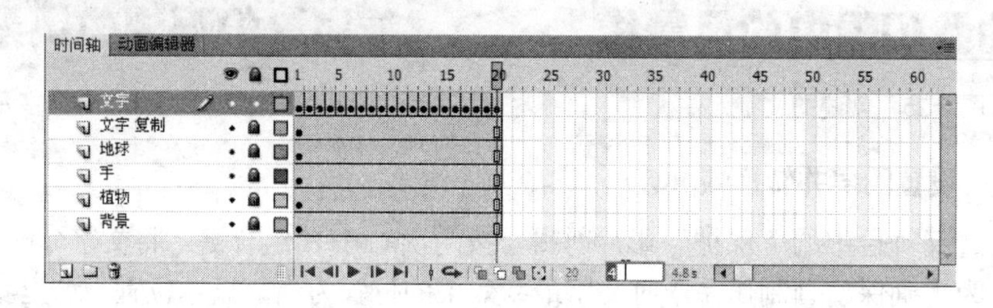

图 6-31　设置帧速率

（7）选择“文字 复制”图层，单击“时间轴”面板中的“删除图层”按钮，将图层删除。

（8）选择“文件”|“另存为”命令，打开“另存为”对话框，选择保存路径，设置“文件名”为“逐帧动画 OK”，不改变文件类型，单击“保存”按钮。

6.3　补间动画

补间动画是通过为不同帧中的对象属性指定不同的值而创建的动画。例如，将第 1 个元件旋转在舞台左侧第 1 帧中，然后在第 20 帧中将其移至舞台的右侧，创建补间时 Flash 自动计算影片剪辑元件每一个中间帧的位置。

补间动画中间的这些帧我们将其称为补间范围，它是时间轴中的一组帧，在时间轴中显示为具有蓝色背景。用户可以将补间范围作为单个对象进行选择，并从时间轴中的一个位置拖到另一个位置，包括拖到另一个图层。

Flash 允许修改补间范围内舞台中对应的目标对象的属性，包括位置、Alpha（透明度）、色调等。经过用户修改的属性，在补间动画中以属性关键帧的方式显示。

为了方便用户创建补间动画，Flash 内置了动画预设可快速制作动画效果。除此之外，用户也可以自行创建补间动画。

6.3.1　动画预设

利用“动画预设”面板，可为元件实例添加 Flash 预设的动画效果，从而快速制作出精彩的动画特效。要应用“动画预设”，应先选择要应用动画预设的元件，然后选择“窗口”|

“动画预设”命令，打开“动画预设”对话框，双击“默认预设”文件夹，在展开的列表中选择要应用的动画预设，如图 6-32 所示。

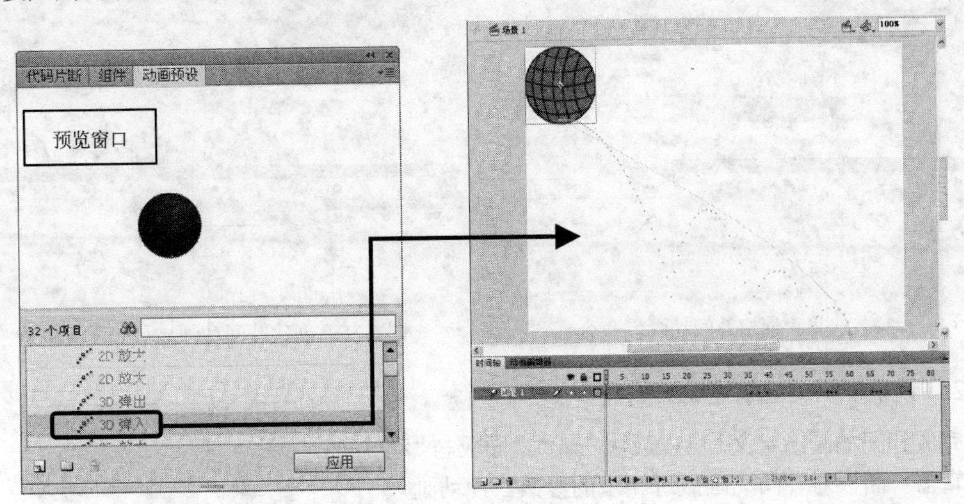

图 6-32　应用动画预设

如果已经创建了补间动画，还可将其保存为自定义预设（注意只能保存补间动画，不能保存传统补间动画或逐帧动画），以便以后使用操作方法为：选择制作好补间动画的对象，单击“动画预设”对话框左下角的“将选区另存为预设”按钮，打开“将预设另存为”对话框，如图 6-33 所示。在“预设名称”文本框中输入预设名称，单击“确定”按钮，用户定义的补间动画便会显示在“预设动画”对话框的“自定义预设”文件夹中。

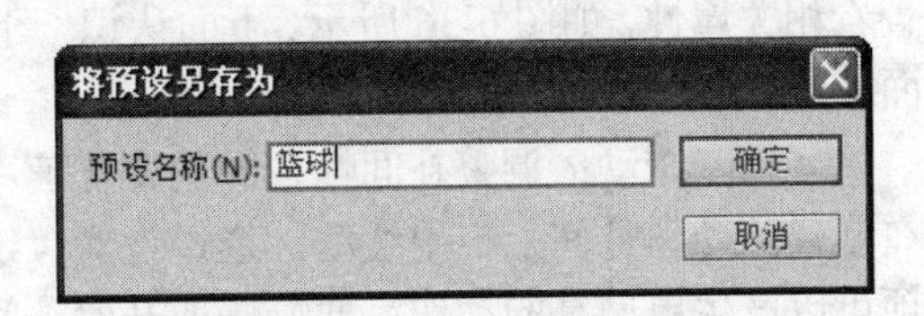

图 6-33　“将预设另存为”对话框

6.3.2　补间动画

在自定义补间动画前，应先明确补间动画只能应用于元件实例和文本字段。如果当前选择了多个元件实例或文本字段，则必须将所选内容全都包装在一个元件内才能设置补间动画。

1.　创建补间动画

要定义补间动画，应先选择对象，将对象所在图层设置为“补间动画”。操作方法为：先预估动画需要多少帧，在最后一帧处按 F5 键先创建补间动画时长。然后右击对象所在图层的任意帧，从弹出的快捷菜单中选择“补间动画”命令，如图 6-34 所示。

完成补间区域的定义，再选择“补间动画”中任意一帧中的对象，应用“选择工具”将补间对象拖动至所需位置或修改其属性，创建第一个属性关键帧，如图 6-35 所示。以同样的方式，完成所有属性关键帧的创建。

如果补间包含动画，则会在舞台上显示运动路径。运动路径显示每个帧中补间对象的位置。

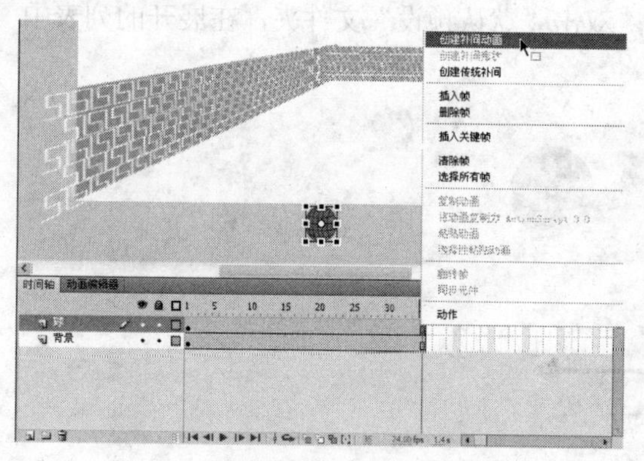

图 6-34　选择“创建补间动画”命令

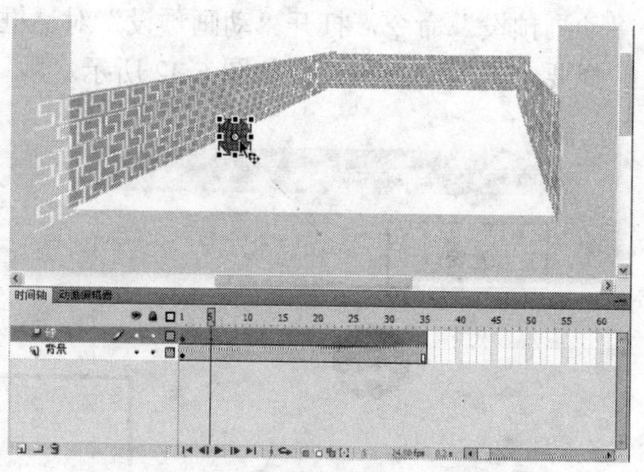

图 6-35　创建补间动画显示的运动路径

2. 认识补间动画属性编辑面板

完成补间动画的定义，可以应用“属性”面板与“动画编辑器”面板对补间动画做进一步的修改，使动画效果更完美。

单击“补间动画”第 1 帧，在“属性”面板中可查看相关属性，如图 6-36 所示。下面认识一下“属性”面板中的各选项。

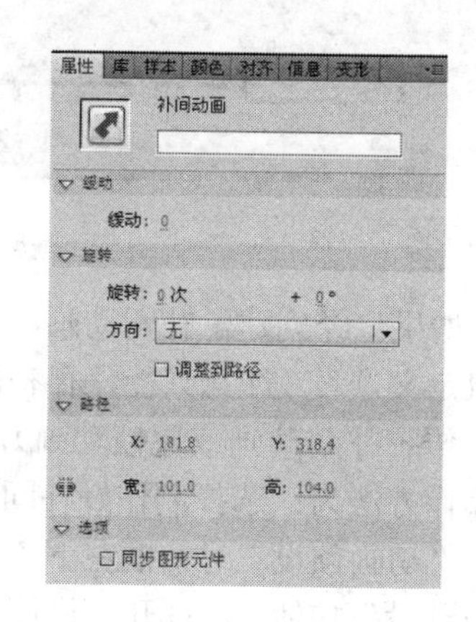

图 6-36　补间动画属性面板

（1） 缓动：调整补间帧之间的变化速率，从而在创建的动画补间上应用缓动。通过设置“缓动”选项可以产生更逼真的动作。要慢慢地开始补间动画，并朝着动画的结束方向加速补间，可输入-100～-1 的负值；要快速地开始补间动画，并朝着动画的结束方向减速补间，可输入一个 1～100 之间的正值。

（2） 旋转：旋转所选的对象。

旋转：设置旋转次数。如果旋转次数不够 1 次，可在“+”后面设置旋转度数。

方向：包括“无”、“自动”、“顺时针”和“逆时针”4 个选项。

调整到路径：将补间元素的基线调整到运动路径。

（3） 路径：显示路径起始位置及宽、高值。

（4） 同步图形元件：使图形元件实例的动画和主时间轴同步，以确保实例在主文档中正确地循环播放。

3. 认识“动画编辑器”面板

选择“时间轴”面板中的补间范围或舞台上的补间对象、运动路径后，“动画编辑器”面板的“属性曲线区域”会显示该补间的属性曲线。有些属性不能进行补间，例如“渐变斜角”滤镜的“品质”属性，这些属性可以在动画编辑器中进行设置，但它们没有图形。

“动画编辑器”使用每个属性的二维图形表示已补间的属性值。每个属性都有自己的图形，水平方向表示时间（从左到右），垂直方向表示对属性值的更改。特定属性的每个属性关键帧将显示为该属性的属性曲线上的控制点。

“动画编辑器”位于舞台下方，与“时间轴”面板组合为一个面板组，应用该面板可以为补间动画修改色彩效果、添加滤镜、设置缓动效果等，如图 6-37 所示。下面认识一下“动画编辑器”面板中的各选项。

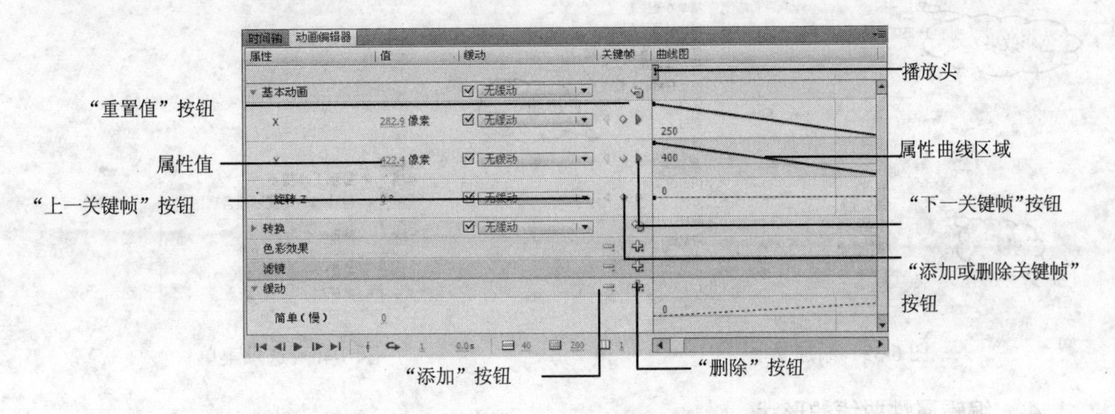

图 6-37　“动画编辑器”面板

（1）基本动画：在动画编辑器中通过添加属性关键帧并使用标准贝赛尔控件处理曲线，可以精确控制大多数属性曲线的形状。对于 X、Y 和 Z 属性，可以在属性曲线上添加和删除控制点。

（2）转换：旋转和缩放对象属性的 X、Y 值。

（3）“色彩效果”和“滤镜”：设置色彩及滤镜效果。有些属性具有不能超出的最小值或最大值，如透明度 Alpha（0～100%）。这些属性的图形不能应用可接受范围外的值。

（4）缓动：使用“动画编辑器”还可对属性曲线应用缓动。应用缓动无需创建复杂的运动路径就可以创建特定类型的复杂动画效果。缓动曲线是应用于补间属性值的数学曲线，通过对补间属性应用缓动曲线，可以轻松地创建复杂动画。若要调整在动画编辑器中显示哪些属性，可从右侧的下拉列表框中选择，如图 6-38 所示。

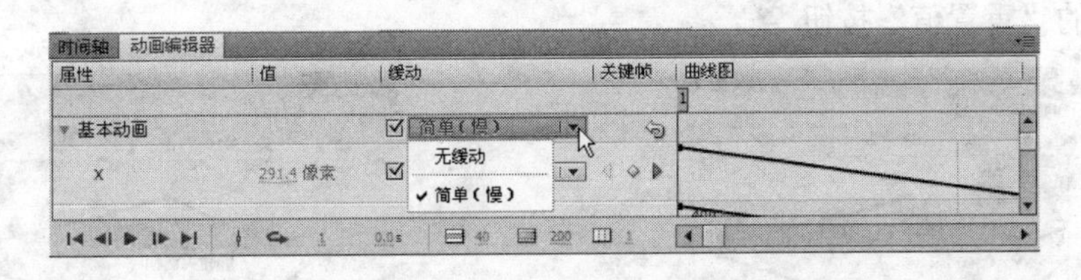

图 6-38　“缓动”下拉列表

（5）可查看的帧：若要控制“动画编辑器”中显示的补间帧数，可在“可查看的帧”中输入帧数。最大帧数是补间范围内的总帧数。

（6）“图形大小”和“展开的图形大小”：若要切换某条属性曲线的展开视图与折叠视图可单击相应的属性名称，展开视图为编辑属性曲线提供更多的空间。使用“图形大小”和“扩展图形大小”可以调整折叠视图和展开视图的大小。

（7）添加：若要向补间添加新的色彩效果或滤镜，可单击属性类别行中的“添加”按扭并选择要添加的项，新项将会立即出现在动画编辑器中，如图 6-39 所示。

（8）显示工具提示：若要在图形区域中启用或禁用工具提示，可从面板选项菜单中选择“显示工具提示”命令，如图 6-40 所示。

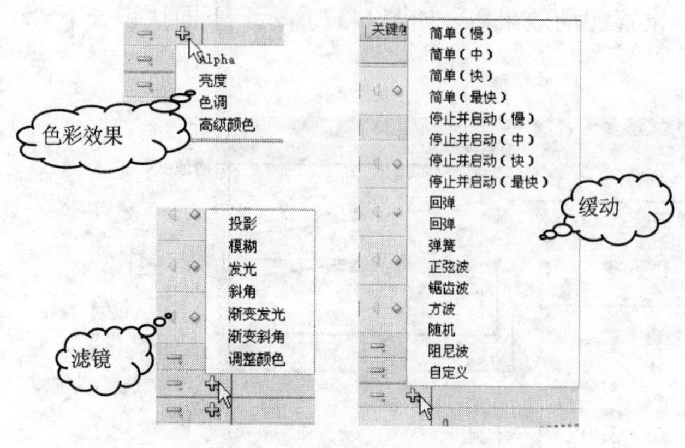

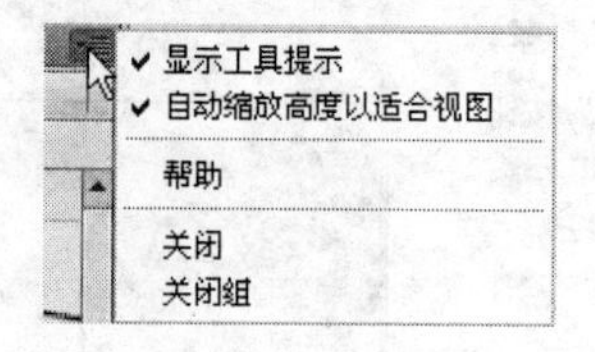

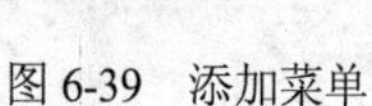

图 6-39　添加菜单　　　　图 6-40　选项菜单

4. 编辑属性曲线的形状

通过动画编辑器，可以精确控制补间的每条属性曲线的形状（X、Y 和 Z 除外）。对于所有其他属性，可以使用标准贝塞尔控件编辑每个图形的曲线。

属性曲线的控制点可以是平滑点或转角点，属性曲线在经过转角点时会形成夹角，经过平滑点时会形成平滑曲线。一般情况下，建议用户通过编辑舞台上的运动路径编辑补间的 X、Y 和 Z 属性，使用“动画编辑器”只对属性值进行微调。

选择控制点：若要更改两个控制点之间的曲线的形状，可拖动该线段。在拖动曲线时，该线段每一端的控制点将变为选定状态，如图 6-41 所示。向上拖动曲线或控制点可增加属性值，向下移动可减小属性值。值得注意的是，如果选择的控制点是平滑点，会显示贝赛尔手柄。

重置属性：若要将属性曲线重置为静态、非补间的属性值，可右击属性图形区域，从弹出的快捷菜单中选择“重置属性”命令，如图 6-42 所示。若要将整个类别的属性重置，可单击该检查器的“重置值”按钮。

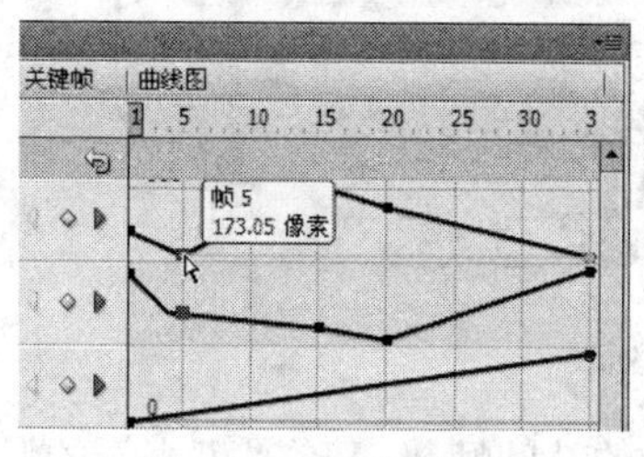

图 6-41　选择控制点

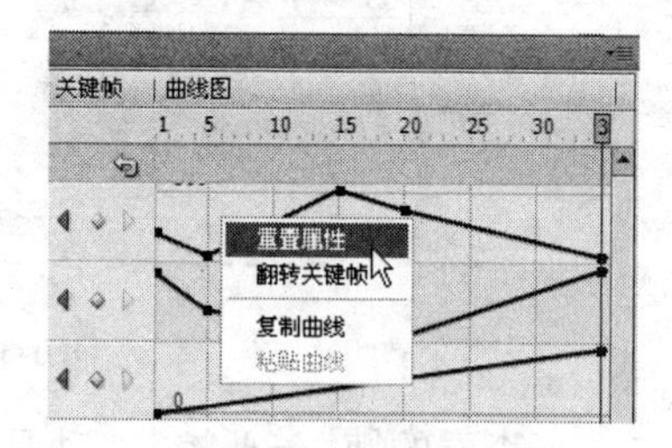

图 6-42　重置属性

翻转关键帧：若要翻转属性补间的方向，可右击属性图形区域，从弹出的快捷菜单中选择“翻转关键帧”命令。

复制粘贴曲线：若要复制属性曲线，可右击曲线的图形区域，从弹出的快捷菜单中选择“复制曲线”命令；若要将属性曲线粘贴到其他属性，可选择“粘贴曲线”命令。

5. 属性关键帧

通过为图形添加、删除和编辑属性关键帧，可以编辑属性曲线的形状。下面认识一下属性关键帧的相关操作。

添加属性关键帧：将播放头移至在所需的帧中单击“添加或删除关键帧”按钮◇，或按住 Ctrl 单击要添加属性关键帧的帧中的图形，或右击属性曲线，从弹出的快捷菜单中选择“添加关键帧”命令。

删除属性关键帧：按住 Ctrl 键的同时单击属性曲线的控制点，或右击控制点从弹出的快捷菜单中选择“删除关键帧”命令。

转换角点与平滑点：若要在角点控制点模式与平滑点控制点模式之间进行转换，可按住 Alt 键单击控制点，或右击控制点从弹出的快捷菜单中选择“角点”或“平滑点”、“平滑左”、“平滑右”命令。图 6-43 所示是将角点转换为平滑点后的效果。

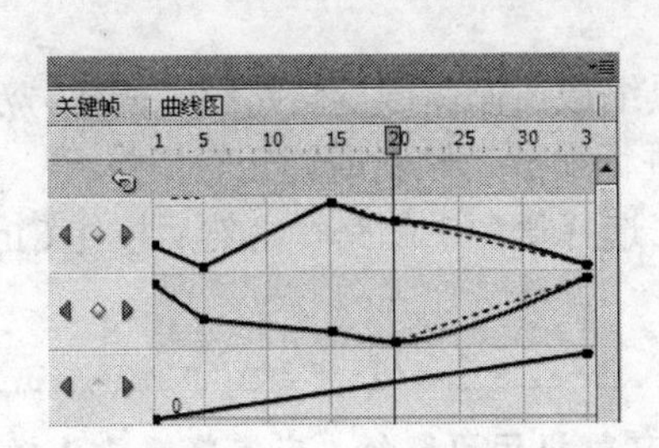

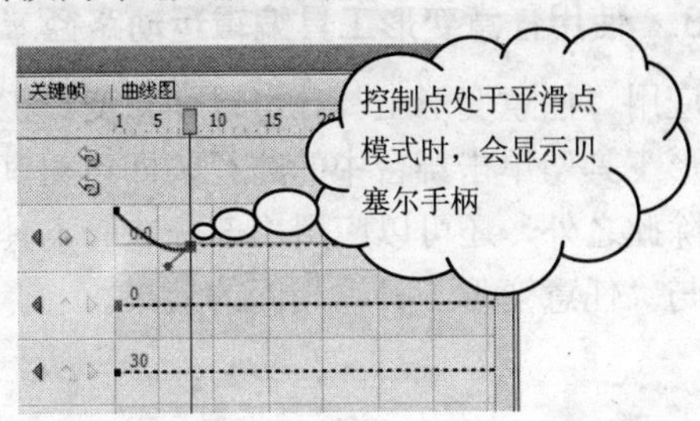

图 6-43　将角点转换为平滑点

移动属性关键帧：若要将属性关键帧移动到不同的帧，拖动控制点即可。值得注意的是，拖动属性关键帧时，不能使其经过其后面或前面的关键帧。

链接 X 和 Y 属性值：若要链接关联的 X 和 Y 属性，在要链接的属性中单击“链接 X 和 Y 属性值”按钮，当按钮变为时表示链接成功。例如，投影、模糊滤镜的“模糊 X”和“模糊 Y”属性，以及转换的“缩放 X”和“缩放 Y”属性。

6. 使用选择工具和部分选取工具编辑运动路径的形状

使用“选择工具”可通过拖动方式改变线段的形状，补间中的属性关键帧将显示为路径上的控制点。使用“部分选取工具”可公开路径上对应于每个位置属性关键帧的控制点和贝塞尔手柄，使用这些手柄可改变属性关键帧点周围的路径的形状。

在创建非线性运动路径（如圆）时，可以让补间对象在沿着该路径移动时进行旋转。若要使相对于该路径的方向保持不变，可在“属性”面板中选择“调整到路径”选项，如图 6-44 所示。

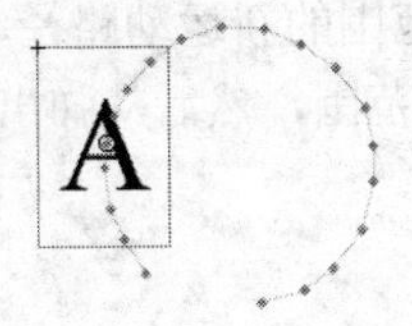

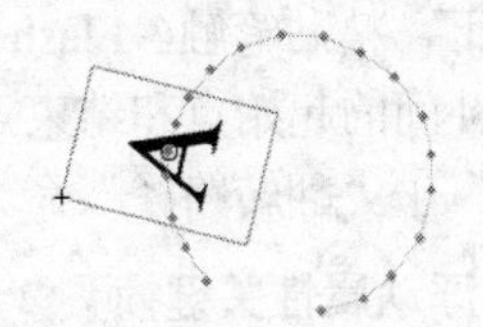

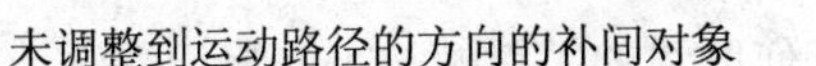

未调整到运动路径的方向的补间对象　　已调整到运动路径的方向的补间对象

图 6-44　调整运动路径前后效果对比

7. 更改运动路径位置

更改运动路径的位置，应先应用“选择工具”选择运动路径和补间对象，然后将路径拖动至舞台所需位置，或使用键盘上的方向键移动运动路径，或在“属性”面板中设置路径的 X、Y 值。

选择运动路径和补间对象的方法：单击“时间轴”面板中的补间范围再单击舞台上的运动路径，或单击舞台上的补间对象再单击运动路径，或圈选运动路径和补间对象。

若要通过指定运动路径的位置来移动补间对象和运动路径，可同时选择这两者，在“属性”面板中输入X和Y值；若要移动没有运动路径的补间对象，可选择该对象，在“属性”面板中输入X和Y值。

8. 使用任意变形工具编辑运动路径

应用“任意变形工具”可以任意变形工具缩放、倾斜或旋转路径。操作方法：选择“任意变形工具”单击舞台中的路径，即可对其进行缩放、倾斜或旋转等操作。

除此之外，还可以应用“部分选取工具”选择舞台中的路径，然后按住 Ctrl 键，同样可达到与“任意变形工具”相同的效果。

如果要同时缩放多个补间对象和运动路径，应先将播放头移至要编辑的补间的第 1 帧，然后选择“任意变形工具”选择多个补间对象及其运动路径，即可同时对其进行缩放。

9. 复制与删除运动路径

若要复制运动路径，应使用“选择工具”先在舞台上单击运动路径，然后执行“编辑”|“复制”命令，再将该路径作为一个笔触或另一个补间动画的运动路径粘贴到其他图层中。

若要从补间中删除运动路径，可使用“选择工具”在舞台上单击运动路径，然后按 Delete 键即可。

10. 将自定义笔触作为运动路径进行应用

如果已经在其他图层或其他时间轴中绘制了路径，可以将其复制过来直接使用。值得注意的是，复制过来的路径不能是闭合的，否则 Flash 无法判断补间对象从哪里运动到哪里。

要复制已有路径，应先选择已经绘制不闭合笔触，然后将其复制到剪贴板。在补间范围保持选中状态下，粘贴笔触。Flash 自动将笔触作为补间范围的新运动路径。

若要反转补间的起始点和结束点的方向，可右击补间范围，然后从弹出的快捷菜单中选择“运动路径”|“翻转路径”命令。

11. 使用浮动属性关键帧

浮动属性关键帧是与时间轴中的特定帧无任何联系的关键帧。Flash 将调整浮动关键帧的位置，以使整个补间中的运动速度保持一致。

将自定义路径粘贴到补间上时，Flash 会将属性关键帧设置为浮动。若要为整个补间启用浮动关键帧，可右击“时间轴”面板中的补间范围，从弹出的快捷菜单中选择“运动路径”|“将关键帧切换为浮动”命令；若要为补间中的单个属性关键帧启用浮动，可右击“动画编辑器”面板中的属性关键帧，然后从弹出的快捷菜单中选择“浮动”命令。将属性关键帧设置为浮动后，在“动画编辑器”中显示为圆点而不是正方形，如图 6-45 所示。

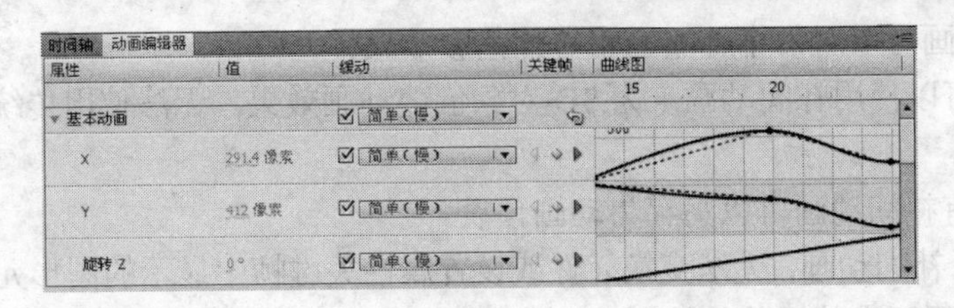

图 6-45　调整运动路径前后效果对比

禁用浮动关键帧的运动路径，其中的各个帧分布不均匀，会导致运动速度不一致；已启用浮动关键帧的同一运动路径，各个帧沿路径均匀分布且运动速度相同，如图 6-46 所示。

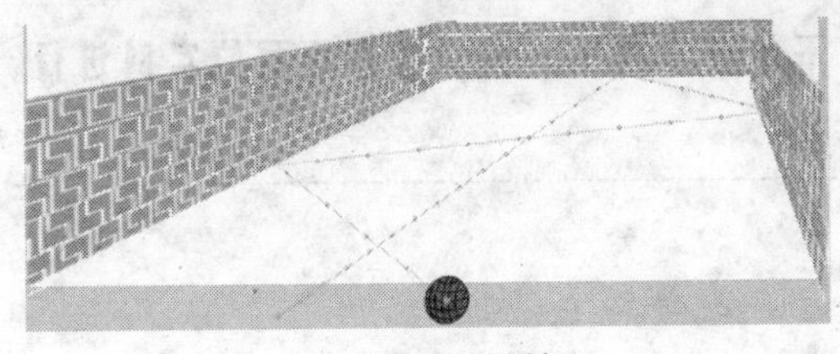

禁用浮动关键帧

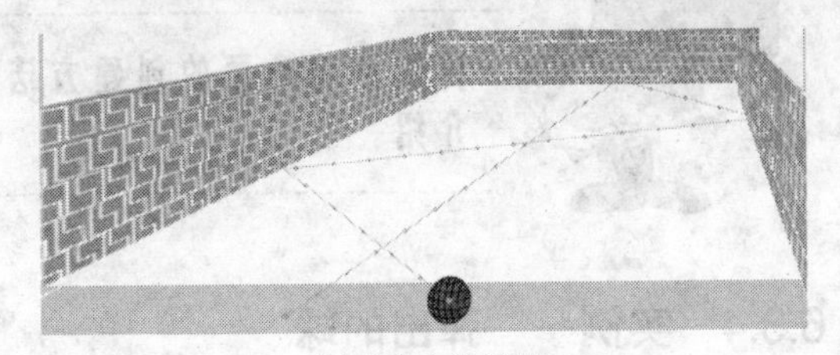

启用浮动关键帧

图 6-46　禁用/启用浮动关键帧

6.3.3　传统补间之间和补间动画的差异

Flash CS6.0 支持两种不同类型的补间创建动画：补间动画和传统补间。补间动画功能强大且易于创建，通过补间动画可对动画进行最大程度的控制。传统补间的创建过程较为复杂，但却提供了某些特定的功能。补间动画和传统补间之间的差异主要包括：

（1） 传统补间使用关键帧，关键帧是其中显示对象的新实例的帧。补间动画只能具有一个与之关联的对象实例，并使用属性关键帧而不是关键帧。

（2） 补间动画在整个补间范围上由一个目标对象组成。传统补间允许在两个关键帧之间进行补间，其中包含相同或不相同元件的实例。

（3） 补间动画和传统补间都只允许对特定类型的对象进行补间。在将补间动画应用到不允许的对象类型时，Flash 在创建补间时会将这些对象类型转换为影片剪辑。应用传统补间会将它们转换为图形元件。

（4） 补间动画会将文本视为可补间的类型，而不会将文本对象转换为影片剪辑。传统补间会将文本对象转换为图形元件。

（5）在补间动画范围上不允许帧脚本。传统补间允许帧脚本。

（6） 补间目标上的任何对象脚本都无法在补间动画范围的过程中更改。

（7） 可以在时间轴中对补间动画范围进行拉伸和调整大小，并将它们视为单个对象。传统补间包括时间轴中可分别选择的帧的组。

（8）要选择补间动画范围中的单个帧，可按住 Ctrl 键的同时单击该帧。

（9） 对于传统补间，缓动可应用于补间内关键帧之间的帧组。对于补间动画，缓动可应用于补间动画范围的整个长度。若要仅对补间动画的特定帧应用缓动，则需要创建自定义缓动曲线。

（10） 利用传统补间，可以在两种不同的色彩效果（如色调和 Alpha 透明度）之间创建动画。补间动画可以对每个补间应用一种色彩效果。

（11） 只可以使用补间动画来为 3D 对象创建动画效果。无法使用传统补间为 3D 对象创建动画效果。

（12） 只有补间动画可以另存为动画预设。

（13） 对于补间动画，无法交换元件或设置属性关键帧中显示的图形元件的帧数。应用了这些技术的动画要求使用传统补间。

（14） 在同一图层中可以有多个传统补间或补间动画，但在同一图层中不能同时出现两种补间类型。

传统补间动画的创建方法就不单独介绍了，我们将在后面的实例进行介绍。

6.3.4 实例——弹出的球

打开“补间动画.fla”文件，该文档中包含一个“背景”图层和一个“球”元件。创建一个球元件，为其添加一个从舞台外进入，撞在墙上经过几次弹冲击，弹出舞台的动画效果；在上方空白位置处添加一个沿椭圆形轨迹旋转的球，如图 6-47 所示。

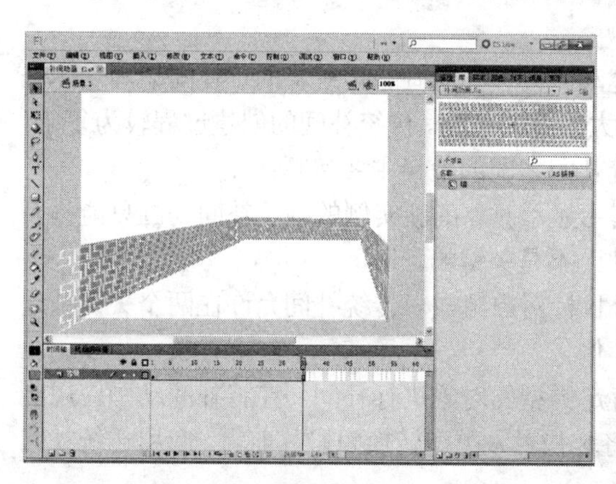
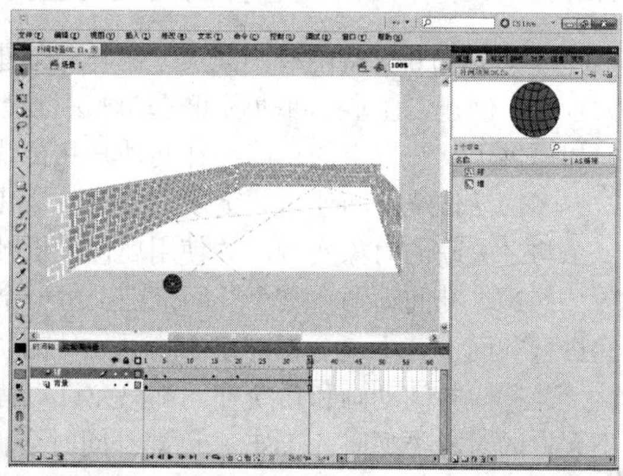

图 6-47 “补间动画.fla”与“补间动画 OK.fla”文件

步骤 1：创建“球”元件

（1） 按 Ctrl+O 组合键，打开“打开”对话框，选择名为“补间动画”的 Flash 动画文件，单击“打开”按钮打开文档。

（2） 按 Ctrl+F8 组合键，打开“创建新元件”对话框，在“名称”文本框中输入“球”字样，设置“类型”为“图形”，单击“确定”按钮。

（3） 选择“椭圆形工具”，绘制一个笔触为 2 像素，笔触颜色代码为#A81F00、填充颜色代码为#CC6600 的圆形，并在“对齐”面板中设置相对于舞台水平、垂直居中，如图 6-48 所示。

（4） 选择“直线工具”，在圆形上绘制笔触为 2 像素、笔触颜色代码为#A81F00 的水平、垂直直线，应用“选择工具”将直线调整为曲线，如图 6-49 所示。

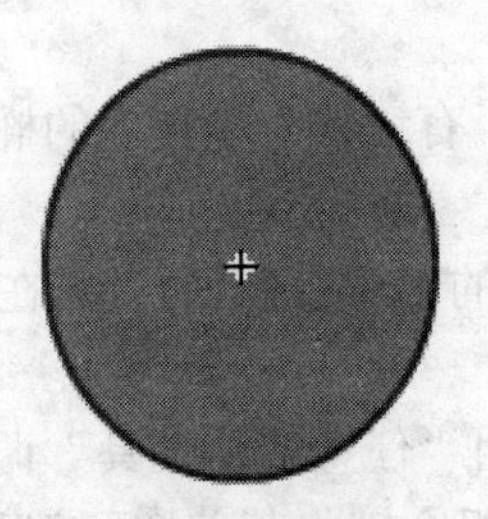

图 6-48　“补间动画.fla”文件

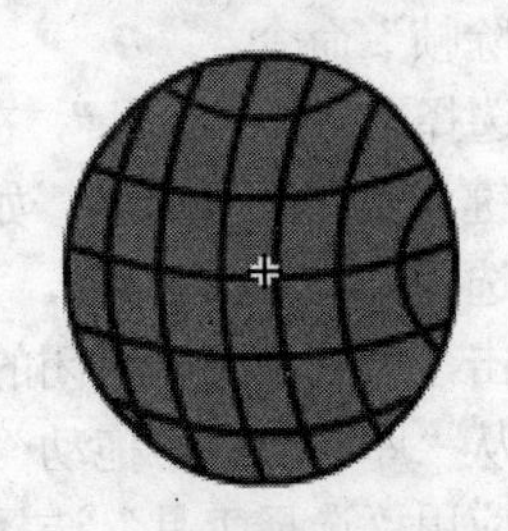

图 6-49　“补间动画 OK.fla”文件

步骤 2：创建补间动画

（1） 退出元件编辑模式，返回主文档编辑区域。

（2） 选择“背景”图层，单击“时间轴”面板中的“新建图层”按钮新建图层，并为其重命名为“球”。

（3） 切换到“库”面板，将“球”元件拖动至舞台下方，并应用“任意变形工具”调整其大小。

（4） 右击“时间轴”面板中“球”图层右侧第 1 帧～第 35 帧中任意帧，从弹出的快捷菜单中选择“补间动画”命令。

（5） 单击第 5 帧，选择工作区域中的“球”元件，向左侧墙拖动。

（6） 单击第 15 帧，选择工作区域中的“球”元件，向右侧墙拖动。

（7） 单击第 20 帧，选择工作区域中的“球”元件，向正前方墙拖动。

（8） 单击第 35 帧，选择工作区域中的“球”元件，向舞台外拖动。

步骤 3：编辑补间动画

（1） 选择“球”图层补间范围，切换至“动画编辑器”面板。

（2） 在面板下方的“可查看帧”中输入数值 35，按 Enter 键。

（3） 选择“基本动画”中 X 右侧的第 5 帧，右击从弹出的快捷菜单中选择“浮动”命令，打开下拉列表框，从中选择“无缓动”选项，如图 6-50 所示。

（4） 选择第 20 帧，右击从弹出的快捷菜单中选择“平滑点”命令。

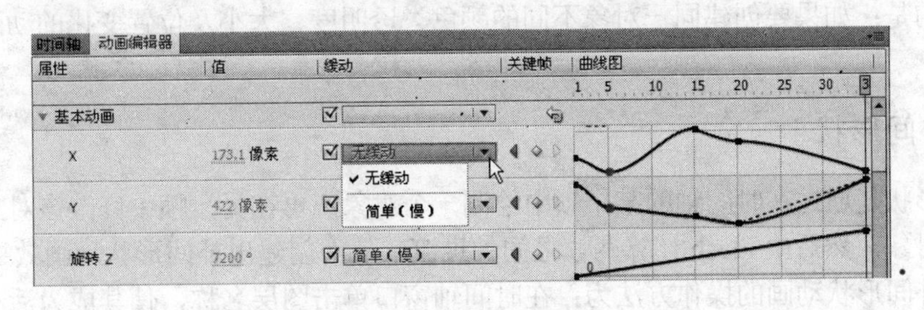

图 6-50　设置动画属性

步骤 4：创建球旋转补间动画

（1） 切换回“时间轴”面板，单击“新建图层”按钮，新建图层并将其重命名为“旋转”。

（2） 按住 Shift 键选择第 2 帧～第 18 帧，在选择的帧上右击鼠标，从弹出的快捷菜单中选择“删除帧”命令。

（3） 选择“椭圆形工具”，在“旋转”图层中绘制一个有边框无填充色的椭圆形，并按Ctrl+B组合键将其打散为形状，如图6-51所示。

（4） 选择“橡皮擦工具”，并在选择区域中选择最小的“橡皮擦形状”，在椭圆形正文的线条上单击，绘制一个未封闭的椭圆形，如图6-52所示。

（5） 从“库”面板中拖动“球”元件至舞台，并应用“任意变形工具”调整其大小

（6） 应用“选择工具”选择椭圆形线条，按Ctrl+X组合键将其剪切至剪贴板。

（7） 选择“旋转图层”中任意帧，右击从弹出的快捷菜单中选择“创建补间动画”命令。

（8） 按Ctrl+Shift+V组合键，将线条粘贴至原位，该图层中的“球”实例自动附着在椭圆形路径上，如图6-53所示。

图6-51 椭圆形形状

图6-52 不封闭形状

图6-53 实例自动依附路径

（9） 选择“旋转”图层，在任意选择帧上右击鼠标，从弹出的快捷菜单中选择“复制帧”命令。

（10） 选择第19帧，右击从弹出的快捷菜单中选择“粘贴帧”命令。

（11） 选择第19帧～第36帧间任意一帧，右击从弹出的快捷菜单中选择“删除帧”命令。

（12） 选择“文件”｜“另存为”命令，打开“另存为”对话框，选择保存路径，设置“文件名”为“补间动画OK”，不改变文件类型，单击“保存”按钮。

6.4 补间形状

补间形状可以创建类似于形变的效果，即在一段时间内将一个对象过渡为另一个对象。值得注意的是：如果要创建同一对象不同的颜色、透明度、大小及位置变化的动画可使用补间动画。

6.4.1 补间形状

补间形状是通过在时间轴的某个帧中绘制一个对象，再在另一帧中修改该对象或重新绘制其他的对象，然后由Flash计算两帧之间的过渡，从而创建出补间形状动画效果。

创建补间形状动画的操作方法为：在时间轴窗口单击图层名称，使其成为活动图层，并选择一个空白的关键帧作为动画的开始帧，在此帧上创建或放置插图（图形对象或者分离的组、位图、实例或文本块）。

要获得最佳效果，帧应当只包含一个项目。然后，在该图层开始帧右侧所需帧处插入一个空白关键帧，把它作为变形的第2个关键帧，在第2个关键帧中创建变形后的图形。最后，在该图层两关键帧之间右击，从弹出的快捷菜单中选择“创建补间形状”命令，在“属性”面板中设置相关属性，如图6-54所示。

补间形状动画的属性设置有“缓动”和“混合”两个选项，它们的功能说明如下。

（1）“缓动”：调整补间帧之间的变化速率。默认情况下，补间帧之间的变化速率是不变的，缓动可以通过逐渐调整变化速率创建更加自然的变形效果。

（2）“混合”：包括两个选项，分布式和角形。

分布式：使动画过渡帧中的图形更平滑和不规则。

角形：使动画过渡帧中的图形保留明显的角和直线。该选项只适合于具有锐化转角和直线的混合形状。如果选择的形状没有角，Flash 会自动选择“分布式”补间形状。

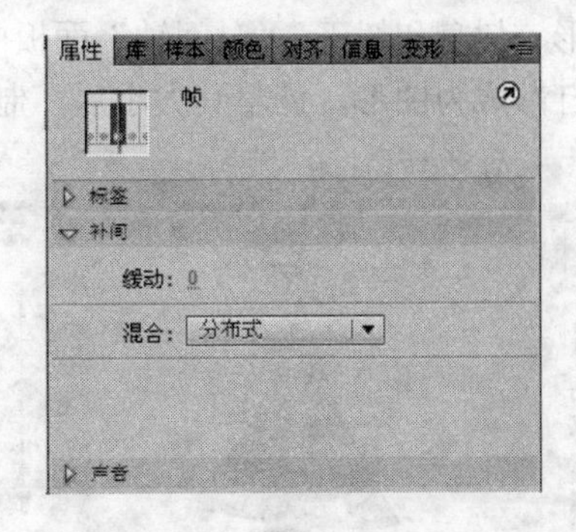

图 6-54　补间形状属性面板

6.4.2　使用形状提示

使用形状提示可以控制更加复杂的形状变化，它的工作原理是在变形的初始图形与结束图形上分别指定一些形状提示点，并使这些点在起始帧中和结束帧中一一对应，这样 Flash 就会根据这些点的对应关系计算变形的过程。在 Flash 中最多可以使用 26 个形状提示点，分别用字母 a～z 表示。

要使用形状提示，首先选择动画的第 1 个关键帧，然后选择“修改”|“形状”|“添加形状提示”命令，这时在舞台中将出现一个红色的形状提示点，标识字母为 a，如图 6-55 所示。将形状提示点移到所需位置，然后选择变形过渡动画的最后一个关键帧，可以看到在最后一帧的图形上也有一个红色的标记为 a 的形状提示点，把这个形状提示点移到相应的位置，形状提示点将变为绿色。

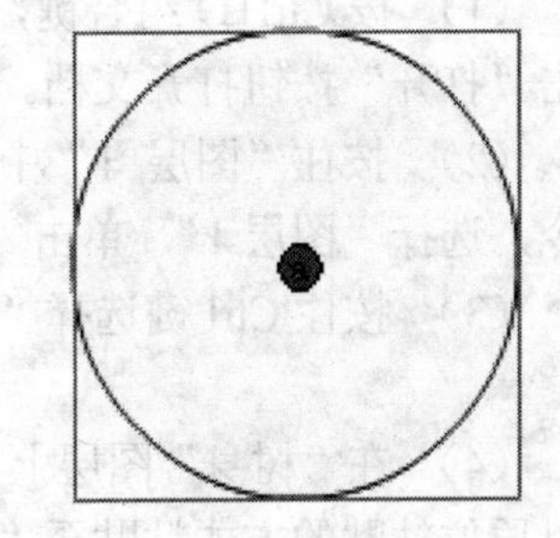

图 6-55　显示第 1 帧处的标记

要在补间形状时获得最佳效果，应遵循以下几个原则：

（1）在复杂的补间形状中，需要创建中间形状，然后再进行补间，而不要只定义起始和结束的形状。

（2）确保形状提示符合逻辑。例如，如果在一个三角形中使用 3 个形状提示，则在原始三角形和要补间的三角形中它们的顺序必须是一致的，而不能颠倒或混乱它们的顺序。

（3）按逆时针顺序从形状的左上角开始放置形状提示，其工作效果最好。

6.4.3　将对象分层

Flash 提供了将对象分层的功能，可以将选择的任何元素（包括图形对象、实例、位图、视频剪辑和分离文本块）分解到其他图层中，没有选中的元素保留在原来的图层中。

将对象分散到图层，应先选择要分散到不同图层的对象，然后选择“修改”|“时间轴”|“分散到图层”命令，或右击选择的对象从弹出的快捷菜单中选择“分散到图层”命令，得到如图 6-56 所示的效果。

6.4.4　实例——跳动的圣诞树

打开“跳动的圣诞树.fla”，该文件“库”面板中包含有 5 个图形元件：嘴巴、眼睛、星形、树身和树干，“时间轴”面板中包含有一个图层，如图 6-57 所示。接下来要将实例全都打散成为图形，调整其大小后，制作圣诞树跳动的效果。

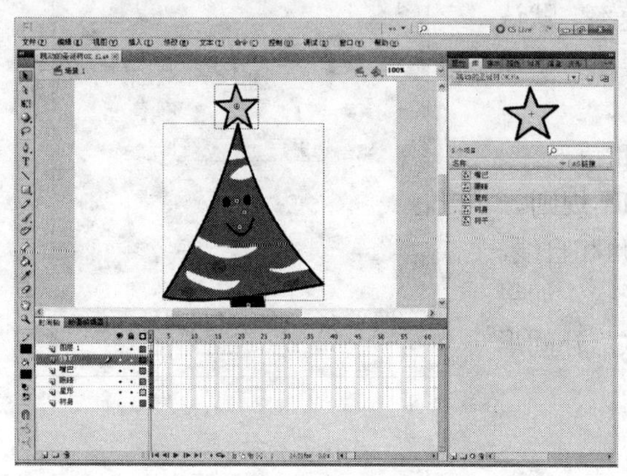

图 6-56　分散对象到层

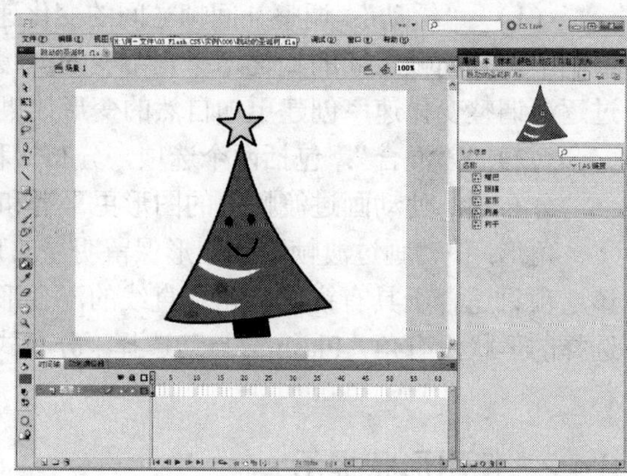

图 6-57　动画原文档

步骤 1：分散元件至图层

（1） 按 Ctrl+O 组合键，打开“打开文档”对话框，选择名为“跳动的圣诞树”的文件，单击“打开”按钮打开文档。

（2） 按住“图层 1”中所有对象，然后选择“修改”｜“时间轴”｜“分散到图层”命令，选择“图层 1”，单击“时间轴”面板中的“删除”按钮。

（3） 按住 Ctrl 键选择“树干”和“树身”图层，按两次 Ctrl+B 组合键，将其打散为形状。

（4） 在“树身”图层上方新建图层，命名为“装饰”，并将树身中的 3 个红色装饰剪切后以原位粘贴的方式粘贴至“装饰”图层。

（5） 删除“树身”、“树干”和“星形”的黑色外边线，如图 6-58 所示。

步骤 2：向左迈出第一步

（1） 选择“树身”图层第 10 帧，按住 Shift 键，单击“树干”图层第 10 帧，按 F6 键插入关键帧。

（2） 按 Ctrl+A 组合键选择所有对象，按 5 次键盘方向键←。

（3） 选择“星形”图层的第 10 帧，按 5 次键盘方向键↓。

（4） 单击“星形”、“眼睛”和“嘴巴”图层中的“锁定”列中的小黑点图标•，锁定这 3 个图层。

（5） 单击“树身”和“装饰”图层第 10 帧，应用“任意变形工具”顺时针稍稍旋转树身，将向下拖动上方中间的控制点。

（6） 取消树身选择状态，应用“选择工具”调整圣诞树身的位置。

（7） 为了方便调整“树干”，先锁定“树身”图层，再将“树干”图层拖动至所有图层下方。

（8） 选择“树干”图层第 10 帧，在舞台空白任意位置处单击取消选择，应用“选择工具”改变树干形状，如图 6-59 所示。

（9） 选择“对干”、“树身”、“装饰”和“形状”图层，在选择的帧上右击鼠标，从弹出的快捷菜单中选择“创建补间形状”命令。

（10） 选择其他图层，在选择的帧上右击鼠标，从弹出的快捷菜单中选择“创建传统补间”命令。

图 6-58　删除黑色边框

图 6-59　调整树身和树干

（11） 选择“树干”图层第 1 帧，选择 4 次“修改”|“形状”|“添加形状提示”命令插入 4 个形状提示，如图 6-60 所示摆放其位置。

（12） 选择“树干”图层第 10 帧，选择 4 次“修改”|“形状”|“添加形状提示”命令插入 4 个形状提示，如图 6-61 所示摆放其位置。

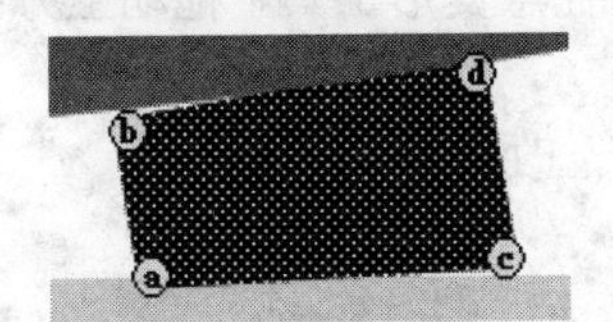

图 6-60　第 1 帧提示

图 6-61　第 10 帧提示

步骤 3：第一步停顿

（1） 选择“树干”图层第 20 帧，按住 Shift 键选择“嘴巴”第 20 帧，按 F6 键插入关键帧。

（2） 解锁“树身”和“星形”图层的锁定状态，选择“星形”图层第 20 帧按 5 次方向键↑。

（3） 选择“树身”和“装饰”图层第 20 帧应用“任意变形工具”拖动上方中间的控制点。

（4） 选择“树干”图层第 20 帧，应用“选择工具”改变树干，得到如图 6-62 所示的效果。

步骤 4：向右迈出第二步

（1） 选择“树干”图层第 30 帧，按住 Shift 键选择“嘴巴”第 30 帧，按 F6 键插入关键帧。

（2） 选择“星形”图层第 20 帧按 5 次方向键↓。

（3） 选择“树身”和“装饰”图层第 30 帧应用“任意变形工具”拖动上方中间的控制点，并旋转其方向。

（4） 选择“树干”图层第 30 帧，应用“选择工具”改变树干，得到如图 6-63 所示的效果。

图 6-62　第 20 帧动画

图 6-63　第 30 帧动画

步骤 5：第二步停顿

（1） 选择“树干”图层第 40 帧，按住 Shift 键选择“嘴巴”第 40 帧，按 F6 键插入关键帧。

（2） 选择“星形”图层第 40 帧按 5 次方向键↑。

（3） 选择“树身”和“装饰”图层第 40 帧应用“任意变形工具”拖动上方中间的控制点。

（4） 选择“树干”图层第 40 帧，应用“选择工具”改变树干形状。

步骤 6：完善动画

（1） 为了使动画更逼真，可以解锁“眼睛”和“嘴巴”图层，调整对象位置。

（2） 选择“眼睛”、“嘴巴”图层第 10 帧、第 30 帧的对象，按 5 次键盘中的方向键↓。

（3） 选择“眼睛”、“嘴巴”图层第 20 帧、第 40 帧的对象，按 5 次键盘中的方向键↑。

（4） 选择“文件”|“另存为”命令，打开“另存为”对话框，选择保存路径，设置“文件名”为“跳动的圣诞树 OK”，不改变文件类型，单击“保存”按钮。

6.5　创建引导层动画

应用引导层可以帮助对齐对象，例如将其他图层上的对象与在引导层上创建的对象对齐。除此之外，应用引导层还可以引导对象沿特定路径运动。根据引导层的功能，Flash 将其分为普通引导层和运动引导层两大类。

6.5.1　普通引导层

可以将任何图层作为引导层使用。将一个常规图层转换为引导层，只需在“时间轴”面板上右击图层名称，从弹出的快捷菜单中选择“引导层”命令即可。被转换为引导层的图层名称左侧将显示图标，表示该图层为一个普通引导层。如果想浏览一下没有某一层时动画会是什么样子的，也可以将该层暂时转化为引导层，如图 6-64 所示。

若要撤销引导层，可在引导层上右击鼠标，从弹出的快捷菜单中选择“引导层”命令，取消该命令前面的选中标记即可。

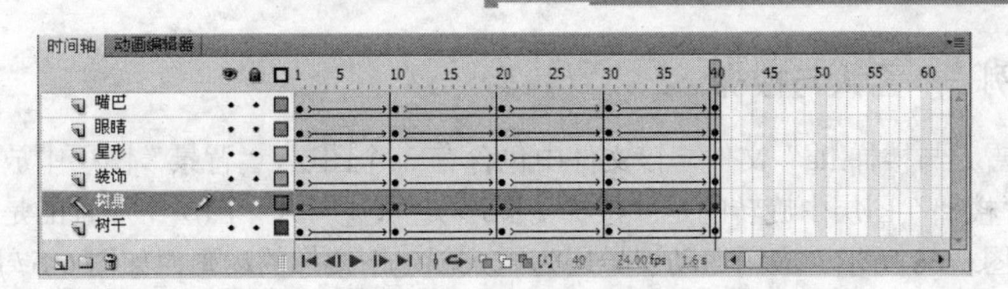

图 6-64　普通引导层

6.5.2　运动引导层

运动引导层以弧线图标表示，在制作动画时起到运动路径的引导作用，用于控制运动补间动画中对象的移动情况。默认情况下，任何一个新生成的运动引导层自动放置在用来创建该运动引导层的图层之上，表明一种层次关系，如图 6-65 所示。

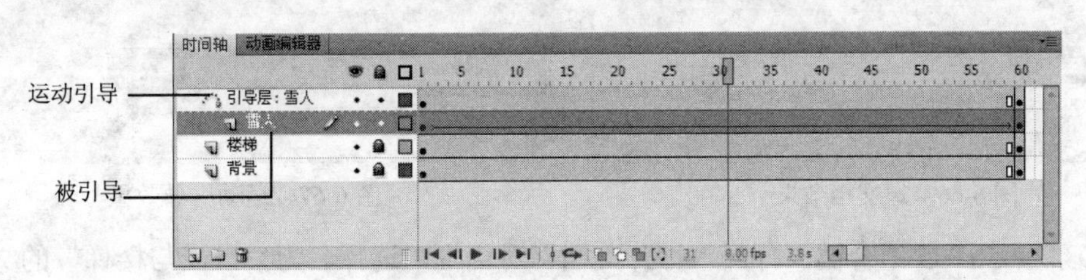

图 6-65　运动引导层与被引导层

要建立运动引导层，选择要为其建立运动引导层的层后，右击图层名称栏，从弹出的快捷菜单中选择“添加传统运动引导层”命令即可。

可以将任意多的常规图层连向该运动引导层，这样，所有被连接的层上的过渡元件都共享一条路径。要将其他图层同运动引导层建立连接，可执行以下操作之一：

（1）选择要与运动引导层建立连接的常规图层，将其拖动到运动引导层的正下方，释放鼠标后所选图层即被连接到了运动引导层上。

（2）在运动引导层下面选择一个图层，然后选择“修改”|“时间轴”|“图层属性”命令，打开“图层属性”对话框，选择“类型”选项组中的“被引导”单选按钮。

建立了其他图层与引导层的连接关系后，如果要取消某一图层同运动引导层的连接关系，可将该图层拖动至运动引导层的上方或其他常规图层的下面；如果要取消运动引导图层，可在该图层上右击鼠标，从弹出的快捷菜单中选择“引导层”命令。

6.5.3　路径引导动画的特点

路径引导动画由“引导层”和“被引导层”组成。制作路径引导动画时，需要在“引导层”上绘制引导对象运动的引导线，然后将“被引导层”上的对象吸附到引导线上。路径引导动画主要有以下特点。

播放动画时，“引导层”上的内容不会被显示。

引导层中的内容可以是用钢笔、铅笔、线条、椭圆或矩形工具等绘制出的线段，这些线段必须是分离的。

被引导层中创建的动画必须是传统补间动画，补间动画和形状补间动画无法应用路径引导动画。

6.5.4 实例——雪人与楼梯

打开“雪人与楼梯.fla”文件，该文件中包含有 3 个图层，“背景”图层中放置的是一幅白云图片、“楼梯”图层中旋转的是“楼梯”图形实例、“雪人”图层中放置的是雪人影片剪辑实例，如图 6-66 所示。应用运动引导层为雪人创建下楼梯的动画，如图 6-67 所示。

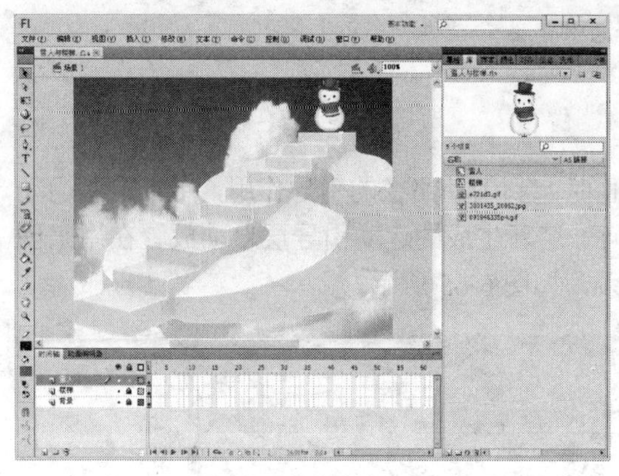

图 6-66 原文档效果

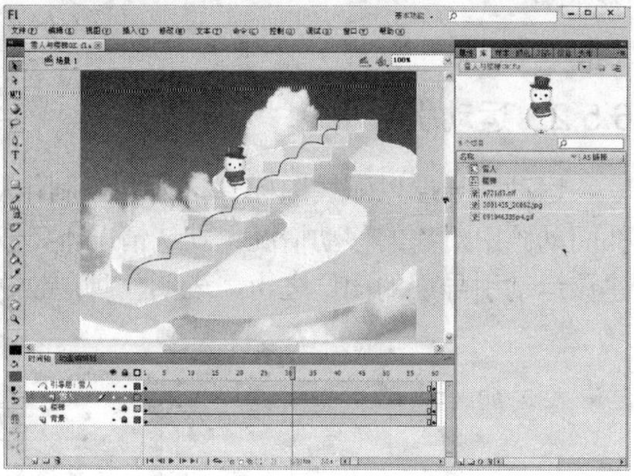

图 6-67 运动引导效果

（1） 按 Ctrl+O 组合键，打开“打开文档”对话框，选择名为“雪人与楼梯”的文件，单击“打开”按钮打开文档。

（2） 右击“雪人”图层，从弹出的快捷菜单中选择“添加传统运动引导层”命令，创建运动引导层。

（3） 在引导层中应用“线条工具”从雪人底部延台阶绘制一条直线。

（4） 应用“添加钢笔锚点工具”为直线添加锚点，如图 6-68 所示。

（5） 应用“部分选取工具”分别调整锚点的控制柄，得到如图 6-69 所示效果。

图 6-68 为直线添加锚点

图 6-69 改变路径形状

（6） 按住 Shift 键选择“引导层：雪人”至“背景”图层第 60 帧，按 F6 键。

（7） 选择“雪人”图层第 1 帧，拖动雪人的中心点与路径顶部重合，如图 6-70 所示。

（8） 选择“雪人”图层第 60 帧，拖动雪人的中心点与路底顶部重合，如图 6-71 所示。

（9） 选择“雪人”图层，在右侧任意帧上右击鼠标，从弹出的快捷菜单中选择“创建传统补间”命令。

（10） 在“时间轴”面板底部的“帧速率”中输入数值 8，按 Enter 键。

（11）选择“文件”｜“另存为”命令，打开“另存为”对话框，选择保存路径，设置“文件名”为“雪人与楼梯 OK”，不改变文件类型，单击“保存”按钮。

6.6 创建遮罩动画

遮罩动画是 Flash 常用的动画制作手法之一，使用 Flash 的遮罩功能可以制作很多复杂的效果，例如制作渐隐渐显、放大镜、百叶窗、波纹和图片切换等多种动画效果。

6.6.1 创建遮罩层

要创建遮罩层，可以将遮罩项目放在要用做遮罩的图层上。遮罩项目像是个窗口，透过它可以看到位于它下面的链接层区域。除了透过遮罩项目显示的内容之外，其余的所有内容都被隐藏起来。

一个遮罩层只能包含一个遮罩项目。按钮内部不能有遮罩层，也不能将一个遮罩应用于另一个遮罩。

要创建一个遮罩层，首先创建一个常规图层，并在上面画出将要透过遮罩显示的图形与文本，然后插入一个新图层，在新图层上创建填充形状、文字或元件的实例，之后再右击新建图层，从弹出的快捷菜单中选择“遮罩层”命令，将图层转换为遮罩层，并用一个遮罩层图标来表示，如图 6-70 所示。

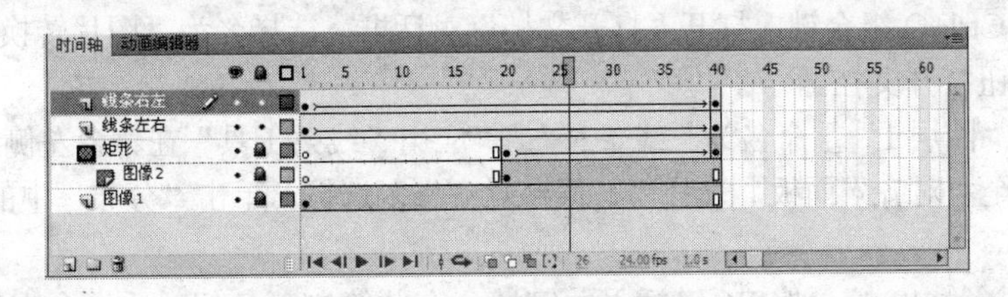

图 6-70　设置遮罩层

6.6.2 设置和取消被遮掩层

普通图层和遮罩层是相互关联的，被关联的图层位于遮罩层下方。要将普通图层与已有的遮罩层相关联，可执行以下任意操作。

（1）在遮罩层的下面创建一个新图层。

（2）将图层拖动至遮罩层下方，被遮挡的图层会向右缩进，表示图层已被遮挡。

（3）选择“修改”|“时间轴”|“图层属性”命令，打开“图层属性”对话框，选择“类型”选项组中的“遮罩层”单选按钮。

如果要取消遮罩效果，可右击用于设置遮罩效果的图层，从弹出的快捷菜单中选择“遮罩层”命令；或打开被遮罩图层的“图层属性”对话框，从“类型”列表中选择“一般”单选按钮。

在应用遮罩动画时，还应注意以下的技巧和事项。

无论遮罩层上的对象是何种颜色或透明度，是图像、图形还是元件实例，遮罩效果都一样。

要在 Flash 的舞台中显示遮罩效果，必须锁定遮罩层和被遮罩层。

在制作动画时，遮罩层上的对象经常挡住下层的对象，影响视线，为方便编辑，可以单击遮罩层图层的■图标，使遮罩层上的对象只显示轮廓线。

6.6.3 实例——图片转换

打开“图片转换.fla”文件，该文件“库”面板中包含两张位图。应用这两张图片和遮罩效果制作如图 6-71 所示的图片转换效果。

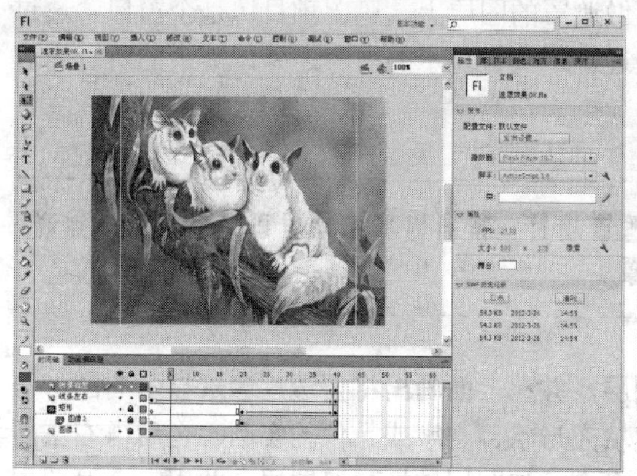
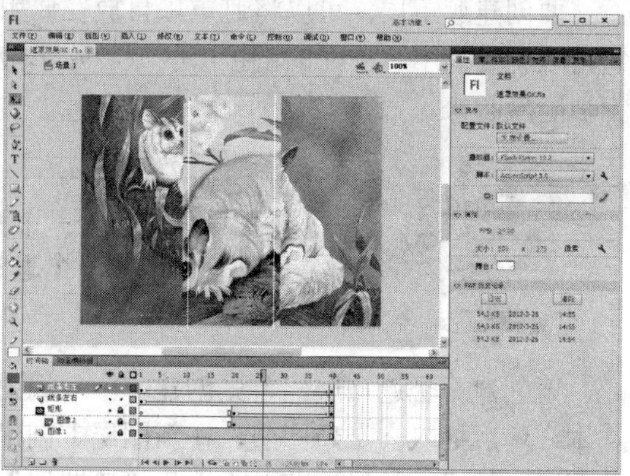

图 6-71 两张图片自动切换动画效果

（1） 按 Ctrl+O 组合键，打开“打开文档”对话框，选择名为“图片转换”的文件，单击“打开”按钮打开文档。

（2） 将“图层 1”重命名为“线条左右”，应用“线条工具”在舞台左侧绘制一条垂直竖线，并切换至“对齐”面板，选择“与舞台对齐”复选框，单击“分布”中的“左侧分布”按钮。

（3） 选择第 40 帧，按 F6 键插入关键帧，在此绘制一条相对于舞台右侧分布的垂直竖线。

（4） 单击“时间轴”面板中的“新建图层”按钮，创建新图层并“重命名”为“线条右左”。

（5） 在新建图层第 1 帧中绘制一条相对于舞台右侧分布的垂直竖线，选择第 40 帧按 F6 键插入关键帧，并创建一条相对于舞台左侧分布的垂直竖线。

（6） 选择两个图层，在选择帧上右击从弹出的快捷菜单中选择“创建补间形状”命令，得到如图 6-72 所示的效果。

（7） 新建图层并重命名为“图像 1”，切换至“库”面板，将其中的 123k.jpg 拖动至舞台，并相对于舞台水平、垂直居中。

（8） 新建图层并重命名为“图像 2”，选择该图层第 20 帧按 F6 键插入空关键帧，切换至“库”面板，将其中的 1461a.jpg 拖动至舞台，并相对于舞台水平、垂直居中，如图 6-73 所示。

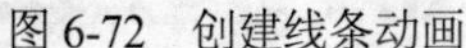
图6-72　创建线条动画

图6-73　向舞台添加图像

（9）　新建图层并重命名为“矩形”，选择第20帧并按F6键插入空白关键帧，锁定除当前图层外所有图层并隐藏“图像1”和“图像2”图层，如到如图6-74所示效果。

（10）　应用“矩形工具”绘制一个长方形，如图6-75所示。值得注意的是一定要和两个竖线对齐，否则没有拉开效果。

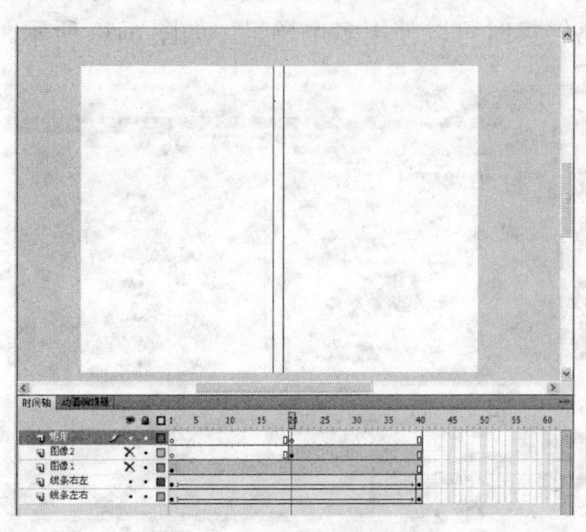

图6-74　隐藏和锁定图层

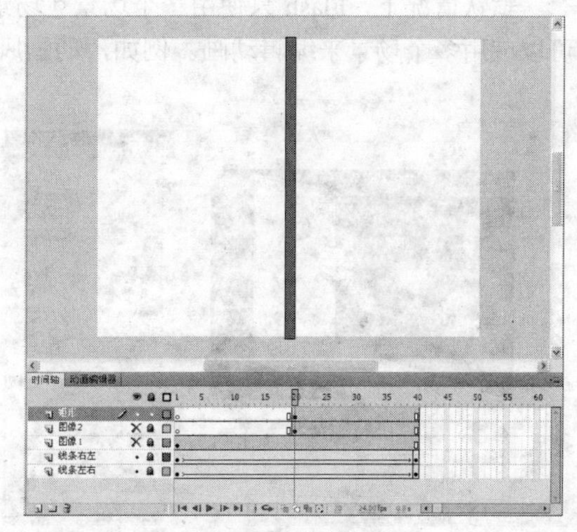

图6-75　绘制矩形

（11）　选择该图层第40帧，按F6键插入关键帧，应用“任意变形工具”调整矩形宽度，使其可覆盖整个舞台，如图6-76所示。

（12）　在“矩形”图层第20帧～第40帧间任意位置处右击鼠标，从弹出的快捷菜单中选择“创建传统补间”命令。

（13）　右击“矩形”图层，从弹出的快捷菜单中选择“遮罩层”命令，得到如图6-77所示的效果。

（14）　按住Shift键选择“线条左右”和“线条右左”两个图层，将其拖动至“矩形”遮罩图层上方，并重新设置关键帧中线条颜色为白色。

（15）　选择“文件”｜“另存为”命令，打开“另存为”对话框，选择保存路径，设置“文件名”为“图片转换OK”，不改变文件类型，单击“保存”按钮。

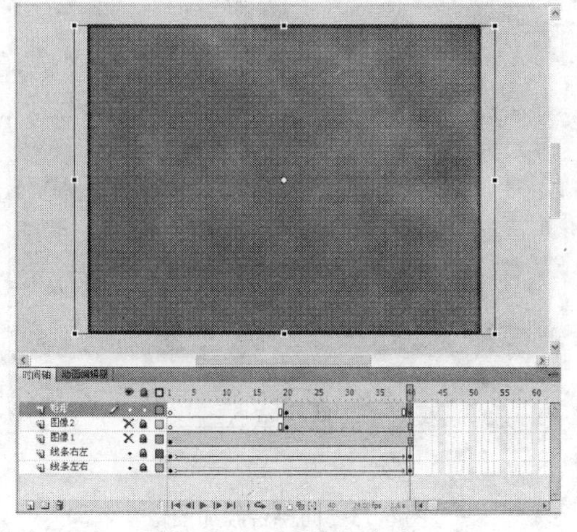

图 6-76　调整矩形宽度

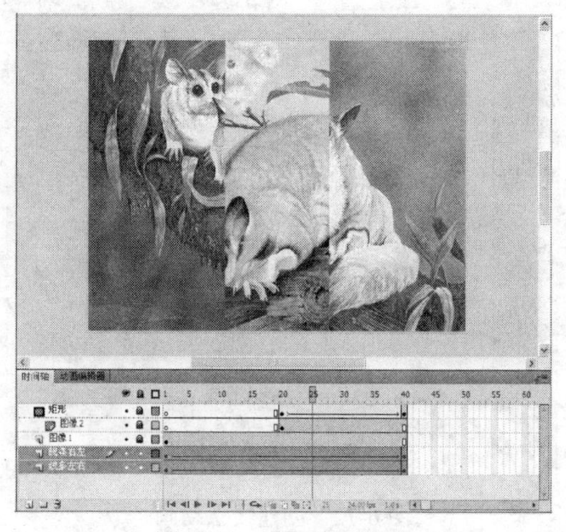

图 6-77　设置遮罩效果

6.7　创建多场景动画

默认情况下，Flash 只使用一个场景（场景 1）来组织动画，为满足复杂动画的制作，也可以应用多个场景来编辑动画。例如，动画风格转换时可以使用多个场景，如图 6-78 所示。

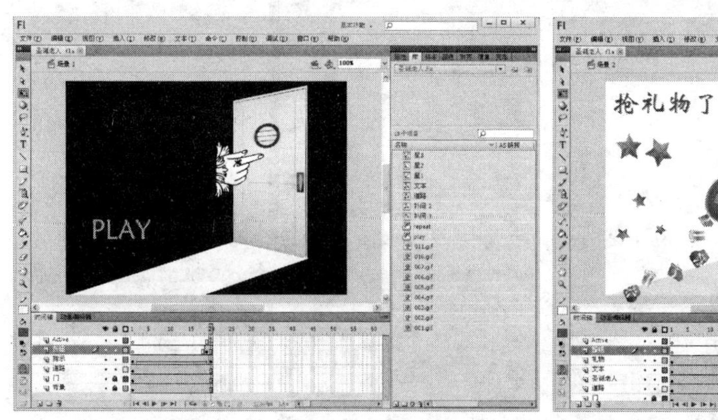

图 6-78　同一动画中的“场景 1”与“场景 2”

6.7.1　管理场景

无论是“场景 1”、“场景 2”，还是更多的场景，每个场景都有自己的主时间轴，在其中制作动画的方法也是相同的。下面介绍场景的创建及编辑方法。

（1） 添加场景：新建文档默认只有一个场景“场景 1”，要创建新的场景，可选择“窗口”｜“其他面板”｜“场景”命令，在打开的“场景”面板中单击“添加场景”按钮，如图 6-79 所示。

（2） 切换场景：新建场景后，新建的场景被默认为当前场景，用户可以在其中制作动画。要切换到其他场景制作动画，可单击“场景”面板中要进入的场景，或单击舞台右上方的“编辑场景”按钮，从展开的下拉列表中选择。

（3） 更改场景名称：要更改场景的名称，只需双击“场景”面板中要改名的场景，使场景名称变为可编辑状态，然后输入新的名称即可，如图 6-80 所示。

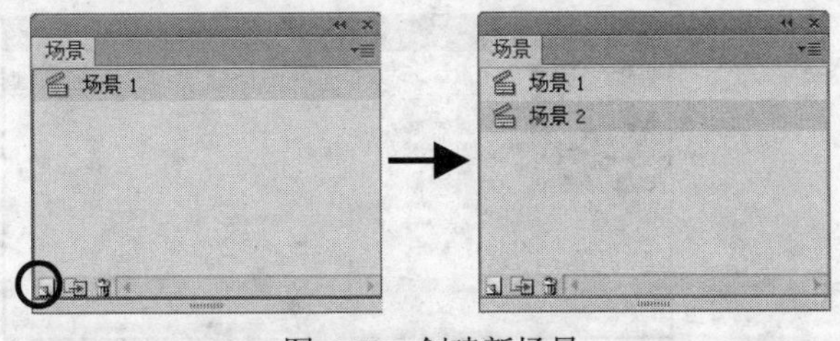

图 6-79　创建新场景

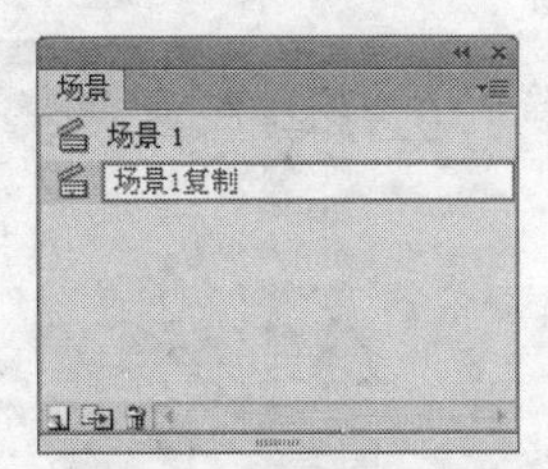

图 6-80　更改场景名称

（4） 复制场景：在“场景”面板中选择要复制的场景，单击“直接复制场景”按钮即可将原场景中的所有内容都复制到新场景中。

（5） 场景排序：在发布包含多个场景的 Flash 文档时，这些场景将按照在“场景”面板中排列的顺序播放。要更改场景的播放顺序，只需在“场景”面板中将希望改变顺序的场景拖动到相应位置即可。

（6） 删除场景：在“场景”面板中选择要删除的场景，单击“删除场景”按钮，在弹出的警告对话框中单击“确定”按钮即可。

6.7.2　实例——小球之旅

打开“小球之旅.fla”文档，向其中添加 7 个新场景，每个场景都拥有相同的运动动画，但背景却不相同，“场景 1”背景为 001.jpg、“场景 2”背景为 002.jpg，依此类推修改各场景“背景”图层。图 6-81 所示左图为“场景 1”效果、右图为“场景 6”效果。

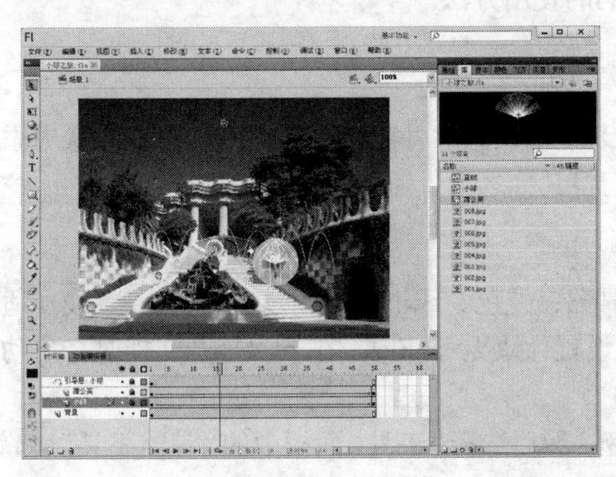

图 6-81　“场景 1”与“场景 6”

（1） 按 Ctrl+O 组合键，打开“打开文档”对话框，选择名为“小球之旅”的文件，单击“打开”按钮打开文档。

（2） 选择“窗口”｜“其他面板”｜“场景”命令，显示“场景”面板。

（3） 单击“场景”面板左下角的“复制场景”命令，创建名为“场景 1 复制”的新场景。

（4） 双击“场景 1 复制”，输入新的名称“场景 2”。

（5） 以同样的方式创建其他场景，并重命名为“场景 3～8”，如图 6-82 所示。

（6） 选择当前场景中的背景图像（场景 8），切换至“属性”面板，单击“交换”按钮，打开“交换位图”对话框，选择 008.jpg，如图 6-83 所示，单击“确定”按钮。

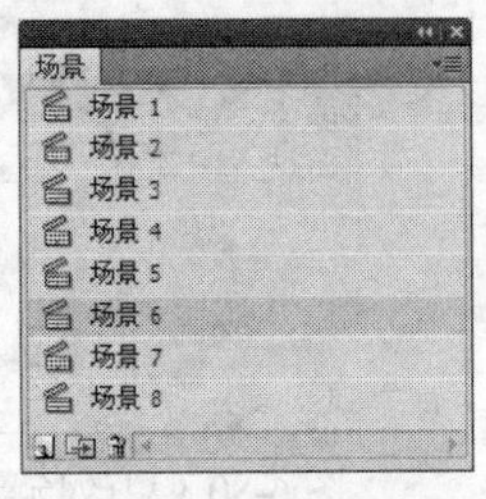

图 6-82 “场景”面板

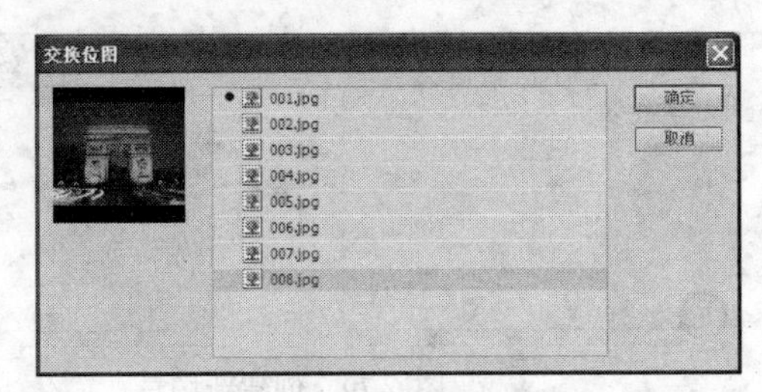

图 6-83 交换图像

（7） 单击“场景”面板中的“场景 7”切换至场景 7，选择背景图像单击“属性”面板中的“交换”按钮交换图像为 007.jgp。

（8） 以同样的方式，完成“场景 2”～“场景 6”中所有背景图像 002.jgp～006.jgp 的交换。

（9） 选择“文件”|“另存为”命令，打开“另存为”对话框，选择保存路径，设置“文件名”为“小球之旅 OK”，不改变文件类型，单击“保存”按钮。

6.8 创建骨骼动画

骨骼动画是利用反向运动工具模拟人体或动物骨骼关节的运动，使用骨骼可以让元件实例和形状对象按照复杂而自然的方式移动，例如人物行走动画。反向运动工具包括“骨骼工具”和“绑定工具”，下面分别介绍它们的使用方法。

6.8.1 向对象中添加骨骼

用户可以为元件（影片剪辑、图形和按钮）或形状添加骨骼，在向元件实例或形状中添加骨骼时，Flash 会自动创建一个新图层，我们将其称之为骨骼图层。

1. 向元件添加骨骼

在 Flash 中可以用 4 种方式在舞台上绘制骨骼：纯色、线框（插图过多时使用）、线（适用于较小的骨骼）和无。如果将“骨骼样式”设置为“无”，Flash 在下次打开文档时会自动将骨骼样式更改为“线”。

向元件添加骨骼，应先在舞台创建元件实例，然后选择“工具”面板中的“骨骼工具”，将鼠标移至要定义骨骼的实例上单击（鼠标指针变为），并拖动至其他元件实例，释放鼠标完成实例之间骨骼的创建。Flash 自动创建一个“骨架”图层，如图 6-84 所示。

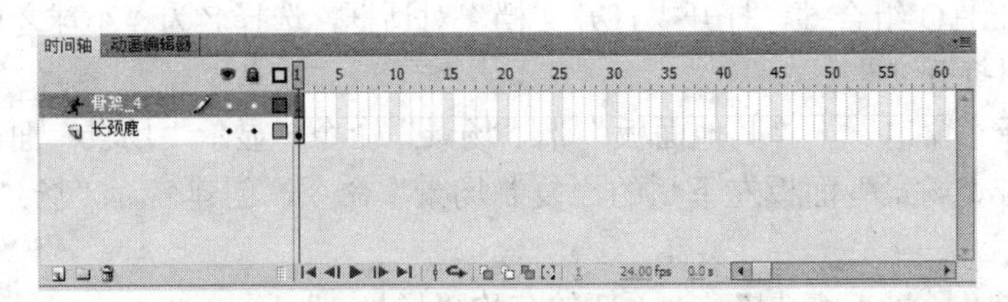

图 6-84 向实例添加骨骼后自动创建的“骨骼”图层

若要添加其他骨骼，可从第一个骨骼的尾部拖动到要添加到骨骼的下一个元件实例。每个骨骼都具有头部、圆端和尾部（尖端），骨架中的第一个骨骼是根骨骼，它显示为一个圆围绕骨骼头部，如图 6-85 所示。创建骨架后，可以应用“选择工具”拖动骨骼或元件实例，为其重新定位。

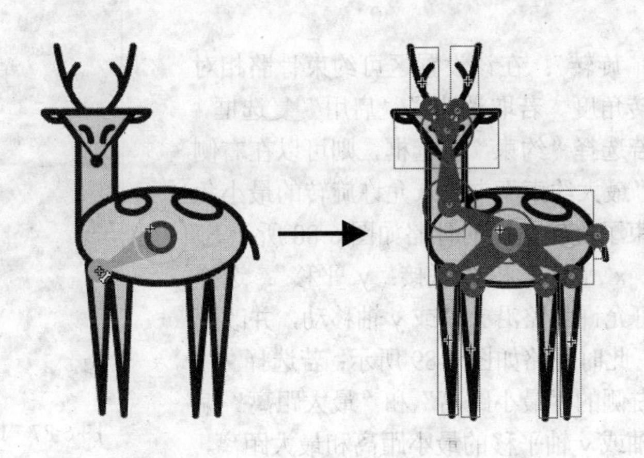

图 6-85　实例中的骨骼

2. 向形状添加骨骼

除了可以向元件添加骨骼外，还可以向单个或者一组形状对象添加 IK 骨架。要向形状添加骨骼，应先选择舞台上的形状，再选择“骨骼工具”，在形状内单击，并拖动鼠标至形状内的其他位置。若要添加其他骨骼，可从第一个骨骼的尾部拖动到形状内的其他位置。指针在经过现有骨骼的头部或尾部时会发生改变。第二个骨骼将成为根骨骼的子级，如图 6-86 所示。

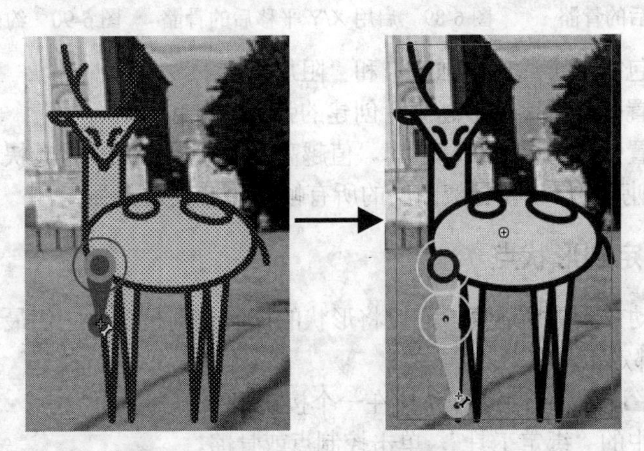

图 6-86　实例中的骨骼

6.8.2　编辑骨架和对象

创建骨骼后，使用“选择工具”选择骨骼后，可在“属性”面板中对 IK 骨骼进行重新定位骨骼及其关联的对象、在对象内移动骨骼、更改骨骼的长度、旋转角度、删除骨骼以及编辑包含骨骼的对象等操作，如图 6-87 所示。

（1） ：使用“选择工具”选择 IK 骨骼后，单击“上一个同级”、“下一个同级”、“子级”或“父级”按钮，可选中相邻的骨骼。

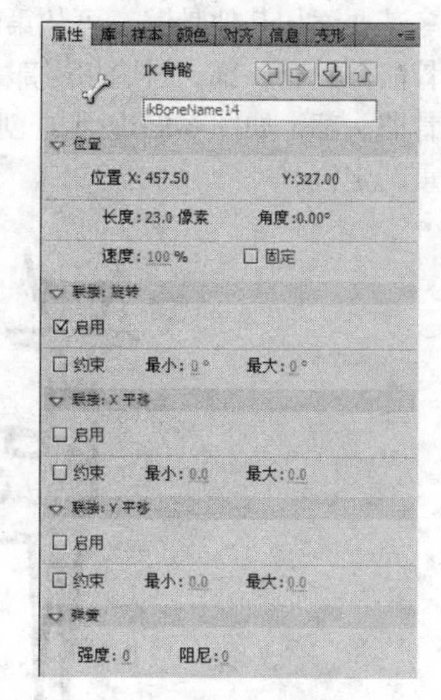

图 6-87　IK 骨骼属性面板

（2） 速度：设置骨骼的运动速度，100%表示对速度没有限制。

（3） “联接：旋转”：在该设置区可约束骨骼相对于上一级骨骼的旋转角度。若取消选择“启用”复选框，骨骼将不能旋转；若选择“约束”复选框，则可以在右侧的“最小约束”和“最大约束”中输入允许旋转的最小角度和最大角度，约束了旋转角度的骨骼如图 6-88 所示。

（4） “联接：x 平移”和“/联接：y 平移”：选择“启用”复选框，可允许骨骼沿 x 轴或 y 轴移动，并改变上一级骨骼的长度，此时骨骼如图 6-89 所示；若选择“约束”复选框，可在右侧的“最小距离”和“最大距离”编辑框中输入允许 x 轴或 y 轴平移的最小距离和最大距离，约束了 x 轴或 y 轴平移距离的骨骼如图 6-90 所示。

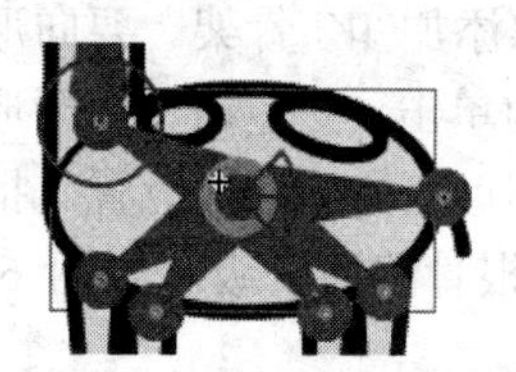

图 6-88　约束旋转后的骨骼

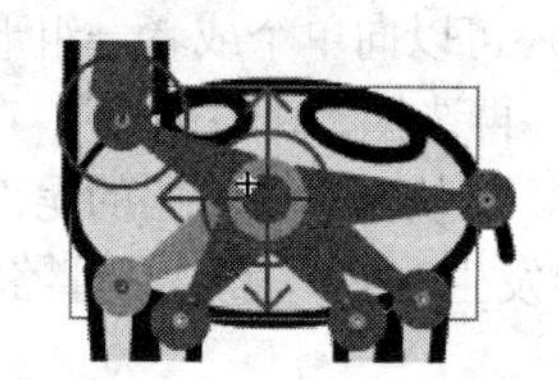

图 6-89　启用 X/Y 平移后的骨骼

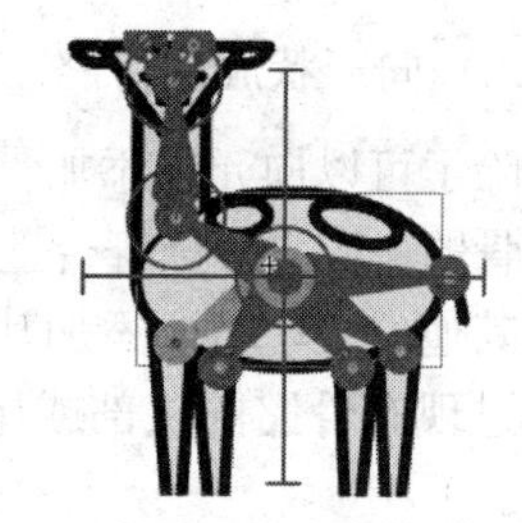

图 6-90　约束 X/Y 平移后的骨骼

（5） 弹簧：包括两个选项“强度”和“阻尼”。

“强度”：设置弹簧强度。值越高，创建的弹簧效果越强。

“阻尼”：设置弹簧效果的衰减速率。值越高，弹簧属性减小得越快，动画结束得也越快。如果值为 0，则弹簧属性在骨架图层的所有帧中保持其最大强度。

6.8.3　将骨骼绑定到形状点

为了使形状运动效果更加逼真，可以将形状的控制点连接到离它们最近的骨骼，这就要用到 Flash 中的“绑定工具”。

“绑定工具”和“骨骼工具”集成在一个按钮组中，选择“工具”面板中的“绑定工具”，单击控制点或骨骼，将显示骨骼和控制点之间的连接，如图 6-91 所示。然后按以下方式更改骨骼和控制点之间的连接。

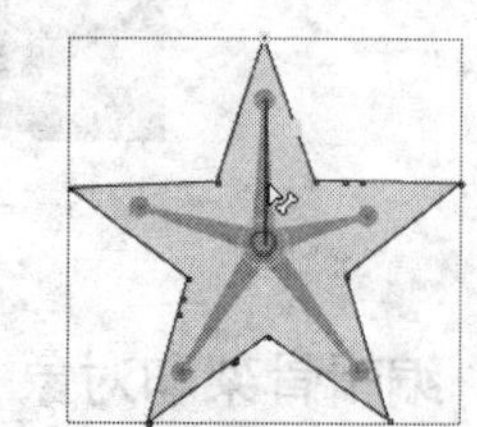

图 6-91　骨骼和控制点之间的连接

（1） 加亮显示已连接到骨骼的控制点：用绑定工具单击该骨骼。已连接的点以黄色加亮显示，选定的骨骼以红色加亮显示。

（2） 向选定的骨骼添加控制点：按住 Shift 键单击未加亮显示的控制点。或按住 Shift

键拖动鼠标选择要添加到选定骨骼的多个控制点。

（3） 从骨骼中删除控制点：按住 Ctrl 键单击以黄色加亮显示的控制点。或按住 Ctrl 键拖动鼠标来删除选定骨骼中的多个控制点。

（4） 加亮显示已连接到控制点的骨骼：用“绑定工具”单击该控制点。

（5） 向选定的控制点添加其他骨骼：按住 Shift 键单击骨骼。

（6） 从选定的控制点中删除骨骼：按住 Ctrl 键单击以黄色加亮显示的骨骼。

IK 骨架动画处理方式与其他对象相似，插入帧按 F5 键，插入姿势（骨架图层中的关键帧称为姿势）按 F6 键然后调整 IK 骨架，如图 6-92 所示。

图 6-92　创建帧和姿势

6.8.4　向 IK 动画中添加缓动效果

使用姿势向 IK 骨骼添加动画时，可以调整帧中围绕每个姿势的动画的速度，控制姿势帧附近运动的加速度称为缓动。通过调整速度可以创建更为逼真的运动。

要向骨架图层中的帧添加缓动，可单击骨架图层中两个姿势帧之间的帧，然后在“属性”面板“缓动”检查器内选择“类型”下拉列表框中的缓动类型，并设置缓动强度值，如图 6-93 所示。默认的缓动强度是 0，表示无缓动；最大值是 100，表示对下一个姿势帧之前的帧应用最明显的缓动效果；最小值是-100，表示对上一个姿势帧之后的帧应用最明显的缓动效果。IK 动画的缓动类型包括四个简单缓动和四个停止并启动缓动。

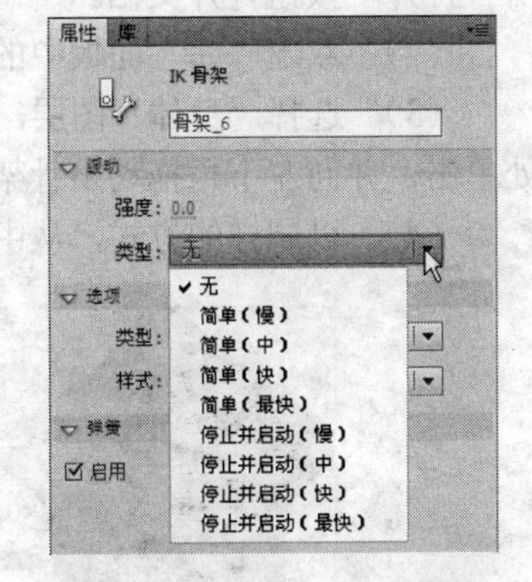

图 6-93　IK 动画的缓动类型

简单缓动将降低紧邻上一个姿势帧之后的帧中运动的加速度或紧邻下一个姿势帧之前的帧中运动的加速度。缓动的“简单”属性可控制哪些帧将进行缓动以及缓动的影响程度；“停止并启动”属性将减缓紧邻之前姿势帧后面的帧以及紧邻图层中下一个姿势帧之前的帧中的运动。这两种类型的缓动都具有“慢”、“中”、“快”和“最快”形式，“慢”形式的效果最不明显，而“最快”形式的效果最明显。在使用补间动画时，这些相同的缓动类型在动画编辑器中是可用的。在时间轴中选定补间动画时，可在动画编辑器中查看每种类型的缓动的曲线。

应用缓动时，它会影响选定帧左侧和右侧的姿势帧之间的帧。如果选择某个姿势帧，则缓动将影响图层中选定的姿势和下一个姿势之间的帧。

6.8.5 实例——海星散步

打开“海星散步.fla”文件，应用“骨骼工具”和“引导层”创建海星沿海岸线散步的动画，如图 6-94 所示。

图 6-94 海星运动效果

步骤 1：向形状添加骨骼

（1） 按 Ctrl+O 组合键，打开“打开文档”对话框，选择名为“海星散步”的文件，单击“打开”按钮打开文档。

（2） 双击“库”面板中的“海星”元件，进入元件编辑窗口。

（3） 选择“身体”图层，单击“工具”面板中的“骨骼工具”按钮，在海星中心位置处单击，并向左下角拖动出骨架，如图 6-95 所示。

（4） 以同样的方式，从中心位置处拖动出其余骨骼，如图 6-96 所示。

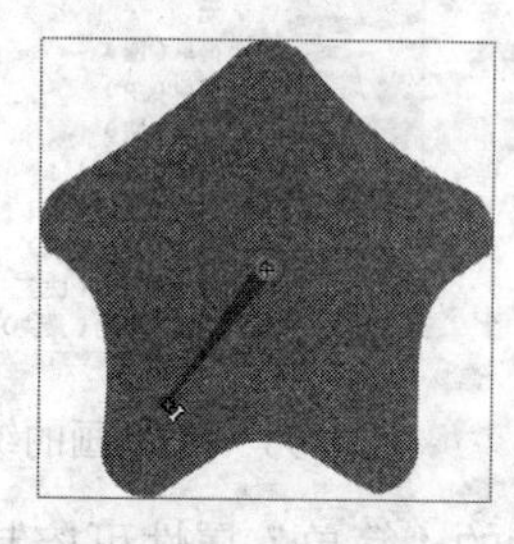

图 6-95 原动画效果

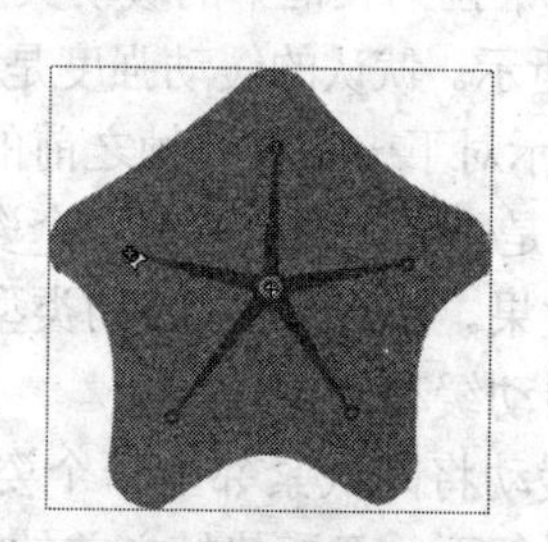

图 6-96 海星运动效果

步骤2：添加姿势

（1） 选择骨架图层第5帧，按F5键插入帧，并应用“选择工具”分别选择左下分支和左侧分支骨骼，调整其位置，如图6-97所示。

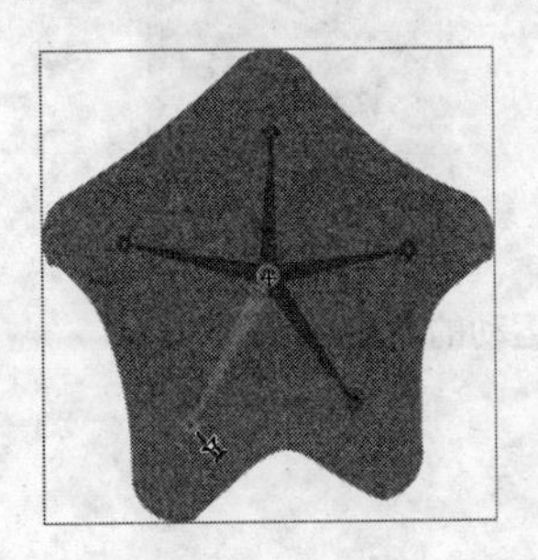
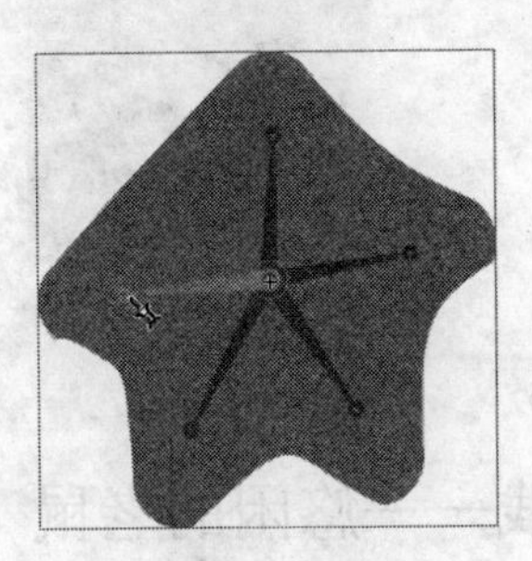

图6-97 调整左下角和左侧分支

（2） 以同样的方式选择骨架图层第10帧，应用“选择工具”分别调整右下分支和右侧分支骨骼位置，如图6-98所示。

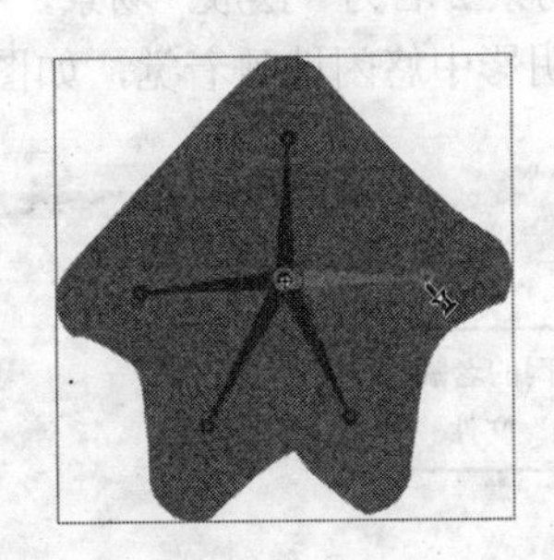

图6-98 调整右下角和右侧分支

（3） 选择“眼嘴”图层第10帧，按F5键。

（4） 完成设置，切换至“场景1”。

步骤3：设置沿曲线运动动画

（1） 选择“海星”图层，在其上右击从弹出的快捷菜单中选择“添加传统运动引导层”命令，在新建图层中绘制一条沿海岸弯曲的线条。

（2） 选择引导图层第40帧，按F5键。

（3） 选择“海星”图层第1帧，将舞台中的海星移至曲线远处起点处；选择“海星”图层第40帧，将舞台中的海星移至曲线终点处，并应用“自由变形工具”改变海星大小，如图6-99所示。

（4） 在“海星”图层第1帧～第40帧之间任意帧上右击鼠标，从弹出的快捷菜单中选择“创建传统补间”命令。

（5） 选择“背景”图层第40帧，按F5键。

（6） 为了查看海星运动效果，可以在“时间轴”面板“帧速率”中输入数值2（为了可以看清海星运动的效果，在进行骨骼姿势调整时可以将其设置的夸张一些）。

（7） 选择“文件” | “另存为”命令，打开“另存为”对话框，选择保存路径，设置“文件名”为“海星散步OK”，不改变文件类型，单击“保存”按钮。

图 6-99　沿曲线运动的海星

6.9　动手实践——悠闲的老鼠

打开“悠闲的老鼠.fla”文件，其中已经包含 5 个元件，分别为椰树影片剪辑（摇动）、椰树、蓝天、卡通鼠和海面。动画分三个场景：场景 1 名为“展示”场景，用于展示椰树、卡通鼠和蓝天；场景 2 名为“摆放”场景，用于摆放蓝天、海面和沙滩；场景 3 名为“悠闲”，卡通鼠躲在椰树阴影中悠闲地睡着觉，如图 6-100 所示。

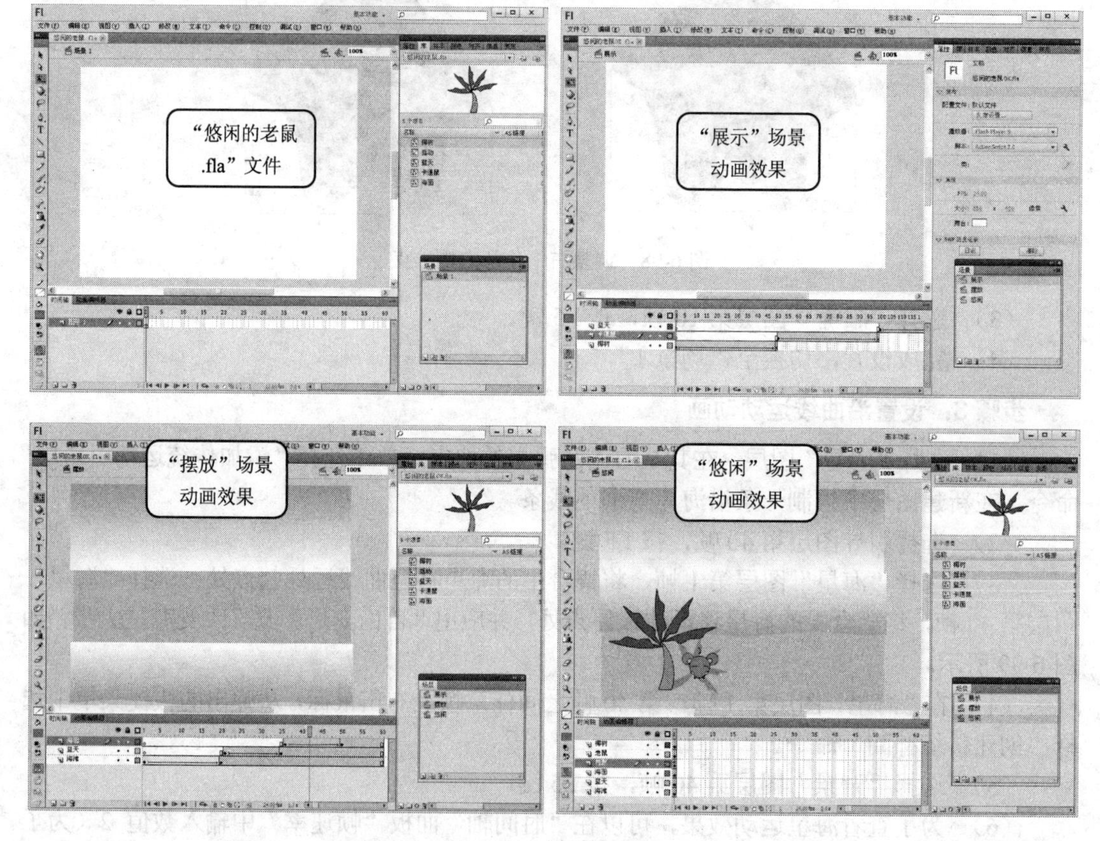

图 6-100　悠闲的老鼠

步骤 1：创建场景

（1）按 Ctrl+O 组合键，打开“打开文档”对话框，选择名为“悠闲的老鼠”的文件，单击“打开”按钮打开文档。

（2） 选择“窗口”｜“其他面板”｜“场景”命令，打开“场景”面板。

（3） 单击“场景”面板左下角的“新建场景”按钮，创建新场景“场景2”和“场景3”。

（4） 双击“场景1”将其重命名为“展示”，双击“场景2”将其重命名为“摆放”，双击“场景3”将其重命名为“悠闲”，如图6-101所示。

步骤2：设置“展示”场景

（1） 单击“展示”场景，将“图层1”重命名为“椰树”，并将“椰树”图形元件拖动至舞台。

（2） 切换至“对齐”面板，选择“与舞台对齐”选项，单击“对齐”中的“重直对齐”按钮，再单击“分布”中的“水平居中分布”按钮。

（3） 选择第50帧按F6键插入关键帧，如图6-102所示。

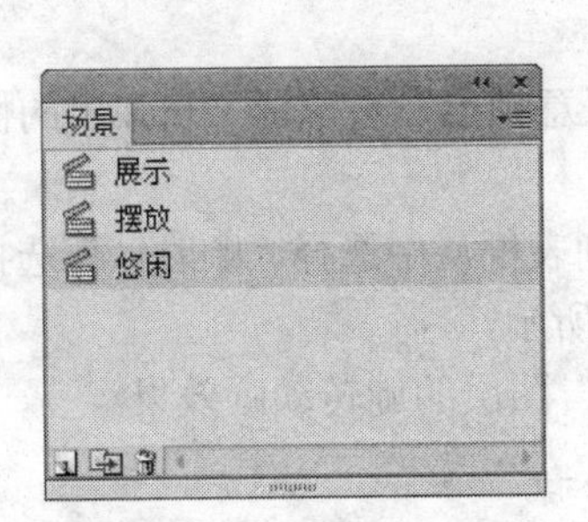

图6-101 创建场景并重命名

图6-102 插入椰树图形元件

（4） 选择图层第1帧，应用“选择工具”选择椰树，并切换至“属性”面板，单击“位置和大小”检查器中的“锁定”按钮，将宽、高值锁定，并设置“宽”值为50。

（5） 在“椰树”图层名称上右击鼠标，从弹出的快捷菜单中选择“复制图层”命令，并将“椰树 复制”图层名称重命名为“卡通鼠”。

（6） 选择“卡通鼠”图层第1帧舞台中的椰树实例，单击“属性”面板中的“交换”按钮，打开“交换元件”对话框，选择“卡通鼠”选项，如6-103所示，单击“确定”按钮。

（7） 以同样的方式，将“卡通鼠”第50帧处的椰树元件交换为“卡通鼠”。

（8） 选择“卡通鼠”图层第2帧按F6键，并右击第1帧从弹出的快捷菜单中选择“清除帧”命令。

（9） 连续按下F5键至第50帧处，并在52帧处按F5键，得到如图6-104所示的“时间轴”效果。

（10） 单击“时间轴”面板中的“新建图层”按钮，在“卡通鼠”图层上方新建“图层2”并重命名为“蓝天”。

（11） 选择“卡通鼠”图层第51帧～第100帧，在选择的帧上右击从弹出的快捷菜单中选择“复制帧”命令。

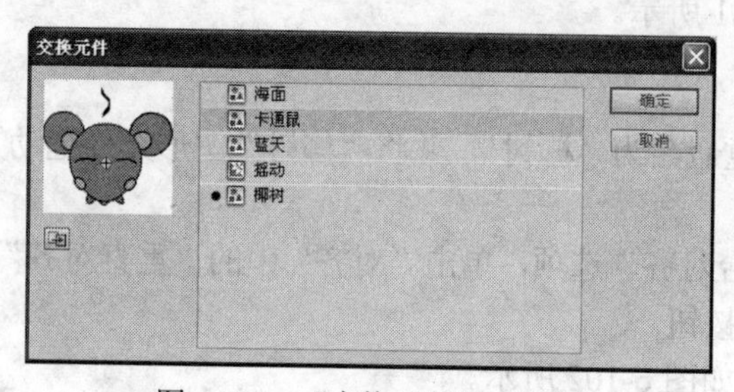

图 6-103 “交换元件”对话框

图 6-104 设置“卡通鼠”图层

（12） 单击“蓝天”图层第 101 帧按 F6 键，并在该帧上右击从弹出的快捷菜单中选择“粘贴帧”命令。

（13） 以同样的方式替换第 101 帧和 150 帧处的“卡通鼠”元件为“蓝天”。

（14） 调整“卡通鼠”图层 100 帧和“蓝天”图层第 100 帧处的实例元件，将其设置为相对于舞台水平居中分布、垂直中齐。

（15） 选择“椰树”图层，在第 1 帧～第 50 帧任意帧上右击鼠标，从弹出的快捷菜单中选择“创建传统补间”命令。

（16） 切换至“属性”面板，打开“旋转”下拉列表框从中选择“顺时针”选择，并在其后“旋转次数”选项中设置旋转值为 3，如图 6-105 所示。

（17） 以同样的方式，设置“卡通鼠”和“蓝天”图层的旋转动画效果。

步骤 3：设置“摆放”场景

（1） 单击“摆放”场景，将“图层 1”重命名为“海滩”，并选择“矩形工具”设置笔触颜色为无，填充色为黄色（颜色代码#FFCC00），在舞台左侧偏上部位绘制一个小矩形。

（2） 选择第 20 帧按 F6 键，应用“任意变形工具”改变矩形大小，使其宽可以跨越舞台，高可以至舞台底边，如图 6-106 所示。

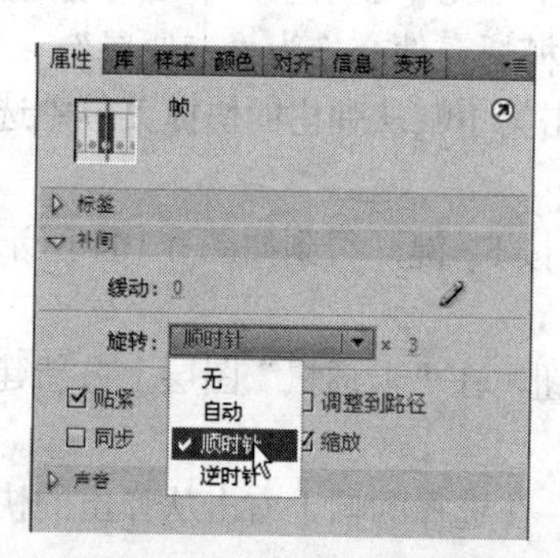

图 6-105 设置旋转效果

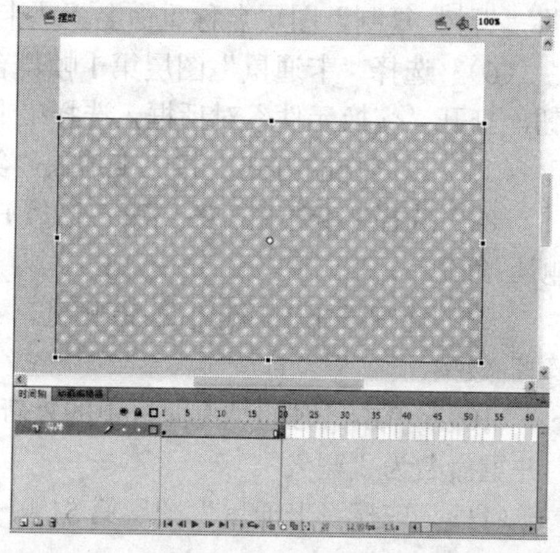
图 6-106 绘制海滩

（3） 在第 1 帧～第 19 帧任意帧上右击鼠标从弹出的快捷菜单中选择“创建补间形状”命令，并选择第 60 帧按 F5 键。

（4） 创建新图层并重命名为“蓝天”，选择第 21 帧按 F6 键。

（5） 切换至“库”面板，将“蓝天”元件拖动至舞台上方，并应用“任意变形工具”改变其宽度，使其适应舞台宽，如图 6-107 所示。

（6） 选择“蓝天”图层第 35 帧，按 F6 键，并切换至“属性”面板将 Y 值修改为 80。

（7） 右击该图层第 21 帧～第 34 帧任意帧，从弹出的快捷菜单中选择“创建传统补间”命令。

（8） 创建新图层并重命名为“海面”，选择第 36 帧按 F6 键。

（9） 切换至“库”面板，将“海面”元件拖动至舞台下方，并应用“任意变形工具”改变其宽度，使其适应舞台宽，如图 6-108 所示。

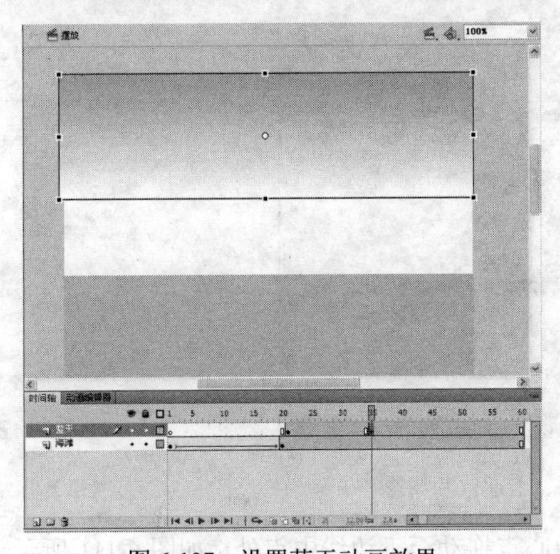

图 6-107　设置蓝天动画效果

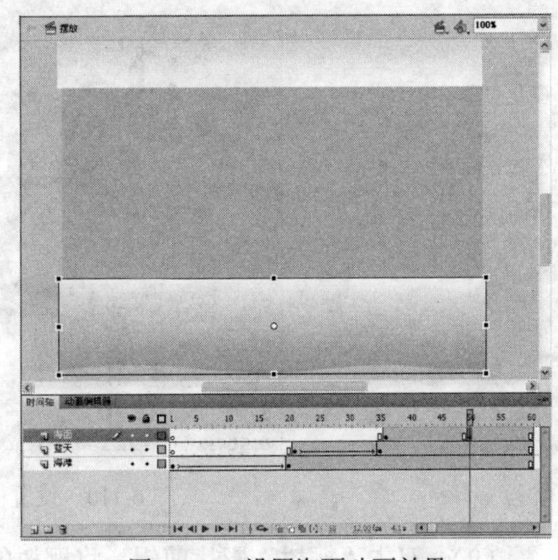

图 6-108　设置海面动画效果

（10） 选择“海面”图层第 50 帧，按 F6 键，并切换至“属性”面板将 Y 值修改为 220。

（11） 右击该图层第 35 帧～第 49 帧任意帧，从弹出的快捷菜单中选择“创建传统补间”命令。

步骤 4：设置“悠闲”场景

（1） 选择“海滩”、“蓝天”和“海面”3 个图层，右击从弹出的快捷菜单中选择“复制图层”命令。

（2） 切换至“悠闲”场景，在“图层 1”名称上右击鼠标从弹出的快捷菜单中选择“粘贴图层”命令，并按住 Shift 键选择这 3 个图层第 1 帧～第 59 帧，在选择的图层上右击鼠标从弹出的快捷菜单中选择“删除帧”命令。

（3） 将“图层 1”重命名为“老鼠”，并拖动至“海面”图层上方，如图 6-109 所示。

（4） 在“老鼠”图层上、下方各新建一个图层，分别命名为“椰树”和“树影”。

（5） 选择“树影”图层，从“库”面板中将“椰树”图形元件拖动至舞台，并切换至“属性”面板，在“锁定”状态下设置“宽”值为 120。

（6） 切换至“变形”面板，选择“旋转”单选按钮，在其下的旋转角度中设置其值为 60。

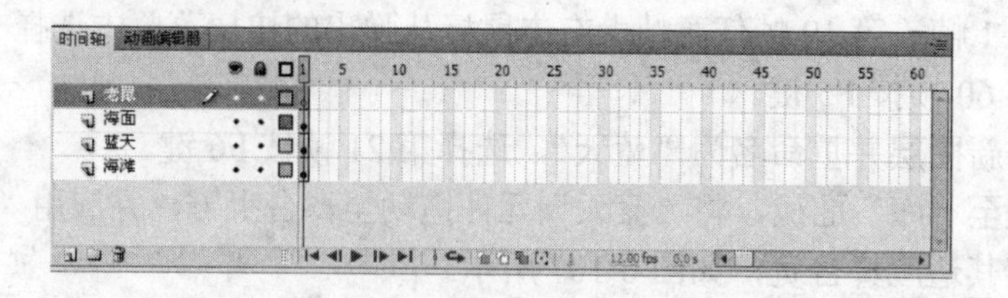

图 6-109　调整图层顺序

（7）选择“老鼠”图层，从“库”面板中将“卡通鼠”图形元件拖动至舞台，并切换至“属性”面板，在锁定状态下设置“宽”值为 70。

（8）选择“椰树”图层，从“库”面板中将“椰树”影片剪辑拖动至舞台，如图 6-110 所示。

图 6-110　设置椰树、卡通鼠和树影

（9）双击“椰树”影片剪辑，将椰树的中心点拖动至下边线中点处，如图 6-111 所示。

（10）分别在第 10 帧、第 20 帧处按 F6 键插入关键帧，选择第 10 帧，应用“任意变形工具”调整椰树，如图 6-112 所示。

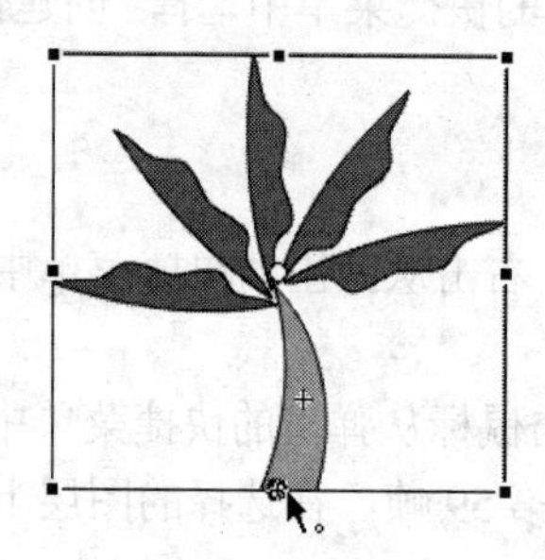

图 6-111　调整中心点

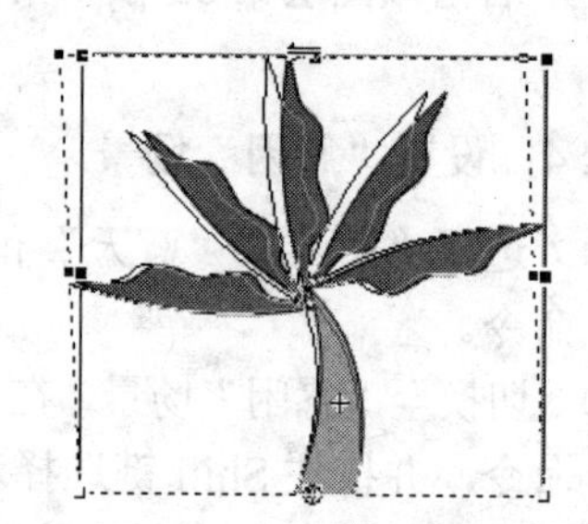

图 6-112　调整形状

（11）在第 1 帧～第 20 帧任意帧上右击鼠标，从弹出的快捷菜单中选择“创建传统补间”命令。

（12）返回“悠闲”图层，选择“树影”图层中的对象，切换至“属性”面板，打开“颜色”下拉列表框，从中选择“色调”选项，设置 R、G、B 值分别为 153、153、153，“色彩数量”为 100%。

（13） 在该图层关键帧上右击鼠标，从弹出的快捷菜单中选择“动作”命令，在打开的“动作 - 帧”面板中输入“stop();”，如图 6-113 所示。

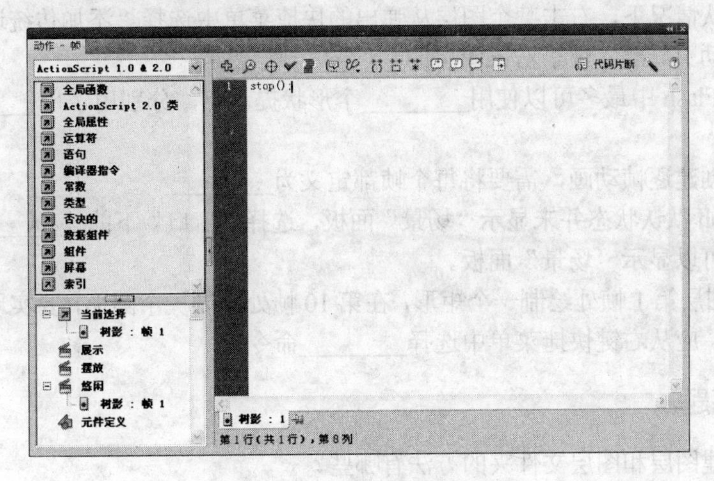

图 6-113　添加动作

（14） 关闭“动作 - 帧”面板，返回“展示”场景。

（15） 选择“文件”|“另存为”命令，打开“另存为”对话框，选择保存路径，设置“文件名”为“悠闲的老鼠 OK”，不改变文件类型，单击“保存”按钮。

6.10　上机练习与习题

6.10.1　选择题

（1） 在发布 Flash SWF 文件时，________不会显示在最终发布的 SWF 文件中。

A. 隐藏图层　　B. 锁定图层
C. 引导层　　D. 遮罩层

（2） 在“时间轴”面板中选择多个连续的图层，应执行的操作是________。

A. 按住 Shift 键单击所需每个图层　　B. 在所需图层名称中拖动
C. 分别单击所需的图层　　D. 按住 Ctrl 键单击所需每个图层

（3） 如果“时间轴”面板中一个图层名称的前方显示图标，表明该图层是________。

A. 遮罩层　　B. 被引导层
C. 普通引导层　　D. 运动引导层

（4） 下面图层中，________是被遮罩的图层图标。

A.　　B.
C.　　D.

（5） 要使对象沿着一条指定的不规则路径运动，最简便的方法是________。

A. 创建补间动画　　B. 使用运动引导层
C. 创建变形过渡动画　　D. 创建逐帧动画

6.10.2 填空题

（1） 默认情况下，右击某个图层从弹出的快捷菜单中选择“添加传统运动引导层”命令，创建的运动引导层，位于右击图层的__________。

（2） 在 Flash 中最多可以使用________个形状提示点，分别用字母________到______表示。

（3） 要创建逐帧动画，需要将每个帧都定义为________。

（4） Flash 默认状态并未显示“场景”面板，选择“窗口”下的________命令中的“场景”子命令，可以显示“场景”面板。

（5） 在图层第 1 帧处绘制一个矩形，在第 10 帧处绘制一个圆形，要实现从矩形变为圆形的动画效果，应从右键快捷菜单中选择________命令。

6.10.3 问答题

（1） 创建图层和图层文件夹的方法有哪些？

（2） 如何应用 Flash 中的预设动画？

（3） 如何在各场景中进行切换？

（4） 补间动画与传统补间的区别（至少简述 3 点区别）。

（5） 简述设置遮罩动画的过程。

6.10.4 上机练习

利用所学的知识自定义一个动画，或制作“动漫欣赏”动画，其中用到的素材为“2-1.bmp”～“2-5.bmp”，导入位图后应用运动渐变、变形和遮罩层制作遮罩动画（伴随着不同的遮罩效果从一幅图像切换至另一幅图像，如图 6-114 所示）。

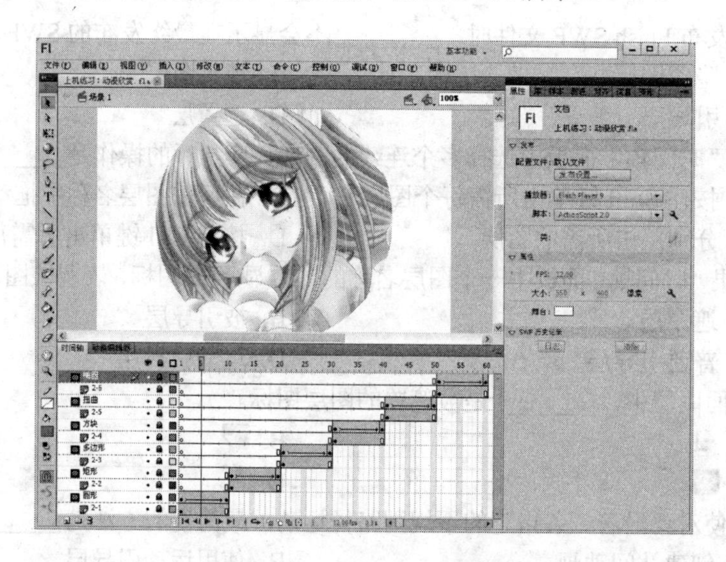

图 6-114 动漫欣赏

第 7 章　创建交互式动画

本章要点

- ActionScript 3.0 语法。
- 在帧中添加代码的方法。
- 应用行为控制影片剪辑。
- 应用行为控制视频文件。

本章导读

- **基础内容**：认识 ActionScript 和行为。
- **重点掌握**：在关键帧中输入代码的方法及利用行为控制影片剪辑的方法。
- **一般了解**：了解 ActionScript 3.0 的基本语法、数据类型，以及常用的条件语句及循环语句的应用方法。

课堂讲解

ActionScript 实际上是一种脚本语言，主要用于为动画编写代码。使用 ActionScript 语言可以使动画具有交互性。一时半刻就想熟练使用该语言是不可能的，为此 Flash CS6.0 为用户提供了已经编好的 ActionScript——行为。

本章除了介绍 ActionScript 3.0 的基本语法、数据类型、条件语句和循环语句外，还介绍了添加代码的方法，以及利用行为控制影片剪辑和视频的方法。

7.1 认识 ActionScript 3.0 与行为

应用Flash中的ActionScript 3.0与行为都可以创建交互式动画。ActionScript是Flash CS6.0自带的编程语言，简称 AS，利用它可以创建各种交互动画甚至网站。例如，使用按钮控制动画的播放，使用最少的步骤制作各种特殊效果的动画，制作多媒体课件、Flash游戏或网站等。由于 ActionScript 3.0 较难掌握，因此 Flash CS6.0 提供了简单易用的“行为”面板帮助初学者制作交互动画。

7.1.1 认识 ActionScript 3.0

随着 Flash 软件版本的更新，ActionScript 从 ActionScript 1.0、ActionScript 2.0 发展到 ActionScript 3.0。ActionScript 3.0 是一种强大的面向对象编程语言，与老版本相比具有以下特点。

（1） ActionScript 3.0 支持类型安全性，使代码维护更轻松。

（2） ActionScript 3.0 更容易编写。

（3） 开发人员可以编写具有高性能的响应性代码。

（4） ActionScript 3.0 向后兼容 ActionScript 2 并向前兼容 ECMAScript for XML（E4X）。

ActionScript 3.0 除了制作动画外，还可用于开发多媒体网页和网络应用程序。下面介绍应用 ActionScript 3.0 的常见领域。

（1） 制作动画：与 Flash 软件结合，制作出各种精彩的动画特效。

（2） 制作网站：使用 ActionScript 3.0 开发的网站动感更强，数据交互速度更快。

（3） 制作播放器：使用 ActionScript 3.0 开发的音乐播放器和视频播放器在网络上得到广泛应用，许多视频网站的播放器都是使用 Flash 开发。

（4） 制作课件：使用 ActionScript 3.0 制作课件已成为教师首选的课件制作工具。

（5） 制作游戏：使用 ActionScript 3.0 开发的游戏具有简单易用，绿色且文件小等优势，受到广大游戏玩家的青睐。

7.1.2 认识 Flash 中的行为

行为是 Flash 预定义的脚本，提供了避免编写 ActionScript 的便捷途径，可帮助用户了解 ActionScript 的工作方式。行为可以附加到 FLA 文件中的对象，且仅在 ActionScript 2.0 及更早版本中可用。Flash CS6.0 中的行为功能包括：帧导航、加载外部 SWF 文件和 JPEG 文件、控制影片剪辑的堆叠顺序，以及影片剪辑拖动等。

如果用户将行为应用于实例，可使用行为以便将其排列在帧上的堆叠顺序中，以及加载、卸载、播放、停止、直接复制或拖动影片剪辑，或者链接到 URL。此外，还可以使用行为将外部图形或动画遮罩加载到影片剪辑中。

在 Flash 中允许用户为影片剪辑、视频文件和音频文件添加行为，其中为音频文件添加行为的方法将在第 8 章进行介绍。本章只介绍用行为控制影片剪辑和视频文件的方法。这里先介绍一下可为影片剪辑添加的行为，如表 7-1 所示。

表 7-1 Flash 中影片剪辑可使用的行为

行 为	目 的	选择或输入
上移一层	将目标影片剪辑或屏幕在堆叠顺序中上移一层	影片剪辑或屏幕的实例名称
下移一层	将目标影片剪辑或屏幕在堆叠顺序中下移一层	影片剪辑或屏幕的实例名称
停止拖动影片剪辑	停止当前的拖动操作	
加载外部影片剪辑	将外部SWF文件加载到目标影片剪辑或屏幕中	外部 SWF 文件的 URL 接收 SWF 文件的影片剪辑或屏幕的实例名称
加载图像	将外部 JPEG 文件加载到影片剪辑或屏幕中	PEG 文件的路径和文件名 接收图形的影片剪辑或屏幕的实例名称
卸载影片剪辑	从 Flash Player 中删除通过 loadMovie() 加载的影片剪辑	影片剪辑的实例名称
开始拖动影片剪辑	开始拖动影片剪辑	影片剪辑或屏幕的实例名称
直接重制影片剪辑	直接重制影片剪辑或屏幕	要直接重制的影片剪辑的实例名称 从原本到副本的 X 轴及 Y 轴偏移像素数
移到最前	将目标影片剪辑或屏幕移到堆叠顺序的顶部	影片剪辑或屏幕的实例名称
移到最后	将目标影片剪辑移到堆叠顺序的底部	影片剪辑或屏幕的实例名称
转到帧或标签并在该处停止	停止影片剪辑，并根据需要将播放头移到某个特定帧	要停止的目标剪辑的实例名称 要停止的帧号或标签
转到帧或标签并在该处播放	从特定帧播放影片剪辑	要播放的目标剪辑的实例名称 要播放的帧号或标签

7.2 ActionScript 3.0 语法和常用语句

要使 ActionScript 语句能够正常运行，就必须按照正确的语法规则进行编写。下面我们学习 ActionScript 语言的语法规则和两种常用语句（条件语句和循环语句）。

7.2.1 基本语法

下面介绍在 ActionScript 3.0 中常用的基本语法。

1. 字母的大小写

在 ActionScript 中只有关键字需要区分大小写外（不正确书写关键字，代码将会出错），其他的 ActionScript 语句大小写可以混用，但根据书写规范进行输入，可以使 ActionScript 语句更容易阅读。除此之外，用户定义的标识符也是要区分大小写的，例如在定义变量时，大小写不同表示不同的变量。

2. 点语法

在 ActionScript 语句中，点语法“.”（又称点运算符号）可用于指示与对象相关的属性或方法。

3. 冒号语法

在 ActionScript 中每个属性都用冒号字符“:”进行声明，冒号用于分隔属性名和属性值。

4. 括号语法

在 ActionScript 中的括号可分为大括号“{}”和小括号“()”。大括号“{}”可以把 Actions 代码括起来，用于分割一段程序区。括号中的代码组成一个相对完整的代码段来完成一个相对独立的功能。小括号“()”通常用于定义函数，在函数调用中要传送一些参数时，更改表达式的运算顺序。

5. 分号语法

在 ActionScript 中每行语句后面都紧跟分号“;”，表示语句结束。虽然有些语句末尾也可以不加分号“;”，但加上可更有利于阅读。

6. 注释

在 ActionScript 语句的后面添加注释有助于用户理解脚本的含义，以及向其他开发人员提供信息。添加注释的方法是先输入两个斜杠“//”，然后输入注释的内容即可。在脚本编辑窗格中注释以灰色显示，长度不受限制，也不会影响 ActionScript 语句的执行。例如：

```
var Company:Object = {};          //新建空对象，将其引用赋值给变量 Company
var a:int = 5;                    //声明 int 型变量 a 并为其赋值 5
if(a>0){                          //如果 a 大于 0
  Company.name = "红";            //新增属性 name，将字符串“红”赋值给它
  trace (Company.name);           //输出 Company  结果“红”
} else {                          //否则
  Company.name = "蓝";            //新增属性 name，将字符串“蓝”赋值给它
  trace (Company.name);           //输出 Company  结果“蓝”
}
```

7. 标识符和关键字

在程序设计中，也常常用一个记号对变量、方法和类等进行标识，这个记号就称为标识符。

标识符可用于为变量、方法和类命名，命名时必需符合一定的规范。在 ActionScript 语言中，标识符的第一个字符必须为字母、下画线“_”或美元符号“$”，后面的字符可以是数字、字母、下画线或美元符号。

关键字是指编程语言预先定义的标识符，在程序中有其特殊的含义。用户在命名变量、函数和类等时应避免使用这些关键字，否则，将导致程序无法进行编译。ActionScript 中常见的关键字如表 7-2 所示。

表 7-2　ActionScript 中常见的关键字

as	break	case	catch	false	class	const	continue
default	delete	do	else	extends	false	finally	for
function	if	implements	import	in	instanceof	interface	intemal
is	naitve	new	null	package	private	protected	pubic
return	super	switch	this	throw	to	true	try
typeof	use	var	void	while	with		

7.2.2 数据类型

ActionScript 3.0 的基本元素包括数据类型、变量、常量、运算符和函数等，下面分别进行介绍。

1. 数据类型

ActionScript 3.0 中的数据可分为简单数据类型和复杂数据类型。简单数据类型表示单条信息，如 Boolean、int、Null、Number、String、uint 和 void。复杂数据是指除简单数据处的值，如 Object、Array、Date、Error、Function、RegExp、XML 和 XMLList。

在 ActionScript 3.0 中常用的简单数据类型主要有布尔值（Boolean）、数字（int、uint、Number）、字符串（String）和 uint 和 void 这几种，其中最常用的 3 种数据类型为布尔值、数字和字符串。

（1） int、uint、Number：都是数字值的数据类型，其中 int 和 uint 表示整数型数值（uint 为不带负号的整数）；Number 可以表示整数和浮点数，浮点数在计算机中用来近似表示任意某个数值。

（2） String：表示 Unicode 字符集中的符号，即通常说的文本型数据，例如一个名称或书中某一章的文字。

（3） Boolean：用来表示真假的数据类型，它只有 true（真）和 false（假）两个值。

（4） Null：Null 数据类型仅包含一个值 null。这是 String 数据类型和用来定义复杂数据类型的所有类（包括 Object 类）的默认值。

（5） void：void 数据类型仅包含一个值 undefined。如果尝试将值 undefined 赋予 Object 类的实例，Flash Player 将该值转换为 null。

ActionScript 3.0 中定义的大部分数据类型都可以被描述为复杂数据类型，因为它们表示组合在一起的一组值。常用的复杂数据类型有以下几种。

（1） Object：由 Object 类定义。

（2） MovieCilp：影片剪辑元件。

（3） SimpieButton：按钮元件。

（4） TextField：动态文本字段或输入文本字段。

（5） Date：日期和时间。

（6） Array：数组。

（7） Error：错误。

（8） Function：函数。

（9） XML：可扩展标记语言。

2. 变量

在程序中存在大量的数据来表示程序的状态，其中有些数据的值在程序运行过程中会发生改变，我们将这些数据称为变量，它用于在程序运行时临时存放数据。

（1） 变量的命名规则。

变量的命名规则不仅是为了让编写的代码符合语法，更重要的是增强代码的可读性。在为变量命名时应遵循以下规则。

一般以英文字母开头，后接字母、数字等，但不能使用空格、问号等其他符号。

使用具有一定意义的英文单词组合命名变量。

在一个 Flash 文件中变量名必须是唯一的。

变量名不能是关键字或 ActionScript 文本。这里的 ActionScript 文本是指直接出现在代码中的值，如 true、false、null 或 undefined 等。

变量不能是 ActionScript 语法中的任何元素，例如类名称。

采用骆驼命名法。如果一个变量名由多个单词构成，第一个单词为小写，第二个单词首字母大写，如 anCase。

变量名区分大小写。例如定义两个变量 num 和 NUM，这是两个不同的变量。

（2） 声明变量的语法。

为了使用变量，首先需要声明变量，预先告诉编译器将要使用的变量名及其所表示的数据类型，以便在后面的代码中出现该变量时编译器知道该如何处理。在 ActionScript 3.0 中有以下几种声明变量的方法。

方法一：简单声明变量，即不定义变量类型，也不给变量赋值。在声明变量时不指定变量的类型是合法的，但在严格模式下会发出警告。

```
var 变量名;
例如:
var i;
```

方法二：将变量与一个数据类型相关联，则必须在声明变量时进行此操作。即在变量名后追加一个冒号和变量类型。

```
var 变量名:数据类型;
例如:
var i:String;
```

方法三：使用赋值运算符“＝”为变量赋值。

```
var 变量名:数据类型 = 值;
例如:
var i:String;
i="红色";
或
var i:String="红色";
```

方法四：如果要同时声明多个变量，可以使用逗号“,”分隔变量。

```
例如:
var a:int, b:int, c:int;
或
var a:int,=5,b:int=10,c:int=15;
```

在 ActionScript 3.0 中，变量的值可以是字符串、数字、数组、对象、xml 和日期，也可以是自己创建的自定义类型。在为变量赋值时，值的数据类型必须和变量的数据类型一致；若不为变量赋值，则变量将根据数据类型赋予默认值。

（3） 变量的默认值。

若声明了一个变量，却没有为其赋值，则系统会自动为该变量赋予一个默认值，该默认值取决于变量的数据类型。不同数据类型的默认值如表7-3所示。

表7-3 不同数据类型的默认值

数值类型	默认值
Boolean	false
Int	0
Number	NaN
Object	null
String	null
Uint	0
未声明（与类型注释*等效）	undefined
其他所有类（包括用户自定义的类）	null

3. 常量

常量是指程序运行过程中具有固定属性的数据，它用来记忆一个固定的数值。在Flash中可以使用const关键字声明常量。常量只能进行一次赋值，并且赋值之后不能在其他语句中进行更改。在ActionScript 3.0中常量全部使用大写字母，其声明语法与使用var声明变量的语法格式完全相同，只是将var换成了const，如：

```
例如：
const K:int = 80;
```

表示声明了一个int型常量K，并为其赋值“80”。

4. 运算符与表达式

“运算符”是一种特殊的函数，具有一个或多个操作数并返回相应的值。“操作数”是被运算符用作输入的值。运算符和操作数组合在一起就成为“表达式”。每个表达式都会产生一个值，这个值就是表达式的值。常见的运算符有四种：赋值运算符、算术运算符、关系运算符和逻辑运算符。

```
例如：
var num:uint=1+2+3;        //1+2+3为表达式，1、2和3为操作数，+为运算符，表达式的值为6
```

（1） 赋值运算符：赋值运算符“=”是最常用的运算符，它可以将自身右侧的值赋给左侧的变量。

（2） 算数运算符：数学运算符就是平时所使用的加、减、乘、除等数学运算符号。把算数运算符与赋值运算符组合起来，表示将第一个操作数的值与第二个操作数的值进行去处后赋予第一个操作数，该类运算包括加法赋值（+=）、减法赋值（-=）、乘法赋值（*=）、除法赋值（/=）和求模赋值（%=）。其运算形式如下。

```
var a:int = 5;
var b:int = 10;
trace(a+b);              //输出：15
b+=a;
trace(b);                //输出：15
```

（3） 关系运算符：关系运算符包括大于（>）、小于（<）、大于等于（>=）、小于等于（<=）、等于（==）、不等于（!=）、严格等于（===）和严格不等于（!==）。关系运算符左侧不一定是变量，也可以是表达式，其运算结果是 Boolean 值（true 或 false）。

当运算符两侧的运算对象都是数值时，关系运算符的含义与数学不等式中的含义相同；若运算符一侧的运算对象是数值，另一侧的对象是非数值时，非数值会尽量转换成数值，然后再进行比较。

```
例如：
var m:int = 2;
var n:string = "5";
trace (m<n);                    //输出：true。字符串 n 被转换成数值 5 与 m 比较
var x:int =0;
var y:Boolean = true;
trace (x>y);                    //输出：false。布尔值 y 被转换成数值 1 与 x 比较
```

如果非数值的运算对象无法转换成数值，那么这个表达式的值为 false；若运算符两侧的对象都是字符串的话，则将按照从左到右的字母顺序逐个进行比较。

（4） 逻辑运算符：逻辑运算符包括逻辑与 AND（&&）、逻辑或 OR（||）和逻辑非 NOT（!）3 种。逻辑运算符左右两边的对象可以是变量或函数返回值，也可以使用表达式。

逻辑与执行的运算是：当两个操作数都为 true 时结果为 true，其中任意一个操作数为 false 时结果为 false。逻辑或执行的运算是：当两个操作数有一个为 true 时结果为 true，其两个操作数同时为 false 时结果为 false。逻辑非执行的运算是：操作数为 true 时结果为 false，操作数为 false 时结果为 true。

5. 函数

函数是 ActionScript 3.0 中执行特定任务并可以在程序中反复使用的代码块，常见的函数有两种：方法和函数封包两类。如果将函数定义为类的一部分或者将函数附加到对象的实例，则该函数称为方法。除此之外，以其他任何方式定义的函数都称为函数封包。

（1） 调用函数。

Flash 本身拥有一些函数，若要在编程过程中使用这些函数直接调用即可。

```
例如：
trace("认识 AS 3.0 函数");          //测试动画时在"输出"面板中显示"认识 AS 3.0 函数"
var randomNum:Number = Math.random();
// Math.random()函数表示生成一个随机数，然后赋值给 randomNum 变量。
如果调用的函数没有参数，则必须在其右侧输入小括号。
```

（2） 自定义函数。

在 ActionScript 3.0 中使用函数语句或函数表达式可以自定义函数。若采用静态或严格模式的编程方法，则应使用函数语句来定义函数；若采用动态或标准模式的编程方法，则应使用函数表达式定义函数。

函数语句：函数语句的语法结构如下。

```
function 函数名 (参数 1:参数类型,参数 2:参数类型…):返回值类型{
函数体，调用函数时要执行的代码
}
```

函数表达式：定义函数也就是在程序中声明函数，函数表达式结合使用了赋值语句，其语法结构如下。

```
var 函数名 Function = function(参数 1:参数类型,参数 2:参数类型…):返回值类型{
函数体，调用函数时要执行的代码
}
```

从函数中返回值：使用 return 语句可以从函数中返回表达式或字面值，但 return 语句会终止该函数，位于 return 语句后面的任何语句都不会被执行。此外，在严格模式下编程时，如果选择了指定返回类型，则必须返回相应类型的值。

```
例如：
function doubleNum(singleNum:int):int
{
return (singleNum+10);
}
//返回一个表示参数的表达式
```

7.2.3　条件语句

条件语句用于判断给定的条件，并根据判断的结果来控制程序的流程。ActionScript 3.0 中有 3 种条件语句 if...else、if...else if...else 和 switch。

1. if...else 语句

if...else 语句是最重要的条件语句之一，表示如果条件表达式为 true（真），执行流程语句 a；如果条件表达式为 false（假），则执行流程语句 b，其语法结构如下：

```
if（条件表达式）{
条件语句 1
}else{
条件语句 2
}
例如：
var a:int = 10;
var b:int = 5;
if (a>b){                      //如果 a 大于 b
trace("a 比 b 大！");           //输出“a 比 b 大！”
}else{                         //否则
trace("b 比 a 大！");           //输出“b 比 a 大！”
}
```

条件语句 1 和 2 可以是单条语句，也可以是多条语句。当条件语句中只包含一条语句时，可以省略大括号。例如，上面的代码可以写成：

```
var a:int = 10;
var b:int = 5;
if (a>b)   trace("a 比 b 大！");
else       trace("b 比 a 大！");
```

2. if...else if...else 语句

if...else if...else 语句也比较常见，利用它可以实现对多个条件进行判断。实际上 if...else if...else 语句并不复杂，就是一个 if...else 语句后面跟着另一个 if...else 语句。

在使用 if...else if...else 语句时应注意，一旦有一个 if 语句中的条件表达式为真，那么就会执行该 if 语句中包含的流程，而该语句之后的其他 if...else 语句便都不会被执行了。例如：

```
var a:int = 105;
if (a>0){                                  //如果 a 大于 0
trace ("a 是一个正整数");                    //输出"a 是一个正整数"
}else if (a>100){                          //否则如果 a 大于 100
trace ("a 是一个大于 100 的正整数");          //输出"a 是一个大于 100 的正整数"
} else{                                    //否则
trace ("a 小于 0");                         //输出"a 小于 0"
}                                          //最后结果，输出"a 是一个正整数"
```

在上述代码中由于 a = 1000，原本是希望该程序判断出 a 大于 100。但由于将 a>0 放在了第一位，所以只会执行第一个 if 语句包含的流程，后面的都会被忽略。若想使 if 带给我们更加精确的结果，便应该将精确范围较小的表达式提前，即将 if (a>100)及其包含的流程提到前面。也就是说，在互斥的条件判断下，为了提高程序执行效率，应将最有可能为真的 if 选项放在最前面。

3. switch 语句

switch 条件语句相当于一系列 if...else if...else 语句，而且使用它创建的代码更易于阅读。switch 语句不是对条件进行判断以获得布尔值，而是对表达式进行求值并使用计算结果来确定要执行的代码块。switch 语句的代码块以 case 语句开头，以 break 语句结尾。其使用方法可参考以下代码。

```
var score:Array = ["红","绿","蓝"];
//声明一个数组型变量 score，其中包含"红"、"绿"、"蓝"
var Result:String = score[Math.floor(Math.random()*score.length)];
//随机从 score 数组中抽取一个值，并将其赋值给变量 Result
trace("翻牌："+ Result);


switch (Result) {
```

```
    case "红":
        trace("太阳");
        break;
    case "绿":
        trace("森林");
        break;
    case "蓝":
        trace("海洋");
        break;
        default :
        trace("请翻牌");
}
```

这个例子描述了 switch 最常用的形式。当执行上述代码时，首先声明一个数组型变量 score，并为其赋值，然后在数组中随机提取一个值，并将其赋值给变量 Result，再根据提取的数值进行输出，例如提取“红色”，便输出“翻牌：太阳”。接着 switch 将括号中的值或表达式与各个 case 分支中的值或表达式进行比较，若相等便执行该分支。如果没有找到相等的分支，便自动执行 default 分支。

7.2.4　循环语句

利用循环语句可以重复执行某一段代码，直到不满足循环条件退出循环为止。循环语句是 ActionScript 3.0 中最重要的基本语句之一，较为常见的有 while、do while、for、for…in 和 for each…in 语句，下面分别介绍。

1. while

while 语句执行过程：先判断循环条件是否成立，如果成立执行循环语句；再返回判断循环条件是否成立，如果成立执行循环语句，直至不能满足条件为止退出 while 语句。

while 语句的基本结构如下。

```
While（循环条件）{
    循环语句
}
例如：
var i:int = 0                    //给 i 赋初值为 0
while(i<50)                      //如果 i 小于 50
{
  trace (i);                     //输出 i 的数值
  i++;                           // i+1
}                                //当 i>=50 时退出循环
```

2. do…while

do…while 语句执行过程：先执行循环语句，再判断是否符合循环条件；如果满足循环条件，再次执行循环语句。

do…while 语句的基本结构如下。

```
do{
        循环语句
}
while（循环条件）
例如：
var i:int = 0                              //给 i 赋初值为 0
do{
    trace (i);                             //输出 i 的数值
    i++;                                   // i+1 当 i>=50 时退出循环
}
while (i<50)                               //当 i>=50 时退出循环
```

3. for

与其他循环语句相比，for 循环语句更加灵活，应用也最为广泛。for 循环用于循环访问某个变量以获得特定范围的值，其基本结构如下。

```
for（初始化;循环条件;步进）{
    循环体
}
例如：
for (var i:int = 0; i<50; i++) {
  trace(i);
}                                          //此代码与 while 语句效果相同
```

4. for…in

for…in 循环语句用于循环访问对象属性或数组元素。

```
例如：
var myObj:Object = {x:30,y:50};
for (var i:String in myObj) {
  trace(i+":"+myObj[i]);
}                                          //输出 x:30    y:50
```

5. for each…in

for each…in 循环语句用于访问集合中的项目，它可以是 XML 或 XMLList 对象中的标签、对象属性保存的值或数组元素。比如可以使用 for each…in 循环语句来访问通用对象的属性，但它的迭代变量包含属性所保存的值，这一点与 for…in 循环语句有所不同。

例如：
```
var myObj:Object = {x:30,y:50};
for each (var num in myObj) {
  trace(num);
}                                   //输出 30    50
```

7.3　添加与设置代码

在 ActionScript 1.0 和 ActionScript 2.0 中可以在关键帧、按钮实例和影片剪辑实例上输入代码，但在 ActionScript 3.0 中只能将代码输入到关键帧或单独的 ActionScript 文件中。下面分别介绍两种输入代码的方法。

7.3.1　在关键帧中输入代码

要为关键帧添加代码，应先单击关键帧，然后选择“窗口”>“动作”命令，或按 F9 键，或在关键帧上右击从弹出的快捷菜单中选择“动作”命令，打开“动作”面板，如图 7-1 所示。“动作”面板由 4 部分组成：左侧动作工具箱分类存放着 ActionScript 的大部分语句，脚本导航器中列出了当前选定对象的名称和位置等属性；右侧按钮区显示常用按钮，脚本窗格可供用户输入和编辑代码。

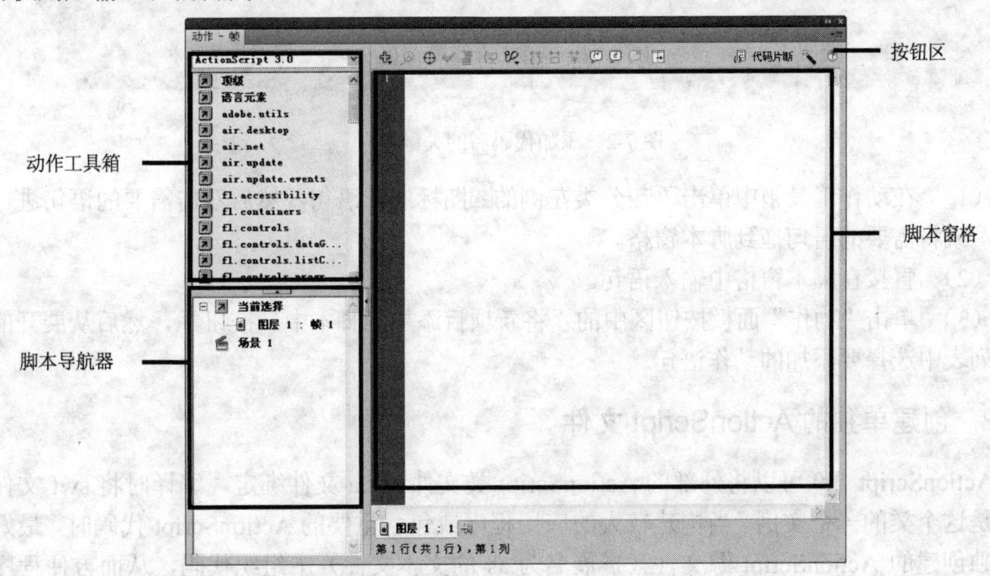

图 7-1　“动作”面板

下面先认识一下“动作”面板右上方按钮区中各按钮的功能。

（1）　将新项目添加到脚本中 ：从下拉列表中选择需要添加的 ActionScript 语句。

（2）　查找 ：查找指定的字符串并对指定的字符串进行替换。

（3）　插入目标路径 ：在编辑语句时插入一个目标对象的路径。

（4） 语法检查：检查当前语句的语法是否正确，并给出提示。

（5） 自动套用格式：使当前语句按标准格式排列。

（6） 显示代码提示：将鼠标光标定位到“脚本”窗格中的某语句中时，单击该按钮可显示光标所在语句的语法格式和相关的提示信息。

（7） 调试选项：对当前语句进行调试。

（8） 折叠成对大括号：将大括号中的语句折叠起来。

（9） 折叠所选：将选中的语句折叠起来。

（10） 展开全部：将折叠的语句全部展开。

（11） 应用块注释、应用行注释和删除注解：为代码添加块注释/**/、行注解//，或删除选择的注释。

（12） 显示隐藏工具箱：左侧工具箱显示状态下，单击此按钮可隐藏工具箱。

（13） 代码片断 代码片断：显示“代码片断”面板，简化代码输入。

（14） “脚本助手”按钮：开启或关闭脚本助手模式。当开启脚本助手模式时为对象添加语句，Flash 会自动安排语句格式。

添加 ActionScript 代码后的关键帧上会显示“ α ”符号，如图 7-2 所示。在“动作”面板中，用户可以通过以下任意一种方法添加 ActionScript 语句。

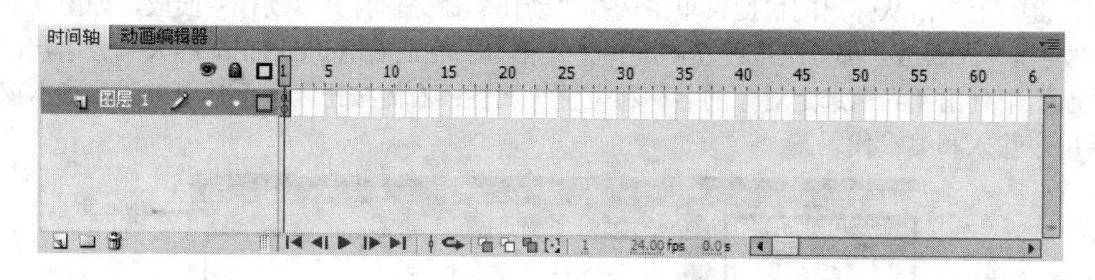

图 7-2 添加代码后的关键帧

（1） 在动作工具箱中单击语句分类左侧的图标展开语句，然后双击需要的语句进行添加，或将需要的语句拖到脚本窗格。

（2） 直接在脚本窗格中输入语句。

（3） 单击“动作”面板按钮区中的“将新项目添加到脚本中”按钮，然后从展开的下拉列表中选择要添加的动作语句。

7.3.2 创建单独的 ActionScript 文件

ActionScript 3.0 可以将外部的 ActionScript 类文件和.fla 文件绑定，编译时将.swf 文件看成是这个类的一个实例。当构建较大的应用程序或包含重要的 ActionScript 代码时，最好在单独创建的 ActionScript 源文件（扩展名为.as 的文本文件）中组织代码，从而方便程序的维护。

如果要创建 ActionScript 类文件文件，可按 Ctrl+N 组合键，在打开的“新建文档”对话框中选择“ActionScript 文件”选项，如图 7-3 所示，单击“确定”按钮。在该文档中编写所需的代码，并保存为扩展名为 as 的类文件。然后打开要调用类文件的 fla 文件，在“属性”面板的“文档类”文本框中输入类文件名称即可。除此之外，用户也可以在打开的“新建文档”对话框中选择“ActionScript 3.0 类”选项，创建 ActionScript 3.0 类文件。

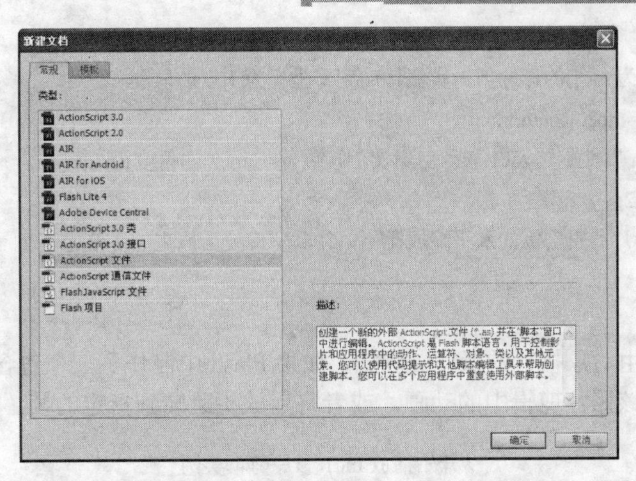

图 7-3　“新建文档”对话框

如果还未创建类文件，可单击“属性”面板“类”选项右侧的“编辑”按钮打开“创建 ActionScript 3.0 类”对话框，如图 7-4 所示。在“类名称”文本框中输入类名称，单击“确定”按钮，在新打开的类文件中编写代码。值得注意的是：类文件和要调用类文件的 fla 文件，必须保存在同一路径下。

图 7-4　设置类文件

7.3.3　代码的特性

在 Flash 中，每一个访问的目标都可以称为一个对象。例如，舞台中的影片剪辑实例、按钮实例等。每个对象都可能包含有三个特性：属性、方法和事件。例如，单击某按钮执行转换场景的操作：按钮的大小、颜色等可以用眼睛直观看到的特征，我们称其为属性；转换场景操作，我们称其为方法；单击鼠标，我们称其为事件。

1. 属性

“属性”是对象的基本特征，如影片剪辑实例的大小、位置、透明度等。表示对象属性的通用语法结构为“对象名称（变量名）.属性名称；”。例如：

```
mc1.x = 100;
//将实例名称为 mc1 的影片剪辑实例移动到 x 坐标为 100 的位置
mc1.rotation = mc2. Rotation;
//使用 rotation 属性旋转 mc1 影片剪辑实例，以便与 mc2 的角度相匹配
mc1.scaleY = 2;
//更改 mc1 影片剪辑实例的水平缩放比例，使其宽度变为原来的 2 倍
```

2. 方法

方法是指可以由对象执行的操作。例如，如果 Flash 中制作了一个包含动画的影片剪辑，便可以播放或停止该影片剪辑中的动画，或者将播放头跳转到指定的帧。

```
mc1.play();                  //开始播放 mc1 影片剪辑实例
mc1.stop();                  //停止播放 mc1 影片剪辑实例
mc1.gotoAndstop(2);          //mc1 影片剪辑实例跳转到第 2 帧并停止播放
mc1.gotoAndplay(2);          //mc1 影片剪辑实例跳转到第 2 帧并开始播放
```

“方法”右侧的小括号中是其参数，可以将值或变量放入小括号中。如“gotoAndplay(2)”中的“2”，就表示将播放头跳转到经 2 帧并播放，而像“stop()”和“play()”这种方法是没有参数的。

3. 事件

所谓事件是指计算机发生的，ActionScript 能够识别并可响应的事情，例如用户单击鼠标或按键盘上的按键等。无论编写怎样的事件处理代码，都会包括事件源、事件和响应 3 个基本要素。

事件源：即发生事件的对象，也称为“事件目标”，如某个按钮被单击，那么这个按钮就是事件源。

事件：即将要发生的事情，有时一个对象会触发多个事件，因此对事件的识别非常重要。

响应：当事件发生时执行的操作。

编写事件代码的基本结构如下。

```
function eventResponse(eventObjece:EventType):void
{
//响应事件而执行的动作
}
eventSource.addEventListener(EventType.EVENT_NAME, eventResponse);
//加粗显示的是占位符，可根据实际情况进行设置
```

在此结构中，首先定义了一个函数，该函数实际上就是将若干个动作组合在一起，并使用一个快捷的名称来执行这些动作的方法。其中，**eventResponse** 是函数的名称，**eventObjece** 是函数的参数，**EventType** 是该参数的类型，这与声明变量是类似的。在大括号中是事件发生时所执行的指令。

其次调用源对象的 **addEventListener()**方法，表示当事件发生时，执行该函数的动作。

所有具有事件的对象都具有 **addEventListener()**方法，其中有两个参数：第一个参数是响应的特定事件的名称；第二个参数是事件响应函数的名称。例如：

```
this.stop();
function startMovie(event:MouseEvent):void
{
this.play();
}
startButton.addEventListener(MouseEvent.CLICK, startMovie);
//这段语句表示当播放头播放到当前对象（主时间轴或影片剪辑）的该帧时停止播放，单击按钮后继续播放。其中 startButton 是按钮的实例名称，this 指代当前对象。
```

表 7-4 中列出了与鼠标相关的事件。

表 7-4　鼠标相关事件

鼠标事件	代　码
单击	MouseEvent.CLICK
双击	MouseEvent.DOUBLE_CLICK
按下鼠标左键	MouseEvent.MOUSE_DOWN
抬起鼠标左键	MouseEvent.MOUSE_UP
鼠标悬停	MouseEvent.MOUSE_OVER、MouseEvent.ROLL_OVER
鼠标移开	MouseEvent.MOUSE_OUT、MouseEvent.ROLL_OUT
鼠标移动	MouseEvent.MOUSE_MOVE
鼠标滚轮	MouseEvent.MOUSE_WHEEL

4. 创建对象实例

在 ActionScript 中使用对象前，必须先确保该对象存在。创建对象的第一步是声明变量，但声明变量仅表示在电脑内存中创建了一个空位置，还必须为该变量赋予一个实际的值——即创建一个对象并将其储存在变量中，整个过程称为变量“实例化”。

有一种创建对象实例的简单方法，可以完全不涉及 ActionScript。当在“属性”面板中为舞台上的影片剪辑实例、按钮元件实例、视频剪辑实例、动态文本实例或输入文本实例设置一个实例名称时，Flash 会自动声明一个拥有该实例名称的变量，创建一个对象实例并将这个对象储存在该变量中。

除了上述方法外，还可以使用 ActionScript 创建实例。除 Number、String、Boolean、XML、Array、RegExp、Object 和 Function 数据类型外，要创建一个对象实例，应将 new 与类名一起使用。例如：

```
var mymc:MovieClip = new MovieClip;          //创建一个影片剪辑实例
var myday:Date = new Date(2010,6,22);
//用此方法创建实例时，在类名后加上小括号，还可以指定参数值
```

7.3.4　实例——风景相册

打开“风景相册.fla”文件，实现单击“上一幅”、“下一幅”、“第一幅”和“最后一幅”按钮切换图像的动画效果，如图 7-5 所示。

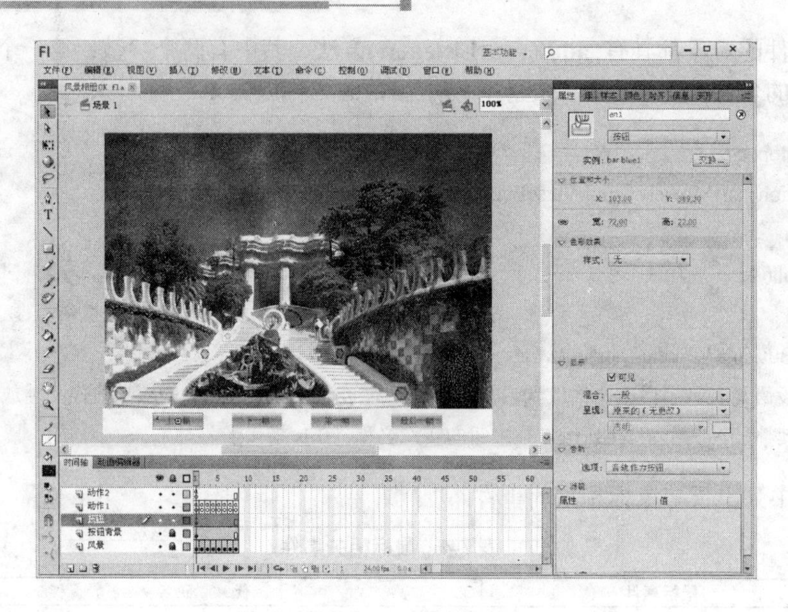

图 7-5　风景相册

（1） 按 Ctrl+O 组合键，打开“打开文档”对话框，选择名为“风景相册”的文件，单击“打开”按钮打开文档。

（2） 选择“按钮”图层第 1 帧，单击“上一幅”按钮，切换至“属性”面板，查看实例名称“an1”。如果按钮实例未命名，可在“实例名称”文本框中输入名称，如图 7-6 所示。

（3） 以同样的方式查看其他按钮名称：“下一幅”为 an2、“第一幅”为 an3、“最后一幅”为 an4。

（4） 单击“时间轴”面板中的“新建图层”按钮，创建两个新图层，并分别重命名为“动作 1”和“动作 2”。

（5） 选择“动作 1”图层的第 2 帧～第 8 帧按 F6 键插入关键帧，如图 7-7 所示。

图 7-6　查看按钮实例名称

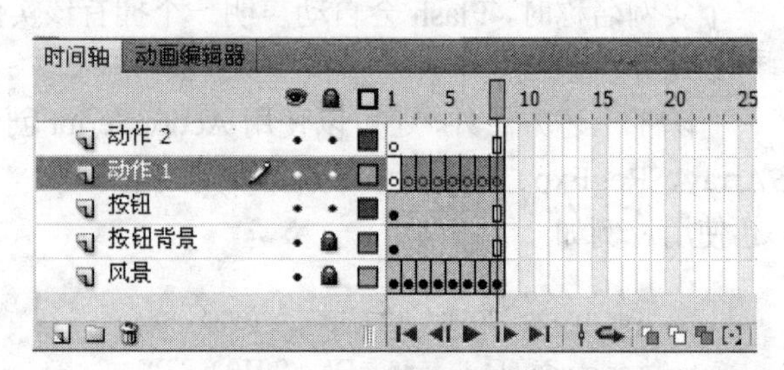

图 7-7　定义动作图层

（6） 单击“动作 1”图层的第 1 帧，按 F9 键打开“动作”面板，在“动作”面板中输入“stop();”语句，如图 7-8 所示。

（7） 以同样的方式为“动作 1”图层的第 2 帧～第 8 帧添加“stop();”语句，如图 7-9 所示。

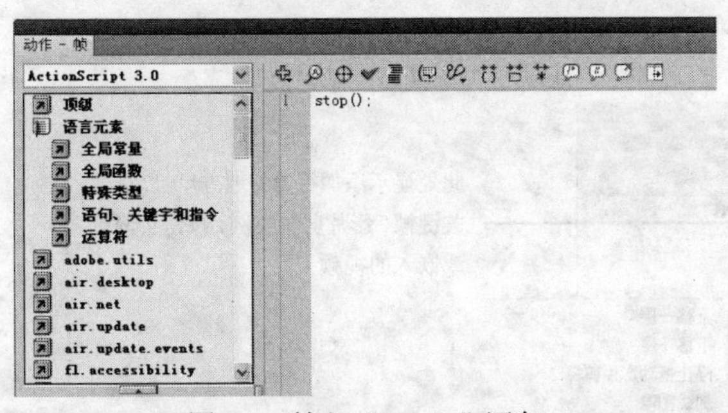

图 7-8　输入“stop();”语句

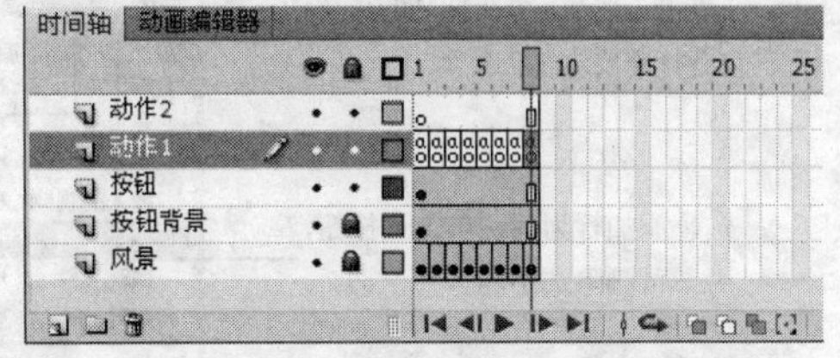

图 7-9　为“动作 2”图层添加代码

（8） 单击“动作 2”图层的第 1 帧，按 F9 键打开“动作”面板，在右侧列表框中输入如下代码。

```
function _a(event:MouseEvent):void
{
this.prevFrame();
}
an1. addEventListener(MouseEvent.CLICK,_a);
function _b(event:MouseEvent):void
{
this.nextFrame();
}
an2.addEventListener(MouseEvent.CLICK,_b);
function _c(event:MouseEvent):void
{
gotoAndStop (1);
}
an3. addEventListener(MouseEvent.CLICK,_c);
function _d(event:MouseEvent):void
{
gotoAndStop (8);
}
an4. addEventListener(MouseEvent.CLICK,_d);
```

（9） 选择“文件”｜“另存为”命令，打开“另存为”对话框，选择保存路径，设置“文件名”为“风景相册 OK”，不改变文件类型，单击“保存”按钮。

7.4　Flash 中的行为

行为相当于系统为我们编写好的 ActionScript 代码，对于无法熟练掌握 ActionScript 3.0 语言的用户，可以使用行为轻松制作交互动画。例如，控制影片剪辑实例、视频或声音的播放。选择“窗口”｜“行为”命令，打开图 7-10 所示的“行为”面板。

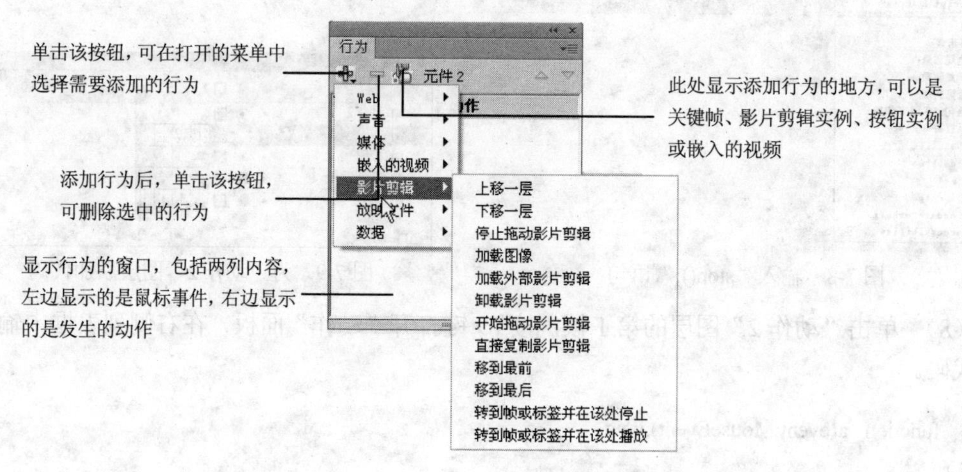

图 7-10 “行为”面板

7.4.1 利用行为控制影片剪辑

“行为”面板中提供的“影片剪辑”行为可用于控制影片剪辑实例，利用该类行为可以改变影片剪辑实例叠放层次以及加载、卸载、播放、停止、复制或拖动影片剪辑。

下面以为按钮添加“加载图片”行为为例，介绍应用行为控制影片剪辑的方法。选择要加载行为的按钮对像，单击“行为”面板中的“添加行为”按钮，从打开下拉列表中选择“影片剪辑”|“加载图像”命令，打开“加载图像”对话框，如图 7-11 所示。在“输入要加载的.JPG 文件的 URL：”文本框中输入要加载的图像名称，如“2-1.jpg”，在“选择要将该图像载入到哪个影片剪辑：”列表中选择载入的目标，这里我们使用默认选项，单击“确定”按钮。在“行为”面板中显示加载图像的事件与动画，打开“事件”下拉列表从中选择事件，如图 7-12 所示。例如，选择“按下时”，表示当在按下该按钮实例时，载入指定的图像。

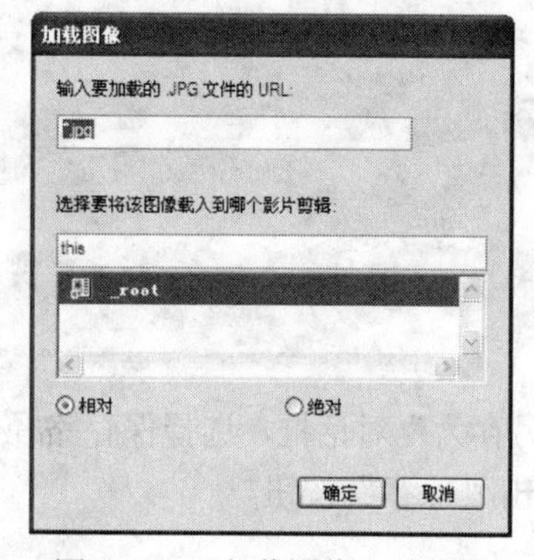

图 7-11 “加载图像”对话框

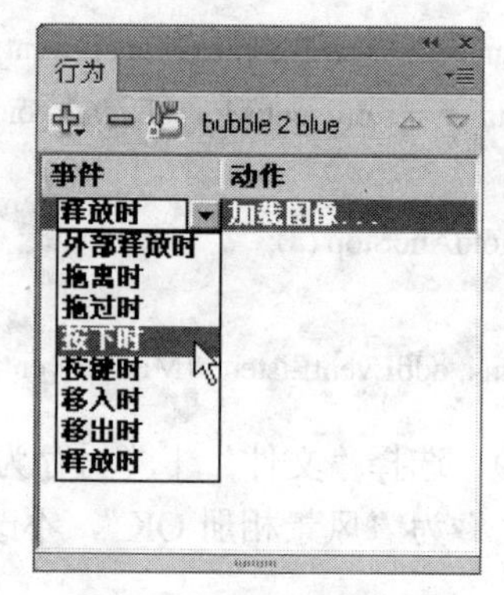

图 7-12 设置行为事件

在加载外部图像时，必须把图像和 Flash 文档放在一个文件夹中，否则会因为文件夹的变动或其他原因而无法加载。

7.4.2　利用行为控制视频播放

利用行为可以控制视频的播放、停止、暂停，还可以显示或隐藏视频剪辑。下面通过制作一个控制视频的实例，介绍利用行为控制视频的方法。

1.　导入视频

导入视频，应先选择“文件”|“导入”|“导入视频”命令，打开“导入视频”对话框。在第一步中单击“浏览”按钮，在打开的对话框中选择要导入的视频，单击“确定”按钮返回“导入视频”对话框。选择“在 SWF 中嵌入 FLV 并在时间轴中播放”单选按钮，如图 7-13 所示。

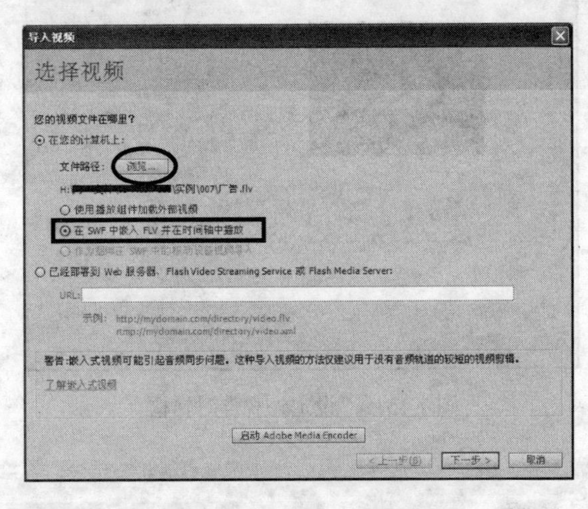

图 7-13　“选择视频”对话框

单击“下一步”按钮进入第二步，打开“符号类型”下拉列表从中选择“影片剪辑”选项，如图 7-14 所示。然后单击“下一步”按钮，进入第三步。在该步骤中无需进行任何操作，直接单击“完成”按钮即可导入视频。

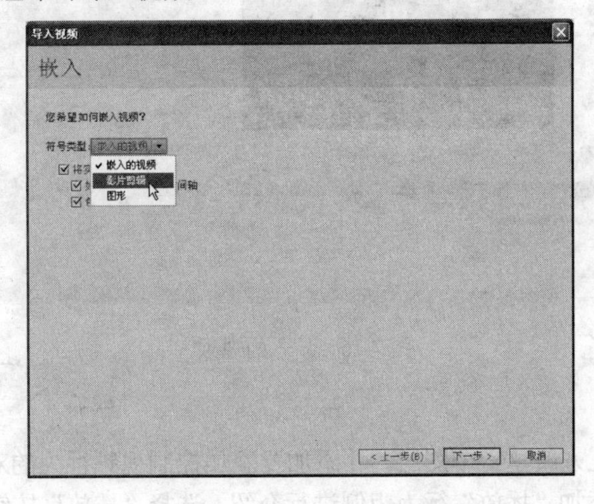

图 7-14　“嵌入”对话框

导入视频后，单独建立一个图层，将其命名为“视频”，然后将导入至“库”中的视频拖动至舞台。在“属性”面板的“实例名称”文本框中为其设置名称，并调整视频位置。

如果用户导入的是含有音频的视频文件，应选择“导入视频”第一步中的“使用播放组件加载外部视频”单选按钮，单击“下一步”按钮。在第二步中根据提示选择播放组件，如图 7-15 所示，单击“下一步”按钮。进入第三步，单击“完成”按钮导入视频，如图 7-16 所示。

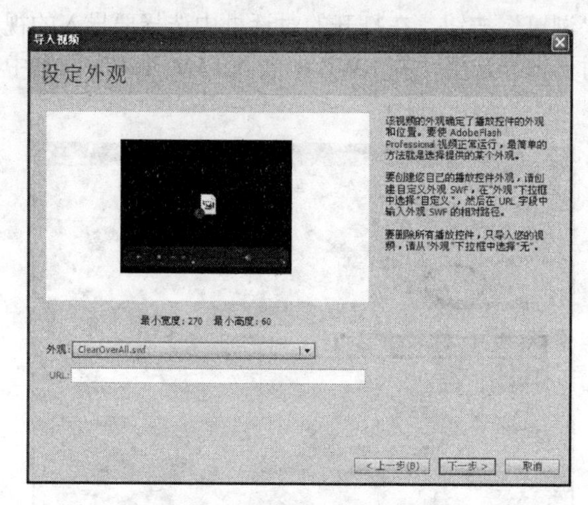

图 7-15 “设定外观”对话框

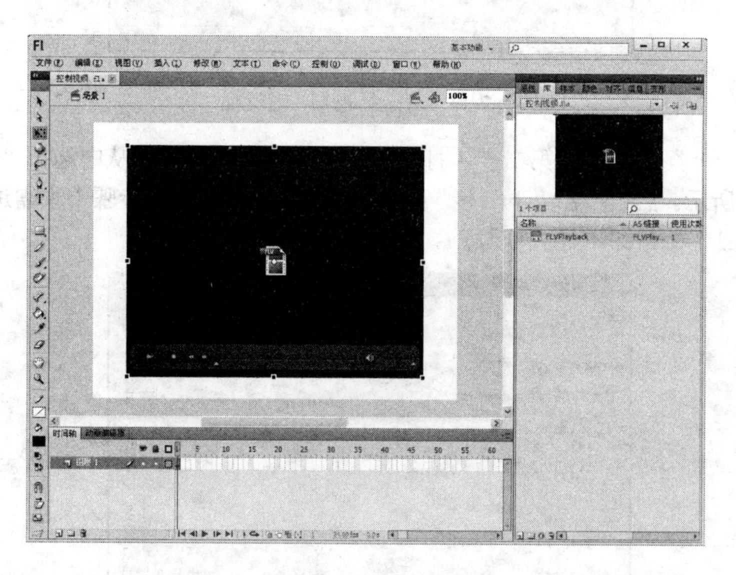

图 7-16 导入的视频

2. 添加行为

在“视频”图层上方新建一个图层，并添加要添加控制视频行为的对象（例如按钮）。下面以为“播放”按钮添加“播放”行为为例进行介绍。选择“播放”按钮，然后打开“行为”面板，单击“添加行为”按钮，从打开的下拉列表中选择“嵌入的视频”|“播放”命令。打开“播放视频”对话框，如图 7-17 所示。

从“选择要播放的视频实例”列表中选择影片剪辑下的视频文件，系统自动弹出“是否重命名”对话框。单击“重命名”按钮，打开“实例名称”对话框，在“实例名称”对话框中输入实例名称，如图 7-18 所示，然后连续单击两次“确定”按钮。

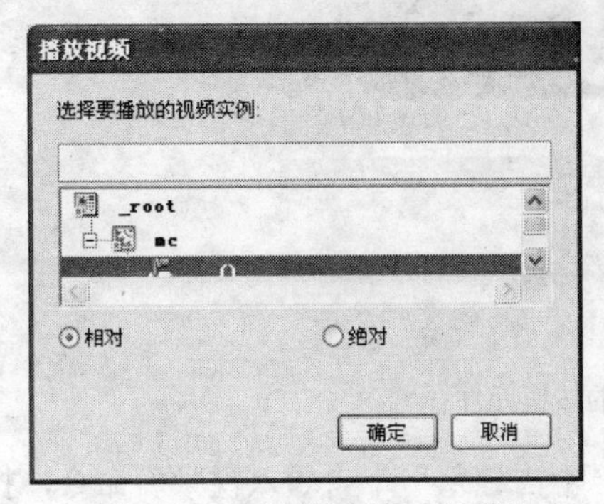

图 7-17　“播放视频”对话框

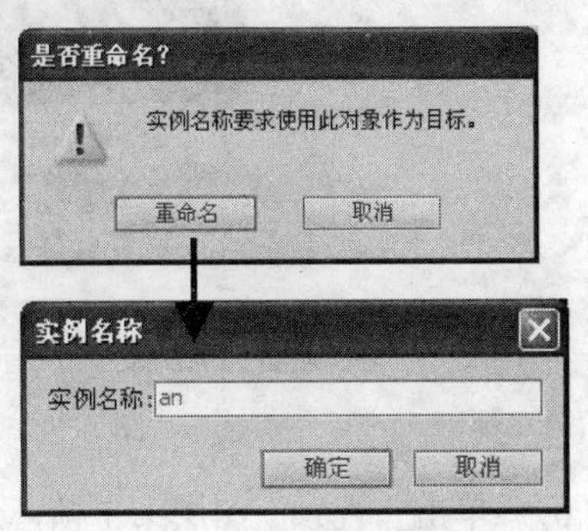

图 7-18　“实例名称”对话框

7.4.3　实例——暂停播放视频

新建 ActionScript 2.0 文件，将“广告.flv”视频文件导入至文档，从“公用库”|“按钮”中拖动按钮元件至舞台，并为其添加“暂停”行为，如图 7-19 所示。

图 7-19　为按钮添加控制视频行为

（1） 按 Ctrl+N 组合键，打开“新建文档”对话框，选择“常规”选项卡“类别”列表框中的 ActionScript 2.0 选项，单击“确定”按钮。

（2） 切换至“属性”面板，设置舞台“大小”为 550×400，“背景颜色”为黑色（代码为#000000）。

（3） 将“图层 1”重命名为“视频”，单击“时间轴”面板“新建图层”按钮，创建新图层并重命名为“按钮”。

（4）选择“窗口”|“公用库”|“按钮”命令，打开“库-Buttons”面板，展开 buttons circle bubble 文件夹，将其中的 circle bubble grey 按钮拖动至舞台右下角。

（5） 双击按钮元件，进入按钮编辑窗口，将文本修改为“暂停”字样，字符“大小”为 20，“消除锯齿”为“动画消除锯齿”，得到如图 7-20 所示的效果。

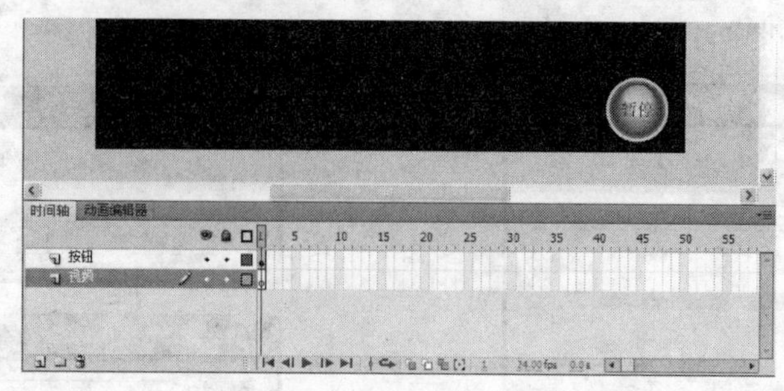

图 7-20 添加公用库中的按钮元件

（6） 单击“视频”图层第 1 帧，选择“文件”|“导入”|“导入视频”命令，打开“导入视频”对话框。

（7） 在第一步中单击“浏览”按钮，选择要导入的视频“广告.flv”，选择“在 SWF 中嵌入 FLV 并在时间轴中播放”单选按钮，单击“下一步”按钮。

（8） 在第二步中打开“符号类型”下拉列表从中选择“影片剪辑”选项，单击“下一步”按钮。

（9） 在第三步中无需进行任何设置，单击“完成”按钮。

（10） 选择导入的视频，在“属性”面板中将其实例名称设为“mc”、“播放”按钮实例名称为“an”。

（11） 选择播放按钮，然后打开“行为”面板，单击“添加行为”按钮，在展开的下拉列表中选择“嵌入的视频”|“暂停”命令。

（12） 在打开的“播放视频”对话框“选择要播放的视频实例”列表中，选择“mc”影片剪辑下的视频文件。

（13） 弹出“是否重命名”对话框，单击“重命名”按钮，在打开的“实例名称”对话框中输入实例名称“bf”，如图 7-21 所示。然后连续单击两次“确定”按钮。

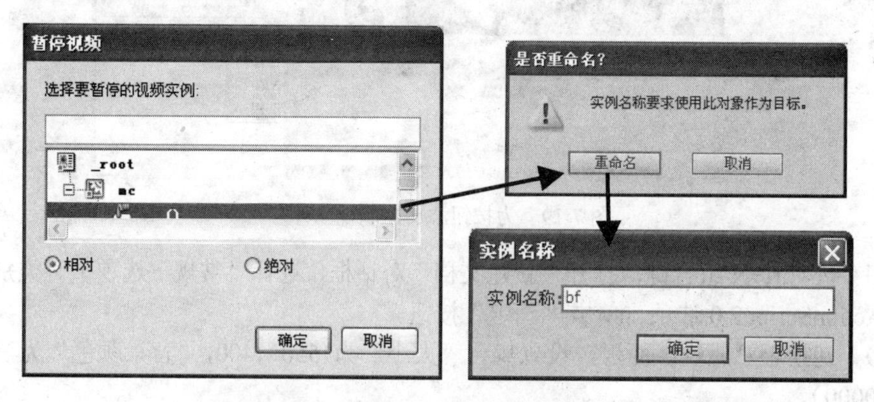

图 7-21 设置暂停视频

（14） 在“动作”面板中设置“事件”选项为“按下时”。

（15） 按 Ctrl+S 组合键，弹出“保存为”对话框，选择保存路径，设置“文件名”为“暂停播放视频 OK”，“文件类型”使用默认选项，单击“保存”按钮。

7.5 动手实践——控制影片

新建 ActionScript 2.0 文件，将“起司猫.flv”视频文件导入至文档，从“公用库”|“按钮”中拖动按钮元件至舞台，并为其添加“播放”、“暂停”和“停止”行为，如图 7-22 所示。

图 7-22 为按钮添加控制视频行为

步骤 1：添加按钮

（1） 按 Ctrl+N 组合键，打开“新建文档”对话框，选择“常规”选项卡“类别”列表框中的 ActionScript 2.0 选项，单击“确定”按钮。

（2） 切换至“属性”面板，设置舞台“大小”为 640×520，“背景颜色”为黑色（代码为#000000）。

（3） 将“图层 1”重命名为“视频”，单击“时间轴”面板“新建图层”按钮，创建新图层并重命名为“按钮”。

（4） 选择“窗口”|“公用库”|“按钮”命令，打开“库-Buttons”面板，展开 playback flat 文件夹，将其中的 flat blue play、flat blue pause、flat blue stop 按钮拖动至舞台右下角，如图 7-23 所示。

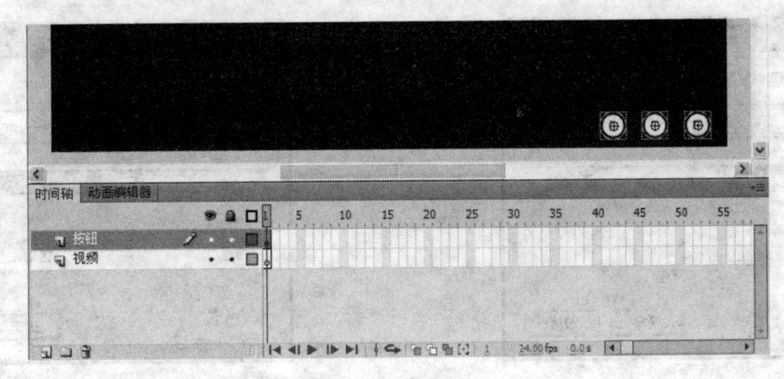

图 7-23 添加公用库中的按钮元件

（5） 选择“按钮”图层第 2 帧，按 F6 键插入关键帧。

（6） 第 1 帧上右击鼠标，从弹出的快捷菜单中选择“清除帧”命令，将第 1 帧转换为空白关键帧。

步骤 2：导入视频

（1） 单击“视频”图层第 2 帧，按 F6 键插入空白关键帧。

（2） 选择“文件”｜“导入”｜“导入视频”命令，打开“导入视频”对话框。

（3） 在第一步中单击“浏览”按钮，选择要导入的视频“起司猫.flv”，选择“在 SWF 中嵌入 FLV 并在时间轴中播放”单选按钮，单击“下一步”按钮。

（4） 在第二步中打开“符号类型”下拉列表从中选择“影片剪辑”选项，单击“下一步”按钮。

（5） 在第三步中无需进行任何设置，单击“完成”按钮。

步骤 3：添加播放行为

（1） 选择导入的视频，在“属性”面板中将其实例名称设为“mc”、并切换至“对齐”面板，设置相对于舞台水平分布、垂直居中对齐。

（2） 选择用于播放的按钮 flat blue play，然后打开“行为”面板，单击“添加行为”按钮 ，在展开的下拉列表中选择“嵌入的视频”｜“播放”命令。

（3） 在打开的“播放视频”对话框“选择要播放的视频实例”列表中，选择“mc”影片剪辑下的视频文件。

（4） 弹出“是否重命名”对话框，单击“重命名”按钮，在打开的“实例名称”对话框中输入实例名称“anplay”，然后连续单击两次“确定”按钮。

步骤 4：添加暂停与停止行为

（1） 选择用于暂停的按钮，单击“添加行为”按钮，在弹出的下拉列表中选择“嵌入的视频”|“暂停”命令。

（2） 在打开的“暂停视频”对话框中的“选择要暂停的视频实例”列表中选择“mc”影片剪辑实例下的“anplay”视频实例，如图 7-24 所示，然后单击“确定”按钮。

（3） 选择用于停止的按钮，单击“添加行为”按钮，在弹出的下拉列表中选择“嵌入的视频”｜“停止”命令。

（4） 在打开的“停止视频”对话框中的“选择要停止播放的视频实例”列表中选择“mc”影片剪辑实例下的“anplay”视频实例，如图 7-25 所示，然后单击“确定”按钮。

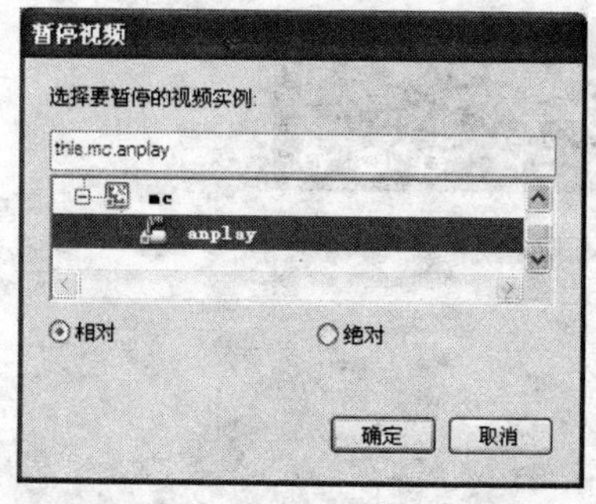

图 7-24 “暂停视频”对话框

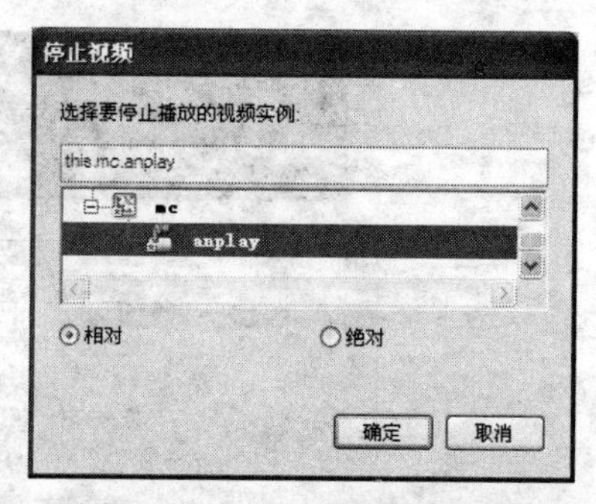

图 7-25 “停止视频”对话框

（5） 在“行为”面板中设置按钮“事件”选项都为“释放时”。

步骤 5：创建遮罩按钮元件

（1） 选择“文件”｜“导入”｜“导入到库”命令，打开“导入到库”对话框，选择要导入的图形文件“2-2.jpg”，单击“打开”按钮。

（2） 按 Ctrl+F8 组合键，打开“创建新元件”对话框，在“名称”文本框中输入“蒙版”，“类型”为“按钮”，单击“确定”按钮。

（3） 进入按钮编辑窗口，将“库”面板中的“2-2.jpg”拖动至舞台，并相对于舞台水平分布、垂直中齐，如图 7-26 所示。

图 7-26　创建按钮元件

（4） 返回“场景 1”主编辑界面，单击“时间轴”面板中的“新建图层”按钮，创建新图层并重命名为“屏蔽”。

（5） 切换至“库”面板，将“蒙版”按钮拖动至舞台，在“属性”面板链接锁定状态下设置“宽”值为 640，并设置“实例名称”为 anpb。

（6） 切换到“对齐”面板，设置按钮元件相对于舞台水平分布、垂直中齐。

（7） 在该图层第 2 帧上右击鼠标，从弹出的快捷菜单中选择“清除帧”命令，将第 2 帧转换为空白关键帧。

步骤 6：添加 stop 语句

（1） 选择“屏蔽”图层，单击“时间轴”面板中的“新建图层”按钮，创建新图层并重命名为“动作”。

（2） 选择该图层第 2 帧，按 F6 键插入空白关键帧。

（3） 在第 1 帧上右击，从弹出的快捷菜单中选择“动作”命令，打开“动作”面板，在右侧“脚本窗格”中输入“stop();”语句，如图 7-27 所示。

（4） 选择“脚本导航器”中的“场景 1”｜“动作：第 2 帧”选项，在右侧“脚本窗格”中输入“stop();”语句。

（5） 单击“动作”面板右上角的“关闭”按钮，退出“动作”面板。

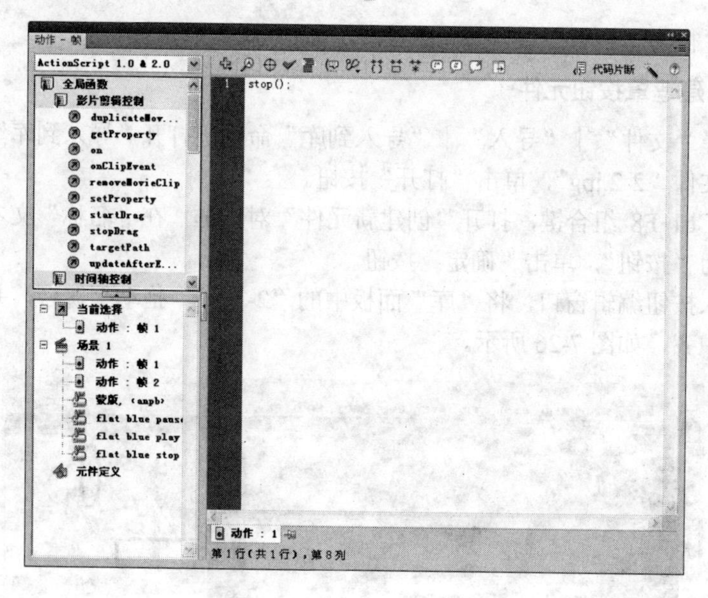

图 7-27　输入“stop();”语句

步骤 7：设置遮罩效果

（1） 由于当前创建的是 ActionScript 2.0 文件，允许用户直接为按钮设置方法和事件。选择“屏蔽”图层第 1 帧，在舞台“蒙版”元件实例上右击鼠标，从弹出的快捷菜单中选择“动作”命令。

（2） 在“脚本窗格”中输入如下语句：

```
on (press) {
play();
}
```

（3） 单击“动作”面板右上角的“关闭”按钮，退出“动作”面板。

（4） 按 Ctrl+S 组合键，弹出“保存为”对话框，选择保存路径，设置“文件名”为“控制视频 OK”，“文件类型”使用默认选项，单击“保存”按钮。

7.6　上机练习与习题

7.6.1　选择题

（1） 利用__________可以将 fla 文件与 ActionScript 源文件绑定。

A. “文档属性”对话框　　B. “类”文本框

C. “编辑类定义”按钮　　D. “帧频”文本框

（2） 在 ActionScript 3.0 中，要声明变量，应使用__________语句。

A. trace　　B. function　　C. const　　D. var

（3） 下列不属于逻辑运算符的是（　　）。

A. >　　B. &&　　C. ||　　D. !

（4） 下列不属于条件语句的是__________。

A. if...else　　B. if...else if...else　　C. while　　D. switch

（5） 下列关于行为的描述，错误的是__________。

A. 可以在任何 Flash 文档中使用行为

B. 利用行为可以加载影片剪辑实例，并控制影片剪辑实例内容的播放

C. 利用行为可以加载视频文件，并控制视频的播放

D. 利用行为可以加载外部声音，并控制声音的播放

7.6.2 填空题

（1） 要在 ActionScript 3.0 的语句中添加行注释，应先输入__________符号，然后输入注释的内容。

（2） ActionScript 3.0 中常用的“简单”数据类型主要有__________、__________和__________3 种。

（3） ActionScript 3 中的任何对象都包含的 3 种特性是：__________、__________和__________。

（4） 与其他循环语句相比，__________循环语句更加灵活，应用也最为广泛。

（5） 在利用行为加载图像时，需要在“加载图像”对话框中输入图像的__________以及要载入图像的影片剪辑实例的__________。

7.6.3 问答题

（1） 如何为选择的元件实例添加行为？

（2） 如何将 mp4 视频文件导入 Flash 文件？

（3） 如何为帧添加 ActionScript 3.0 代码？

7.6.4 上机练习

打开如图 7-28 所示的“两只老虎 AS2.0.fla”动画文件，该文件未添加任何 ActionScript 代码，要求为该动画添加 ActionScript 代码，实现以下要求的动画效果：

图 7-28 “两只老虎 AS2.0.fla”动画文件

（1） 单击 one 场景中的“播放”按钮播放 two 场景。

（2） two 场景左下角显示 2 个按钮：“暂停”和“停止”，如 7-29 所示。单击“暂停”按钮时停止播放动画，且按钮变为“播放”按钮，单击“播放”按钮继续播放动画；单击“停止”按钮，返回 one 场景。

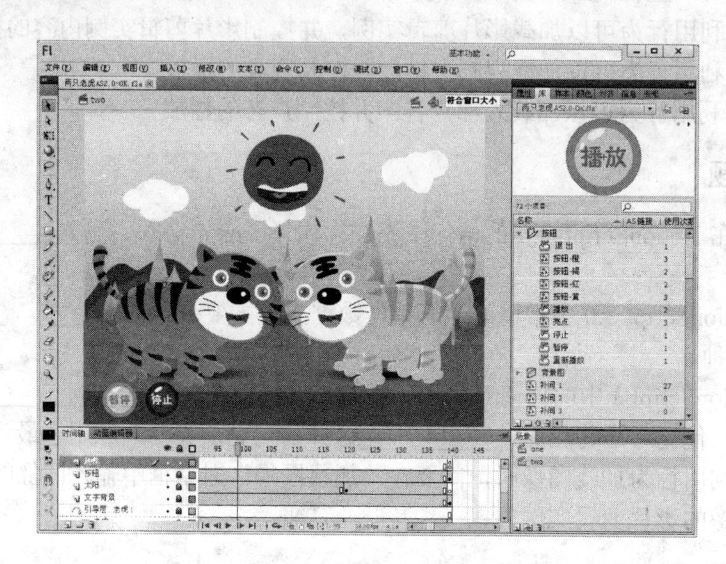

图 7-29 two 场景

（3） two 场景“按钮”图层最后一帧中包含“重新播放”按钮，如图 7-30 所示。单击该按钮，返回 one 场景。

图 7-30 “生日快乐”动画文件

（4） 可参看结果文件“两只老虎 AS2.0-OK.fla”。结果文件中除“stop();”语句外，ActionScript 都添加在按钮实例上，读者可考虑如何使用 ActionScript 3.0 实现动画效果。

第 8 章 在动画中添加声音

本章要点

- 导入声音文件。
- 设置声音属性。
- 应用行为控制声音。
- 声音文件压缩设置。

本章导读

- **基础内容**：声音的类型及常用概念和相关术语。
- **重点掌握**：导入声音、设置声音属性及应用行为控制声音的方法。
- **一般了解**：导出文件时压缩声音的不同方法，如 ADPCM、MP3、Rav 和语音。

课堂讲解

为动画添加声音后，会使动画更具吸引力和感染力。在 Flash 中，可以使用多种方法向影片中添加声音，使声音独立于时间轴播放，或与影片同步播放，或应用按钮控制声音等。

本章介绍了 Flash 中有关声音操作的知识，包括导入声音文件，设置声音属性，应用行为控制声音，压缩声音的方法等内容。

8.1 导入声音

要想在 Flash 中使用声音文件，必须先将文件导入到 Flash 中。Windows 下 Flash 中允许用户使用的声音文件包括 ASND、WAM、MP3、AIFF，如果系统安装了 QuickTime 4 或更高版本，还支持 WAV 和 Sun AU 等文件格式。

8.1.1 声音的类型

Flash 中的声音根据其作用的不同可分为两种类型：事件声音和音频流，可以将声音用于动画某个位置处的事件声音，也可以在其他位置用作音频流。

1. 事件声音

事件声音必须完全下载后才能开始播放，除非添加了停止指令才会停止播放，否则将一直连续播放。用户可以将事件声音作为动画中的循环音乐，如背景音乐；也可以把事件声音作为激发某个对象时发出的声音，如单击按钮时发出的声音。

运用事件声音时要注意以下几个方面：

（1） 由于事件声音只有完全下载后才能播放，所以插入的声音文件最好不要太大。

（2） 已经下载的声音文件，再次使用时无需重新下载。

（3） 在任何情况下事件声音都会从开始播放到结束。

（4） 事件声音无论长短，插入时间轴都只占用一个帧。

2. 音频流

音频流同样必须下载后才能播放，但并不要求全部下载，只需要先下载前几帧足够的数据后就可以播放了。为了便于在网站上播放，要求音频流必须与时间轴同步。用户可以把音频流用于音轨或声轨中，以便声音与影片中的可视元素同步，也可以把它作为只使用一次的声音。

运用音频流时要注意以下几个方面：

（1） 可以把音频流与影片中的可视元素同步。

（2） 即使它是一个很长的声音，也只需下载很小一部分声音文件即可开始播放。

（3） 音频流只在时间轴上它所占的帧中播放。

8.1.2 将声音导入到库

导入到 Flash 中的声音文件会自动保存在“库”面板中，值得注意的是导入到“库”面板中的声音，最初并不显示在时间轴上。

要向 Flash 中导入声音，可选择“文件”|“导入”|“导入到库”命令，打开“导入到库”对话框，如图 8-1 所示。在“导入到库”对话框中，选择声音文件并导入声音。导入的声音会加载到“库”面板，如图 8-2 所示。值得注意的是：如果选择“文件”|“导入”|“导入到舞台”命令，在打开“导入”对话框中选择声音文件，单击“打开”按钮，导入的声音文件同样会显示在“库”面板中，而不会加载至舞台。

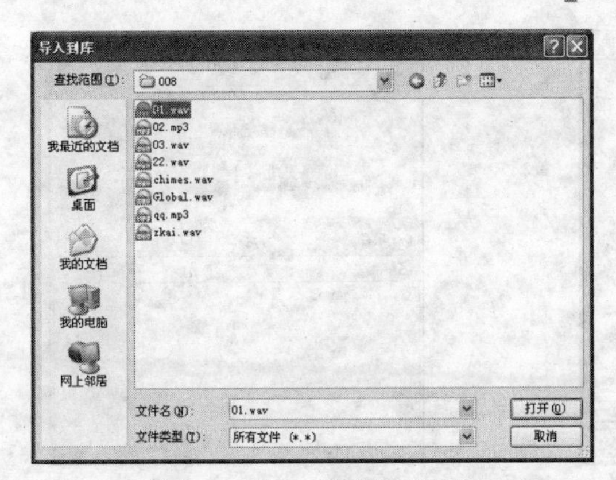

图 8-1　“导入到库”对话框

图 8-2　声音加载到库中

选择“库”面板中显示的声音文件，如 01.WAV 声音文件，在其上方会显示声音文件的部分声波，单击右上角的“播放”按钮即可预览声音效果。

8.1.3　常用概念和术语

在对声音文件进行编辑或其他操作时，可能会涉及以下术语，这里先介绍一下与声音有关的重要术语。

波形：声音信号波幅随时间推移不断变化的图形形状。

波幅：音波形上的点与零或平衡线之间的距离。

峰值：波形中的最高点。

比特率：每秒为声音文件编码或流式传输的数据量。对于 mp3 文件，比特率通常是以每秒千位数（kbps）来表述的。较高的比特率通常意味着较高品质的声音波形。

采样率：定义每秒从模拟音频信号采集的用来组成数字信号的样本数。标准光盘音频的采样率为 44.1 kHz 或每秒 44 100 个样本。

缓冲：播放之前接收和存储声音数据。

卷：声音的响度。

平移：音频信号在立体声声场中左右两声道之间的位置。

流：这是一个过程，指的是在从服务器加载声音文件或视频文件的后面部分的同时播放该文件的前面部分。

8.1.4　实例——导入 MP3

新建 ActionScript 3.0 文件，向其中导入 qq.mp3 声音文件，并保存文件。其中，文件名为“导入 MP3”、“文件类型”保持默认选项。

（1） 按 Ctrl+N 组合键，打开“新建文档”对话框，选择“常规”选项卡“类别”列表框中的 ActionScript 3.0 选项，单击“确定”按钮。

（2） 选择“文件”|“导入”|“导入到库”命令，打开“导入到库”对话框。

（3） 进入文件保存路径，选择其中的 qq.mp3 选项，如图 8-3 所示。

（4） 单击“打开”按钮，MP3 声音文件导入至“库”面板，如图 8-4 所示。

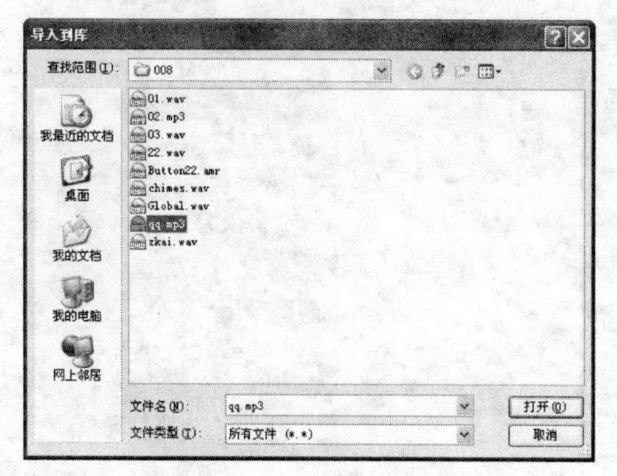

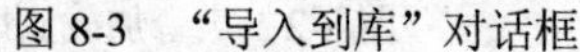
图 8-3 “导入到库”对话框

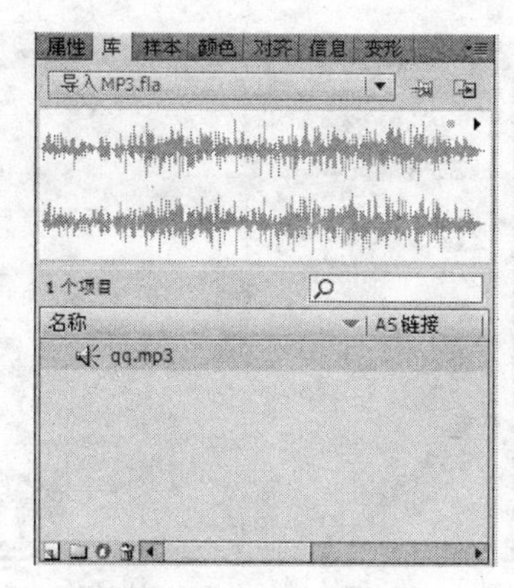

图 8-4 “库”面板

（5）按 Ctrl+S 组合键，弹出“保存为”对话框，选择保存路径，设置“文件名”为“导入 MP3”，“文件类型”使用默认选项，单击“保存”按钮。

8.2 添加声音并设置属性

虽然导入到库中的声音文件已经成为 Flash 动画的一部分，但如果不将其添加至“时间轴”面板，导入的声音文件在动画中就起不到任何作用。

8.2.1 将声音添加到时间轴上

要将导入到 Flash“库”面板中的声音添加到时间轴上，应先添加可用于承载声音文件的图层。单击“时间轴”面板左侧的“新建图层”按钮，或选择“插入”|“时间轴”|“图层”命令，新建图层。将所需声音从“库”面板中拖到舞台中，该声音就添加到当前图层中，并在时间轴的声音图层中显示出声音的波形，如图 8-5 所示。

另一种向“时间轴”面板添加声音文件的方法，选择要添加声音文件的图层，切换至“属性”面板，打开“声音”检查器中的“名称”下拉列表框，从中选择要导入的声音文件，如图 8-6 所示。

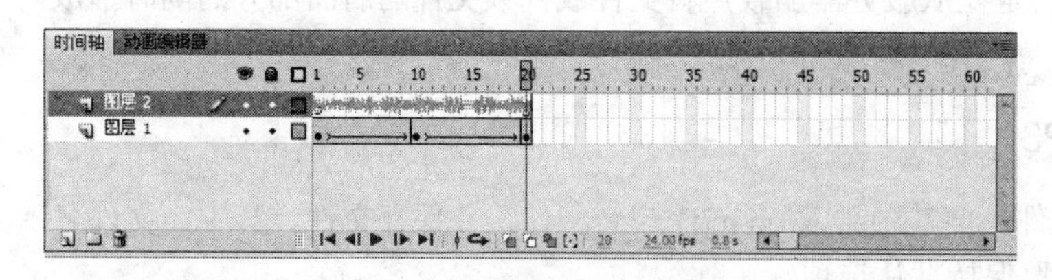

图 8-5 向图层中添加声音

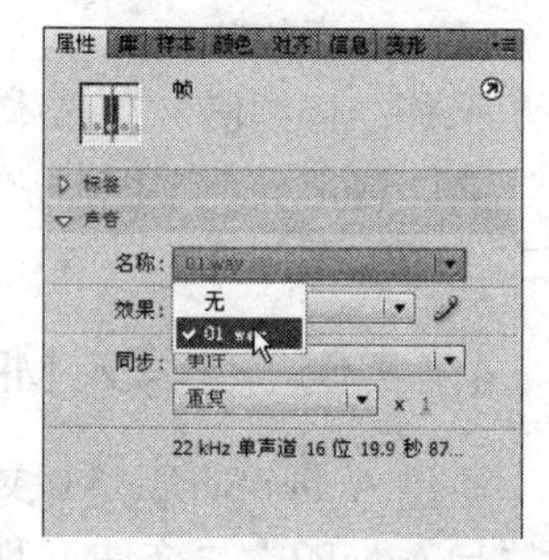

图 8-6 属性面板

可以把多个声音放在一个层上，或放在包含其他对象的多个层上。但是，建议将每个声音放在一个独立的层上。每个层都作为一个独立的声道。播放 SWF 文件时，会混合所有层上的声音。

8.2.2　设置“效果”选项

打开“属性”面板“声音”检查器中的“效果”下拉列表框，其中共包含了 8 个选项，如图 8-7 所示。如果不需要设置声音效果，可选择“无”效果；如果用户希望自定义声音效果，可选择“自定义”选项。用户也可直接选择“效果”下拉列表框中其他选项，为声音添加效果。其余 6 个选项效果说明如下。

（1）　左声道：只在左声道中播放声音。

（2）　右声道：只在右声道中播放声音。

（3）　从左到右淡出：左声道声音逐渐减小切换到右声道播放声音。

（4）　从右到左淡出：右声道声音逐渐减小切换到左声道播放声音。

（5）　淡入：播放的声音音量逐渐增强。

（6）　淡出：播放的声音音量逐渐减弱。

8.2.3　设置“同步”选项

打开“同步”下拉列表框，可选择声音的同步技术：事件、开始、停止和数据流，如图 8-8 所示。下面分别介绍一下这几个选项的功能。

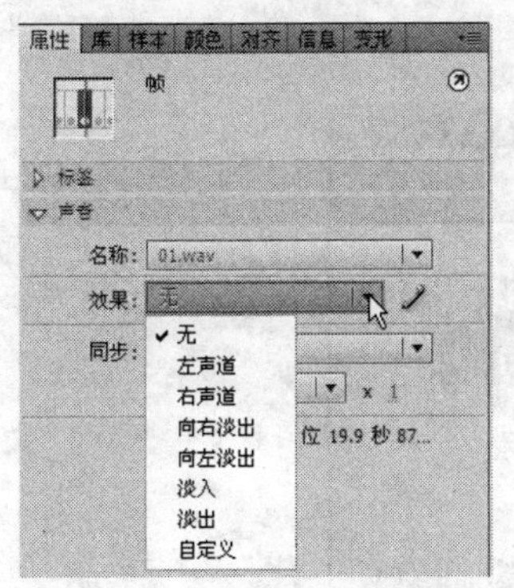

图 8-7　设置声音效果

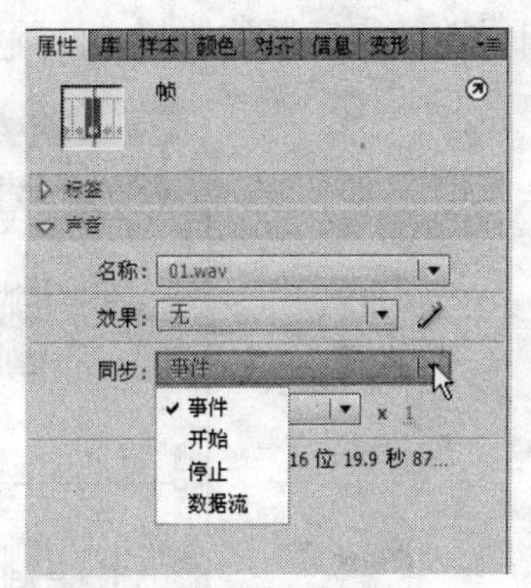

图 8-8　设置同步技术

（1）　事件：将声音与一个事件的发生过程同步，事件声音在显示其起始关键帧时开始播放，并独立于时间轴完整播放，即使 SWF 文件停止播放声音也会继续。例如单击按钮时播放声音。如果 SWF 文件中的声音正在播放，若再次被实例化（例如，第二次单击按钮），则第一个声音播放的同时，第二个声音开始播放。

（2）　开始：与“事件”的功能相近，但是如果声音已经播放，则新声音实例不会再播放。例如，第二次单击按钮，也只播放第一个声音，不播放第二个声音。

（3）　停止：设置停止播放声音。

（4）　数据流：强制动画与音频流同步，即动画播放时声音也随之播放；反之，动画停止时声音也随之停止。音频流的一个示例就是动画中一个人物的声音在多个帧中播放，这样极大地压缩了动画的体积，可便于将其应用于网站中。

如果使用 MP3 声音作为音频流，则必须重新压缩声音，以便能够导出。可以将声音导出为 MP3 文件，所用的压缩设置与导入它时的设置相同。

8.2.4 设置“循环”选项

打开“声音循环”下拉列表框，可指定声音“重复”播放的次数或“循环”播放声音，如图 8-9 所示。

如果选择“重复”选项，则需要在其后的文本框中指定重复播放的次数。使用该选项时，要考虑到声音文件的重复播放时间总长以与动画播放时间长度相符。例如，动画可播放时间为 5 分钟，而插入的背景音乐长 20 秒，则应可设置“重复”数值为 15。

一般情况下不建议用户选择使用该选项。因为将音频流设置为循环播放时，帧就会添加到文件中，文件的大小就会根据声音循环播放的次数而倍增。

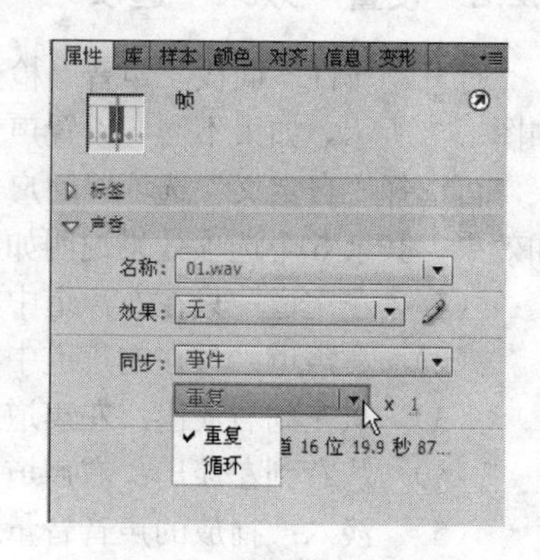

图 8-9 设置循环选项

8.2.5 在 Flash 中自定义声音效果

如果要自定义声音效果，可单击“效果”选项右侧的“编辑声音封套”图标，打开“编辑封套”对话框，如图 8-10 所示。应用该对话框，用户不但可以自由控制播放声音的音量，还可以自由改变声音播放的起止位置和声音长度。

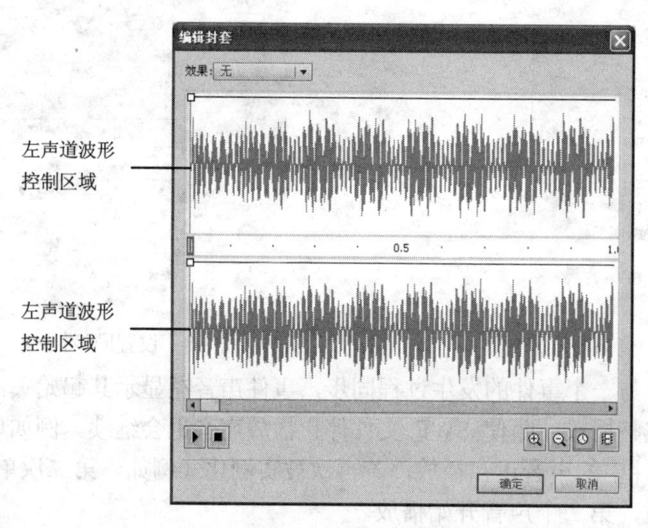

图 8-10 “编辑封套”对话框

“编辑封套”对话框中各选项的功能如下。

（1） 效果：选择声音的播放效果。

（2） 波形编辑区域：分为上下两个声音波形编辑区域，上部编辑区域用于设置左声道波形，下部编辑区域用于设置右声道声波形。

改变音量：在波形编辑区域任意位置处单击，即可添加一个封套手柄，拖动该手柄可以调整声音段的声音大小，如图 8-11 所示。封套线越靠上，声音的音量越大；反之，封套线越靠下，声音的音量越小。用户最多可向编辑窗口中添加 8 个封套手柄。

截取声音片段：在波形编辑区域中显示的波形包含有起止点，通过拖动波形编辑区域中的“开始时间”控件与“停止时间”控件，可更改声音文件播放的起止点、播放时间，如图

8-12 所示。

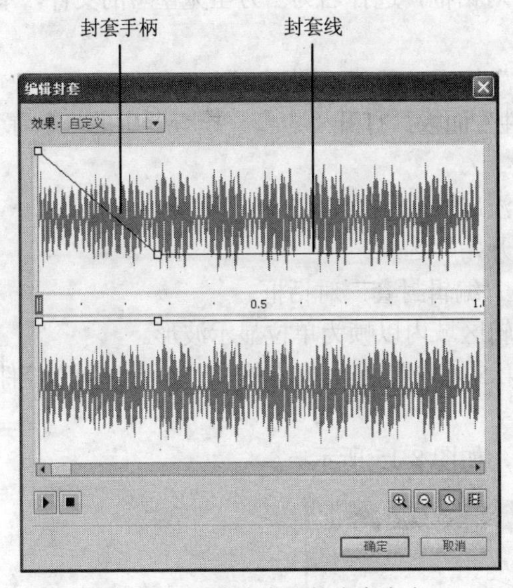

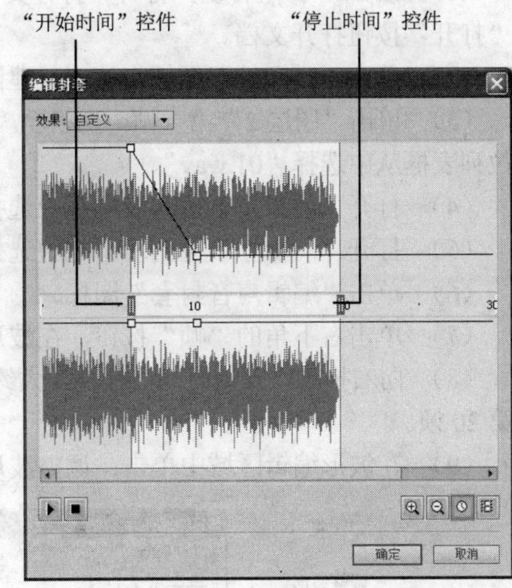

图 8-11　调整声音段的声音大小　　　　图 8-12　截取声音片断

（3）　放大![]: 单击此按钮，可放大波形编辑区域中的波形图，如图 8-13 所示。

（4）　缩小![]: 单击此按钮，可缩小波形编辑区域中的波形图，如图 8-14 所示。

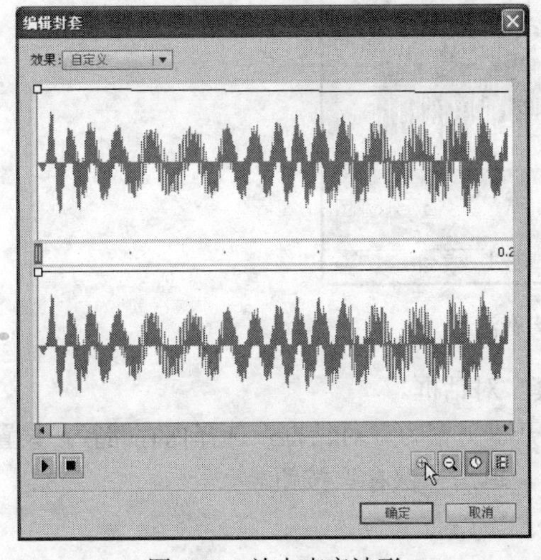

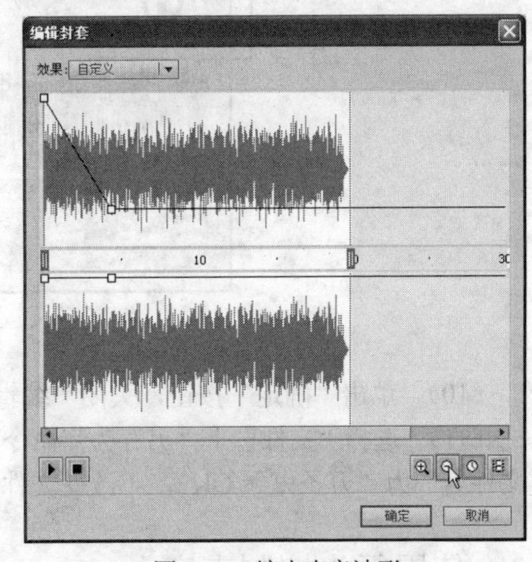

图 8-13　放大声音波形　　　　图 8-14　缩小声音波形

（5）　秒![]: 以时间"秒"为单位显示声音波形。

（6）　帧![]: 以"帧"为单位显示声音波形。

（7）　播放声音![]: 单击此按钮，可试听编辑后的声音文件。

（8）　停止声音![]: 单击此按钮，停止播放声音文件。

8.2.6　实例——万圣鬼堡

打开"万圣鬼堡.fla"，将"库"面板中的"01.wav"添加至新图层，使其动画与声音同步，播放效果为淡出。

（1） 按 Ctrl+O 组合键，打开“打开文档”对话框，选择名为“万圣鬼堡”的文件，单击“打开”按钮打开文档。

（2） 单击“时间轴”面板中的“新建图层”按钮，新建“图层 2”。

（3） 单击“图层 2”第 1 帧，切换至“属性”面板，打开“声音”检查器中的“名称”下拉列表框从中选择“01.wav”。

（4） 打开“效果”下拉列表框从中选择“淡出”选项。

（5） 打开“同步”下拉列表框从中选择“开始”选项。

（6） 单击“编辑声音封套”图标，打开“编辑封套”对话框。

（7） 单击右下角的“帧”按钮，在波形编辑区域内以帧为单位显示波形。

（8） 向右拖动“开始时间”控件（大约至第 5 帧位置处），向左拖动“停止时间”控件至第 20 帧。

（9） 在波形编辑区域中单击，调整波形图，如图 8-15 所示。

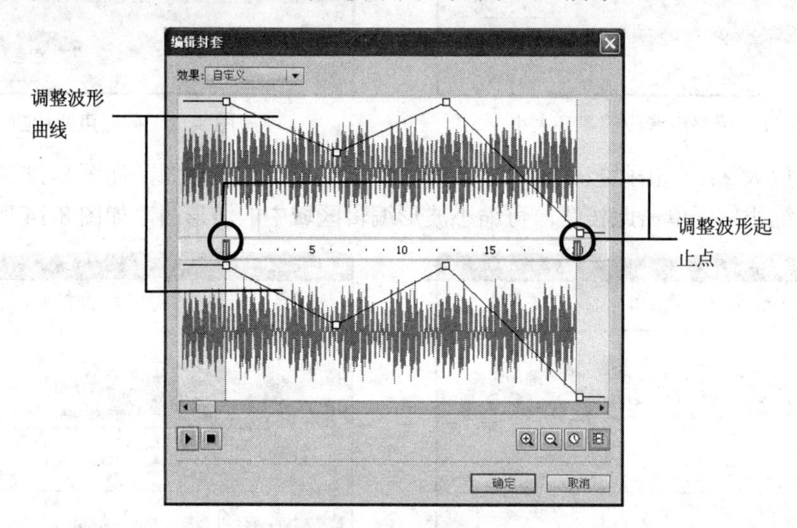

图 8-15　放大声音波形

（10） 单击“确定”按钮，关闭“编辑封套”对话框。

（11） 选择“文件” | “另存为”命令，打开“另存为”对话框，选择保存路径，设置“文件名”为“万圣鬼堡 OK”，不改变文件类型，单击“保存”按钮。

8.3　使用行为控制声音

行为是预先编写的 ActionScript 脚本，通过使用声音行为，可以将它们应用至文档并控制声音的播放。使用这些行为添加声音将会创建声音的实例，然后使用该实例控制声音。

8.3.1　准备工作

在为对象应用行为控制声音时，要求必须使用 ActionScript 1.0～ActionScript 2.0 脚本技术。如果文档使用的是 ActionScript 3.0 脚本技术，在为对象应用声音行为时，会弹出如图 8-16 所示的提示对话框。

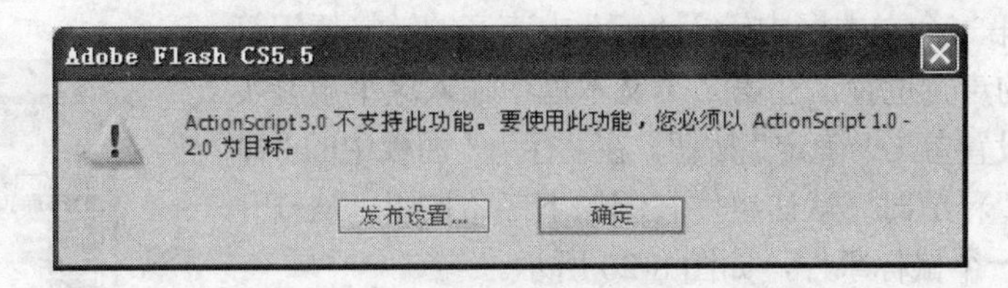

图 8-16 提示对话框

若要为对象应用行为控制声音，可单击图 8-16 所示对话框中的“发布设置”按钮，或选择“文件”|“发布设置”命令，打开“发布设置”对话框，单击“脚本”右侧的下三角按钮，从列表框中选择 ActionScript 1.0 或 ActionScript 2.0，如图 8-17 所示。完成设置，单击“确定”按钮。

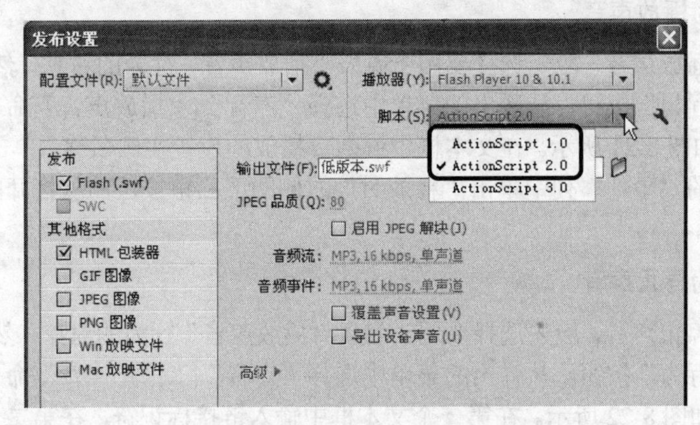

图 8-17 提示对话框

8.3.2 使用行为将声音载入文件

应用“行为”面板中“声音”下拉列表框中的“从库加载声音”或“加载流式 MP3 文件”行为可以将声音添加到文档。

要使用行为将声音载入文件，应先选择要用于触发行为的对象（如按钮），然后单击“行为”面板中的“添加行为”按钮，从弹出的菜单中选择“声音”|“加载 MP3 流文件”命令，打开如图 8-18 所示“加载 MP3 流文件”对话框；或选择“声音”|“从库加载声音”命令，打开如图 8-19 所示的“从库加载声音”对话框。

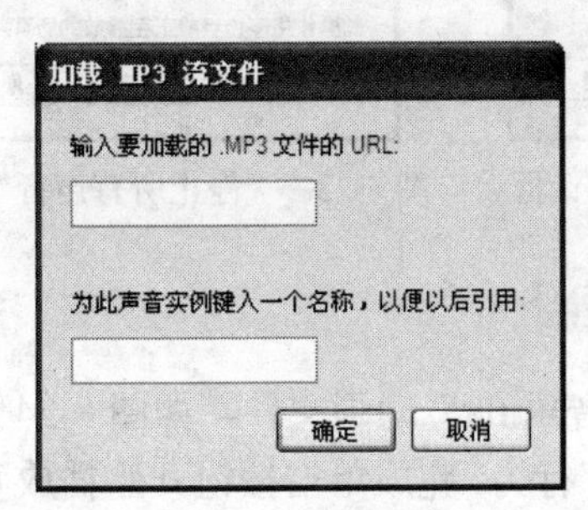

图 8-18 “加载 MP3 流文件”对话框

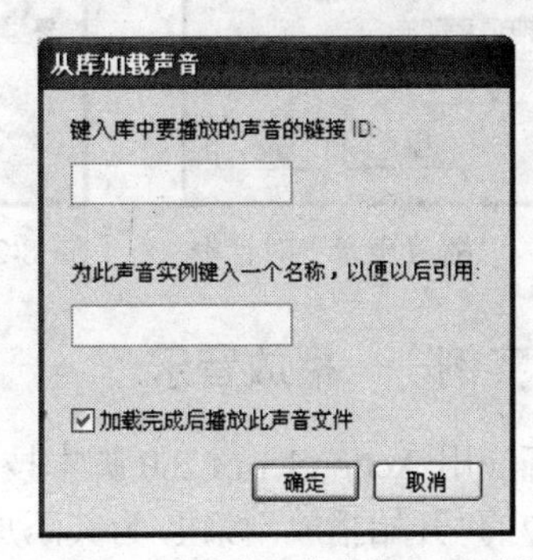

图 8-19 “从库加载声音”对话框

在对话框的第一个文本框中输入“库”中声音的链接标识符或 mp3 流文件的声音位置，在第二个文本框中输入这个声音实例的名称，完成设置单击“确定”按钮。在“行为”面板中的“事件”列下，单击“释放时”默认事件右侧的下三角按钮，从打开的列表框中选择一个鼠标事件，如图 8-20 所示。

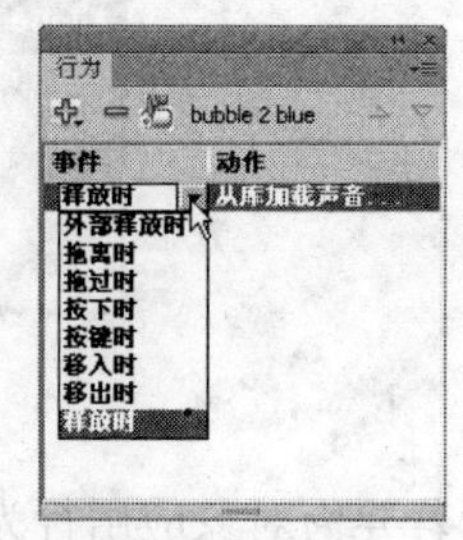

图 8-20　修改事件

8.3.3　使用行为播放和停止声音

“播放声音”、“停止声音”和“停止所有声音”行为可以控制声音回放。用户需要指定触发行为的事件（如按钮）、选择目标对象（行为将影响的声音），并选择行为参数设置以指定将如何执行行为。

1.　使用行为播放声音

要使用行为播放声音，应先选择要用于触发“播放声音”行为的对象，然后单击“行为”面板中的“添加行为”按钮，从弹出的菜单中选择“声音”|“播放声音”命令，打开“播放声音”对话框，如图 8-21 所示。在文本框中键入要播放的声音实例名称，单击“确定”按钮。在“行为”面板的“事件”列中单击“释放时”右侧的下三角按钮，从打开的下拉菜单中选择所需事件。

2.　使用行为停止声音

若要用行为停止声音，应先选择要用于触发“播放声音”行为的对象。然后单击“行为”面板中的“添加行为”按钮，从弹出的菜单中选择“声音”|“停止声音”命令，打开“停止声音”对话框，如图 8-22 所示。在第一个文本框中输入链接标识符，在第二个文本框中输入要停止播放的声音实例名称，单击“确定”按钮。打开“行为”面板的“事件”列“释放时”下拉列表框，从中选择所需事件。

应用行为还可以一次性停止播放所有的声音，操作方法为：选择要用于触发行为的对象，单击“行为”面板中的“添加行为”按钮，从弹出的菜单中选择“声音”|“停止所有声音”命令，打开“停止所有声音”对话框，如图 8-23 所示。单击“确定”按钮，确认要停止所有声音，然后在“行为”面板中的“事件”列中指定所需事件即可。

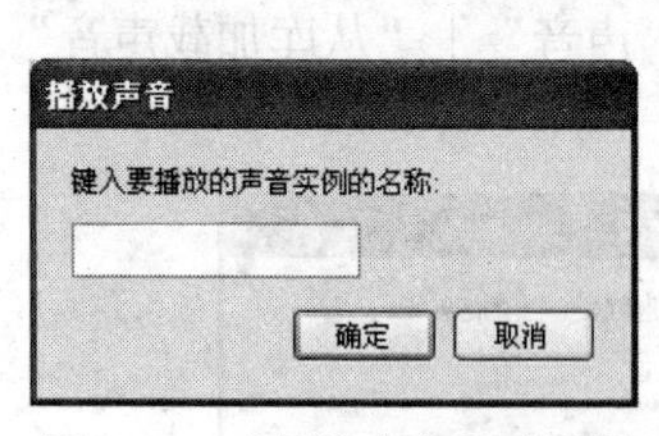

图 8-21　“播放声音”对话框

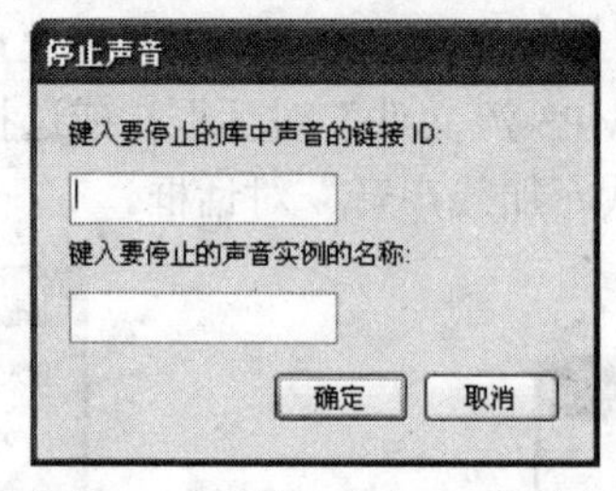

图 8-22　“停止声音”对话框

图 8-23　“停止所有声音”对话框

8.3.4　实例——播放音乐

打开应用 ActionScript 3.0 脚本技术创建的“播放音乐.fla”动画文件，如图 8-24 所示。选择其中的“开始播放”按钮，为其添加“从库载入声音”行为，完成单击按钮开始播放 qq.mp3 音乐的动画效果。

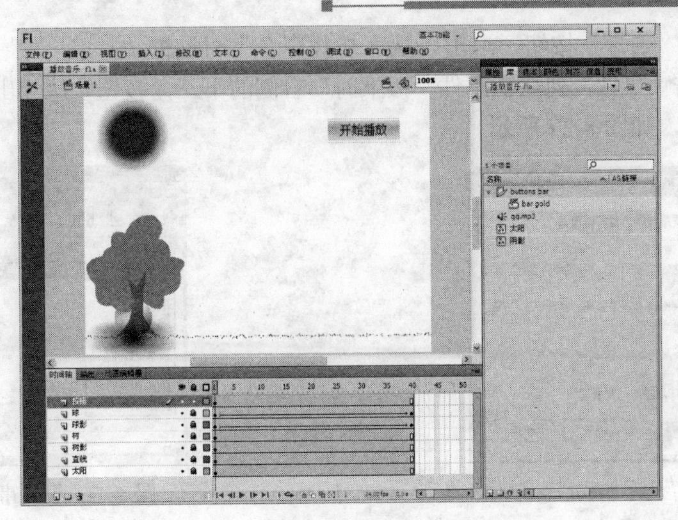

图 8-24　原动画效果

（1） 按 Ctrl+O 组合键，打开“打开文档”对话框，选择名为“播放音乐”的文件，单击“打开”按钮打开文档。

（2） 选择“文件” | “发布设置”命令，打开“发布设置”对话框。

（3） 单击“脚本”右侧的下三角按钮，从列表框中选择 ActionScript 2.0 选项，单击“确定”按钮。

（4） 切换至“库”面板，右击“qq.mp3”选项从弹出的快捷菜单中选择“属性”命令，打开“声音属性”对话框。

（5） 切换至 ActionScript 选项卡，选择“ActionScript 链接”选项组下的“为 ActionScript 导出”选项，Flash 自动选择“在第 1 帧中导出”并在“标识符”中显示“qq.mp3”，如图 8-25 所示。

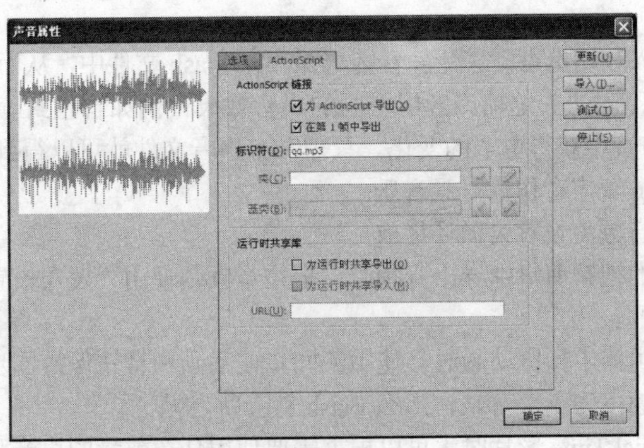

图 8-25　设置 ActionScript 链接

（6） 选择“窗口” | “行为”命令，显示“行为”面板。

（7） 选择舞台中的“开始播放”按钮，单击“行为”面板中的“添加行为”按钮，从弹出的菜单中选择“声音” | “从库加载声音”命令，打开“从库加载声音”对话框。

（8） 在“键入库中要播放的声音的链接”文本框中输入“qq.mp3”，在“为此声音实例键入一个名称，以便以后引用”文本框中输入 qq，如图 8-26 所示。

（9） 单击“确定”按钮，退出“从库加载声音”对话框。

（10） 单击“事件”列默认事件“按下时”右侧的下三角按钮，从弹出的列表框中选择“按下时”选项，如图 8-27 所示。

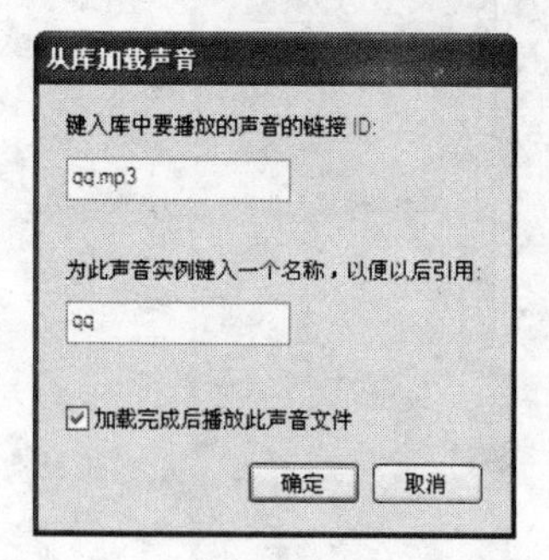

图 8-26 “从库加载声音”对话框

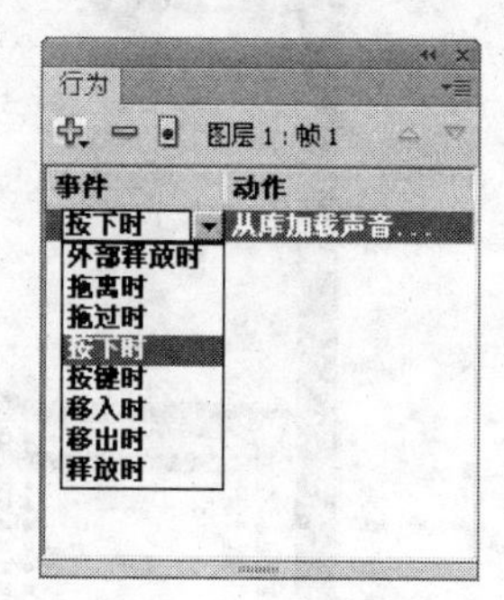

图 8-27 设置事件

（11） 选择“文件”|“另存为”命令，打开“另存为”对话框，选择保存路径，设置“文件名”为“播放音乐 OK”，不改变文件类型，单击“保存”按钮。

8.4 导出声音压缩设置

为了缩小文件的体积，用户可对导入到 Flash 中的声音文件进行编辑。例如调整采样比率和压缩程序等，采样比率和压缩程序可以控制导出的 SWF 文件中的声音品质和大小。声音的压缩倍数越大，采样比率越低，声音文件就越小，声音品质也越差。

8.4.1 声音导出准则

除了采样比率和压缩外，还可以使用下面几种方法在文档中有效地使用声音并保持较小的文件大小：

（1） 设置切入和切出点，避免静音区域保存在 Flash 文件中，从而减小声音文件体积。

（2） 通过在不同的关键帧上应用不同的声音效果（例如音量封套，循环播放和切入/切出点），从同一声音中获得更多的变化。只需一个声音文件就可以得到许多声音效果。

（3） 循环播放短声音作为背景音乐。

（4） 不要将音频流设置为循环播放。

（5） 从嵌入的视频剪辑中导出音频时，记住音频是使用“发布设置”对话框中所选的全局流设置来导出的。

（6） 当在编辑器中预览动画时，使用流同步使动画和音轨保持同步。如果计算机不够快，绘制动画帧的速度跟不上音轨，那么 Flash 就会跳过帧。

（7） 导出 QuickTime 影片时，可以根据需要使用任意数量的声音和声道，不用担心文件大小。将声音导出为 QuickTime 文件时，声音将被混合在一个单音轨中。使用的声音数不会影响最终的文件大小。

8.4.2 压缩要导出的声音

双击“库”面板列表框中要进行编辑的声音文件图标，或单击“库”面板左下角的“属性”按钮，或在声音文件上右击从弹出的快捷菜单中选择“属性”命令，打开“声音属性”

对话框，如图 8-28 所示。

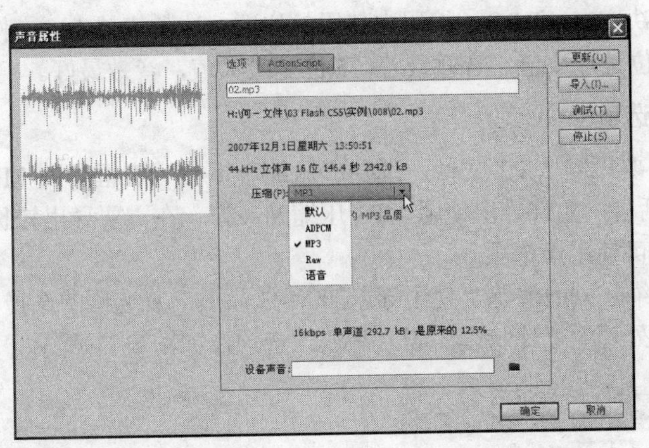

图 8-28　“声音属性”对话框

“声音属性”对话框最上边的文本框中给出了声音文件的名称，其下是声音文件的有关信息，左侧是声音的波形图，右侧是一系列功能按钮。

如果用户已在外部编辑了此声音文件，应先单击“更新”按钮。然后打开“压缩”下拉列表框，从中选择任意一种压缩选项。完成压缩设置后，单击“测试”按钮，试听一下声音效果，直到获得所需的声音品质，最后单击“确定”按钮完成导出声音的压缩。接下来只需导出动画即可。

导出 SWF 文件时，“默认”压缩选项将使用“发布设置”对话框中的全局压缩设置。如果选择“默认”选项，则没有可用的附加导出设置。

打开“压缩”下拉列表框，可从中选择声音的压缩方式，除“默认”选项外还包含有 4 个压缩选项，分别为 ADPCM、MP3、Rav 和语音。下面认识一下这几个选项。

1. “ADPCM”选项

如果在“压缩”下拉列表框中选择 ADPCM 选项，可用来设置 16 位声音数据的压缩。当导出较短小的时间声音（例如单击按钮的声音）时即可使用此设置。在选择 ADPCM 之后，将显示“ADPCM”相关选项，如图 8-29 所示。

图 8-29　ADPCM 压缩方式

下面认识一下“预处理”、“采样率”和“ADPCM 位”这几个选项。

预处理：选择“将立体声转换为单声道”复选框可将混合立体声转换为单声，减少文件体积，但会降低声音质量。该选项只有在比特率为 20 kb/s 或更高时才可用。

采样率：采样率选项主要用来控制声音保真度和文件大小，较低的采样率可以减小文件大小，但同时也降低声音品质。对于语音来说，5 kHz 是可接受的最低标准；对于音乐文件来说，则至少需要设置 11 kHz；22 kHz 是用于 Web 回放的常用选择；44 kHz 是标准 CD 音频比率。

ADPCM 位：决定在 ADPCM 编码中使用的位数。该数值越小，文件体积越小，但音效也越差。其中，2 位是最小值，音效最差，5 位是最大值，音效最好。

2. “MP3”选项

如果当前用户要压缩 MP3 文件，选择“压缩”下拉列表框中的 MP3 选项后，打开如图 8-30 所示的对话框，允许导出使用 MP3 压缩的声音。在需要导出较长的流式声音（例如音乐音轨）时，即可使用该选项。

如果要进行压缩，则应清除“使用导入的 MP3 品质”复选框的选择，此时将在“压缩”选项下方显示“预处理”、“比特率”和“品质”选项，如图 8-31 所示。

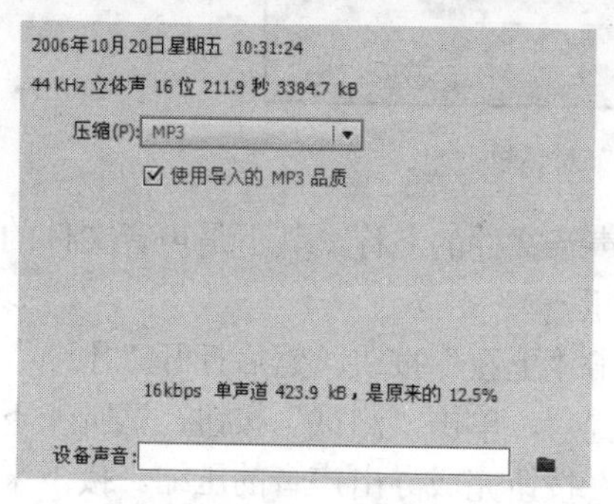

图 8-30 MP3 压缩方式

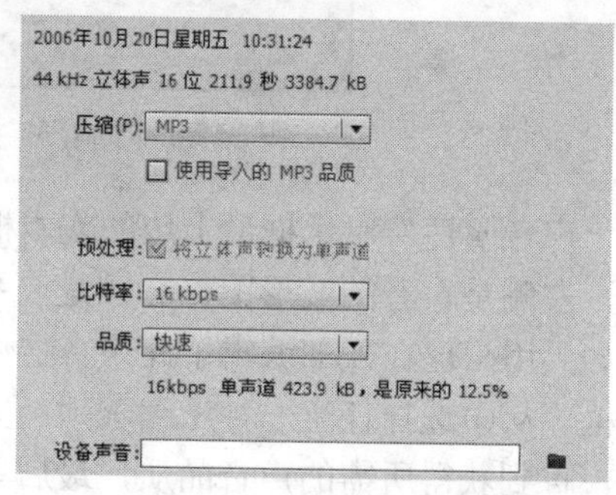

图 8-31 非 MP3 压缩方式

“预处理”和“比特率”就不再介绍了，MP3 中的“品质”选项用于确定压缩速度和声音品质，如果要将影片发布到网络上，可选择“快速”选项；如果要在本地运行影片，则可以使用“中”或“最佳”选项。

3. “Rav”选项

如果在“压缩”下拉列表框中选择“Rav”选项，在导出声音的过程中将不进行压缩。但是用户可以通过选中“将立体声转换为单声道”复选框来将立体声声音合成为单声，并且可以更改声音的采样频率，如图 8-32 所示。

4. “语音”选项

如果在“压缩”下拉列表框中选择了“语音”选项，在导出声音的过程中将不进行压缩。用户只能设置采样频率，如图 8-33 所示。

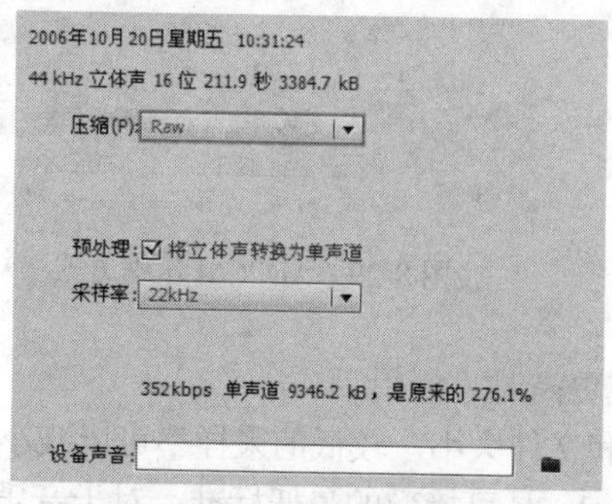

图 8-32 Rav 压缩方式

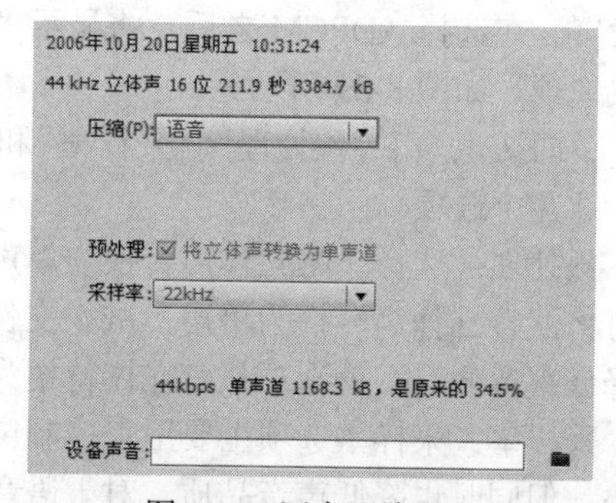

图 8-33 语音压缩方式

8.4.3 实例——压缩 MP3

打开“压缩 MP3.fla”文件，将其中的 qq.mp3 文件进行压缩，设置“比特率”为 8 kb/s，“品质”为“中”。

（1） 按 Ctrl+O 组合键，打开“打开文档”对话框，选择名为“压缩 MP3”的文件，单击“打开”按钮打开文档。

（2） 切换至“库”面板，右击“qq.mp3”选项从弹出的快捷菜单中选择“属性”命令，打开“声音属性”对话框。

（3） 打开“比特率”下拉列表框从中选择“8 kb/s”选项，打开“品质”下拉列表框从中选择“中”选项，如图 8-34 所示。

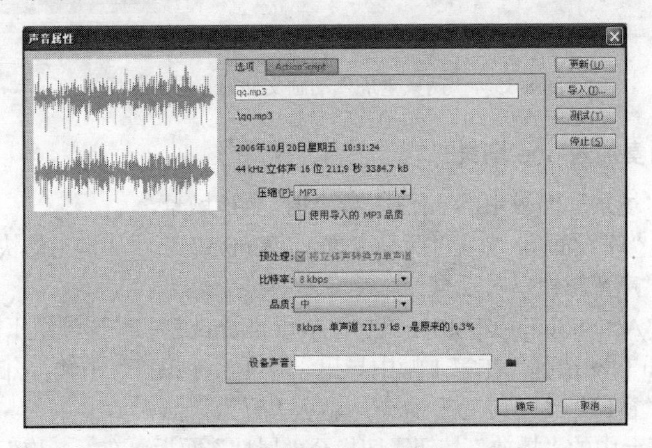

图 8-34 设置 MP3 压缩方式

（4） 选择“文件”|“另存为”命令，打开“另存为”对话框，选择保存路径，设置“文件名”为“压缩 MP3OK”，不改变文件类型，单击“保存”按钮。

8.5 动手实践——两只老虎

打开“两只老虎.fla”动画文件，为其添加“两只老虎-片断.mp3”、“两只老虎-前奏.mp3”和“zkai.wav”声音文件，其中“两只老虎-前奏.mp3”为场景 one 的背景音乐，“两只老虎-片断.mp3”为场景 two 的主题音乐，“zkai.wav”为单击按钮时发出的声音。

单击 one 场景中的“播放”按钮结束 one 场景中所有的动画及背景音乐，跳转至 two 场景开始播放主题曲和 two 场景动画。单击“暂停”按钮停止声音与动画的播放，“暂停”按钮变为“播放”按钮。单击“播放”按钮继续播放声音与动画。

步骤 1：导入声音文件

（1） 按 Ctrl+O 组合键，打开“打开文档”对话框，选择名为“两只老虎”的文件，单击“打开”按钮打开文档。

（2） 选择“文件”|“导入”|“导入到库”命令，打开“导入到库”对话框。

（3） 进入文件保存路径，选择其中的“两只老虎-片断.mp3”、“两只老虎-前奏.mp3”和“zkai.wav”选项。

（4） 单击“打开”按钮，将选择的声音文件导入至“库”面板。

图 8-35 “两只老虎”动画文件 one 与 two 场景

步骤 2：将前奏加入 one 场景

（1） 单击“场景”面板中的 one 字样，切换至该场景。

（2） 切换至“库”面板，右击“两只老虎-前奏.mp3”选项从弹出的快捷菜单中选择“属性”命令，打开“声音属性”对话框。

（3） 切换至 ActionScript 选项卡，选择“ActionScript 链接”选项组下的“为 ActionScript 导出”选项，Flash 自动选择“在第 1 帧中导出”并在“标识符”中输入 qz，如图 8-36 所示。

（4） 选择“窗口” | “行为”命令，显示“行为”面板。

（5） 选择舞台中的“播放”按钮，切换至“属性”面板，在“名称”文本框中输入“实例名称”为 a，如图 8-37 所示。

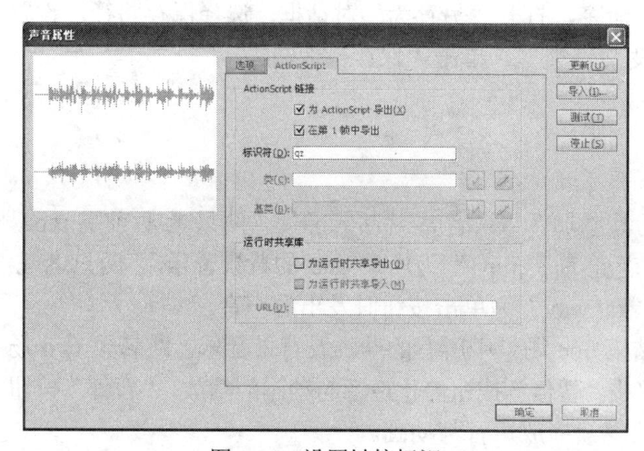

图 8-36 设置链接标识

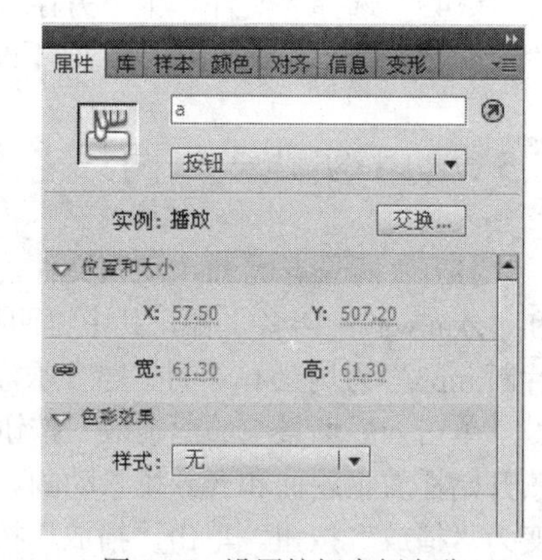

图 8-37 设置按钮实例名称

（6） 右击“老虎”图层第 1 帧（也可右击其他图层第 1 帧），从弹出的快捷菜单中选择“动作”命令，在其中输入如下代码：

```
mySound=new Sound();
mySound.attachSound("qz");
mySound.start();
```

（7） 单击“行为”面板中的“添加行为”按钮，从弹出的菜单中选择“声音”|“停止所有声音”命令，系统自动弹出如图 8-38 所示的提示对话框，单击“确定”按钮。

（8） 单击“事件”列默认事件“按下时”右侧的下三角按钮，从弹出的列表框中选择“按下时”选项，如图 8-39 所示。

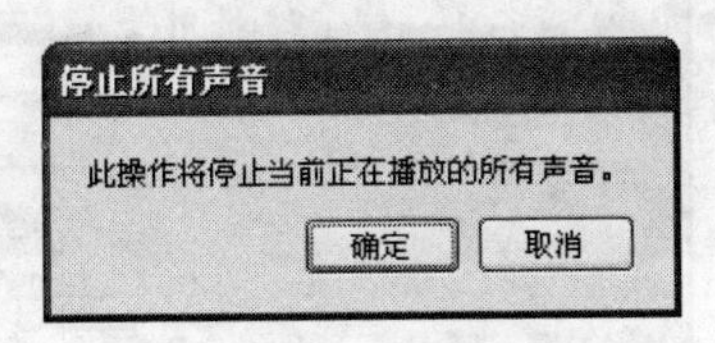

图 8-38　停止所有声音

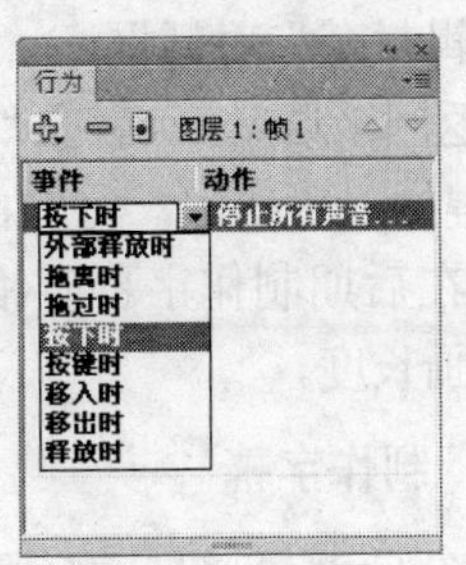

图 8-39　设置事件

步骤 3：设置按钮音效

（1） 切换至“库”面板，展开“按钮”文件夹，双击其中的“播放”按钮，进入按钮编辑区域。

（2） 选择“文字”图层，单击“新建图层”按钮并重命名为“声音”。

（3） 选择该图层第 3 帧按 F6 键，将“zkai.wav”拖动至舞台，得到如图 8-40 所示的效果。

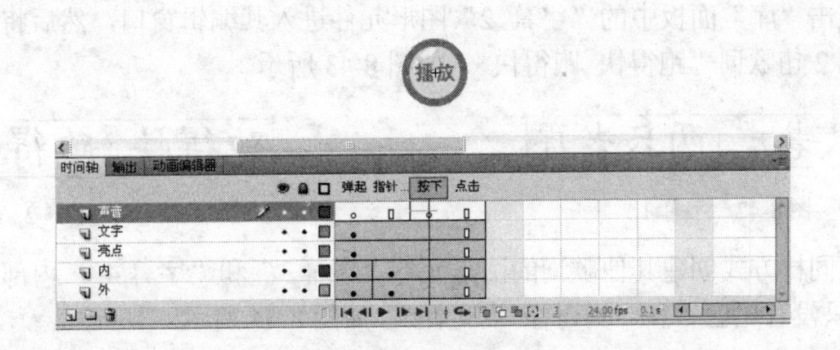

图 8-40　设置按钮音效

（4） 以同样的方式，为“退出”、“停止”、“暂停”和“重新播放”按钮添加单击时的声音效果。

步骤 4：计算声音长度

（1） 单击“场景”面板中的 two 字样，切换至该场景。

（2） 选择“按钮”图层，单击“新建图层”按钮创建新图层，并重命名为“片断”。

（3） 按 Ctrl+F8 组合键打开“新建元件”对话框，设置“名称”为“片断”，“类型”为“影片剪辑”，单击“确定”按钮。

（4） 进入影片剪辑编辑窗口，选择图层第 1 帧，切换至“库”面板，将“两只老虎-片断.mp3”拖动至舞台。

（5） 单击“属性”面板，在“实例名称”文本框中输入 mc，并单击“效果”选项右侧的“编辑封套”按钮，打开“编辑封套”对话框。

（6） 单击对话框底部的“帧”按钮，然后向右拖动对话框底部的滚动条，查看歌曲所占用的帧数（大约是350帧），如图8-41所示，单击“确定”按钮关闭“编辑封套”对话框。

（7） 返回至场景two，在“声音”图层的第350帧处按F5键插入普通帧，将歌曲延伸到此处。其他图层的调整在后期制作字幕时根据每句歌词的长度调整相应动画长度。

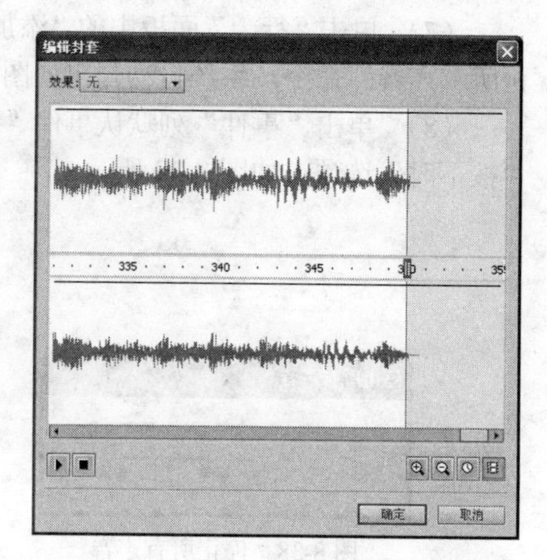

图8-41 查看声音长度和插入普通帧

步骤5：制作字幕

（1） 按Ctrl+F8组合键，新建名为“字幕1”的图形元件，单击“确定”按钮进入“字幕1”图形元件的编辑状态。

（2） 选择“文本工具”，将“字体系列”设为“楷体_GB2312”（字体可根据自己的喜好设置）、“字体大小”设为30、“文本填充颜色”设为黑色、“消除锯齿”设为“动画消除锯齿”，并在舞台中输入第一句歌词，如图8-42所示。

（3） 右击“库”面板中的“字幕1”图形元件，在弹出的快捷菜单中选择“直接复制”菜单，然后在打开的“直接复制元件”对话框中，将“名称”改为“字幕2”，并单击“确定”按钮。

（4） 双击“库”面板中的“字幕 2”图形元件进入其编辑窗口，然后将图形元件中的文字修改为第2句歌词“跑得快 跑得快”，如图8-43所示。

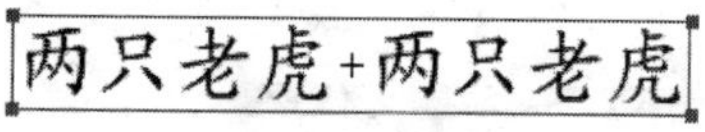

两只老虎 两只老虎

图8-42 字幕1

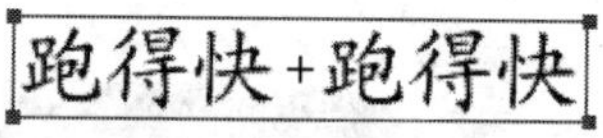

跑得快 跑得快

图8-43 字幕2

（5） 以同样方式创建其他歌词的图形元件“字幕3”和“字幕4”，内部分别为“一只没有眼睛 一只没有尾巴”和“真奇怪 真奇怪”，如图8-44所示。

一只没有眼睛 一只没有尾巴　　真奇怪 真奇怪

图8-44 字幕3和字幕4

步骤6：添加字幕

（1） 选择“片断”图层，在其上新建一个名为“字幕”的图层，将“库”面板中的“字幕1”图形元件拖到舞台适当位置，如图8-45所示。

图8-45 插入字幕1

（2）在第 80 帧处，按 F6 键插入关键帧，并切换至“属性”面板，单击“交换”按钮，将“字幕 1”交换为“字幕 2”，如图 8-46 所示。

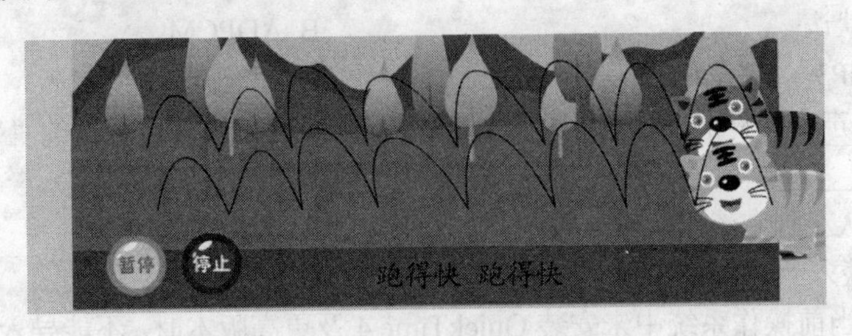

图 8-46　将字幕 1 交换为字幕 2

（3） 以同样的方式，在第 152 帧、第 221 帧处插入关键帧，并分别交换“字幕 2”为“字幕 3”和“字幕 4”。

（4） 根据字幕调整动画，为各图层添加普通帧。

步骤 7：添加代码

（1） 选择“按钮”图层中的“暂停”按钮，在其上右击从弹出的快捷菜单中选择“动作”命令。

（2） 打开“动作”面板，在右侧输入如下代码：

```
on(press){
if (bofang==1) {
mc.play();
bofang = 0
} else {
mc.stop();
bofang=1
}
}
```

（3） 以同样的方式，选择与“暂停”按钮重叠的“播放”按钮，为其添加代码。

（4） 选择“文件” | “另存为”命令，打开“另存为”对话框，选择保存路径，设置“文件名”为“两只老虎 OK”，不改变文件类型，单击“保存”按钮。

8.6　上机练习与习题

8.6.1　选择题

（1） 采样率选项主要用来控制声音保真度和文件大小，较低的采样率可以减小文件大小，但同时也降低声音品质。对于语音来说，5 kHz 是可接受的最低标准；对于音乐文件来说，则至少需要设置________________。

A. 11 kHz　　B. 22 kHz　　C. 44 kHz　　D. 5 kHz

（2） 当需要导出较长的流式声音（例如音乐音轨）时，可以在“声音属性”对话框的“导出设置”选项组的“压缩”下拉列表框中选择__________选项。

A. 默认　　B. ADPCM

C. MP3　　D. 语音

（3） 要在声音文件的播放过程中逐渐减小音量，可在属性检查器的“效果”下拉列表框中选择__________选项。

A. 从左到右淡出　　B. 从右到左淡出

C. 淡入　　D. 淡出

（4） 如果当前操作系统中未安装 QuickTime 4 及更高版本时，不能导入到 Falsh 的格式文件是____________。

A. WAM　　B. WAV

C. AIFF　　D. MP3

（5） 如果要设置声音开始播放后，新声音实例播放时原声音未播放完毕继续播放，不播放新声音文件，应选择“同步”下拉列表框中的__________选项。

A. 事件　　B. 开始

C. 停止　　D. 数据源

8.6.2 填空题

（1） 在 Flash 中有两种类型的声音，分别为____________和____________。

（2） 采样率和压缩程序可以控制导出的 SWF 文件中的声音品质和大小。声音的压缩倍数越大，采样比率越_______，声音文件就越_______，声音品质也越________。

（3） 在“声音属性”对话框的“导出设置”选项组的“压缩”下拉列表框中，可以选择5种声音压缩方式，分别是“默认”、ADPCM、_________、Rav 和_________。

（4） 应用“属性”面板中的________选项，可将已导入到“库”中的声音文件添加至时间轴。

（5） 自定义添加至时间轴的声音文件效果，可单击________面板中的按钮，打开“编辑封套”对话框自定义声音效果。

8.6.3 问答题

（1） 简述将声音导入到库中以及添加到时间轴上的方法。

（2） 简述应用行为加载外部 MP3 文件的方法。

（3） 简述应用 MP3 方式压缩导入 MP3 文件动画的方法。

8.6.4 上机练习

挑选一首你最爱听的歌曲，应用所学的知识自制动画并为其添加字幕及声音。

第 9 章　作品的测试、优化、发布与导出

本章要点

- 影片的测试方法。
- 动画的优化。
- 发布作品的方法。
- 导出作品的方法。

本章导读

- **基础内容**：在动画编辑窗口中测试 Flash。
- **重点掌握**：在 Flash Player 窗口中测试 Flash 动画，发布作品的方法。
- **一般了解**：优化与导出作品的方法。

课堂讲解

制作 Flash 动画的最终目的是将其输出与发布。为了保证作品的正常播放，在发布之前必须进行测试、优化处理，将动画调试到最优状态。

本章主要介绍了测试、优化、发布和导出 Flash 作品的方法。通过本章的学习，读者将掌握 Flash 作品的测试与发布技术，从而可以制作出完美的网页，并能够采用合适的方式输出。

9.1 测试 Flash 作品

测试动画是一个很重要的环节，为了确保用户创建的动画能够得到预期的效果，用户可以在制作的过程中测试动画；也可以在动画制作完毕后再进行测试。建议用户最好养成在制作过程中随时测试动画的习惯，这样可以随时发现问题，以便进行相应的调整。

9.1.1 在编辑环境中测试 Flash

在编辑环境中用户可测试 Flash 中的以下内容。

（1） 测试按钮效果：选择“控制”|“启用简单按钮”命令，可以测试按钮在弹起、按下、触摸和单击状态下的外观。

（2） 测试添加至时间轴的动画和声音：选择“控制”|“播放”命令，如图 9-1 所示，或按 Enter 键，或应用鼠标拖动“时间轴”面板中的播放头，可在编辑环境中查看时间轴上的动画效果或试听声音效果，包括与舞台动画同步的声音。如果想要在编辑环境中测试某个影片剪辑，应进入影片剪辑编辑窗口。

图 9-1 在编辑模式下测试影片

（3） 测试时屏蔽动画声音：在编辑环境中测试动画时，如果只想查看动画效果，可先选择“控制”|“静音”命令，然后再选择“控制”|“播放”命令，或按 Enter 键测试动画。

（4） 循环播放当前场景：在测试时如果想要多看几次动画效果，以便分析动画的不足之外，可先选择“控制”|“循环播放”命令，然后再选择“控制”|“播放”命令，或按 Enter 键测试动画。

（5） 播放所有场景：影片中包含了多个场景，在测试时可先选择“控制”|“播放所有场景”命令，然后再选择“控制”|“播放”命令，或按 Enter 键测试动画，Flash 将按场景排列顺序播放所有场景，直至最后场景的最后一帧。

在编辑环境中测试影片一般具有相对的局限性。例如，在 Flash 主动画编辑环境中不能测试影片剪辑中的声音、动画和动作，必须进入影片剪辑编辑窗口才能测试影片剪辑的声音、动画和动作。除此之外，还无法在编辑环境中测试动画在 Web 上的流动或下载性能。

9.1.2 测试影片和测试场景

如果要测试影片或场景，可以使用其中的“测试影片”和“测试场景”命令。Flash 系统自定义了影片与场景测试时的选项，默认情况下完成测试可产生 SWF 文件，此文件自动存放在当前编辑文件相同的目录中。如果测试运行正常，且用户希望将其用做最终文件，则可将其放置在硬盘驱动器并加载到服务器上。

要测试整个动画，选择“控制”|“测试影片”|“在 Flash Professional 中”或“控制”|“测试影片”|“调试”命令，或按 Ctrl＋Enter 组合键，进入调试窗口，进行动画测试。Flash 将自动导出当前场景，用户可在打开的新窗口中进行测试，如图 9-2 所示。

要测试当前场景，则可选择“控制”|“测试场景”命令，Flash 自动导出当前动画的所有场景，用户可在打开的新窗口中进行动画测试，如图 9-3 所示。

图 9-2 测试影片

图 9-3 测试场景

如果 Flash 中包含有 ActionScript，则可选择“调试”|“调试影片”|“在 Flash Professional 中”或“调试”|“调试影片”|“调试”命令，或按 Ctrl + Shift + Enter 组合键，进入调试窗口，进行动画测试。否则，系统会弹出如图 9-4 所示的对话框提示用户无法进行调试。

完成当前影片和场景的测试后，系统会自动在 FLA 所在文件夹中生成测试文件。例如，对“小球之旅”进行了影片和“场景 1”的测试，在“小球之旅.fla”所在文件夹中，除了显示“小球之旅.fla”动画源文件外，还会显示“小球之旅.swf”及“小球之旅_场景 1.swf”两个文件，如图 9-5 所示。

图 9-4　提示不包含 ActionScript 无法进行调试

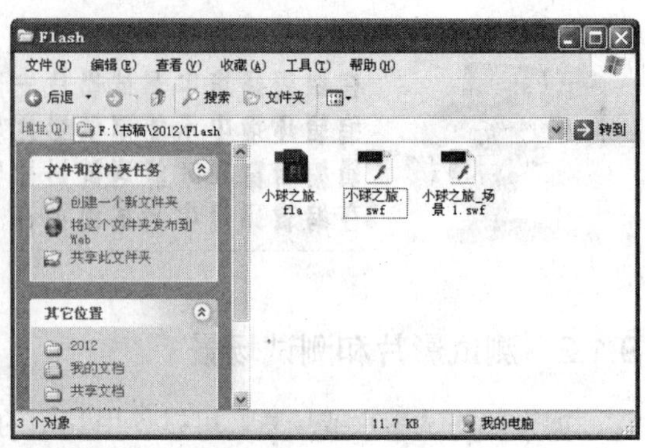

图 9-5　测试后自动生成的 SWF 文件

9.1.3　测试文档的下载性能

Flash 动画制作完毕后，可以发送到 Web 上以供其他用户欣赏或下载。在模拟下载速度时，Flash 使用典型 Internet 性能的估计值，而不是精确地调制解调器速度。例如，如果选择模拟 28.8 Kb/s 的调制解调器速度，Flash 会将实际速率设置为 2.3 Kb/s 以反映典型的 Internet 性能。

1.　下载设置

如果要测试动画的下载性能，可以进入测试窗口，选择“视图”|“下载设置”命令，然后从打开的下级菜单中选择一个下载速度以确定 Flash 模拟的数据流速率，例如：9.4 Kb/s、28.8 Kb/s、56 Kb/s、DSL、T1 或“用户设置”选项，如图 9-6 所示。

图 9-6　下载设置菜单

设置下载速度后，再选择“视图”|“模拟下载”命令打开数据流，便可模拟 Web 下载。若再次选择该命令可关闭数据流，则文档在非模拟 Web 连接的情况下就开始下载。

2.　带宽设置

如果要以图形化方式查看下载性能，可进入测试窗口，选择“视频”|“带宽设置”命令，

打开如图 9-7 所示的窗口。“带宽设置”分为两个窗格。左边的窗格显示有关文档的信息、下载设置、状态和流等；右边的窗格显示数据流或帧相关信息。

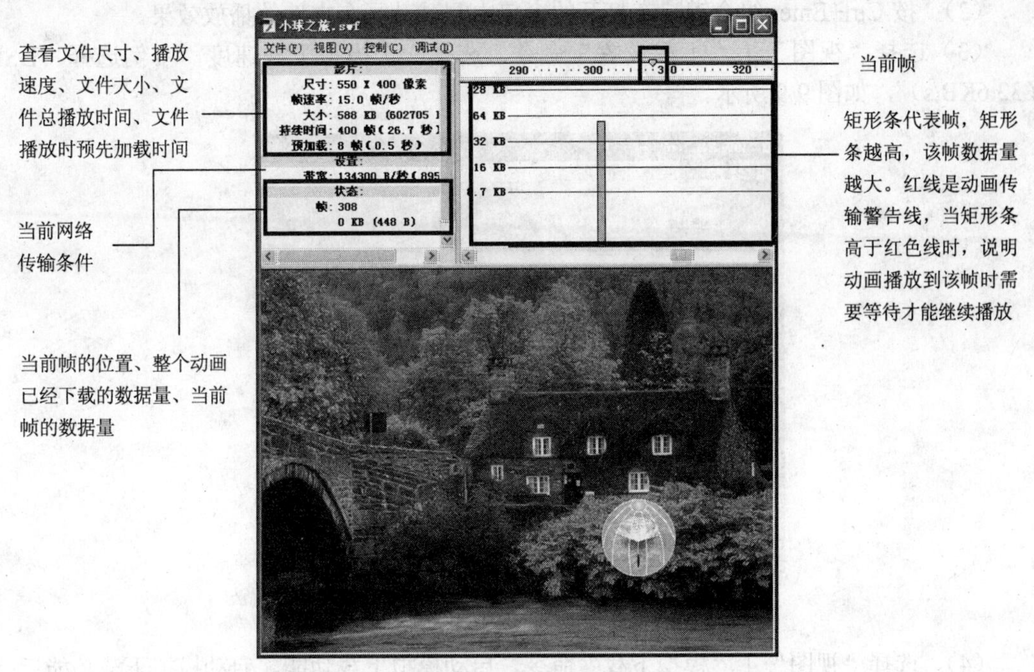

图 9-7　“带宽设置”窗口

默认情况下，在右侧窗格中显示的是数据流图表，用于查看哪些帧会引起暂停。红色线条是动画传输警告线，当代表帧的矩形条高于红色线时，说明该帧会引起动画播放延迟。窗格左边的数值是帧的相对字节大小，由于第一帧存储元件的内容，所以通常比其他帧大。

如果想要显示帧数图表，可选择“视图”|“帧数图表”命令，得到如图 9-8 所示的帧图表，用于查看每个帧的大小。在此视图中，可查看哪些帧导致数据流延迟，如果有帧块伸到图表中的红线之上，Flash Player 将暂停播放，直到整个帧下载完毕。

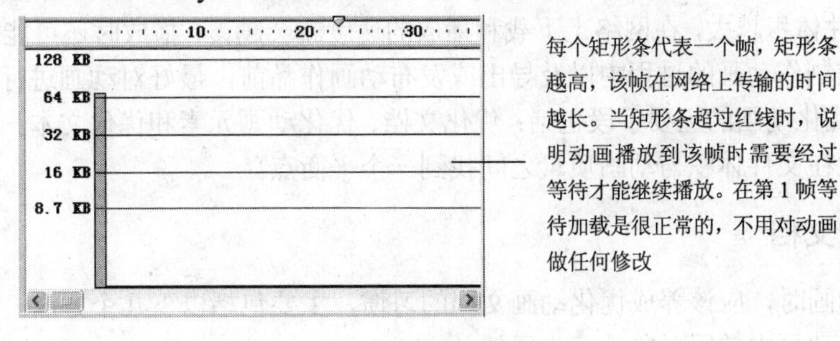

图 9-8　帧数图表

测试完毕后，记下超过红线的矩形条帧，并返回动画编辑窗口，对相关帧做出修改，以方便在网络上播放。

9.1.4　实例——测试影片

打开“悠闲的老鼠.fla”文件，先测试影片动画，然后测试动画在网络上的播放效果。

（1） 按 Ctrl+O 组合键，打开“打开文档”对话框，选择名为“悠闲的老鼠”的文件，单击“打开”按钮打开文档。

（2） 按 Ctrl+Enter 组合键，在打开的窗口中测试动画在本地的播放效果。

（3）选择“视图”｜“下载设置”命令，选择一个模拟下载速度，本例选择“DSL（32.6KB/s）”，如图 9-9 所示。

图 9-9　选择模拟下载速度

（4） 选择“视图”｜“模拟下载”命令，启动模拟下载功能。启动模拟下载功能后，便会根据刚才设置的传输速率显示动画在网络上的实际播放情况。

（5） 选择“视图”｜“带宽设置”命令，显示数据流图表，查看各帧数据下载情况。

（6） 选择“视图”｜“帧数图表”命令，查看哪个帧需要比较多的时间传输。

（7） 测试完毕后，关闭测试窗口，返回动画编辑窗口。

9.2 优化 Flash 作品

Flash 文件体积越大，在网络上下载和播放的速度就会越慢，播放时还可能会产生停顿现象。因此，在制作动画的过程中以及导出或发布动画作品前，最好对动画进行优化。

Flash 中优化动画的主要手段包括：优化文档、优化动画元素和优化文本。应用这些优化可以尽可能地在文件体积与动画质量之间找到一个平衡点。

9.2.1 优化文档

在制作动画时，应该养成优化动画文档的习惯，主要包括以下几个方面。

（1） 将动画中常用对象转换为元件。

（2） 创建动画序列时，避免使用关键帧创建动画，尽量使用补间创建动画；在创建动画时，避免使用图形元件，尽量使用影片剪辑。

（3） 使用位图时，只将其作为背景或静态元素，而不将其应用于动画。

（4） 避免在同一关键帧上放置多个包含动画的对象，如多个影片剪辑实例。

（5） 不要将包含动画的对象与其他静态对象放置在同一个图层内。

（6） 限制每个关键帧中的改变区域，在尽可能小的区域内执行动作。

（7）　能组合在一起制作动画的元素，都将其组合在一起。

（8）　减小文档尺寸，文档尺寸越小，Flash 文件的体积便越小。

9.2.2　优化动画元素

优化动画元素需要注意以下几点。

（1）　多用结构简单的矢量图形：矢量图形大小同尺寸无关系，与结构有关。结构越复杂，储存尺寸越大，同时还会影响 Flash 处理动画的速度。

（2）　降低形状分隔线数量：使用“修改”|“形状”｜“优化”将用于描述形状的分隔线的数量降至最少。

（3）　限制特殊线条类型（如虚线、点线、锯齿线等）的数量：实线所需的内存较少，用“铅笔”工具创建的线条比用刷子笔触创建的线条所需的内存更少。

（4）　优化位图：尽量少用位图，如果必须导入，在导入前最好使用软件处理位图尺寸使其正好符合需求，并将其保存为 JPEG 格式。

（5）　优化声音：使用声音时，最好导入 MP3 格式的声音，并参考前面章节介绍的方法设置输出音频。

（6）　多使用系统提供的颜色：尽可能地使用“颜色”面板中已经提供的颜色，以便文档的调色板与浏览器特定的调色板相匹配。

（7）　多使用“颜色”面板：在处理多个不同颜色的同种对象时，最好将其定义为元件，应用“属性”面板中的颜色为单个元件创建不同颜色的实例。

（8）　少用渐变色：渐变色会增加矢量图形的体积，绘制图形时应尽量使用纯色填充。

（9）　少用 Alpha 透明度：Alpha 会减慢播放速度，尽可能少用透明度。

9.2.3　优化文本

在制作动画的过程中，若需要使用文本，则需要注意以下几个方面。

（1）　不要应用太多字体和样式：尽量不要使用太多不同的字体和样式，使用的字体越多，Flash 文件就越大。

（2）　尽量不要将文本分离：文本分离后，会使文件容量增大。

（3）　关于嵌入字体：尽量少用嵌入字体，因为它们会增加文件的大小。除此之外，对于“嵌入字体”选项，只选择需要的字符，而不要包括整个字体。

9.3　发布作品

完成 Flash 文档并测试无误后，就可以将其发布到网页中了。在默认情况下，应用 Flash 的“发布”命令可以创建 SWF 文件，也可以创建将 Flash 内容插入浏览器窗口中的 HTML 文档。除此之外，用户还可以将 FLA 文件发布为其他文件应用其他文件格式，如 GIF、JPEG、PNG 和 QuickTime 等。

9.3.1　Flash 发布设置

要指定动画文件的发布设置，应选择“文件”|“发布设置”命令，打开“发布设置”对话框，如图 9-10 所示。选择左侧“发布”列表框中的各选项，可查看不同发布选项的相关设

置。默认显示的是“Flash（.swf）”发布设置的相关选项，单击“高级”字样，可以显示更多的设置选项，如图 9-11 所示。

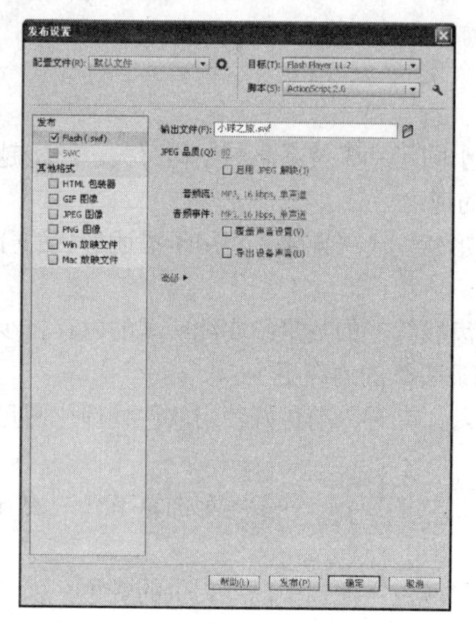

图 9-10 “发布设置”对话框

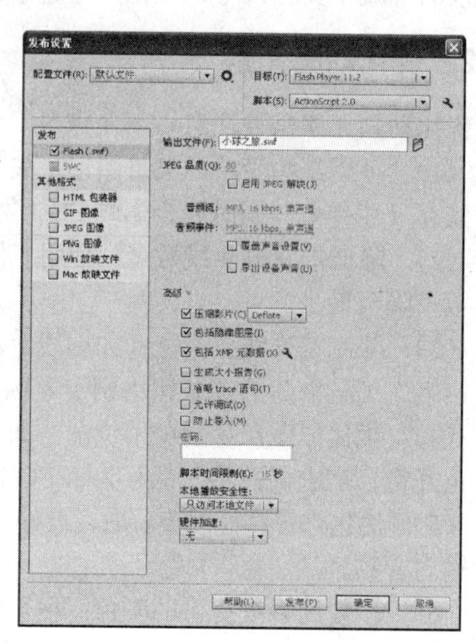

图 9-11 显示 Flash 的高级设置选项

Flash 发布设置中各选项功能如下。

（1） JPEG 品质：用于控制位图压缩品质，该压缩量将应用于动画中所有没有进行独立优化的位图。图像品质越低，生成的文件就越小；图像品质越高，生成的文件就越大。可尝试不同的设置，以便确定在文件大小和图像品质之间的最佳平衡点。默认品质值为 80，当值为 100 时图像品质最佳，压缩比最小。

（2） 启用 JPEG 解块：选择该选项，高度压缩的 JPEG 图像会显得更加平滑。此选项可减少由于 JPEG 压缩导致的典型失真，如图像中通常出现的 8*8 像素的马赛克。

（3） “音频流”或“音频事件”：要为 SWF 文件中的所有声音流或事件声音设置采样率和压缩，可单击其右侧的值，打开如图 9-12 所示的“声音设置”对话框，根据需要设置压缩方式、比特率和品质。

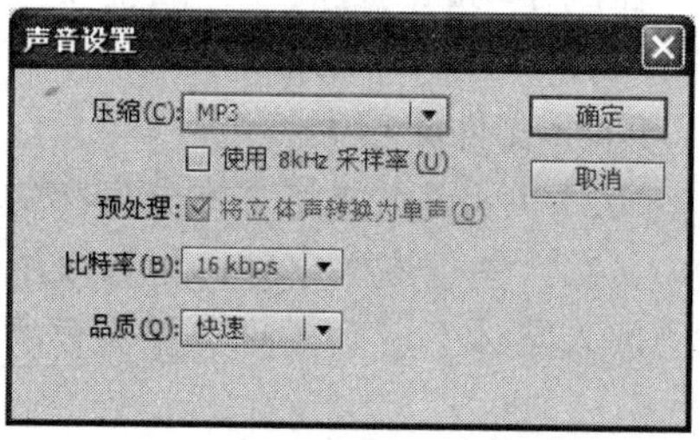

图 9-12 “声音设置”对话框

（4） 覆盖声音设置：选择该选项，可覆盖为个别声音指定的设置，创建一个较小的低保真版本的 SWF 文件。值得注意的是：如果取消选择该选项，则 Flash 会扫描文档中的所有声音流（包括视频中的声音），然后按照各个设置中最高的设置发布所有音频流。

（5） 导出设备声音：选择该选项，可导出适合移动设备的声音而不是原始库声音。

（6） 压缩影片：压缩 SWF 文件以减小文件大小和缩短下载时间。当文件包含大量文本或 ActionScript 时，使用此选项十分有益。经过压缩的文件只能在 Flash Player 6 或更高版本中播放。

（7） 包括隐藏图层：导出 Flash 文档中所有隐藏的图层。取消选择“导出隐藏的图层”

将阻止把生成的 SWF 文件中标记为隐藏的所有图层（包括嵌套在影片剪辑内的图层）导出。这样，您就可以通过使图层不可见来轻松测试不同版本的 Flash 文档。

（8）包括 XMP 元数据：默认情况下，将在“文件信息”对话框中导出输入的所有元数据。单击“修改 XMP 元数据”按钮打开此对话框。也可以通过选择“文件”|“文件信息”命令，打开“文件信息”对话框。在 Adobe® Bridge 中选定 SWF 文件后，可以查看元数据。

（9）生成大小报告：生成一个报告，按文件列出最终 Flash Pro 内容中的数据量。

（10）省略 trace 语句：使 Flash Pro 忽略当前 SWF 文件中的 ActionScript trace 语句。如果选择此选项，trace 语句的信息将不会显示在“输出”面板中。

（11）允许调试：激活调试器并允许远程调试 Flash Pro SWF 文件。允许使用密码来保护 SWF 文件。

（12）防止导入：防止其他人导入 SWF 文件并将其转换回 FLA 文档。可使用密码来保护 Flash Pro SWF 文件。用户可在下方的“密码”文本框中输入所需密码。

（13）脚本时间限制：设置脚本在 SWF 文件中执行时可占用的最大时间量。

（14）本地播放安全性：选择要使用的 Flash 安全模型，可指定“只访问本地文件”或“只访问网络”，如图 9-13 所示。

只访问本地：允许已发布的 SWF 文件与本地系统上的文件和资源交互，但不能与网络上的文件和资源交互。

只访问网络：允许已发布的 SWF 文件与网络上的文件和资源交互，但不能与本地系统上的文件和资源交互。

（15）硬件加速：使 SWF 文件能够使用硬件加速，如图 9-14 所示。

第 1 级 - 直接：“直接”模式通过允许 Flash Player 在屏幕上直接绘制，而不是让浏览器进行绘制，从而改善播放性能。

第 2 级 - GPU：在“GPU”模式中，Flash Player 利用图形卡的可用计算能力执行视频播放并对图层化图形进行复合。根据用户的图形硬件的不同，将提供更高一级的性能优势。

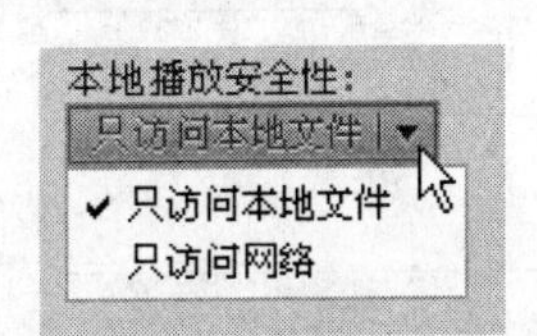

图 9-13　本地播放安全性

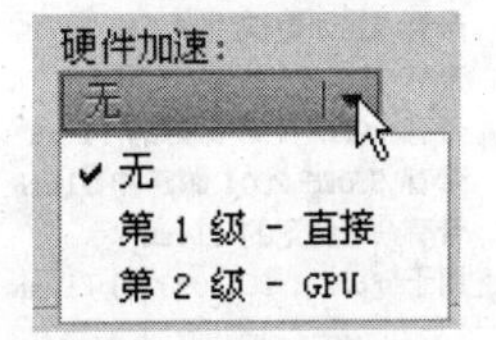

图 9-14　硬件加速

9.3.2　HTML 发布设置

将导出的影片和生成的 HTML 网页上载到服务器上，这样就可以在 Web 网上看到。发布为 HTML 要和发布为. swf 格式相结合，因为导出的 Flash 影片同时也放置在生成的 HTML 网页上。在“发布设置”对话框中，选择左侧列表框中的“HTML 包装器”选项，右侧显示生成 HTML 网页的设置，如图 9-15 所示。单击“缩放和对齐”字样，可显示动画在 HTML 中的大小和对齐方式设置选项，如图 9-16 所示。

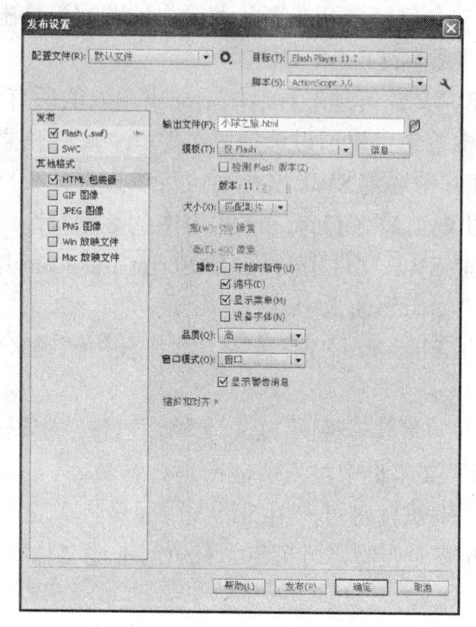

图 9-15　HTML 发布设置

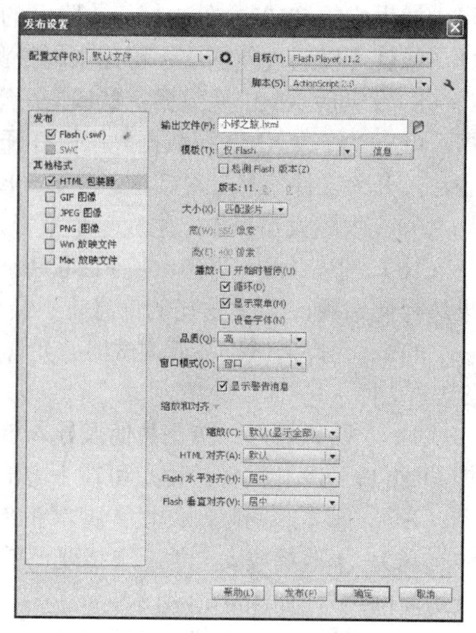

图 9-16　显示缩放与对齐设置选项

HTML 发布设置中各选项功能如下。

（1） 模板：选择已安装的模板，默认选择“仅 Flash”模板。打开该列表框从中选择一个模板，如图 9-17 所示。要显示所选模板的说明，可单击右侧的“信息”按钮，打开“HTML 模板信息”对话框，如图 9-18 所示。

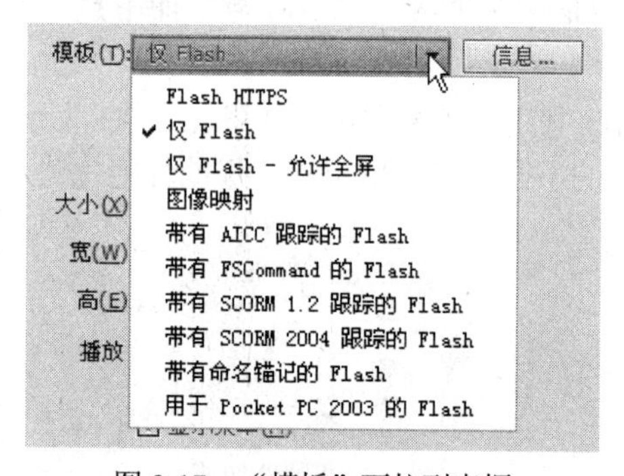

图 9-17　“模板”下拉列表框

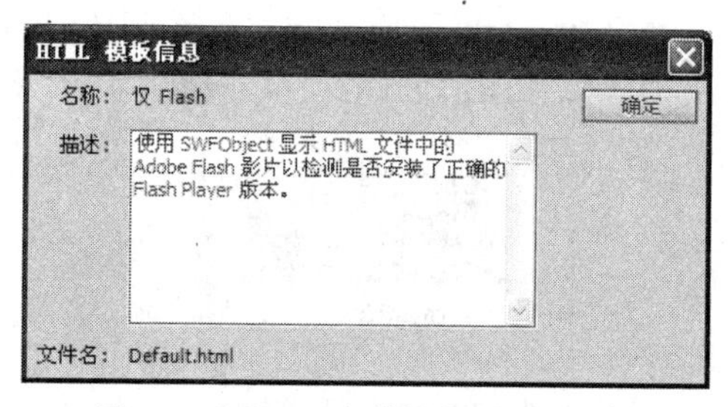

图 9-18　“HTML 模板信息”对话框

（2） 检测 Flash 版本：选择该选项，可指定要检测的 Flash Player 版本。打开“目标”下拉列表框从中选择播放器版本，在此处即可显示相应的版本，如图 9-19 所示。

（3） 大小：设置影片的宽、高属性值。可使用选项有匹配影片、像素和百分比。

匹配影片：使用 SWF 文件的大小，该选项为默认选项。

像素：使用设置的宽度和高度，可在下方的“宽”、“高”中设置影片的宽、高像素值，如图 9-20 所示。

百分比：按 SWF 占据浏览器窗口面积百分比指定大小。可在下方的“宽”、“高”中设置影片的宽、高百分比值，如图 9-21 所示。

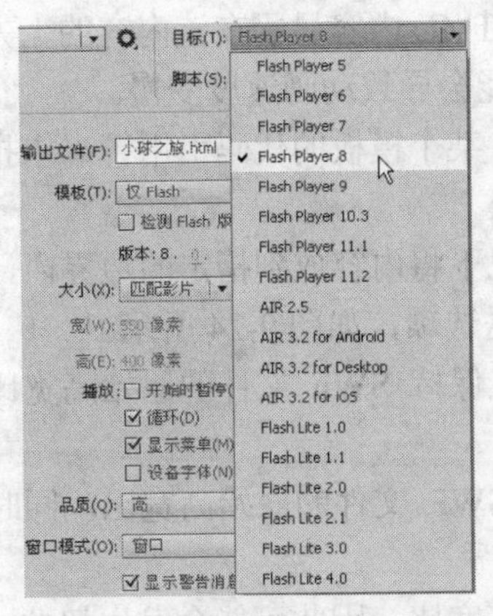

图 9-19　“播放器”下拉列表框

图 9-20　设置像素值

图 9-21　设置百分比值

（4）　播放：控制 SWF 文件的播放方式。

开始时暂停：一直暂停播放 SWF 文件，直到用户单击按钮或从快捷菜单中选择“播放”后才开始播放。默认状态下不选择该选项，即加载内容后就立即开始播放。

循环：内容到达最后一帧后再重复播放。取消选择该选项播放至最后一帧停止播放动画。

显示菜单：用户右键单击 SWF 文件时，会显示一个快捷菜单。若希望快捷菜单中只显示“关于 Flash”选项，可取消选择此选项。

设备字体：使用消除锯齿（边缘平滑）的系统字体替换用户系统上未安装的字体，该功能只能应用于 Windows 操作系统。使用设备字体可提高较小字体的清晰度，并能减小 SWF 文件的大小。

（5）　品质：确定处理时间和外观之间的平衡点。打开此下拉列表框可从中选择所需选项，如图 9-22 所示。

低：播放速度优先于外观，且不使用消除锯齿功能。

自动降低：优先考虑速度，但是也会尽可能改善外观。

自动升高：在开始时是播放速度和外观两者并重，但在必要时会牺牲外观来保证播放速度。

中：会应用一些消除锯齿功能，但并不会平滑位图。

高：使外观优先于播放速度，并始终使用消除锯齿功能。

最佳：提供最佳的显示品质，而不考虑播放速度。

（6）　窗口模式：设置内容边框或虚拟窗口与 HTML 页中内容的关系。打开此下拉列表框可从中选择所需选项，如图 9-23 所示。

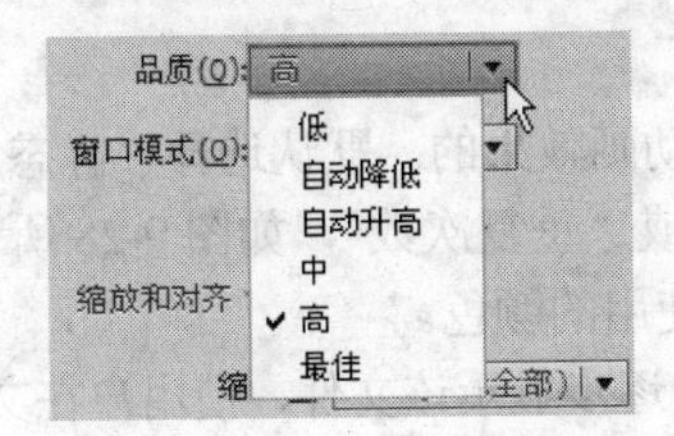

图 9-22　“品质”下拉列表框

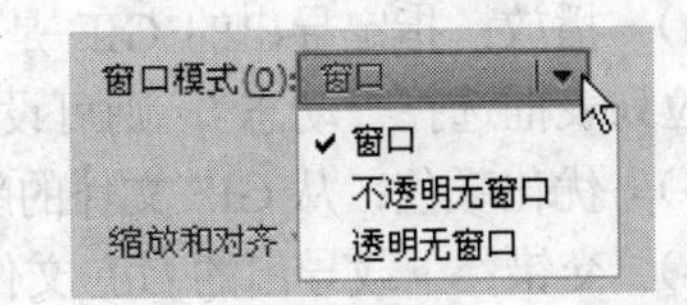

图 9-23　“窗口模式”下拉列表框

窗口：内容的背景不透明并使用 HTML 背景颜色。

不透明无窗口：将 Flash 内容的背景设置为不透明，并隐藏该内容下面的所有内容。

透明无窗口：将 Flash 内容的背景设置为透明，并使 HTML 内容显示在该内容的上方和下方。值得注意的是：HTML 图像复杂时，该呈现方式可能会导致动画速度变慢。

（7） 显示警告信息：在标签设置发生冲突时（例如，某个模板的代码引用了尚未指定的替代图像时）显示错误消息。

（8） 缩放：若要在已更改文档原始宽度和高度的情况下将内容放到指定的边界内，请选择一个“缩放”选项。打开此下拉列表框可从中选择所需选项，如图 9-24 所示。

默认（显示全部）：在指定的区域显示整个文档，并且保持 SWF 文件的原始高宽比，而不发生扭曲。

无边框：对文档进行缩放以填充指定的区域，并保持 SWF 文件的原始高宽比，同时不会发生扭曲，并根据需要裁剪 SWF 文件边缘。

精确匹配：在指定区域显示整个文档，但不保持原始高宽比，因此可能会发生扭曲。

无缩放：禁止文档在调整 Flash Player 窗口大小时进行缩放。

（9） HTML 对齐：若要在浏览器窗口中定位 SWF 文件窗口。打开此下拉列表框可从中选择所需选项，如图 9-25 所示。

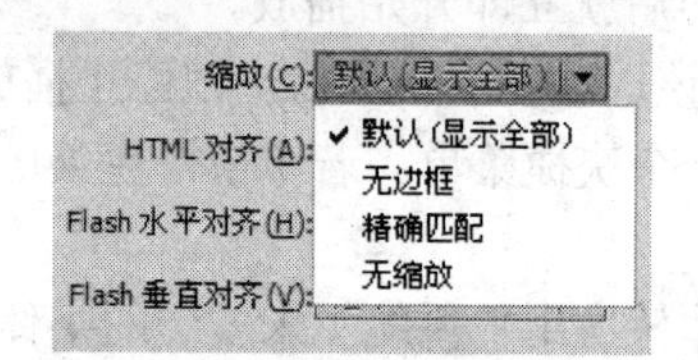

图 9-24 “缩放”下拉列表框

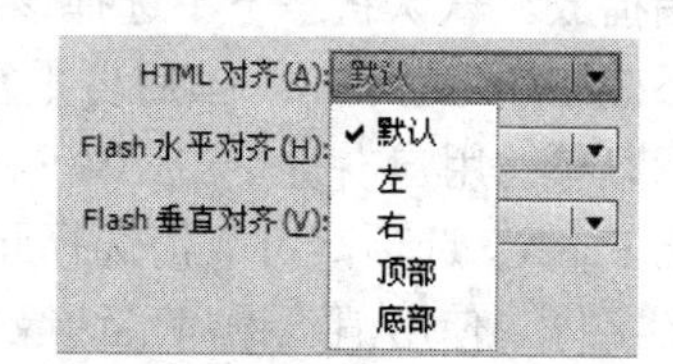

图 9-25 “HTML 对齐”下拉列表框

默认：内容在浏览器窗口内居中显示，如果浏览器窗口小于应用程序，则会裁剪边缘。

左、右、顶部或底部：将 SWF 文件与浏览器窗口的相应边缘对齐，并根据需要裁剪其余的三边。

（10） Flash 水平对齐、Flash 垂直对齐：要设置如何在应用程序窗口内放置内容以及如何裁剪内容。可选项分别为“左”、“居中”和“右”。

9.3.3 GIF 发布设置

GIF 是用较少的颜色创建简单的小型图像的最佳工具，也是网上最流行的动态图形格式，选择“发布设置”对话框左侧列表框中的“GIF 图像”选项卡，即可进行相关的 GIF 发布选项设置，如图 9-26 所示。单击“颜色”字样，可显示动画在 GIF 颜色的设置选项，如图 9-27 所示。

GIF 发布设置中各选项功能如下。

（1） 大小：设置 GIF 图像的大小。

（2） 播放：指定导出的 GIF 是静态的还是具有动画效果的。默认选择“静态”，如果打开下拉列表框选择“动态”，则可设置“不断循环”或“重复次数”，如图 9-28 所示。

（3） 优化颜色：从 GIF 文件的颜色表中删除未使用的颜色。

（4） 交错：下载导出的 GIF 文件时，在浏览器中逐步显示该文件，使用户在文件完全下载之前就能看到基本的图形内容。

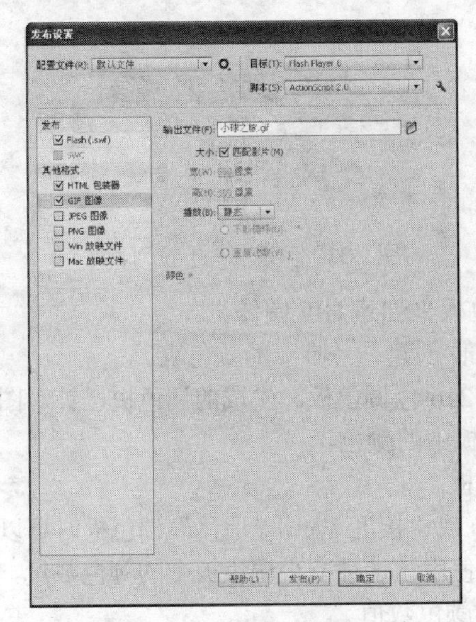

图 9-26　GIF 发布设置

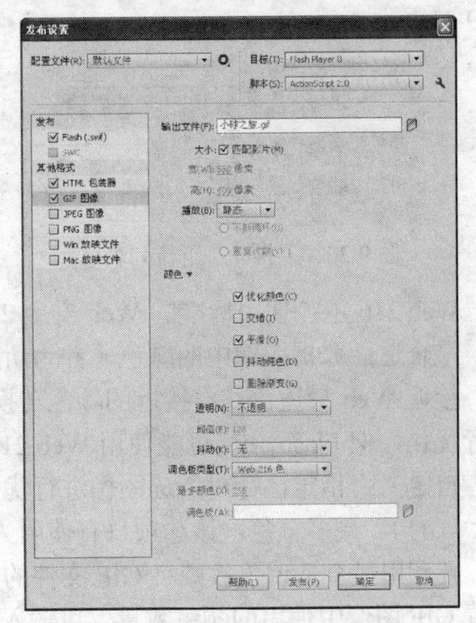

图 9-27　显示颜色设置选项

（5）　平滑：向导出的位图应用消除锯齿功能，以生成品质更高的位图图像，并改善文本的显示品质。

（6）　抖动纯色：将抖动应用于纯色和渐变色。

（7）　删除渐变色：使用渐变中的第一种颜色将 SWF 文件中的所有渐变填充转换为纯色。为了防止出现意想不到的结果，在使用该选项时小心选择渐变色的第一种颜色。

（8）　透明：确定应用程序背景的透明度以及将 Alpha 设置转换为 GIF 的方式。打开此下拉列表框可从中选择所需选项，如图 9-29 示。

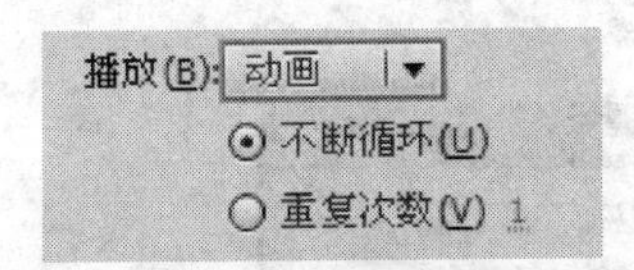

图 9-28　播放选项

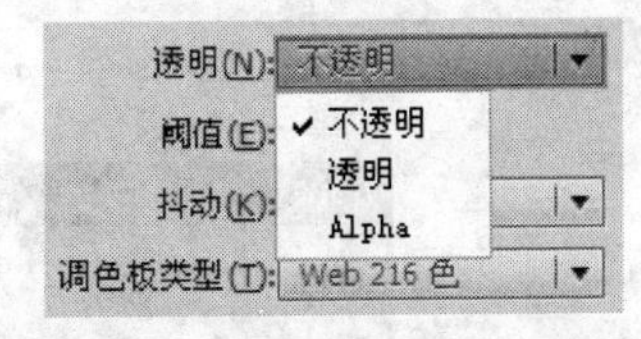

图 9-29　“透明”下拉列表框

不透明：使背景成为纯色。

透明：使背景透明。

Alpha：设置局部透明度，输入 0～255 之间的阈值。值越低，透明度越高。

（9）　抖动：指定如何组合可用颜色的像素来模拟当前调色板中没有的颜色。打开此下拉列表框可从中选择所需选项，如图 9-30 所示。值得注意的是：抖动可以改善颜色品质，但是也会增加文件大小。

无：关闭抖动，并用基本颜色表中最接近指定颜色的纯色替代该表中没有的颜色。如果关闭抖动，则产生的文件较小，但颜色不能令人满意。

有序：提供高品质的抖动，同时文件大小的增长幅度也最小。

扩散：提供最佳品质的抖动，但会增加文件大小并延长处理时间。只有选择“Web 216 色”调色板时才起作用。

（10）　调色板类型：定义图像的调色板。打开此下拉列表框可从中选择所需选项，如

图 9-31 所示。

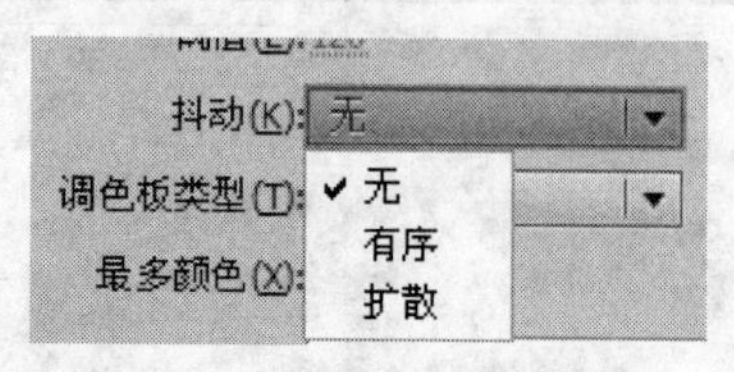

图 9-30 “抖动”下拉列表框

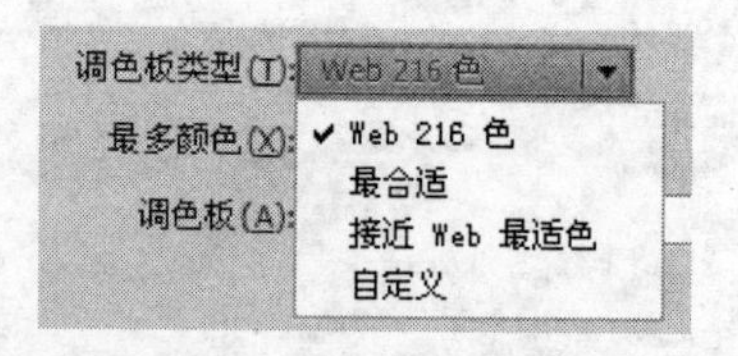

图 9-31 “透明”下拉列表框

Web 216 色：使用标准的 Web 安全 216 色调色板来创建 GIF 图像。

最合适：分析图像中的颜色，并为所选 GIF 文件创建一个唯一的颜色表。

接近 Web 最适色：将接近的颜色转换为 Web 216 色调色板。生成的调色板已针对图像进行优化，但 Flash 会尽可能使用 Web 216 色调色板中的颜色。

自定义：指定已针对所选图像进行优化的调色板。

（11） 最多颜色：该选项只有使用“最合适”或“接近 Web 最适色”调色板时可以设置。要利用最合适调色板减小 GIF 文件的大小，可使用该选项减少调色板中的颜色数量。要设置 GIF 图像中使用的颜色数量，可输入一个最大颜色数值。

（12） 调色板：设置“调色板类型”为“自定义”时可激活该选项。可通过在文本框中输入自定义调色板的路径，或单击“浏览”按钮选取自定义的调色板。

9.3.4 JPEG 发布设置

JPEG 图像只能作为静态的或无动画效果的图像导出。如果用户希望导出一个既清晰的又不受调色板限制的图像，可选用 JPEG。通过将动画发布为 JPEG 图像可以使用户在导出具有照片质量的图像的同时，对图像进行压缩以获得相对较小的文件。

选择“发布设置”对话框中的“JPEG 图像”选项，即可进行相关的 JPEG 发布选项设置，如图 9-32 所示。

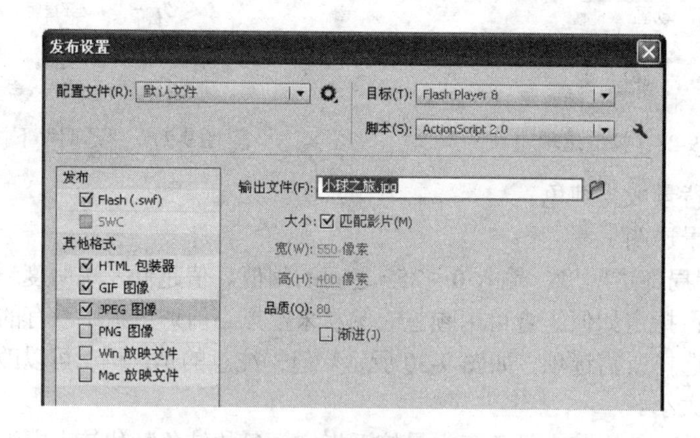

图 9-32 JPEG 发布设置选项

JPEG 发布设置中各选项功能如下。

（1） 大小：设置 JPEG 图像的大小。

（2） 品质：通过拖动滑块或输入数值，可控制 JPEG 文件的压缩量。图像品质越低则文件越小。值得注意的是：若要更改对象的压缩设置，可使用“位图属性”对话框设置每个对象的位图导出品质。

（3） 渐进：在 Web 浏览器中增量显示渐进式 JEPG 图像。

9.3.5 PNG 发布设置

PNG 图像只能作为静态的或无动画效果的图像导出。用户需要将要导出的关键帧标为 #Static，以防止 Flash 导出影片的第 1 帧。选择“发布设置”对话框中的“PNG”选项，即可进行相关的 PNG 发布选项设置，如图 9-33 所示。单击“颜色和缩放”字样，可显示动画发布为 PNG 时的颜色、缩放设置选项，如图 9-34 所示。

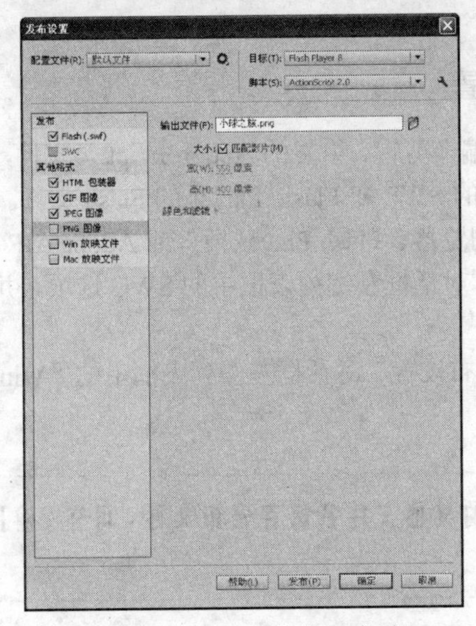

图 9-33　PNG 发布设置选项

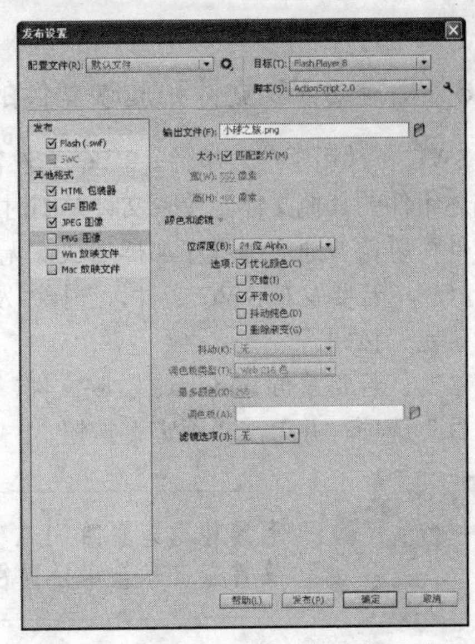

图 9-34　显示“颜色和缩放”设置选项

这里只介绍 PNG 发布设置独有的选项功能，其他选项可参看 GIF 发布设置。

（1） 位深度：设置创建图像时要使用的每个像素的位数和颜色数。位深度越高，文件就越大。打开此下拉列表框可从中选择所需选项，如图 9-35 所示。

8 位：用于 256 色图像。

24 位：用于数千种颜色的图像。

24 位 Alpha：用于数千种颜色并带有透明度（32 bpc）的图像。

（2） 过滤器选项：选择一种逐行过滤方法使 PNG 文件的压缩性更好，并用特定图像的不同选项进行实验。打开此下拉列表框可从中选择所需选项，如图 9-36 所示。

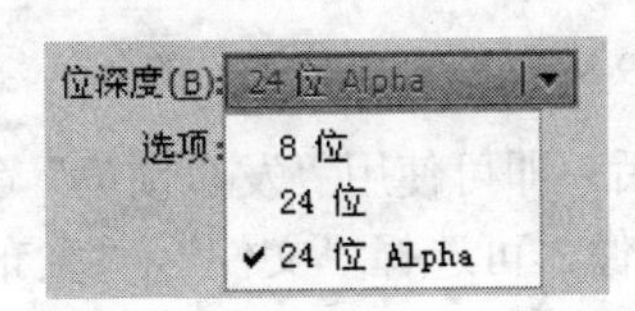

图 9-35　“位深度”下拉列表框

图 9-36　“滤镜选项”下拉列表框

无：关闭过滤功能。

Sub（下）：传递每个字节和前一像素相应字节的值之间的差。

Up（上）：传递每个字节和它上面相邻像素的相应字节的值之间的差。

Awerage（平均）：使用两个相邻像素（左侧像素和上方像素）的平均值来预测该像素的值。

Paeth（线性函数）：计算三个相邻像素（左侧、上方、左上方）的简单线性函数，然后选择最接近计算值的相邻像素作为颜色的预测值。

Adaptive（最合适）：分析图像中的颜色，并为所选 PNG 文件创建一个唯一的颜色表。它可以创建最精确的图像颜色，但所生成的文件要比用“Web 216 色”调色板创建的 PNG 文件大。

9.3.6 指定 SWC 文件和放映文件的发布设置

SWC 文件用于分发组件。SWC 文件包含一个编译剪辑、组件的 ActionScript 类文件，以及描述组件的其他文件。放映文件是同时包括发布的 SWF 和 Flash Player 的 Flash 文件。放映文件可以像普通应用程序那样播放，无需 Web 浏览器、Flash Player 插件或 Adobe AIR。

（1） 若要发布 SWC 文件，选择“发布设置”对话框左侧列表框中的 SWC 选项，并单击“确定”按钮。

（2） 若要发布 Windows 放映文件，选择“发布设置”对话框左侧列表框中的“Win 放映文件”选项，并单击“确定”按钮。

若要使用与原始 FLA 文件不同的其他文件名保存发布文件，可在“输出文件”文本框中设置名称。

9.3.7 发布作品播放效果预览

完成发布设置后，应用如图 9-37 所示的“文件”|“发布预览”菜单中的子命令，用户可以选择发布的动画文件类型，并在默认浏览器中打开。值得注意的是：只有选择了“发布设置”对话框“格式”选项卡中的所有选项，“发布预览”菜单中所有命令才能使用，如图 9-38 所示。

图 9-37 “发布预览”菜单

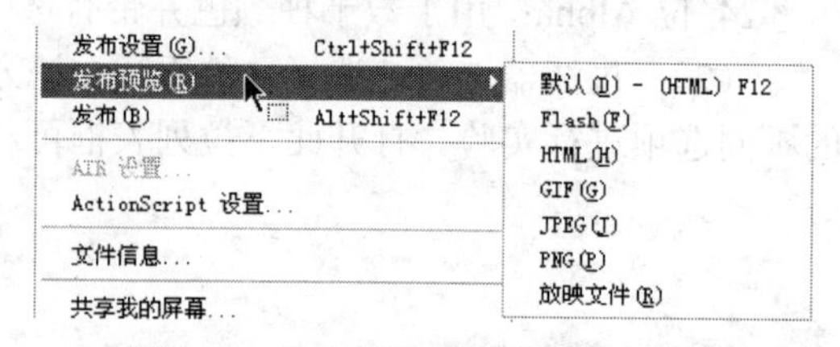

图 9-38 全部可发布预览的命令菜单

根据需要选择并在“发布设置”对话框中进行设置后，即可使用“发布预览”命令发布所有格式的文件。例如，要将当前文件发布为 JPEG 图像，可选择“文件”|“发布预览”|“JPEG”命令。

9.3.8　实例——发布 HTML

打开“悠闲的老鼠.fla”文件，先将其发布为 HTML。

（1）按 Ctrl+O 组合键，打开“打开文档”对话框，选择名为“悠闲的老鼠”的文件，单击“打开”按钮打开文档。

（2）选择“文件”|“发布设置”命令，打开“发布设置”对话框。

（3）选择左侧列表框中的“HTML 包装器”选项，在右侧显示发布设置选项。

（4）打开“大小”下拉列表框，从中选择“百分比”选项，并设置“宽”和“高”的百分比值为 70。

（5）取消选择“显示菜单”复选框，单击“确定”按钮。

（6）选择“文件”|“发布预览”|HTML 命令，打开浏览器窗口显示动画，如图 9-39 所示。

图 9-39　发布的 HTML

9.4　导出作品

在优化动画，并进行了下载效果测试后便可以将其导出了。我们可以从 Flash 文档中导出.swf、.gif、.avi 等格式的动画影片，也可导出各种格式的静态图像。导出的作品不仅可以上传到 Internet 供人观赏，还可作为其他程序的素材。

9.4.1　导出 swf 动画影片

要导出影片，可选择“文件”|“导出”|“导出影片”命令，打开“导出影片”对话框。在“保存类型”下拉列表框中选择用于保存的文件类型，如图 9-40 所示，在“文件名”列表框中输入文件名，然后单击“保存”按钮。

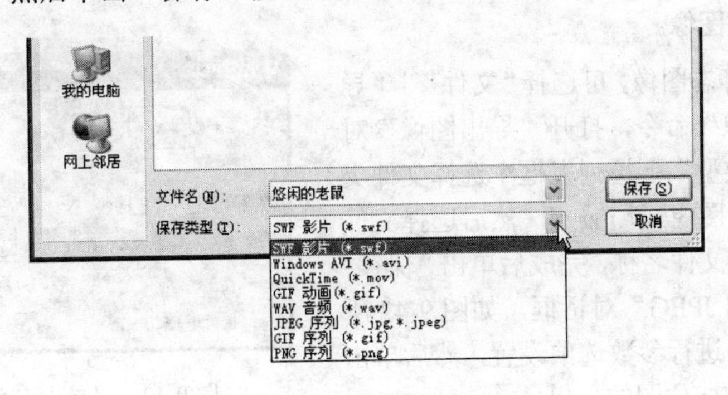

图 9-40　选择保存类型

9.4.2 导出图像

Flash 中的“导出图像”功能可以将图像导出为动态图像和静态图像。一般情况下，建议用户导出动态图像选择 GIF 格式，导出静态图像选择 JPEG 格式。

1. 导出动态图像

如果要导出 Gif 动画图像，可选择“文件”|“导出图像”命令，打开“导出图像”对话框。在“保存类型”下拉列表框中选择“动画 GIF”文件类型，然后选择文件保存路径，并输入文件名称，完成后单击“保存”按钮。打开“导出 GIF”对话框，如图 9-41 所示。在该对话框中设置相关参数，单击“确定”按钮，完成 gif 动画图形的导出。

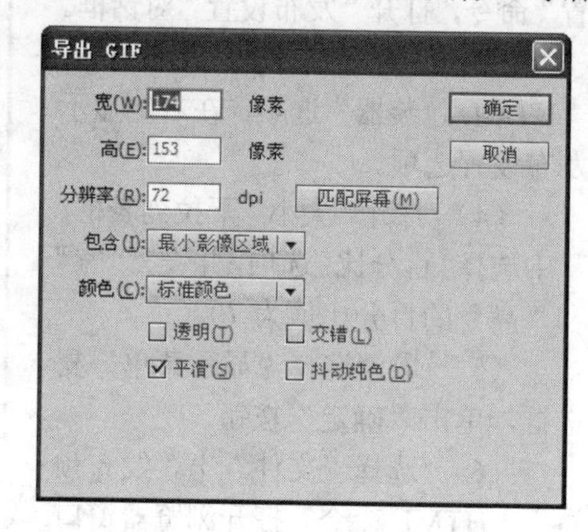

图 9-41 “导出 GIF”对话框

“导出 GIF”对话框中各参数说明如下。

（1） 宽、高：gif 动画的高和宽。

（2） 分辨率：gif 动画的分辨率。

（3） 包含：最小影像区域或完整文档大小。

（4） 颜色：设置 gif 动画的颜色，默认选择 256 色“标准颜色”。颜色越多，图像越清楚，相应的图像会越大。

（5） 透明：去除文档背景颜色，只显示关键的图像内容。

（6） 交错：在网络上查看 gif 图像时，交错图像会迅速地以低分辨率出现，然后在下载过程中再过渡到高分辨率。

（7） 平滑：消除 gif 图像的锯齿。

（8） 抖动纯色：补偿当前色板中没有的颜色。

在将 Flash 影片导出成 gif 动画时，图像有可能不清楚，我们可在 Flash 中制作动画，然后将其导出成 bmp 格式的位图序列文件，再利用第 3 方软件（如 ImageReady）将其制作成 gif 动画。

2. 导出静态图像

如果要导出静态图像，可选择“文件”|“导出”|“导出图像”命令，打开“导出图像”对话框。在“保存类型”下拉列表框中选择文件类型，例如“JPEG 图像（*.jpg）”，然后选择文件保存路径，并输入文件名称，完成后单击“保存”按钮。打开“导出 JPEG”对话框，如图 9-42 所示，在该对话框中进行参数选项设置，然后单击“确定”按钮，完成位图的导出。

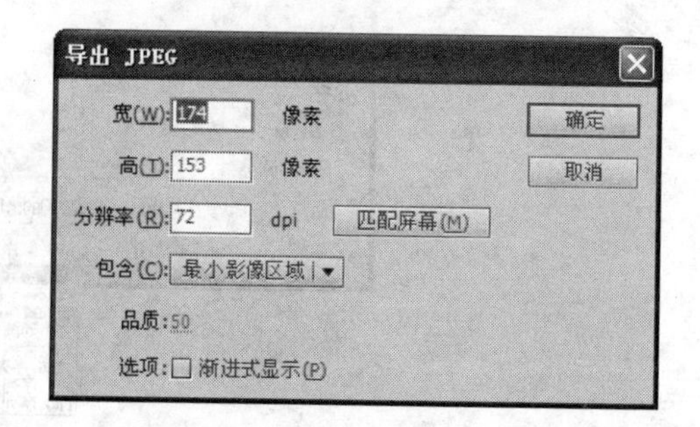

图 9-42 “导出 JPEG”对话框

如果要导出当前选择的内容，可选择“文件”|“导出”|“导出所选内容”命令，打开“导出图像”对话框。设置文件名及保存路径，单击“保存”按钮即可。值得注意的是：应用此方法导出的图像只能是 FXG 格式。

9.4.3　实例——导出图像

打开“悠闲的老鼠.fla”文件，将其中的“卡通鼠”图形元件导出为 JPEG 静态图像。

（1）按 Ctrl+O 组合键，打开“打开文档”对话框，选择名为“悠闲的老鼠”的文件，单击“打开”按钮打开文档。

（2）双击“库”面板中的“卡通鼠”元件，进入图形元件编辑窗口。

（3）选择“文件”|“导出”|“导出图像”菜单，打开“导出图像”对话框，在“导出图像”对话框中设置保存路径，设置“文件名”为“卡通鼠”，“保存类型”为“JPEG 图像（*.jpg）”，单击“保存”按钮。

（4）打开“导出位图”对话框，在“分辨率”文本框中输入数值 300，其他选项不变，单击“确定”按钮，得到如图 9-43 所示的 JPEG 图像。

图 9-43　导出的 JPEG 图像

9.5　动手实践——两只老虎

打开 Flash 动画文件“两只老虎.fla”，先进行测试，然后将其发布为 SWF 文件，并将其中的“老虎 1”文件夹中的“老虎”导出为 JPEG 静态图像，如图 9-44 所示。

图 9-44　导出的 SWF 文件与 JPEG 图像

步骤 1：测试影片

（1）打开动画文档“两只老虎.fla”。

（2） 选择“控制”|“测试影片”命令，打开 Flash Player 浏览动画，如图 9-45 所示。

图 9-45 浏览动画

（3） 选择“视图”|“下载设置”|“T1（131.2 Kb/s）”命令。

（4） 选择“视图”|“模拟下载”命令，在本地模拟网络下载。

（5） 选择“视图”|“带宽设置”命令，显示数据流图表，如图 9-46 所示。第 1 帧和第2帧数据流位于红线上方，可返回动画中视情况修改动画(例如将两个场景合并为一个场景)。

图 9-46 数据流图表

（6） 单击动画中的“播放”按钮，测试第二个场景。

（7） 单击测试窗口右上角的“关闭”按钮☒，返回工作界面。

步骤 2：发布设置及发布

（1） 选择“文件”|“发布设置”命令，打开“发布设置”对话框，取消选择“HTML 包装器”复选框。

（2） 选择“Flash”选项，打开“版本”下拉列表框，从中选择“防止导入”复选框，在“密码”文本框中输入导入影片时所需的密码。

（3） 完成设置单击“发布”按钮，稍等片刻发布完毕再单击“确定”按钮。

步骤 3：导出 JPEG 图像

（1） 打开“库”面板中的“老虎 1”文件夹，双击其中的“老虎”影片剪辑元件，进入影片剪辑元件编辑窗口。

（2） 选择“文件” | “导出” | “导出图像”菜单，打开“导出图像”对话框，在“导出图像”对话框中设置保存路径，设置“文件名”为“老虎”，“保存类型”为“JPEG 图像（*.jpg）”，单击“保存”按钮。

（3） 打开“导出位图”对话框，在“分辨率”文本框中输入数值 150，其他选项不变，单击“确定”按钮。

步骤 4：浏览效果

（1） 进入保存“两只老虎.fla”动画文件夹。

（2） 双击“两只老虎.swf”，应用 Flash Player 10 选择播放影片。

（3） 右击“老虎.jpeg”，从弹出的快捷菜单中选择“Windows 图片和传真查看器”命令，应用 Windows 图片查看器浏览 JPEG 图像。

9.6　上机练习与习题

9.6.1　选择题

（1） 测试动画时选择“视图”下的__________菜单项，可在打开的图表中查看各帧数据下载情况。

A. 下载设置　　B. 数据流图表
C. 帧数图表　　D. 模拟下载

（2） 下列关于导出 Flash 作品的描述，正确的是__________。

A. Flash 默认导出的动画格式是 SWC，也是用于在网络上传输和播放的主要格式
B. 应用“文件” | “发布预览”下的命令，可以查看导出的文件效果
C. 选择“文件” | “导出”下的命令不可以将当前动画文件导出为 SWF 文件
D. 选择“文件” | “导出”下的命令可以导出静态图像

（3） 在设置 GIF 和 PNG 选项时，要删除颜色表中所有未用的颜色，从而减小最终的文件大小，需使用__________功能。

A. 优化颜色　　B. 交错
C. 删除渐变　　D. 抖动纯色

（4） 若要将 Flash 动画发布为图像，且具有 Flash 的动画效果，应将 Flash 动画导出为

__________格式。

A. JPEG　　B. GIF
C. SWF　　D. PNG

(5) 应用“导出”|“导出影片”命令，可以将 Flash 动画文件导出为视频文件，下列不属于应用 Flash 导出的视频文件格式为__________。

A. AVI　　B. MOV
C. WAV　　D. RMVB

9.6.2 填空题

(1) 要应用“控制”播放命令测试包含多个场景的动画文件，应先选择“控制”菜单下的__________命令。

(2) 在默认情况下，应用“发布”命令可创建扩展名为__________文件，以及将 Flash 内容插入浏览器窗口中的__________文件。

(3) 优化动画主要包括优化__________、优化__________和优化__________几个方面。

(4) 当前项目中包含多个场景，如果要测试“场景 2”，应先切换至该场景，然后应用“控制”菜单下的__________命令测试“场景 2”。

(5) 进行 JPEG 发布设置后，若要发布 JPEG，可选择“文件”菜单下__________命令下的“JPEG”命令。

9.6.3 问答题

(1) 在编辑环境中无法测试哪些内容？

(2) 如何将影片中的某对象导出为静态图像？

(3) 如何测试文档的下载性能？

9.6.4 上机练习

打开“小球之旅.fla”动画文件，如图 9-47 所示。在动画编辑窗口测试整个动画，并应用“控制” | “测试场景”命令测试场景 7，然后将动画发布为 SWF 文件类型，并将“库”面板中的“蒲公英”影片剪辑导出为静态图像 JPEG。

图 9-47 “小球之旅”动画文件

附录A 习 题 答 案

第1章

1. 选择题

（1） A
（2） B
（3） D
（4） C
（5） B

2. 填空题

（1） GIF　SWF
（2） 矢量图形
（3） 标尺　辅助线　网格
（4） 时间轴
（5） 工作区切换器

第2章

1. 选择题

（1） A
（2） C
（3） D
（4） B
（5） B

2. 填空题

（1） 对象绘制
（2） I
（3） 颜色
（4） 角点
（5） Deco 工具

第3章

1. 选择题

（1） B
（2） C
（3） A
（4） A
（5） D

2. 填空题

（1） 静态文本　动态文本　输入文本
（2） 修改
（3） 高级字符
（4） 边框颜色
（5） 预设

第4章

1. 选择题

（1） D
（2） A
（3） B
（4） C
（5） C

2. 填空题

（1） Ctrl+B
（2） 编辑
（3） F8
（4） 魔术棒
（5） 套索

第5章

1. 选择题

（1） B
（2） A
（3） D
（4） B
（5） C

2. 填空题

（1） 库　　实例
（2） 直接复制
（3） 元件
（4） 属性
（5） 属性

第6章

1. 选择题

（1） C
（2） A
（3） D
（4） B
（5） B

2. 填空题

（1） 上方
（2） 26　　a　　z
（3） 关键帧
（4） 其他面板
（5） 创建补间形状

第7章

1. 选择题

（1） B
（2） D
（3） A
（4） C
（5） A

2. 填空题

（1） //　（双斜杠）
（2） 布尔值　　数字　　字符串
（3） 属性　　方法　　事件
（4） for
（5） 名称　　载入目标

第8章

1. 选择题

（1） A
（2） C
（3） D
（4） B
（5） B

2. 填空题

（1） 事件声音　　音频流
（2） 低　　小　　差
（3） MP3　　语音
（4） 名称
（5） 属性

第9章

1. 选择题

（1） C
（2） D
（3） A
（4） B
（5） D

2. 填空题

（1） 播放所有场景
（2） SWF　　HTML
（3） 文档　　动画元素　　文本
（4） 测试场景
（5） 发布预览